中学教科書ワーク　学習カード

ポケットスタディ

Pocket Study

理科1年

次の植物のなかまを何という？

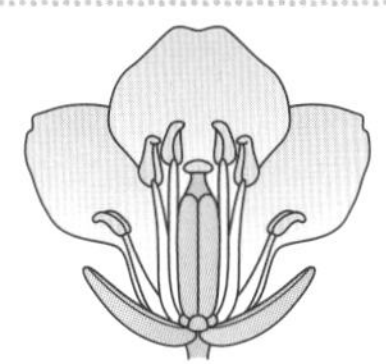

種子でふえる植物

1

次の植物のなかまを何という？

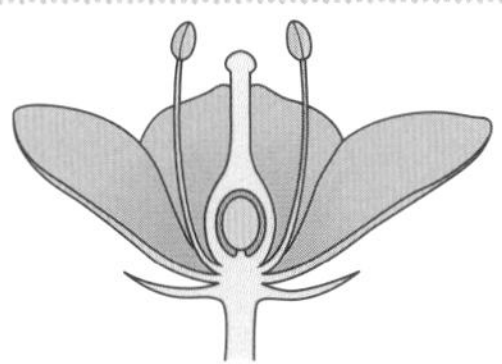

胚珠が子房の中に

次の植物のなかまを何という？

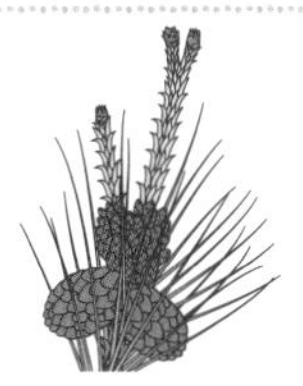

胚珠がむき出しでついている植物

3

次の植物のなかまを

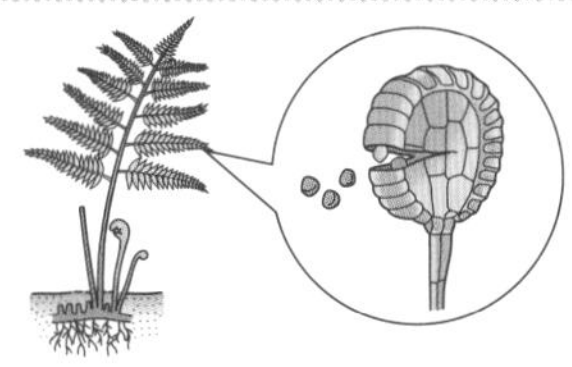

種子をつくらない植物で，根，茎，葉の区別がある植物

4

次の植物のなかまを何という？

種子をつくらない植物で，根，茎，葉の区別がない植物

5

次の動物のなかまを何という？

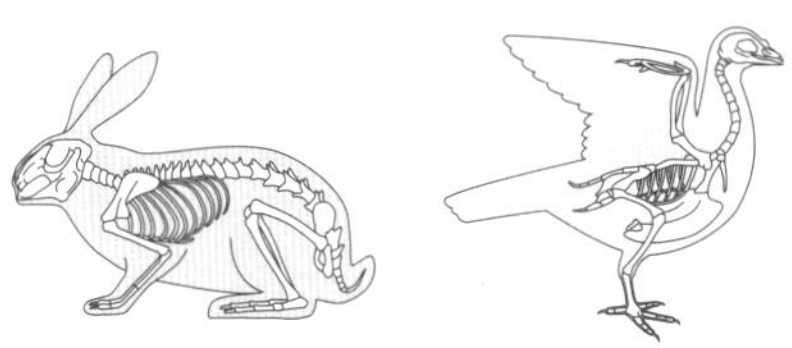

背骨がある動物

6

次の動物のなかまを何という？

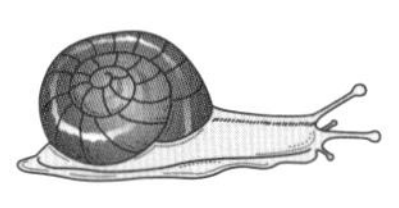

背骨がない動物

7

次の動物のなかまを何という？

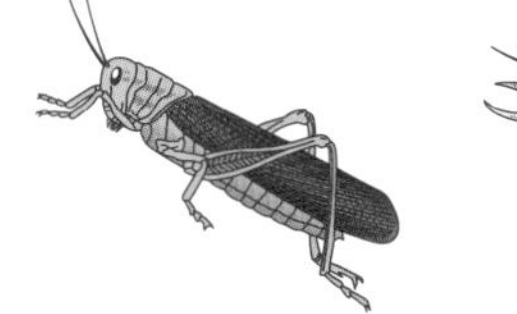

外骨格をもち，体やあしに多くの節がある動物

8

次の動物のなかまを何という？

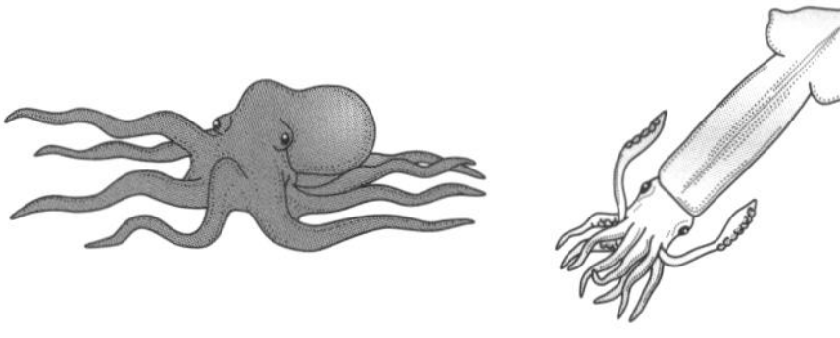

内臓をおおう外とう膜をもつ動物

9

種子植物

日本には，もともと6000 種くらいの種子植物があるらしいよ。

種子植物はどのような植物のなかま？

使い方

- ミシン目で切り取り，穴をあけてリングなどを通して使いましょう。
- カードの表面の問題の答えは裏面に，裏面の問題の答えは表面にあります。

裸子植物

マツ，イチョウ，ソテツ，スギは裸子植物だよ。「マイソースらしい」と覚えるのはどう？

裸子植物はどのような植物のなかま？

被子植物

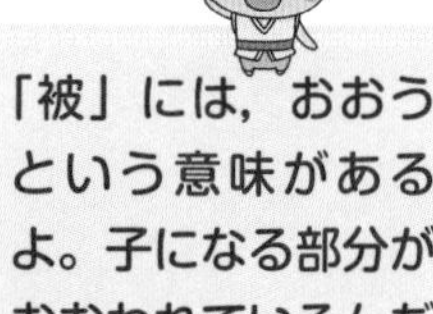

「被」には，おおうという意味があるよ。子になる部分がおおわれているんだね。

被子植物はどのような植物のなかま？

コケ植物

コケは「苔」と書くよ。「海苔」は「のり」と読むけれど，のりはコケ植物ではないんだ。

コケ植物はどのような植物のなかま？

シダ植物

「シダ」の漢字には「羊歯」という字を当てることがあるよ。羊の歯に似ているかな？

シダ植物はどのような植物のなかま？

無脊椎動物

「説明，何だか無責任…（節足，軟体，無脊椎）」と覚えるのはいかが？

無脊椎動物はどのような動物のなかま？

脊椎動物

「脊椎（せきつい）」は，背骨のことをさす言葉だよ。

脊椎動物はどのような動物のなかま？

軟体動物

外とう膜の「外とう」はコートのことだよ。軟体動物はコートを着ているみたいだね。

軟体動物はどのような動物のなかま？

節足動物

「昆虫，エビ，カニ，あしに節！」とリズムよく唱えよう。

節足動物はどのような動物のなかま？

次の物質を何という？

炭素をふくむ物質

10

次の物質を何という？

有機物以外の物質

11

次の物質を何という？

電気をよく通し，熱を伝え，みがくと光る物質

12

次の物質を何という？

金属以外の物質

13

次の気体は何？

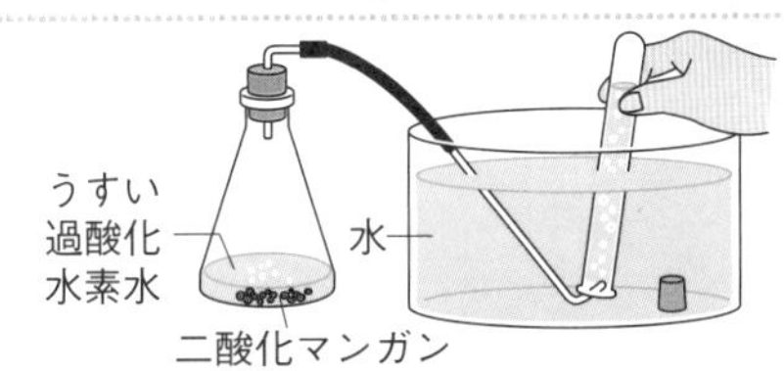

二酸化マンガンにうすい過酸化水素水を加えると発生する気体

14

次の気体は何？

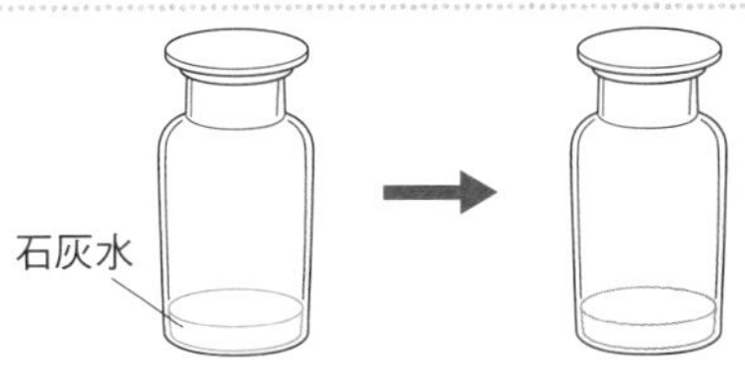

石灰水を白くにごらせる性質のある気体

15

次の気体は何？

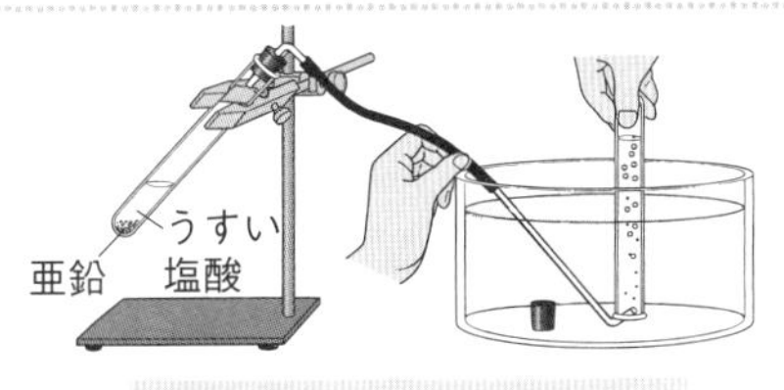

空気中で火をつけると，燃えて水ができる気体

16

次の気体は何？

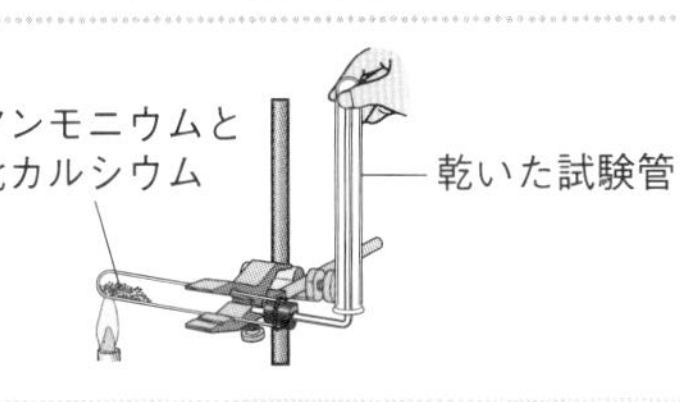

刺激臭があり，上方置換法で集められる，水溶液はアルカリ性の気体

17

次の気体は何？

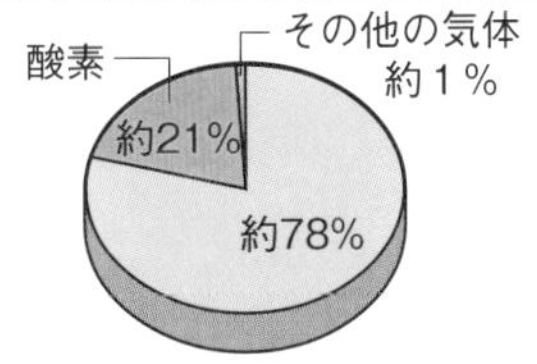

空気中に体積で約 78% ふくまれている気体

18

次の気体は何？

黄緑色で，刺激臭があり，漂白作用や殺菌作用のある気体

19

無機物

無機物はどのような物質？

有と無は反対の意味の言葉だね。有機と無機，有機物と無機物も反対の言葉だよ。

有機物

有機物はどのような物質？

「有機」は生命のあるものという意味だよ。有機物は生物に関係するものが多いね。

非金属

非金属はどのような物質？

「非」には「～ではない」という意味があるよ。非金属は金属ではないということだね。

金属

金属はどのような物質？

「金さん高熱出てえ～ん(金属，光沢，熱を伝える，電気を通す，展性，延性)」と覚えよう。

二酸化炭素

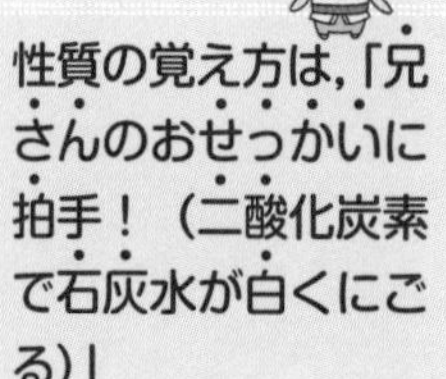

二酸化炭素は石灰水をどのようにする性質のある気体？

性質の覚え方は，「兄さんのおせっかいに拍手！（二酸化炭素で石灰水が白くにごる)」

酸素

酸素はどのようにすると発生する気体？

レバーやジャガイモにオキシドールを加えても，酸素が発生するよ。

アンモニア

アンモニアのにおい，集め方，水溶液の性質は？

性質の覚え方は，「刺激があるとの情報が！(刺激臭，アルカリ性，上方置換法)」

水素

水素は空気中で火をつけると何ができる気体？

水素は最も密度が小さい気体だよ。10Lもの水素を集めてもまだ１円玉より軽いんだ。

塩素

塩素の色，におい，性質の特徴は？

性質の覚え方は，「遠足で黄緑色の刺激的な表札発見（塩素，黄緑色，刺激臭，漂白・殺菌)」

窒素

窒素は空気中に体積の割合で何%ふくまれている気体？

窒素の「窒」には，つまるという意味があるよ。窒素だけを吸うと，息がつまってしまうよ。

次の法則を何という？

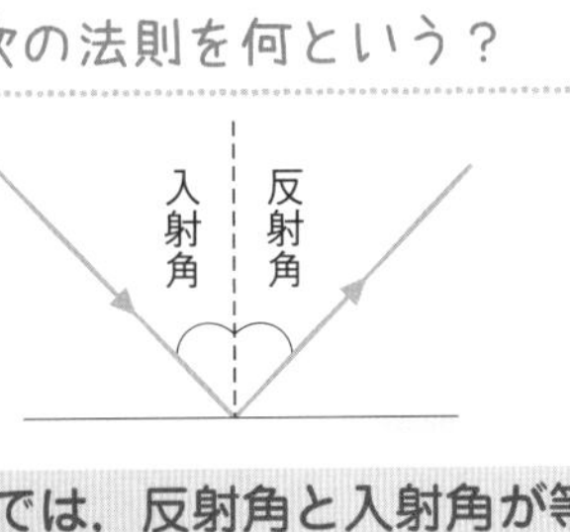

光の反射では，反射角と入射角が等しくなるという法則

20

次の現象を何という？

光が水中から空気中へ進むとき

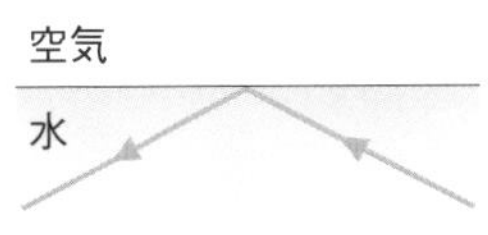

入射角を大きくすると，ある角度以上ですべての光が境界面で反射すること

21

次の像を何という？

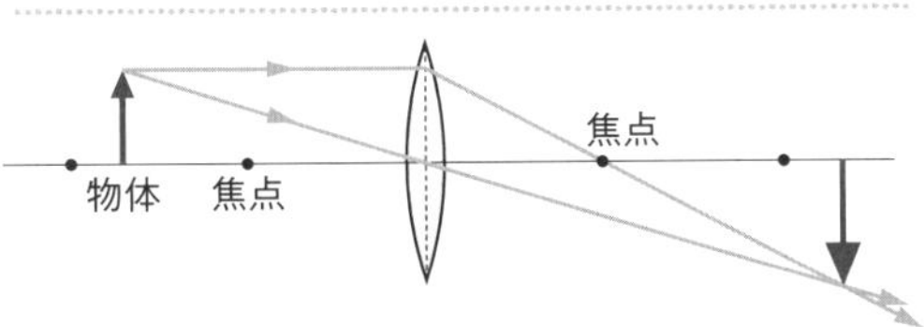

物体が焦点の外側にあるときにできる，物体と上下左右が逆向きの像

22

次の像を何という？

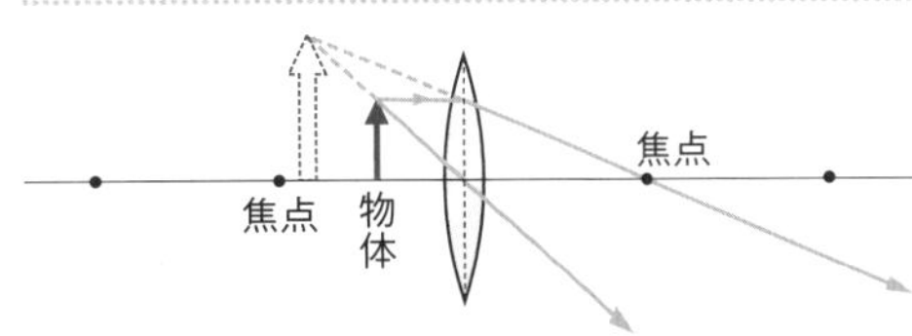

物体が焦点の内側にあるときに見える，物体と同じ向きの大きな像

23

次の現象を何という？

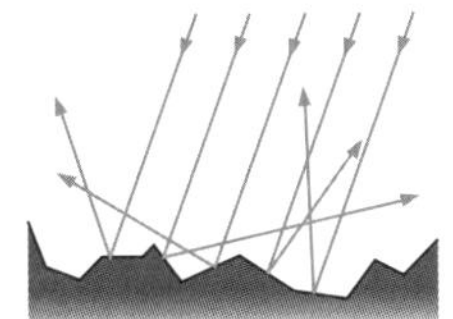

物体に当たった光がさまざまな方向に反射すること

24

次の法則を何という？

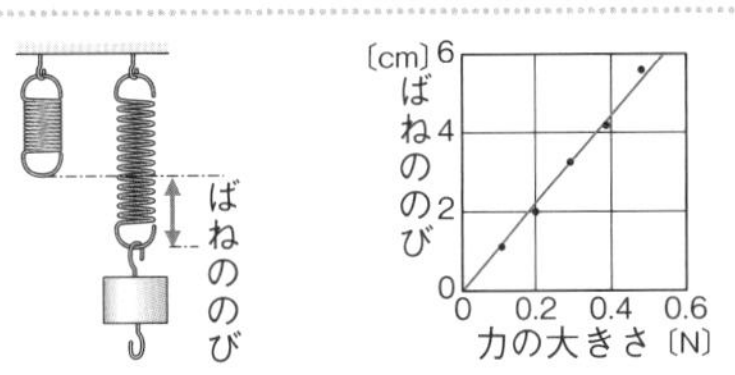

ばねののびは，ばねを引く力の大きさに比例するという法則

25

次の力を何という？

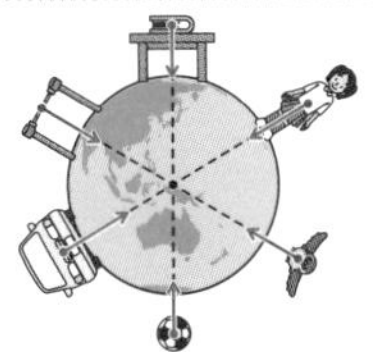

地球上の物体にはたらく，地球の中心に向かって物体を引く力

26

次の力を何という？

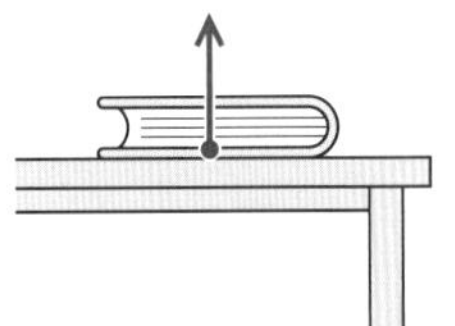

物体が面を押すとき，面から物体に対して垂直にはたらく力

27

次の力を何という？

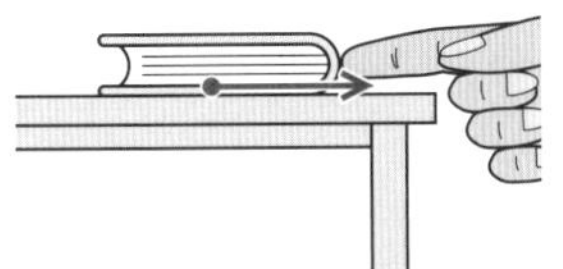

接している面の間にはたらく，物体の動きをさまたげようとする力

28

次の力を何という？

変形した物体が，もとにもどろうとするときに生じる力

29

全反射

全反射はどのような現象？

水面が鏡のように水中をうつすのも全反射によるものだよ。

虚像

虚像はどのような像？

物体を焦点の内側に置くと，凸レンズを通して虚像が見えるよ。「店内に巨大なゾウが！」と覚えよう。

フックの法則

フックの法則はどのような法則？

ばねののびと，ばねを引く力の大きさをグラフにかくと，グラフは原点を通る直線になるよ。

垂直抗力

垂直抗力はどのような力？

「抗」にはさからうという意味があるよ。垂直方向にさからう力ということだね。

弾性力

弾性力はどのような力？

フックの法則と弾性力はまとめて理解しよう。「力強くばねのばすフックさんは男性」

反射の法則

反射の法則はどのような法則？

入射角と屈折角の関係を，角度で考えてみよう。

実像

実像はどのような像？

物体を焦点の外側に置くと，実像ができるよ。「実はゾウがいたのは商店街！」と覚えよう。

乱反射

乱反射はどのような現象？

どの方向からも物体が見えるのは，物体の表面のデコボコが光を乱反射しているからだよ。

重力

重力はどのような力？

乗り物に乗って急降下すると，無重力状態を体験できるよ。重力がなくなったかのように感じるんだ。

摩擦力

摩擦力はどのような力？

「摩」も「擦」もこするという意味だよ。ふれ合った物体がこすれるときにはたらく力だね。

次の岩石を何という？

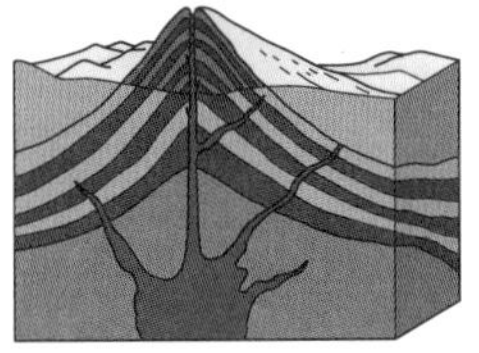

マグマが冷えて固まり，
岩石になったもの

30

次の岩石を何という？

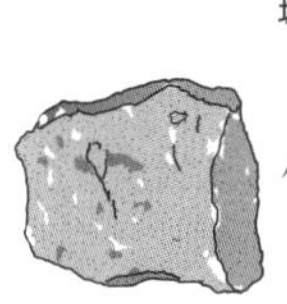

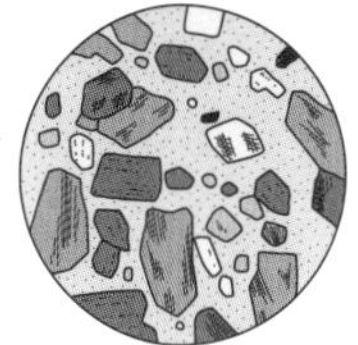

マグマが地表や地表付近で急に
冷えて固まってできた岩石

31

次の岩石を何という？

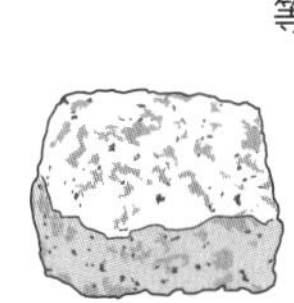

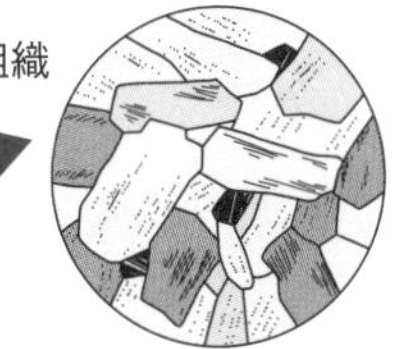

マグマが地下深くでゆっくり冷えて
固まってできた岩石

32

次の岩石を何という？

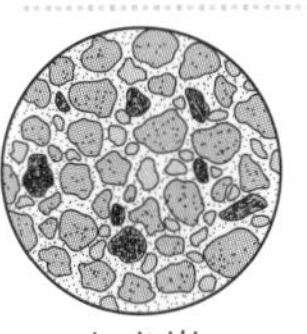

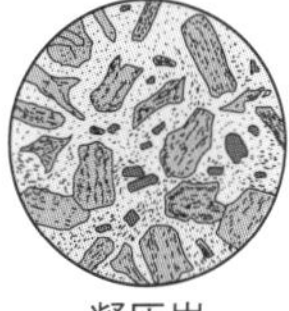

地層として堆積したものが
おし固められてできた岩石

33

次の岩石を何という？

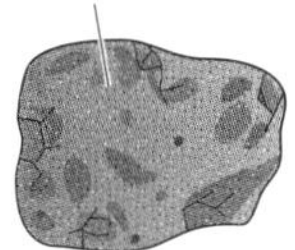

れきが堆積しておし固められて
できた岩石

34

次の岩石を何という？

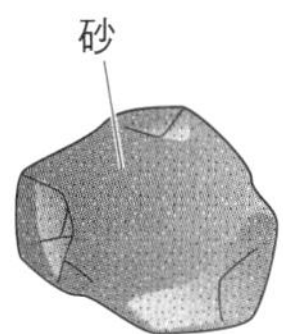

砂が堆積しておし固められて
できた岩石

35

次の岩石を何という？

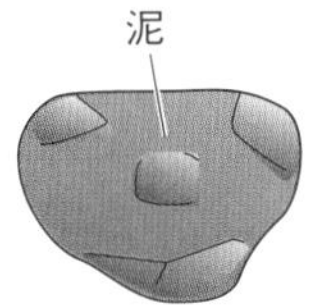

泥が堆積しておし固められて
できた岩石

36

次の岩石を何という？

うすい塩酸をかけると二酸化炭素
が発生する岩石

37

次の岩石を何という？

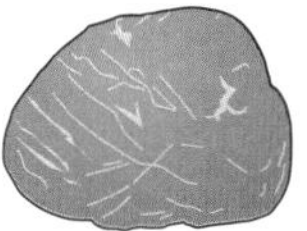

生物の死がいなどが堆積した岩石で，
とてもかたい岩石

38

次の岩石を何という？

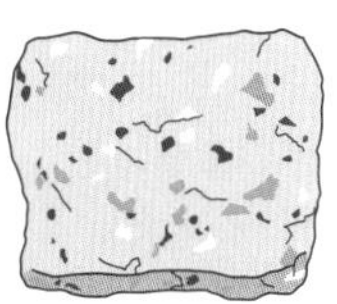

火山の噴火によって噴出した火山灰などが
堆積しておし固められてできた岩石

39

火山岩

火山岩はどのようにしてできた岩石？

火山岩には流紋岩，安山岩，玄武岩があるよ。「かりあげ」と覚えよう。

火成岩

火成岩はどのようにしてできた岩石？

火成岩にふくまれる鉱物，石英。実は，水晶は透明できれいな石英なんだ。

堆積岩

堆積岩はどのようにしてできた岩石？

石灰岩とチャートは生物の死がいなどが，凝灰岩は火山灰などが堆積してできた堆積岩だよ。

深成岩

深成岩はどのようにしてできた岩石？

深成岩には，花こう岩，せん緑岩，斑れい岩があるよ。「しんかんせんは」と覚えよう。

砂岩

砂岩は何が堆積してできた岩石？

石油や天然ガスの多くは，砂岩の中にしみこんでいるらしいよ。

れき岩

れき岩は何が堆積してできた岩石？

れきは「礫」と書くよ。「樂」は「楽」の昔の形。石が楽しくゴロゴロしているんだね。

石灰岩

石灰岩はうすい塩酸をかけるとどのようになる岩石？

石灰岩の主成分は炭酸カルシウムといって，チョークの主成分と同じだよ。

泥岩

泥岩は何が堆積してできた岩石？

泥の中でも特に粒が小さいものは，粘土とよばれるよ。

凝灰岩

凝灰岩は何が堆積してできた岩石？

「凝」には，こり固まるという意味があるよ。灰が固まってできた岩なんだね。

チャート

チャートはどのような岩石？

チャートどうしを打つと火花が出るので，火打石に利用されていたこともあるよ。

東京書籍版
理科1年 もくじ

写真提供：アーテファクトリー，アフロ，北九州市立自然史・歴史博物館

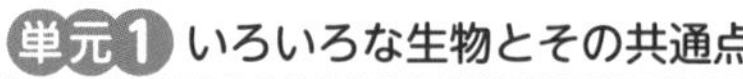

解答 p.1

確認のワーク ステージ1 第1章 生物の観察と分類のしかた

教科書の要点

(　　)にあてはまる語句を，下の語群から選んで答えよう。

同じ語句を何度使ってもかまいません。

1 身近な生物の観察

教 p.16～21

(1) ルーペは(①　　　)の近く持ち，ルーペを動かさずに，観察するものを前後に動かして，よく見える位置をさがす。

(2) スケッチは，小さな点・(②　　　)線ではっきりとかく。輪郭(りんかく)の線を重ねがきをしたり，ぬりつぶしたりしない。

(3) **双眼実体顕微鏡**(そうがんじったいけんびきょう)は，物を(③　　　)的に観察できる。

(4) **顕微鏡**(けんびきょう)は，水平で直射日光の当たらない，(④　　　)場所で使う。

(5) 鏡筒(きょうとう)上下式顕微鏡・ステージ上下式顕微鏡の使い方

❶ 対物(たいぶつ)レンズを最も(⑤　　　)倍率のものにする。

❷ 接眼(せつがん)レンズをのぞきながら，(⑥　　　)を調節して，全体が均一に明るく見えるようにする。

❸ (⑦　　　)をステージにのせ，クリップでとめる。

❹ 真横から見ながら，調節ねじを回して，プレパラートと(⑧　　　)レンズをできるだけ近づける。

❺ (⑨　　　)レンズをのぞいて，調節ねじを❹と反対に回し，ピントを合わせる。

❻ (⑩　　　)を回して，観察したいものが最もはっきりと見えるように調節する。

(6) 顕微鏡の倍率

＝対物レンズの倍率×(⑪　　　)レンズの倍率

2 生物の特徴(とくちょう)と分類

教 p.22～25

(1) グループに分けて整理することを(①　　　)という。

(2) 生物を★**分類**(ぶんるい)するときは，生物のさまざまな特徴に注目し，その(②　　　)と相違点(そういてん)を比べる。次に，共通点をもつ生物は同じグループにまとめる。

(3) 生息(せいそく)・生育環境(せいいくかんきょう)という(③　　　)に注目したときは，「水中」・「陸上」という基準で分類することができる。

(4) 同じ生物の組み合わせでも，注目する(④　　　)を変えると，分け方が変わることがある。

まるごと暗記

双眼実体顕微鏡の使い方

❶ 両目の間隔(かんかく)に鏡筒を調節し，左右の視野が重なって見えるようにする。次に，粗動(そどう)ねじをゆるめ，鏡筒を動かし，両目でピントを合わせる。

❷ 右目だけでのぞき，微動(びどう)ねじを回してピントを合わせる。

❸ 左目だけでのぞき，視度調節リングを回してピントを合わせる

ワンポイント

鏡筒上下式顕微鏡・ステージ上下式顕微鏡の使い方の注意点

(5)❹→❺の順に操作するのは，ピントを合わせるときにプレパラートと対物レンズをぶつけないようにするためである。

語群 ❶接眼／対物／反射鏡／しぼり／立体／細い／明るい／目／プレパラート／低
❷特徴／分類／共通点

★の用語は，説明できるようになろう！

同じ語句を何度使ってもかまいません。

教科書の図　□にあてはまる語句を，下の語群から選んで答えよう。

1 ルーペの使い方

教 p.17

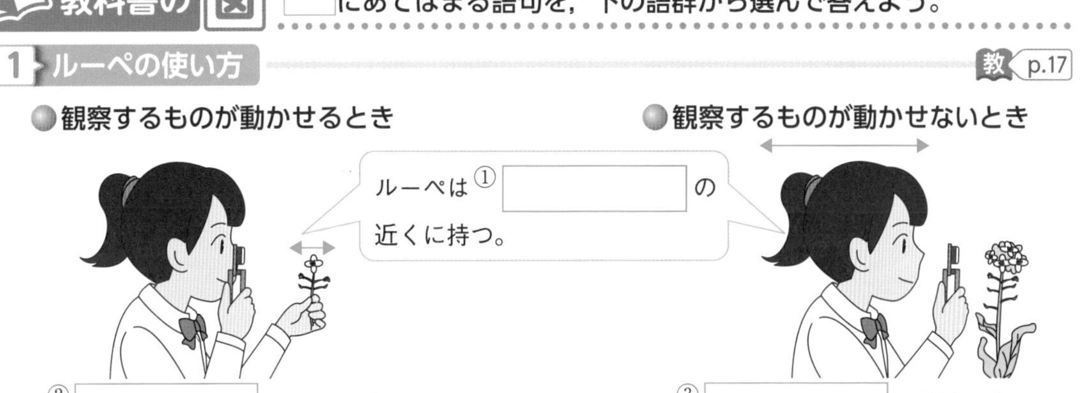

2 顕微鏡の各部の名称

教 p.18～19

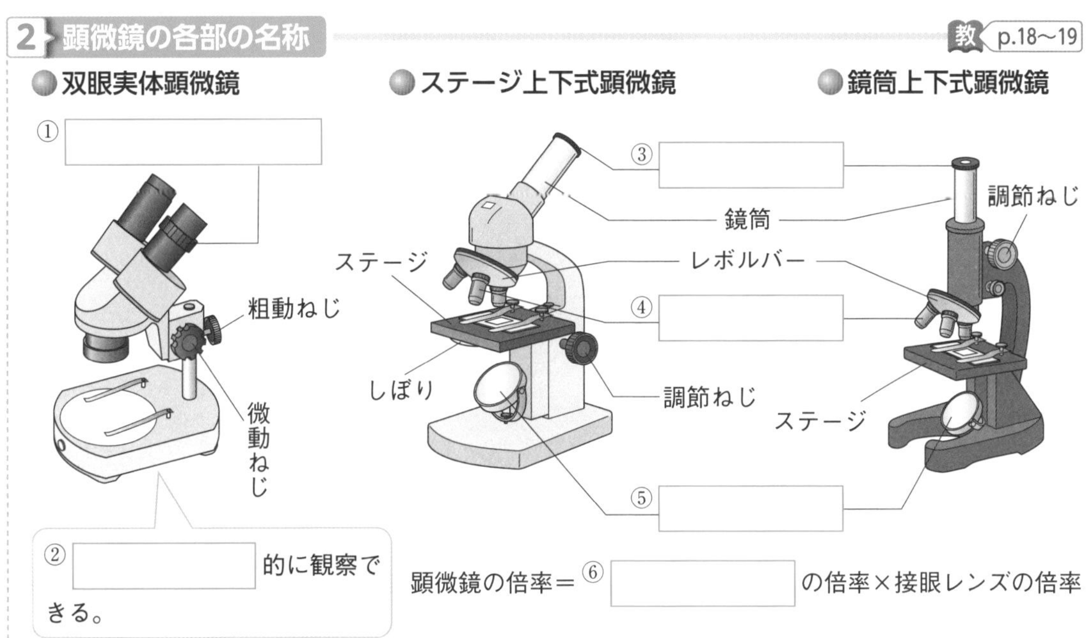

顕微鏡の倍率＝⑥ □ の倍率×接眼レンズの倍率

3 生物の分類

✎③，④には，「何を使うか」を書こう。

教 p.23～25

●「移動の有無」「移動のしかた」に注目した生物の分類

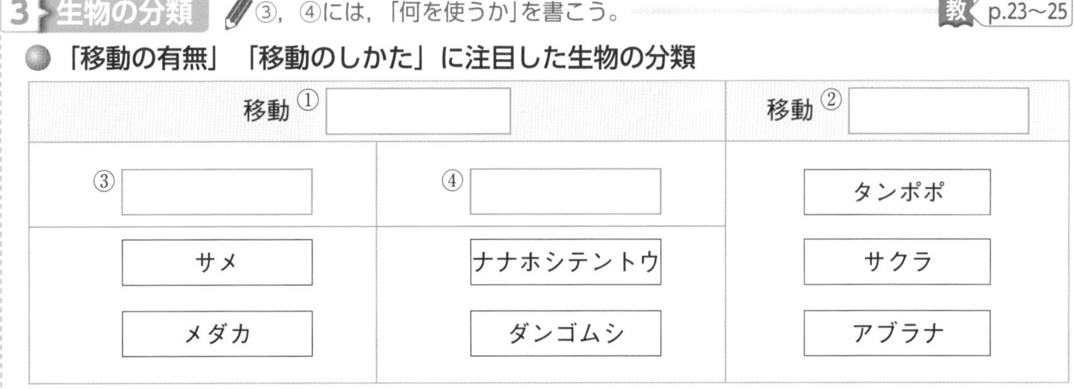

移動 ① □		移動 ② □
③ □	④ □	タンポポ
サメ	ナナホシテントウ	サクラ
メダカ	ダンゴムシ	アブラナ

語群
1 観察するもの／顔／目
2 立体／反射鏡（はんしゃきょう）／対物レンズ／接眼レンズ／視度調節リング
3 ひれ／あし／する／しない

わからない用語は，教科書の要点の★で確認しよう！

解答 p.1

定着のワーク ステージ2

第1章　生物の観察と分類のしかた－①

1 身近に見られる植物 次の写真は，身近に見られる植物である。それぞれの植物の名前を，下の〔　〕から選びなさい。ヒント

①(　　　　)　②(　　　　)　③(　　　　)

④(　　　　)　⑤(　　　　)　⑥(　　　　)

⑦(　　　　)　⑧(　　　　)　⑨(　　　　)

〔
スギナ　ハルジオン　ドクダミ
カラスノエンドウ　ゼニゴケ　カタバミ
オオイヌノフグリ　シロツメクサ　タンポポ
〕

ヒントの森

❶植物は，花の色や形，葉のつき方に着目すると区別しやすい。カタバミ・タンポポの花は黄色，ドクダミ・シロツメクサの花は白色，カラスノエンドウの花は赤色である。

❷ タンポポの花の観察

右の図1のルーペを使って，タンポポの花を観察した。図2は，観察したタンポポの花をスケッチしたものである。これについて，次の問いに答えなさい。

図1

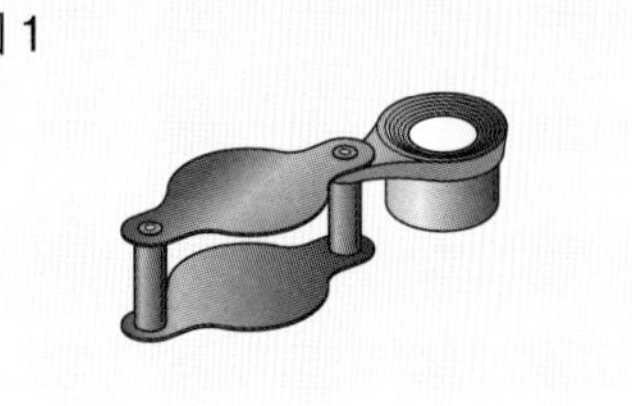

図2

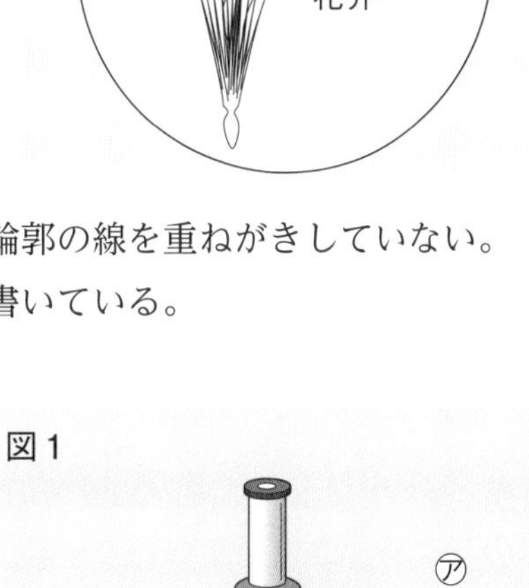

(1) ルーペで見てはいけないものは何か。ヒント
（　　　　　　　）

(2) ルーペは，からだのどの部分に近づけて使うか。
（　　　　　　　）

(3) 手に持ったタンポポの花をルーペで見るとき，前後に動かすのはルーペと花のどちらか。
（　　　　　　　）

(4) スケッチをするときには，どのような鉛筆を使うか。
（　　　　　　　）

(5) 図2のスケッチで誤っているところはどこか。次のア～ウから選びなさい。ヒント（　　　）

ア　ルーペの視野のまるい線をかいている。　イ　輪郭の線を重ねがきしていない。
ウ　めしべ，おしべ，花弁などの花のつくりの名前を書いている。

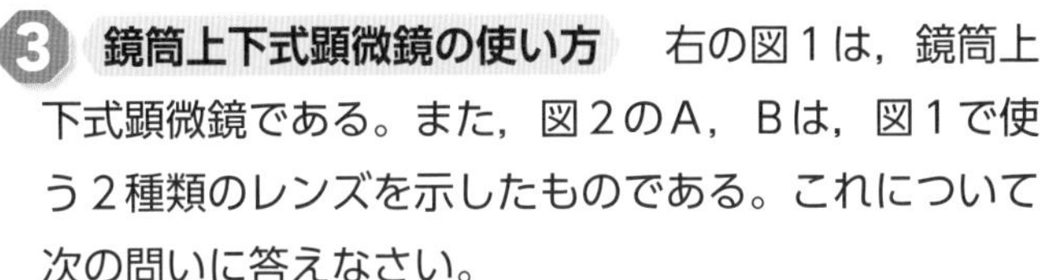

❸ 鏡筒上下式顕微鏡の使い方

右の図1は，鏡筒上下式顕微鏡である。また，図2のA，Bは，図1で使う2種類のレンズを示したものである。これについて，次の問いに答えなさい。

図1

(1) 顕微鏡を置く場所は，直射日光が当たる場所，当たらない場所のどちらか。
直射日光が（　　　　　　　）場所

(2) 図1の㋐～㋒の部分をそれぞれ何というか。
㋐（　　　　　　　）
㋑（　　　　　　　）
㋒（　　　　　　　）

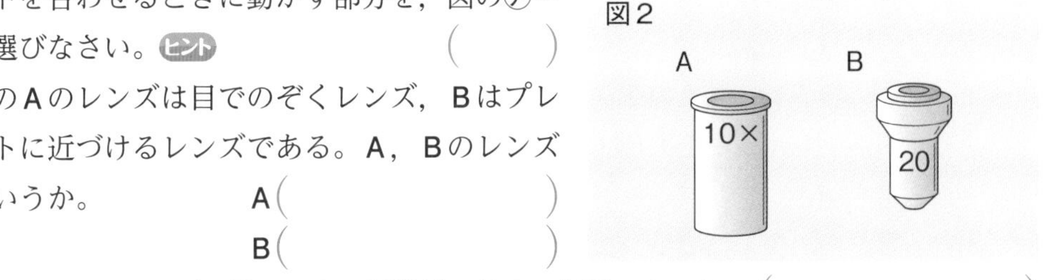

(3) ピントを合わせるときに動かす部分を，図の㋐～㋒から選びなさい。ヒント（　　　）

図2

(4) 図2のAのレンズは目でのぞくレンズ，Bはプレパラートに近づけるレンズである。A，Bのレンズを何というか。
A（　　　　　　　）
B（　　　　　　　）

(5) 図2のA，Bのレンズを使うとき，顕微鏡の倍率は何倍になるか。（　　　　　　　）

❷(1)ルーペには光を集める性質がある。　(5)スケッチでは，観察対象だけをかく。
❸(3)ピントを合わせるときは，プレパラートと対物レンズの距離（きょり）を変える。

解答 p.2

定着のワーク ステージ2 第1章 生物の観察と分類のしかた－②

1 双眼実体顕微鏡の使い方 右の図は，双眼実体顕微鏡を示したものである。これについて，次の問いに答えなさい。

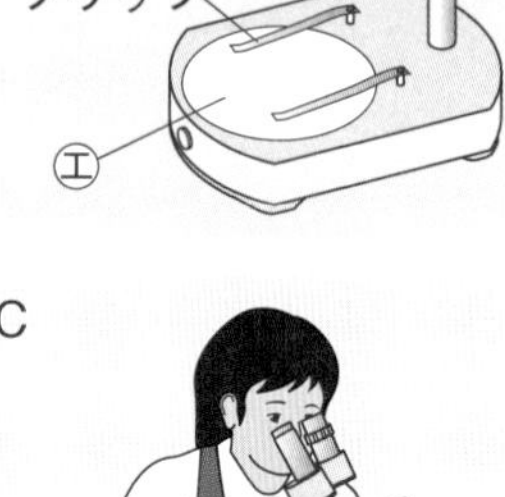

(1) 右の図の㋐～㋓の部分をそれぞれ何というか。ヒント

㋐(　　　　　　) ㋑(　　　　　　)
㋒(　　　　　　) ㋓(　　　　　　)

(2) 下の図のA～Cは，双眼実体顕微鏡の操作を示したものである。双眼実体顕微鏡の使い方の正しい順になるように，A～Cを並べなさい。ヒント (　　→　　→　　)

A 両目の間隔(かんかく)に合うように，鏡筒の幅を調節する。

B 左目でのぞきながら，㋑を左右に回してピントを合わせる。

C 右目でのぞきながら，㋒のねじでピントを合わせる。

2 ステージ上下式顕微鏡の使い方 次の図は，ステージ上下式顕微鏡の使う順を示したものである。この図を参考にして，あとの問いに答えなさい。

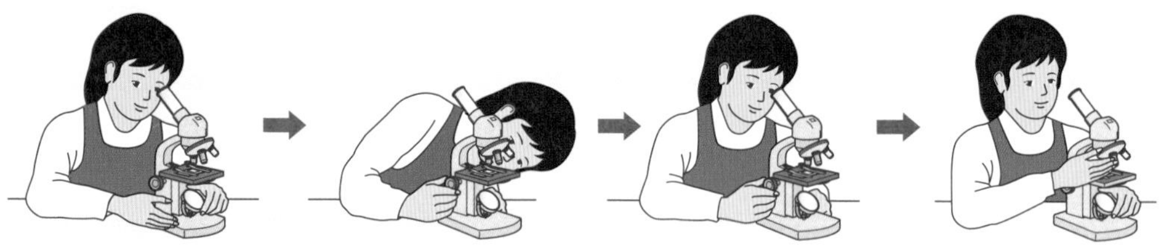

(1) 最初，対物レンズは，高倍率，低倍率のどちらにするか。 (　　　　　)

(2) 次の文のステージ上下式顕微鏡を使う手順について，①～③の(　)にあてはまる言葉を答えなさい。また，A，Bの(　)にあてはまる記号を選びなさい。ヒント

①(　　　　　) ②(　　　　　) ③(　　　　　)
A(　　) B(　　)

まず，接眼レンズをのぞきながら(①)を調節して，全体が均一に明るく見えるようにし，プレパラートを(②)にのせてクリップでとめる。次に，真横から見ながら，(③)を回し，プレパラートと対物レンズをできるだけA(ア 近づける イ 遠ざける)。その後，接眼レンズをのぞきながら，(③)を回してプレパラートと対物レンズをB(ア 近づけ イ 遠ざけ)ながらピントを合わせる。

ヒントの森

1(1)㋐は目が接するレンズである。 (2)双眼実体顕微鏡は，最初に両目でピントを合わせる。
2(2)Aは，プレパラートと対物レンズをぶつけないようにするための操作である。

3 水中の小さな生物さがし　図1のように，採取した水を試料としてプレパラートをつくった。このプレパラートを鏡筒上下式顕微鏡で観察したところ，図2のような生物が観察された。これについて，あとの問いに答えなさい。

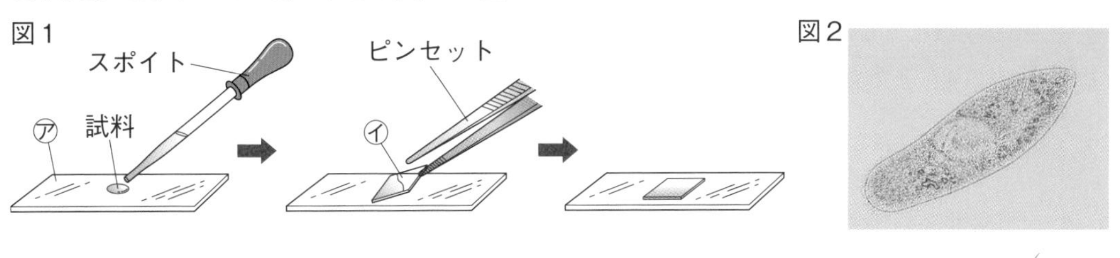

(1)　試料に用いた水として適しているものを，次のア，イから選びなさい。ヒント　(　　　)

ア　水道水を1日くみ置きした水　　　**イ**　池から採取した水

(2)　図1の㋐，㋑のガラスをそれぞれ何というか。

㋐(　　　　　)　㋑(　　　　　)

(3)　図1のように，㋑のガラスをはしからゆっくりとかぶせるのは，何を入れないようにするためか。　(　　　　　)

(4)　図2の生物を何というか。　(　　　　　)

4 教 p.23 実習1 さまざまな生物の分類　次の図は，9種類の生物を分類したときの結果を示したものである。これについて，あとの問いに答えなさい。

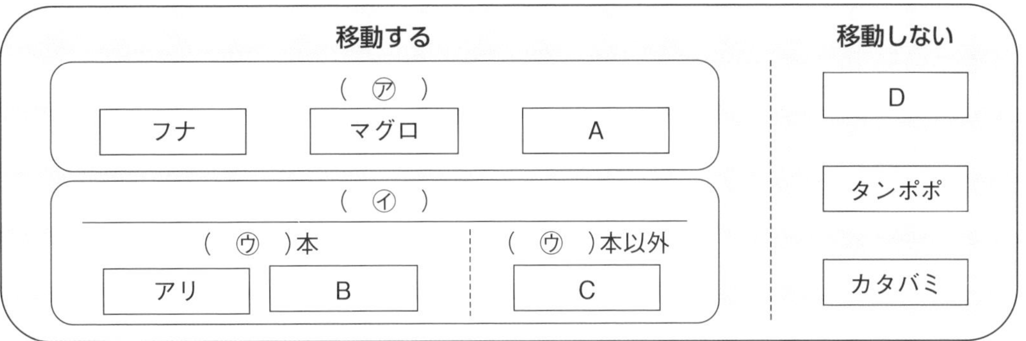

(1)　移動する生物を分類するとき，何を使って移動するかによって，㋐，㋑の2つに分けられる。㋐，㋑にあてはまる言葉を，下の〔　〕から選びなさい。

㋐(　　　　　)　㋑(　　　　　)

〔　手　　あし　　ひれ　〕

(2)　㋑で移動する生物を分類するとき，㋑の数によって2つに分けられる。㋒にあてはまる数字を答えなさい。ヒント　(　　　　　)

(3)　図のA～Dにあてはまる生物を，下の〔　〕から選びなさい。

A(　　　　　)　B(　　　　　)

C(　　　　　)　D(　　　　　)

〔　スイレン　　ナナホシテントウ　　クジラ　　ダンゴムシ　〕

3(1)水道水は，安全に飲めるように消毒してある。

4(2)あしの数によって，昆虫と昆虫でないものに分けられる。

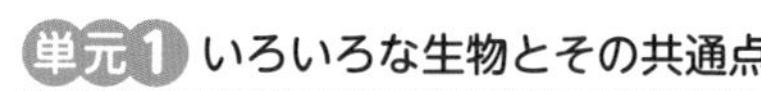

解答 p.2

第1章 生物の観察と分類のしかた

30分 /100

1 生物の観察について，次の問いに答えなさい。 6点×3（18点）

(1) 植物の根もとで落ち葉などを食べている動物を，次のア〜ウから選びなさい。

ア ベニシジミ　イ カナヘビ　ウ オカダンゴムシ

(2) 手に持った植物をルーペで観察するとき，どのようにしてよく見える位置をさがすか。次の㋐〜㋓から選びなさい。

㋐

ルーペを植物に近づけ，ルーペと植物を一緒に動かして，よく見える位置をさがす。

㋑

ルーペを目に近づけ，ルーペを動かさずに植物を動かして，よく見える位置をさがす。

㋒

ルーペを目から遠ざけ，植物を動かさずにルーペを動かして，よく見える位置をさがす。

㋓

ルーペを目から遠ざけ，ルーペを動かさずに植物を動かして，よく見える位置をさがす。

(3) 生物をスケッチするときは，見えるものすべてをかくのではなく，目的とするものだけを対象にしてかく。このほかに，どのようなことに注意するか。スケッチのかき方に注目して答えなさい。

(1)		(2)		(3)	

2 右の図は，双眼実体顕微鏡を示したものである。これについて，次の問いに答えなさい。 3点×6（18点）

(1) 双眼実体顕微鏡は，どのような明るさのところで使うか。「直射日光」という言葉を使って答えなさい。

(2) 図の㋐〜㋒の部分をそれぞれ何というか。

(3) 双眼実体顕微鏡のピントの合わせ方として正しい順になるように，次のア〜ウを並べなさい。

ア 右目だけでのぞきながら，微動ねじでピントを合わせる。

イ 鏡筒を上下させて，両目でおよそのピントを合わせる。

ウ 左目だけでのぞきながら，㋐を左右に回してピントを合わせる。

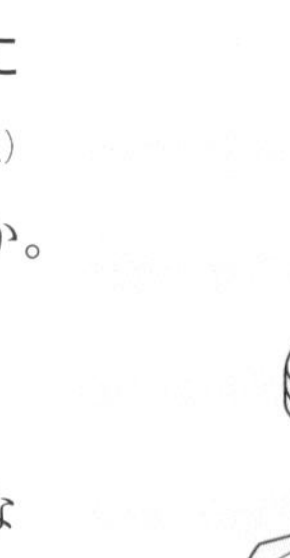

(4) 双眼実体顕微鏡は，鏡筒上下式顕微鏡やステージ上下式顕微鏡にはないような利点がある。この利点を，見え方に注目して答えなさい。

(1)					
(2) ㋐		㋑		㋒	
(3)	→ →	(4)			

よく出る **3** 右の図のステージ上下式顕微鏡について，次の問いに答えなさい。　4点×6（24点）

レボルバー　A　鏡筒　B　C　D　E　F

(1) 図1のA，B，E，Fの部分をそれぞれ何というか。

(2) 次のア～オは，顕微鏡の使い方について述べたものである。ア～オを，操作の順に並べなさい。

ア　プレパラートをCにのせる。

イ　Eを回してピントを合わせる。

ウ　Fを調節して，全体が明るく見えるようにする。

エ　Dを回して観察したいものがはっきり見えるように調節する。

オ　真横から見ながらEを回し，プレパラートとBのレンズを近づける。

(3) ステージ上下式顕微鏡には，右の□のようなレンズがついていた。顕微鏡の最高の倍率は何倍になるか。

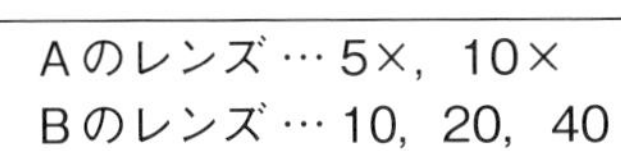
Aのレンズ…5×，10×
Bのレンズ…10，20，40

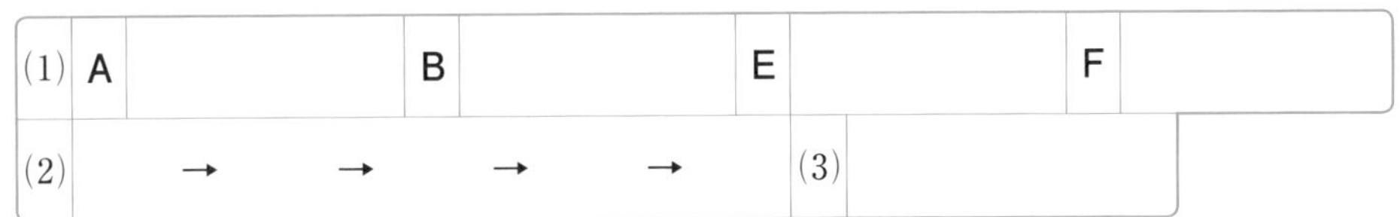

4 次の図は，身近な生物の特徴を調べ，2つの基準に注目して順に分類を行った結果を示したものである。これについて，あとの問いに答えなさい。　5点×8（40点）

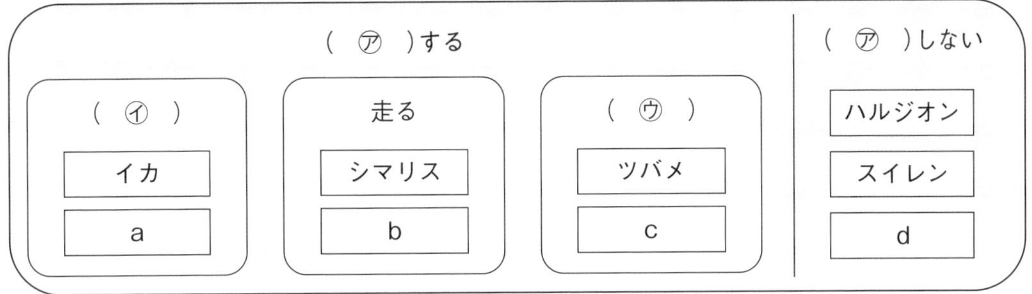

(1) 生物を分類した㋐～㋒の基準にあてはまる言葉は何か。

(2) 図のa～dにあてはまる生物はどれか。次のア～エからそれぞれ選びなさい。

ア　ウマ　　イ　モンシロチョウ　　ウ　クジラ　　エ　ケヤキ

(3) 生物の分類について正しく述べたものを，次のア～エから選びなさい。

ア　分類する基準は，生物によって決まっている。

イ　相違点（そういてん）をもつ生物は，同じグループにまとめる。

ウ　同じ生物の組み合わせで分類すると，いつも同じ結果になる。

エ　同じ生物の組み合わせで分類しても基準を変えると，結果も変わることがある。

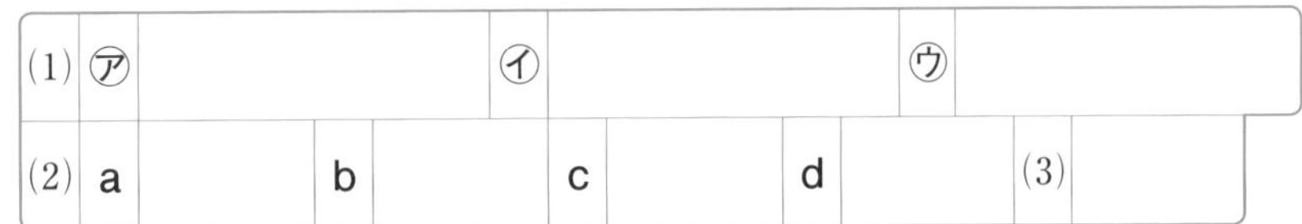

解答 p.3

確認のワーク ステージ1 第2章 植物の分類(1)

教科書の要点

(　　)にあてはまる語句を，下の語群から選んで答えよう。 同じ語句を何度使ってもかまいません。

1 果実をつくる花のつくり

教 p.30〜33

(1) 花のつくりは，外側から，がく，花弁，(①　　　　)，めしべの順についているものが多い。
小学校では花びらとよんでいた。

(2) めしべの先端の部分を★柱頭といい，下部のふくらんだ部分を(②　　　　)という。

(3) めしべの★子房の中には，(③　　　　)という小さな粒が入っている。

(4) おしべの先端のふくらんだ部分を(④★　　　　)といい，中に花粉が入っている。

(5) めしべの先端の柱頭に花粉がつくことを(⑤　　　　)という。

(6) ★受粉が起こると，子房は成長して(⑥　　　　)になり，★胚珠は成長して(⑦　　　　)になる。
小学校では実とよんでいた。

(7) 地面に落ちた種子は，やがて(⑧　　　　)して，次の世代の植物になる。

(8) 種子をつくる植物を(⑨★　　　　)という。

2 裸子植物と被子植物

教 p.34〜35

(1) マツの枝には雌花と(①　　　　)がさく。

(2) マツの花は，うろこのような(②　　　　)が重なっていて，花弁やがくはない。

(3) マツの雌花のりん片には(③★　　　　)があるが，子房はない。

(4) マツの雄花のりん片には(④★　　　　)があり，中に花粉が入っている。

(5) マツの花粉は，風に飛ばされて，雌花の(⑤　　　　)に直接ついて受粉する。

(6) マツ，イチョウ，スギのように，子房がなく，胚珠がむき出しになっている植物を(⑥★　　　　)という。

(7) アブラナ，サクラ，フジのように，子房の中に胚珠がある植物を(⑦★　　　　)という。

語群
1 種子／種子植物／子房／胚珠／やく／おしべ／発芽／果実／受粉
2 りん片／花粉のう／雄花／胚珠／被子植物／裸子植物

★の用語は，説明できるようになろう！

ワンポイント

花に注目した分類
花がさく植物(カーネーションなど)と，花がさかない植物(スギナなど)に分類できる。

果実に注目した分類
果実ができる植物(ウメなど)と，果実ができない植物(マツなど)に分類できる。

まるごと暗記

受粉後の変化
- 胚珠→種子
- 子房→果実

種子植物の分類
- 裸子植物…子房がなく，胚珠がむき出しになっている植物。
- 被子植物…子房の中に胚珠がある植物。

ワンポイント
裸子植物は，胚珠があるので種子はできるが，子房がないので，果実はできない。

同じ語句を何度使ってもかまいません。

教科書の図

□にあてはまる語句を，下の語群から選んで答えよう。

1 アブラナの花のつくり

教 p.31〜32

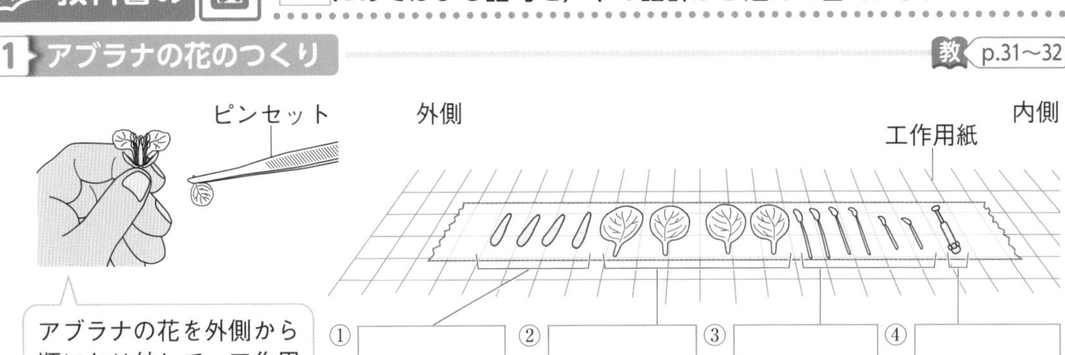

2 花のつくりと果実のでき方

教 p.33

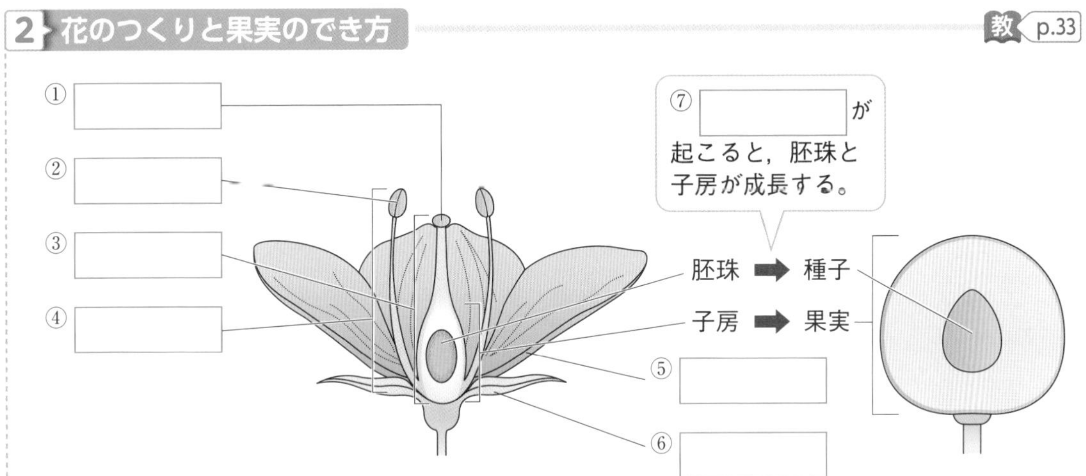

3 マツの花のつくりと種子

教 p.34〜35

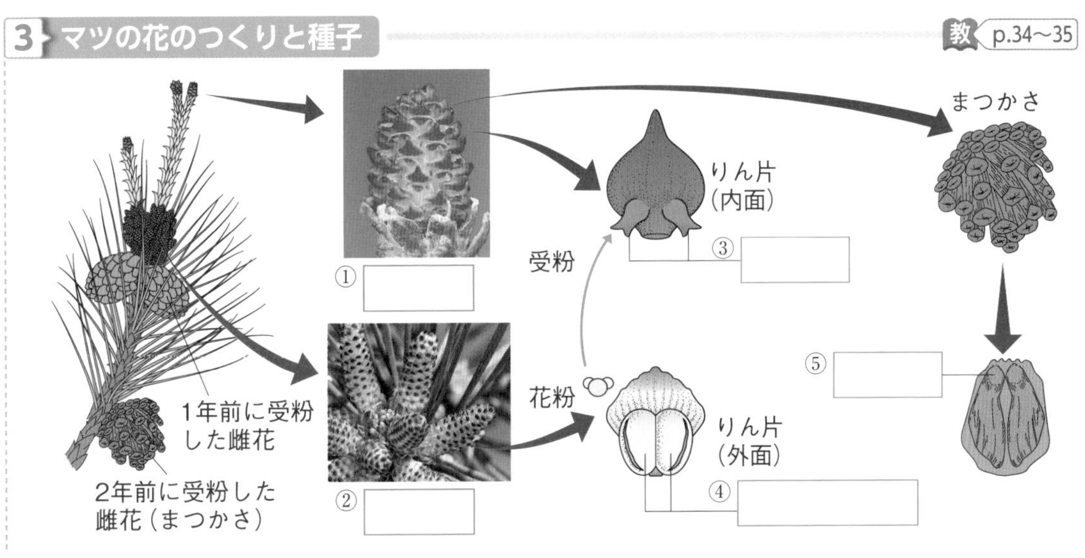

語群 1 めしべ／おしべ／がく／花弁　2 花弁／おしべ／めしべ／やく／柱頭／受粉／がく
3 種子／雄花／雌花／胚珠／花粉のう

わからない用語は，教科書の要点の★で確認しよう！

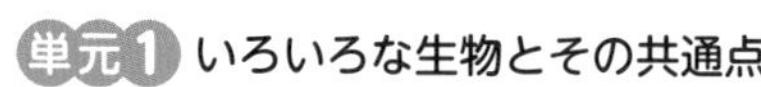

解答 p.3

第2章 植物の分類(1)

1 教 p.31 観察2 **実や種子をつくる花のつくりと変化** 次の図は，フジの花を分解したようすである。これについて，あとの問いに答えなさい。

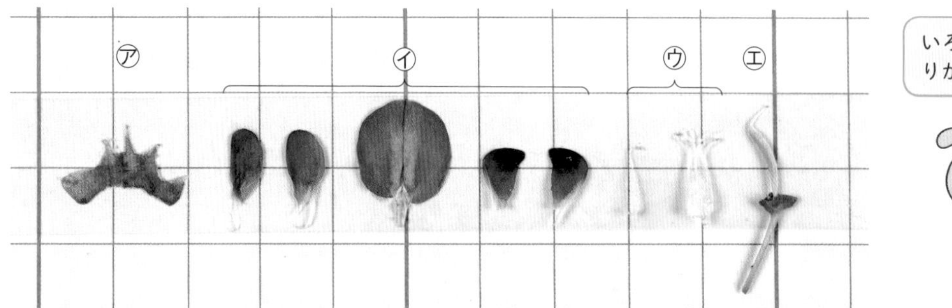

いろいろなつくりがあるね。

(1) 図の㋐〜㋓のつくりをそれぞれ何というか。ヒント

㋐(　　　　) ㋑(　　　　)
㋒(　　　　) ㋓(　　　　)

(2) フジの花の最も内側と最も外側にあるつくりを，図の㋐〜㋓からそれぞれ選びなさい。

最も内側(　　) 最も外側(　　)

(3) 先端にふくらんだ部分があり，その中に花粉が入っているつくりを，図の㋐〜㋓から選びなさい。(　　)

(4) 下部のふくらんだ部分をカッターナイフで切ったとき，中に小さな粒が入っているつくりを，図の㋐〜㋓から選びなさい。ヒント (　　)

2 **花のつくり** 右の図は，サクラの花を縦に切って観察したときの断面のようすを表したものである。これについて，次の問いに答えなさい。

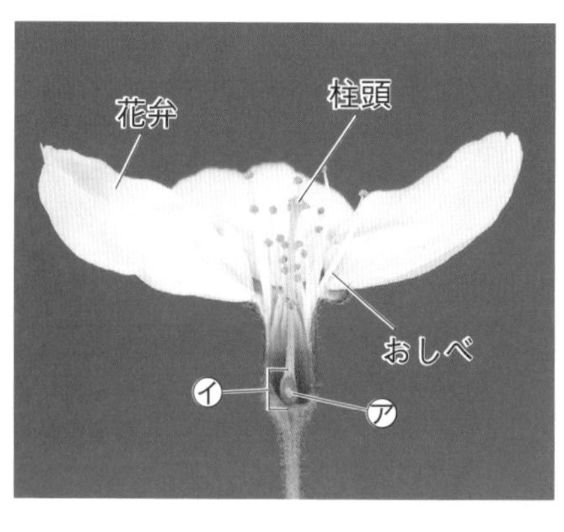

(1) 図の㋐，㋑の部分をそれぞれ何というか。

㋐(　　　　) ㋑(　　　　)

(2) 図の花弁，おしべ，柱頭，㋐，㋑のうち，受粉後に果実になる部分，種子になる部分はそれぞれどこか。

果実(　　)
種子(　　)

(3) サクラの花のように，図の㋐が㋑の中にある植物のなかまを何というか。

(　　　　)

(4) (3)の植物のなかまにあてはまるものを，下の〔 〕から2つ選びなさい。ヒント

(　　　　)(　　　　)

〔 スギ　フジ　イチョウ　アブラナ 〕

❶(1)最も内側にはめしべ，最も外側にはがくがある。 (4)この小さな粒はやがて種子になる。
❷(4)〔 〕の中には，裸子植物もふくまれている。

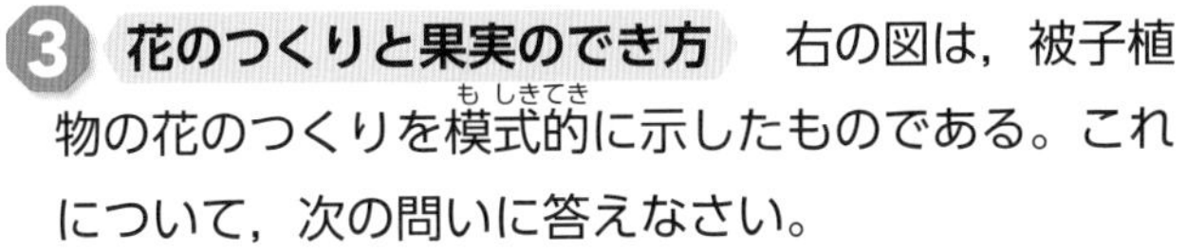

3 花のつくりと果実のでき方　右の図は，被子植物の花のつくりを模式的に示したものである。これについて，次の問いに答えなさい。

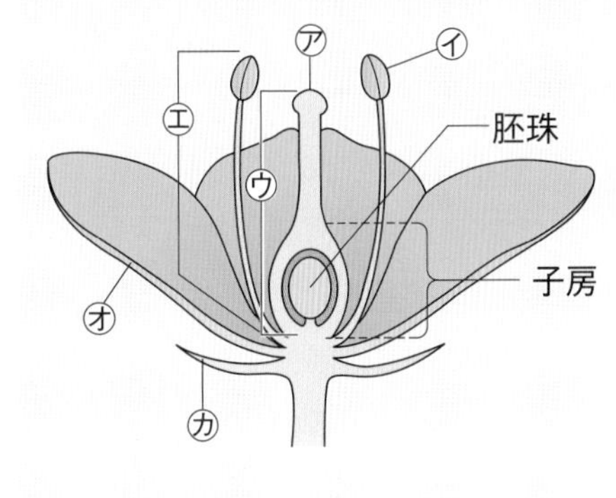

(1) 図の㋐～㋕の部分をそれぞれ何というか。ヒント

㋐(　　　)　㋑(　　　)
㋒(　　　)　㋓(　　　)
㋔(　　　)　㋕(　　　)

(2) 花粉が㋐につくことを何というか。

(　　　)

(3) (2)が起こった後，図の胚珠と子房はそれぞれ何になるか。ヒント

胚珠(　　　)　子房(　　　)

4 マツの花のつくり　次の図1はマツの若い枝の先のようす，図2は雌花と雄花のりん片のようすである。これについて，あとの問いに答えなさい。

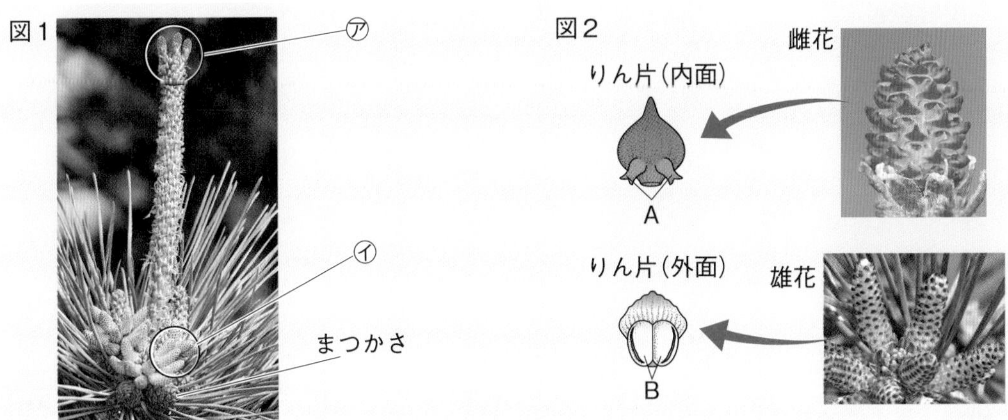

(1) 図1のマツの枝の㋐，㋑には，雄花，雌花のどちらが集まっているか。

㋐(　　　)　㋑(　　　)

(2) 図2のりん片についているA，Bをそれぞれ何というか。

A(　　　)　B(　　　)

(3) 花粉が入っている部分を，図2のA，Bから選びなさい。(　　　)

(4) 受粉後，種子になる部分を，図2のA，Bから選びなさい。(　　　)

(5) 受粉後，マツの花には果実はできるか，できないか。ヒント(　　　)

(6) まつかさは，雄花，雌花のどちらが成長してできたものか。(　　　)

(7) マツの花のように，Aがむき出しになっている植物のなかまを何というか。

(　　　)

(8) マツの花は，アブラナの花と同じように種子をつくってなかまをふやす。このような植物のなかまを何というか。(　　　)

3(1)㋒の先端が㋐，㋓の先端が㋑である。　(3)被子植物は，果実の中に種子が入っている。
4(5)果実は，花のどの部分が変化してできるかを考える。

解答 p.3

実力判定テスト ステージ3　第2章　植物の分類(1)

30分　/100

1 図1はツツジの花のようす，図2はツツジのおしべとめしべの先端をルーペで拡大したようすである。図2のBの先端にあるDからは，粉のようなEが出ていた。これについて，次の問いに答えなさい。　5点×6（30点）

(1) 図1のⓐの部分を何というか。

(2) 図2のA，Bのうち，おしべはどちらか。

(3) 図2のAの先端にあるCの部分を何というか。

(4) 図2のBの先端にあるDの部分を何というか。

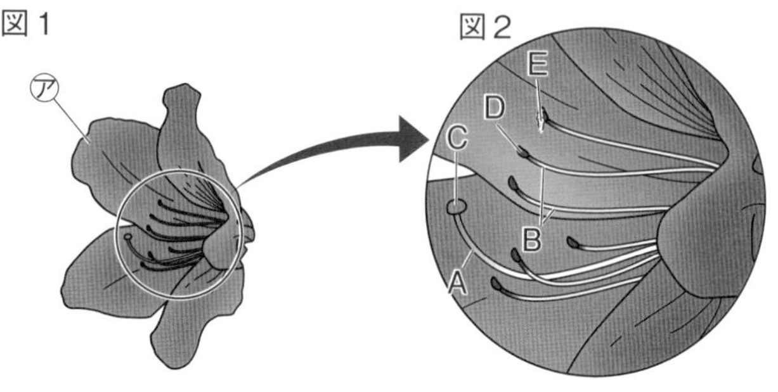

(5) 図2のDから出ているEの粉を何というか。

記述 (6) 受粉が起こると，やがて種子ができる。受粉とは，どのようなことをいうか。

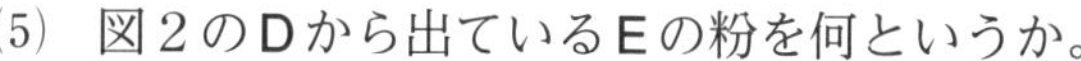

(1)		(2)		(3)		(4)	
(5)		(6)					

よく出る **2** 右の図1はアブラナの花のようすを，図2はマツの花からりん片を採取し，ルーペで観察したようすを表している。これについて，次の問いに答えなさい。　5点×6（30点）

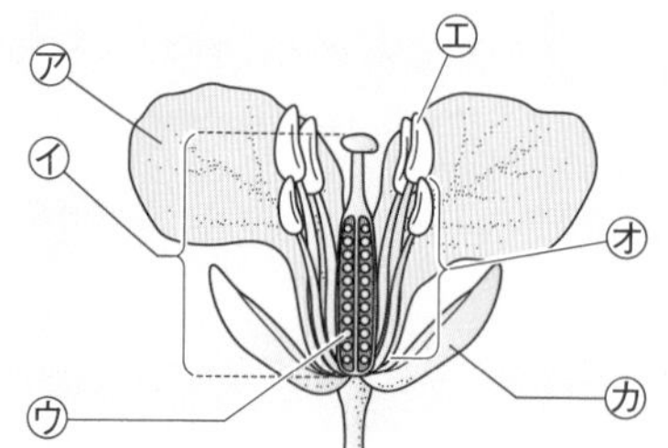

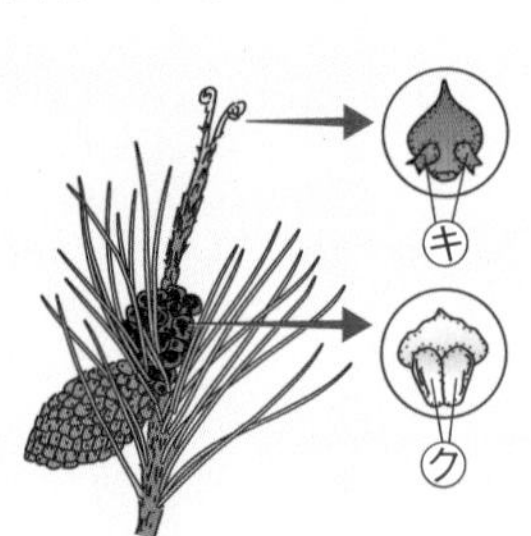

(1) 図1のオ，カの部分をそれぞれ何というか。

(2) 図2のキ，クと同じはたらきをする部分を，図1のア〜カからそれぞれ選びなさい。

(3) マツの花について正しいものを，次のア〜ウから選びなさい。

ア　子房があり，果実をつくる。

イ　子房はなく，果実をつくらない。

ウ　がくがあり，花の内部を守っている。

記述 (4) マツの花はどのように受粉するか。キまたはクのどちらかの名前を使って答えなさい。

(1) オ		カ		(2) キ		ク	
(3)		(4)					

3 右の図1は，マツの花から採取したりん片を示したものである。図2は，種子をつくってふえる2種類の植物のなかまの花の一部を模式的に示したものである。これについて，次の問いに答えなさい。ただし，図1，2の㋐は同じはたらきをする部分である。　4点×5（20点）

図1　図2

㋐　子房　A　B

(1)　図1のりん片は，雄花，雌花のどちらから採取したものか。

(2)　図1のりん片の㋐は，受粉後，何になるか。

(3)　図1のつくりから，マツは図2のA，Bのどちらの植物と同じなかまとわかるか。

(4)　図2のA，Bの植物は，花のつくりから考えて，それぞれ何植物とよばれるか。

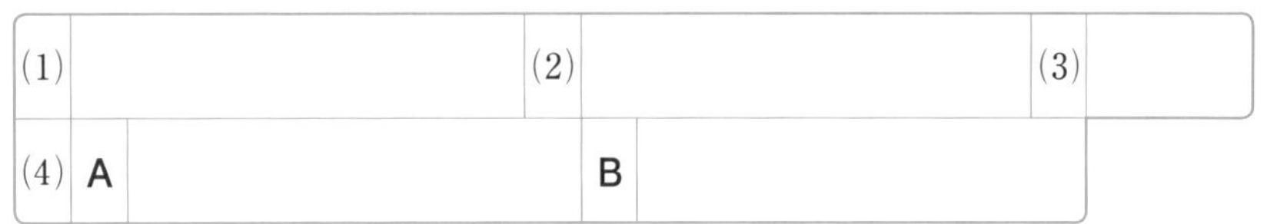

(1)		(2)		(3)	
(4)	A		B		

4 次の図は，サクラ，カキ，マツの花のつくりと，種子のでき方を示したものである。図の㋐は同じ名前の部分である。これについて，あとの問いに答えなさい。　4点×5（20点）

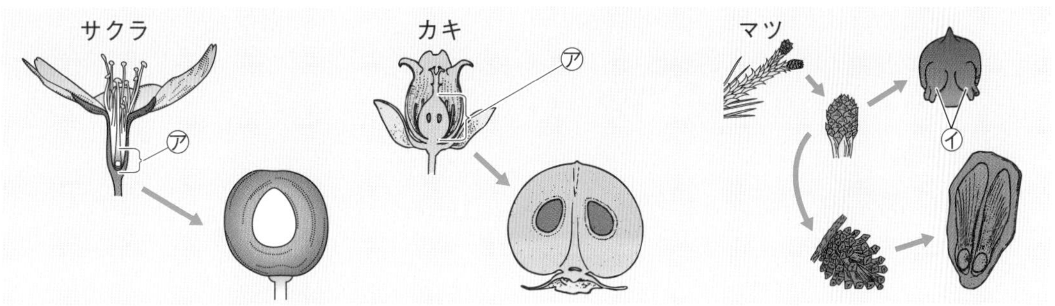

(1)　図の㋐，㋑の部分をそれぞれ何というか。

(2)　サクラの胚珠は1つである。サクラの1つの花には，最大いくつの種子ができると考えられるか。次のア～ウから選びなさい。

ア　1つ　　**イ**　2つ　　**ウ**　多数

(3)　カキは，花のつくりから，サクラとマツのどちらと同じ植物のなかまに分類されると考えられるか。

(4)　サクラ，カキ，マツの花に共通する特徴は何か。次のア～エから選びなさい。

ア　果実ができる。　　**イ**　種子ができる。

ウ　子房がある。　　**エ**　花弁がある。

(1)	㋐		㋑		(2)	
(3)			(4)			

解答 p.4

確認のワーク ステージ1 第2章 植物の分類(2)

教科書の要点

同じ語句を何度使ってもかまいません。

（　　）にあてはまる語句を，下の語群から選んで答えよう。

1 被子植物の2つのグループ

教 p.36～37

(1) 被子植物は，イネなどの子葉が1枚の(①　　　　)と，ヒマワリなどの子葉が2枚の(②　　　　)に分けられる。

(2) ★単子葉類は(③　　　　)な ★葉脈(葉のすじ)をもち，★双子葉類は(④　　　　)の葉脈をもつ。

(3) 単子葉類はたくさんの細い ★ひげ根をもち，双子葉類は太い ★主根と，そこからのびる(⑤★　　　　)からなる。

まるごと暗記

- 単子葉類…子葉1枚，平行な葉脈，ひげ根
- 双子葉類…子葉2枚，網目状の葉脈，主根と側根

2 花をさかせず種子をつくらない植物

教 p.38～41

(1) 種子をつくらない植物には，スギナなどの(①　　　　)と，ゼニゴケなどの(②　　　　)がある。

(2) ★シダ植物や ★コケ植物は，種子ではなく，(③　　　　)でふえる。

(3) シダ植物には，葉，茎，根の区別が(④　　　　)。茎は，地下や地表近くにあるものが多く，そこから葉が生える。

(4) イヌワラビは，葉の裏側に ★胞子が入った(⑤　　　　)をつける。

(5) コケ植物には，葉，茎，根の区別が(⑥　　　　)。根のように見える部分を(⑦　　　　)という。

(6) ゼニゴケには，雌株と(⑧　　　　)があり，胞子は雌株の ★胞子のうでつくられる。

ワンポイント

種子植物の葉

- 広葉…はばが広い葉
- 針葉…針のように細い葉

植物の例

- 単子葉類…トウモロコシ，スズメノカタビラ
- 双子葉類…アサガオ，アブラナ，サクラ
- シダ植物…スギナ，ホウライシダ，ヘゴ
- コケ植物…コスギゴケ，エゾスナゴケ

3 さまざまな植物の分類

教 p.42～43

(1) 植物は，種子をつくってふえる(①　　　　)と，種子をつくらないで，胞子などによってふえる植物に分類できる。

(2) 種子植物は，花に子房がある(②　　　　)と，子房がない裸子植物に分類できる。

(3) 被子植物は，葉脈が平行な(③　　　　)と，網目状の双子葉類に分類できる。

(4) 種子をつくらない植物は，葉，茎，根の区別があるシダ植物と，区別がない(④　　　　)に分類できる。

プラスα

コケ植物のからだ

葉のように見える部分を葉状体という。

仮根は，からだを土や岩に固定するはたらきがある。

語群 1側根／平行／網目状／双子葉類／単子葉類　2ある／ない／仮根／雄株／胞子／胞子のう／シダ植物／コケ植物　3種子植物／コケ植物／被子植物／単子葉類

★の用語は，説明できるようになろう！

同じ語句を何度使ってもかまいません。

□にあてはまる語句を，下の語群から選んで答えよう。

1 単子葉類と双子葉類の葉・根のつくり

教 p.37

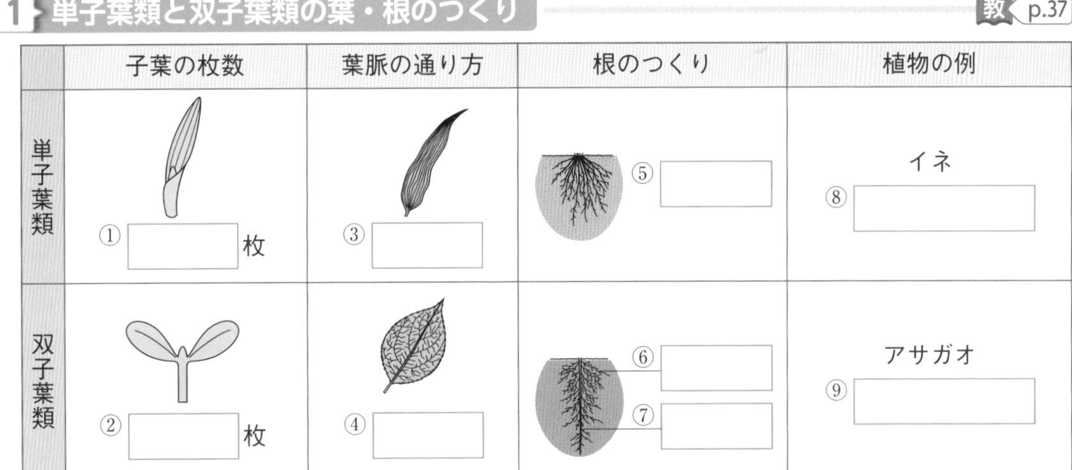

	子葉の枚数	葉脈の通り方	根のつくり	植物の例
単子葉類	① □ 枚	③ □	⑤ □	イネ ⑧ □
双子葉類	② □ 枚	④ □	⑥ □ ⑦ □	アサガオ ⑨ □

2 さまざまな植物の分類

教 p.42〜44

胞子

種子をつくらない植物

胞子でふえる。

葉，茎，根

① □ 植物
・葉，茎，根の区別がない。
→ ゼニゴケ，エゾスナゴケ，コスギゴケ など

② □ 植物
・葉，茎，根の区別がある。
→ イヌワラビ，スギナ，ゼンマイ など

種子

③ □ 植物

種子でふえる。

胚珠

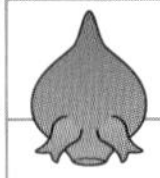

④ □ 植物
胚珠がむき出しになっている。
→ マツ，スギ，イチョウ など

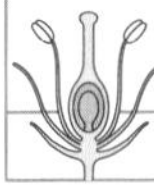

⑤ □ 植物
胚珠が子房の中にある。

葉，茎，根

⑥ □ 類
・子葉は１枚。
・葉脈は平行。
・根はひげ根。
→ イネ，トウモロコシ，ユリ など

⑦ □ 類
・子葉は２枚。
・葉脈は網目状。
・根は主根と側根。
→ アブラナ，サクラ，タンポポ など

語群

1 ヒマワリ／トウモロコシ／主根／ひげ根／側根／平行／網目状／1／2

2 種子／被子／裸子／単子葉／双子葉／シダ／コケ

わからない用語は，教科書の要点の★で確認しよう！

解答 p.4

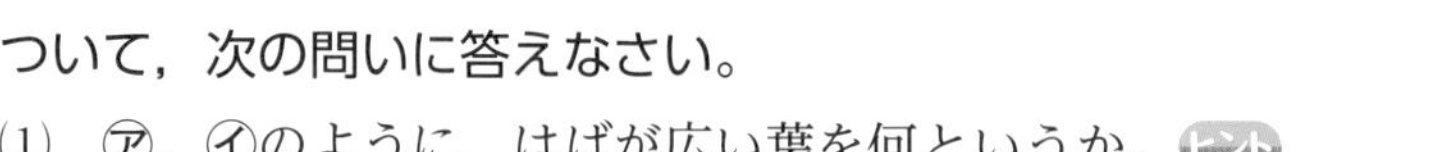

定着のワーク ステージ2　第2章　植物の分類(2)−①

1 被子植物の2つのグループ

右の写真は，被子植物に見られる2種類の葉のようすを示したものである。これについて，次の問いに答えなさい。

(1)　㋐，㋑のように，はばが広い葉を何というか。ヒント
（　　　　　　）

(2)　(1)の葉に対して，マツやスギは針のような細い葉をもっている。この針のような細い葉を何というか。ヒント
（　　　　　　）

(3)　㋐，㋑のように，葉の表面にはすじが見られる。このような葉のすじを何というか。（　　　　　　）

(4)　被子植物のうち，㋐，㋑のような葉をもつ植物のなかまは，何類に分類されるか。
㋐（　　　　　　）㋑（　　　　　　）

(5)　㋐，㋑の植物のなかまの子葉はそれぞれ何枚か。ヒント
㋐（　　　　　　）㋑（　　　　　　）

(6)　図の㋐のような葉をもつ植物を，下の〔　〕から選びなさい。（　　　　　　）
〔　ササ　　トウモロコシ　　サクラ　〕

2 被子植物の2つのグループ

右の図は，被子植物に見られる2種類の根のようすを示したものである。これについて，次の問いに答えなさい。

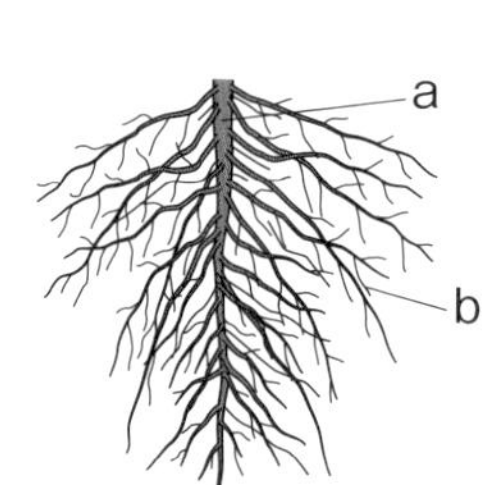

(1)　図の㋐では，aの太い根から，bの根がのびている。a，bの根をそれぞれ何というか。
a（　　　　　　）b（　　　　　　）

(2)　図の㋑のようなたくさんの細い根を何というか。
（　　　　　　）

(3)　被子植物のうち，図の㋐，㋑のような根をもつ植物のなかまは，何類に分類されるか。
㋐（　　　　　　）㋑（　　　　　　）

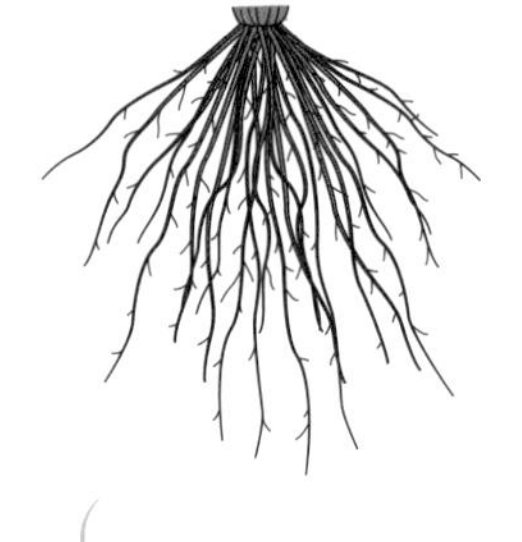

(4)　図の㋐，㋑の植物のなかまの子葉はそれぞれ何枚か。
㋐（　　　　　　）㋑（　　　　　　）

(5)　図の㋑のような根をもつ植物を，下の〔　〕から選びなさい。（　　　　　　）
〔　アサガオ　　ヒマワリ　　スズメノカタビラ　〕

ヒントの森

❶(1)(2)㋐ははばが広い葉，㋑は針のような葉をしている。漢字に注目する。
(5)被子植物は，子葉の数が1枚のものと，2枚のものに分けられる。

3 教 p.39 観察3 シダ植物のからだのつくり

右の図は，イヌワラビのからだのつくりを示したものである。これについて，次の問いに答えなさい。

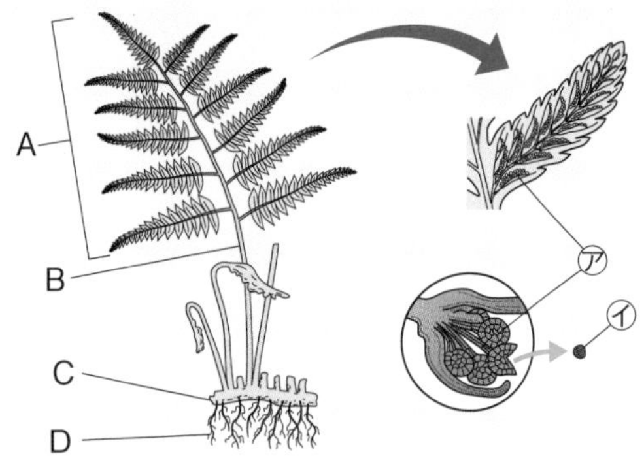

⑴ イヌワラビの葉はどれか。図のA～Dからすべて選びなさい。ヒント
（　　　　）

⑵ Aの裏側には茶色い㋐がたくさん見られた。㋐を何というか。ヒント
（　　　　）

⑶ ㋐を電球で加熱して乾燥(かんそう)させると，㋐がはじけて，中から㋑が飛び出す。㋑を何というか。ヒント
（　　　　）

⑷ イヌワラビは，何という植物のなかまか。（　　　　）

⑸ ⑷のなかまにあてはまるものを，下の〔　〕から選びなさい。（　　　　）

〔　コスギゴケ　　イロハモミジ　　スギナ　　クロマツ　〕

4 種子植物の分類

右の図のように，種子植物を①と②の特徴をもとにして分類した。これについて，次の問いに答えなさい。

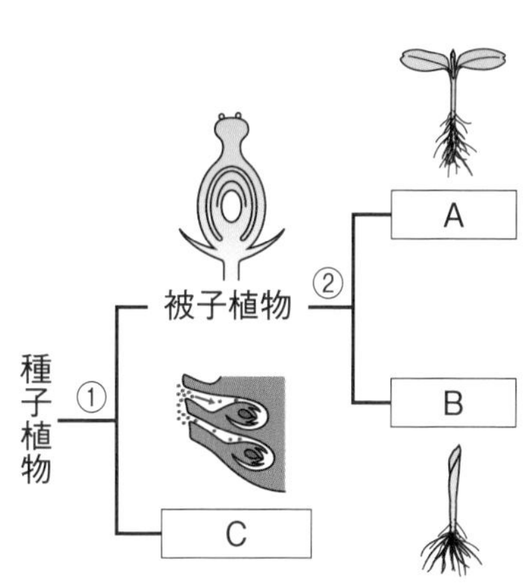

⑴ 図の①の特徴で，種子植物を２つのなかまに分類するとき，何の有無をもとにしたか。ヒント
（　　　　）

⑵ 図の②の特徴で，被子植物をAとBの２つのなかまに分類するとき，何の枚数をもとにしたか。
（　　　　）

⑶ 図のA～Cのなかまをそれぞれ何というか。図を参考にして答えなさい。
A（　　　　）
B（　　　　）
C（　　　　）

⑷ 図のAのなかまの葉脈，根のようすはどれか。次の㋐～㋓からそれぞれ選びなさい。
葉脈（　　　　）　根（　　　　）

種子植物は，①の特徴で被子植物とCに分類され，被子植物は②の特徴でAとBに分類されるんだね。

❸⑴イヌワラビの茎は地下にある。　⑵⑶㋐の中に多数の㋑が入っている。
❹⑴種子植物は，胚珠のつき方で大きく２つのなかまに分けられる。

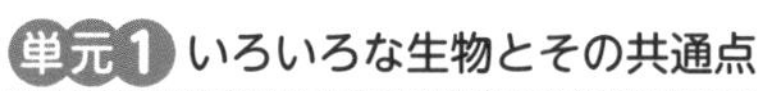

解答 p.5

定着のワーク ステージ2 第2章 植物の分類(2)－②

1 単子葉類と双子葉類

右の図は，アサガオとトウモロコシの芽ばえを示したものである。次の問いに答えなさい。

(1) アサガオもトウモロコシも種子でなかまをふやす。このような植物のなかまを何というか。 (　　　　)

(2) アサガオもトウモロコシも胚珠が子房の中にある。このような植物のなかまを何というか。 (　　　　)

(3) アサガオとトウモロコシにはそれぞれ子葉が何枚あるか。

アサガオ(　　　　)
トウモロコシ(　　　　)

(4) アサガオとトウモロコシは子葉の数でなかま分けしたとき，それぞれ何というなかまに分類されるか。 アサガオ(　　　　) トウモロコシ(　　　　)

(5) チューリップを子葉の数でなかま分けをしたとき，何というなかまに分類されるか。 ヒント (　　　　)

2 単子葉類と双子葉類

ある植物のグループを子葉の数によって分類した。右の図は，このときに分類した植物の根と葉脈のようすを模式的に表したものである。これについて，次の問いに答えなさい。

A
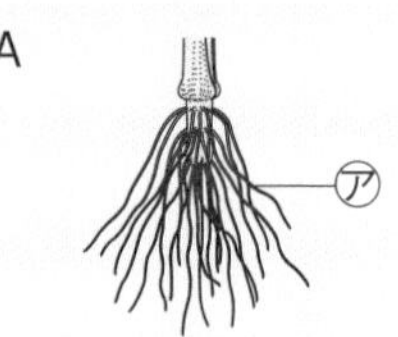

B
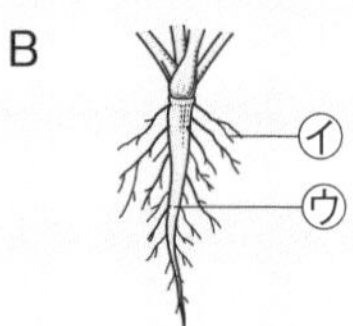

C
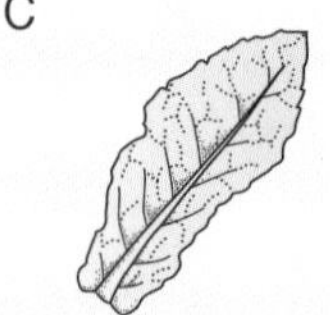

D
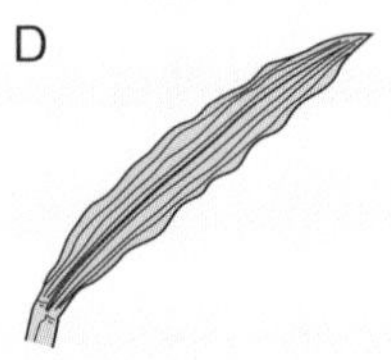

(1) 下線部の植物のグループとは，被子植物，裸子植物のどちらか。 ヒント (　　　　)

(2) 図のア〜ウのような根をそれぞれ何というか。

ア(　　　　) イ(　　　　) ウ(　　　　)

(3) 子葉が1枚である植物のなかまを何というか。 (　　　　)

(4) (3)のなかまの根・葉脈のようすを，図のA〜Dからそれぞれ選びなさい。

根(　　) 葉脈(　　)

(5) ヒマワリのからだのつくりを調べた。

① ヒマワリの子葉は何枚か。 (　　　　)

② ヒマワリの根・葉脈に似ているものを，図のA〜Dからそれぞれ選びなさい。

根(　　) 葉脈(　　)

1(5)チューリップの芽生えや葉脈のようすを思い出そう。
2(1)子葉の数で分類されるのは，裸子植物と被子植物のどちらか。

3 コケ植物　次の図は，あるコケ植物のからだのつくりを示したものである。このコケ植物にはAとBの2種類の株があり，Bの株の㋐からは粉のようなものが出ていた。これについて，あとの問いに答えなさい。

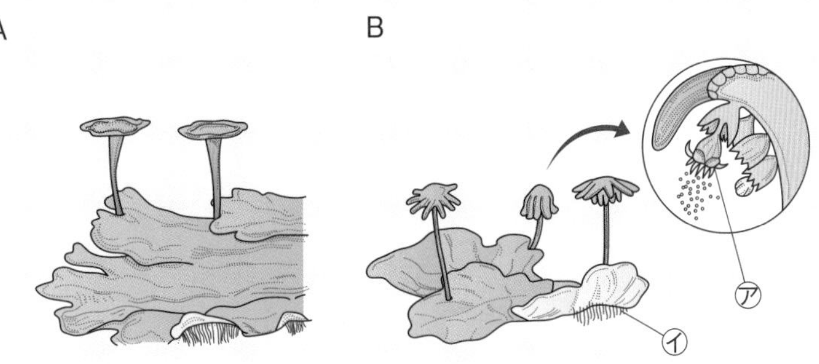

(1)　図のコケ植物の名前を，下の〔　〕から選びなさい。　（　　　　　）

〔　コスギゴケ　　ワラビ　　ゼニゴケ　　ゼンマイ　〕

(2)　図のA，Bの株をそれぞれ何というか。ヒント

A（　　　　　）　B（　　　　　）

(3)　図の㋐のつくりを何というか。　（　　　　　）

(4)　図の㋐の中に入っていた粉のようなものを何というか。　（　　　　　）

(5)　図の㋑のつくりを何というか。　（　　　　　）

4 植物の分類　右の図のように，5種類の植物を，㋐〜㋒の特徴をもとに分類した。これについて，次の問いに答えなさい。

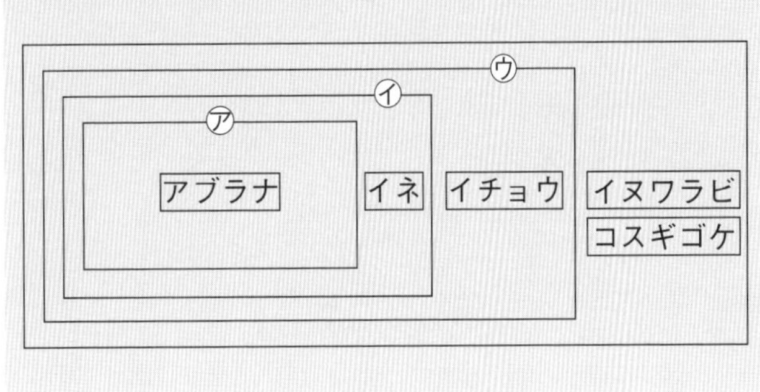

(1)　右の図のように，植物を分類するときの㋐〜㋒の特徴としてあてはまるものはどれか。下の〔　〕から選びなさい。ヒント

㋐（　　　　　）　㋑（　　　　　）　㋒（　　　　　）

〔　子葉が1枚　　子葉が2枚
　　種子をつくる　　種子をつくらない
　　子房がない　　子房がある　〕

(2)　イヌワラビとコスギゴケを分類するときに注目するからだの特徴はどれか。下の〔　〕から選びなさい。　（　　　　　）

〔　子葉　　葉脈　　根　　葉，茎，根の区別　〕

(3)　上の図のように植物を分類したとき，㋐，㋒のなかまを，それぞれ何というか。

㋐（　　　　　）　㋒（　　　　　）

3(2) Bの株には㋐のつくりがあるが，Aの株にはない。

4(1)図の見かたに注意する。例えば，㋒はアブラナ・イネ・イチョウに共通する特徴である。

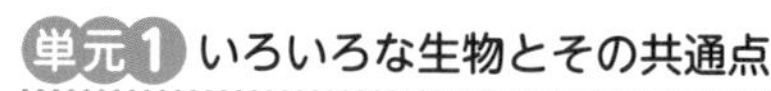

第2章　植物の分類(2)

1 図1の植物は，花がさき，種子をつくる植物である。これについて，あとの問いに答えなさい。

4点×6（24点）

図1

(1) 図1の植物のうち，花に子房がないものを，すべて選びなさい。

(2) 図1の植物が種子をつくるために，共通してもっている花のつくりは何か。

(3) 図1の植物を，図2のように分類した。

図2

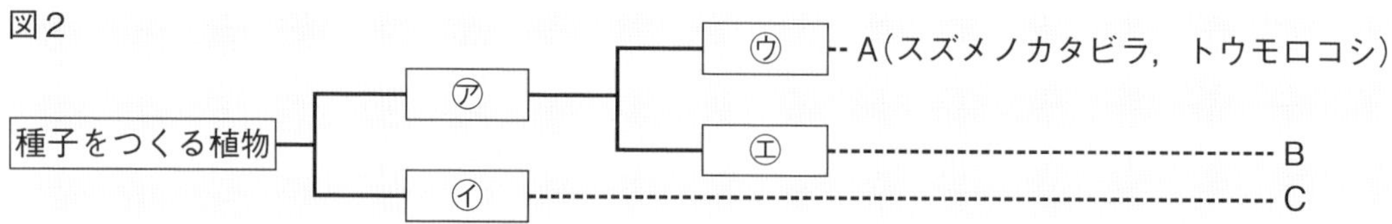

① ㋐，㋒のグループを，それぞれ何というか。

② 図1のアブラナ，スギは，図2のA～Cのどこにあてはまるか。

(1)		(2)	

(3)	①	㋐		㋒		②	アブラナ		スギ	

2 右の図は，イヌワラビのからだのつくりを示したものである。これについて，次の問いに答えなさい。

5点×4（20点）

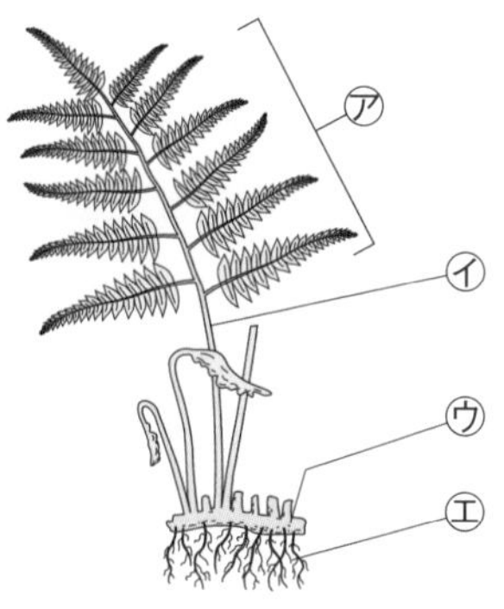

(1) イヌワラビの茎を，図の㋐～㋓から選びなさい。

(2) 図の㋐の裏側には，小さな粉が入った黒っぽい粒がついていた。この粒を何というか。

(3) 植物を分類したとき，イヌワラビは何というなかまに分類されるか。

(4) イヌワラビにあてはまる特徴を，次のア～ウから選びなさい。

ア　花をさかせる。　　イ　仮根をもつ。　　ウ　葉，茎，根の区別がある。

(1)		(2)		(3)		(4)	

3 次の図は，ヒマワリとイネの葉の表面，根のようすを示したものである。これについて，あとの問いに答えなさい。

5点×4（20点）

㋐ ㋑ ㋒ ㋓

(1) 葉の表面に見られるすじを何というか。

(2) ヒマワリの葉の表面，根のようすはどれか。図の㋐～㋓からそれぞれ選びなさい。

(3) ヒマワリとイネに共通する特徴を，次のア～エから選びなさい。

ア 花がさき，種子ができる。　**イ** 子房がない。

ウ 子葉は1枚である。　**エ** 子葉は2枚である。

よく出る **4** 右の図は，植物を①～④の特徴によって分類したものである。これについて，次の問いに答えなさい。

4点×9（36点）

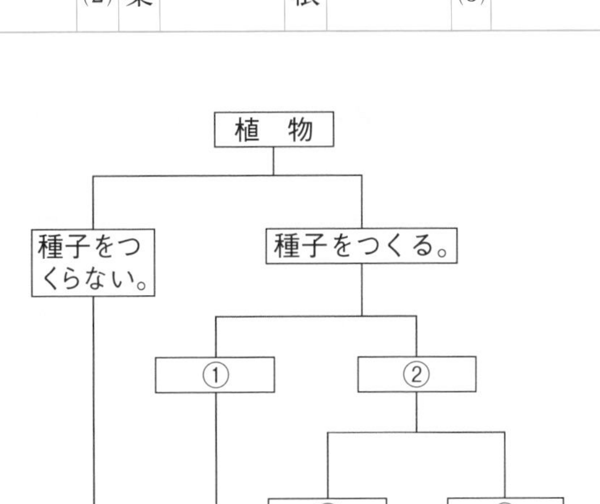

(1) 種子をつくる植物のなかまを何というか。

(2) ①～④にあてはまる特徴を，次のア～カからそれぞれ選びなさい。

ア 葉，茎，根の区別がある。

イ 葉，茎，根の区別がない。

ウ 子葉が1枚である。

エ 子葉が2枚である。

オ 胚珠が子房の中にある。

カ 胚珠がむき出しになっている。

(3) Bに分類される植物のなかまを何というか。

(4) A，C，Dに分類される植物を，次のア～カからすべて選びなさい。

ア ヘゴ　**イ** エゾスナゴケ　**ウ** タンポポ

エ チューリップ　**オ** アサガオ　**カ** スギナ

解答 p.6

第3章 動物の分類(1)

教科書の要点

同じ語句を何度使ってもかまいません。

(　)にあてはまる語句を，下の語群から選んで答えよう。

1 身近な動物の分類

教 p.46〜49

(1) 動物は，(①　　　)(セキツイ骨)をもつものと，もたないものの2つのグループに分けることができる。

(2) イワシのように，背骨のある動物を(②★　　　)という。

(3) シバエビのように，背骨のない動物を(③★　　　)という。

2 セキツイ動物(どうぶつ)

教 p.50〜53

(1) セキツイ動物は，さまざまな特徴から，★**魚類**，★**両生類**，★**ハチュウ類**，★**鳥類**，(①★　　　)類の5つのグループに分類することができる。

(2) 水中生活をする(②　　　)類と両生類の幼生は，ひれをもつなど，(③　　　)のに適したからだの形をしている。

(3) 陸上生活をする両生類の成体・ハチュウ類・鳥類・ホニュウ類の多くは，からだを支え，移動するための(④　　　)をもつ。

(4) ハチュウ類はうろこ，鳥類は(⑤　　　)，ホニュウ類は毛でからだがおおわれている。このように，陸上生活をする動物の体表は，陸上の(⑥　　　)した環境に適した形態になっている。

(5) 水中生活をする魚類と両生類の幼生は，(⑦　　　)で呼吸をする。

(6) 陸上生活をする両生類の成体・ハチュウ類・鳥類・ホニュウ類は(⑧　　　)で呼吸をする。

(7) (⑨　　　)とは，親が卵をうみ，卵から子がかえるうまれ方である。魚類・(⑩　　　)類・ハチュウ類・鳥類が★**卵生**(らんせい)である。

(8) (⑪　　　)とは，母親の体内である程度育ってから子がうまれるうまれ方である。(⑫　　　)類が★**胎生**(たいせい)である。

プラスα

・**変態**…卵からかえった子のからだの形などが大きく変わること。
・**幼生**…変態前の子。カエルではおたまじゃくしが幼生にあたる。
・**成体**…変態後の親。

まるごと暗記

水中生活をするセキツイ動物
- 魚類・両生類の幼生
- ひれで移動する。
- えらで呼吸をする。

陸上生活をするセキツイ動物
- 両生類の成体・ハチュウ類・鳥類・ホニュウ類
- あしで移動する。
- 肺で呼吸をする。
- 体表が乾燥に強い。

ワンポイント

両生類の幼生はおもにえら，成体はおもに肺で呼吸するが，どちらも皮膚(ひふ)でも呼吸をしている。

語群

1 セキツイ動物／無(む)セキツイ動物(どうぶつ)／背骨
2 魚／両生／ホニュウ／肺／えら／胎生／卵生／乾燥／羽毛／泳ぐ／あし

★の用語は，説明できるようになろう！

教科書の図

同じ語句を何度使ってもかまいません。

□にあてはまる語句を，下の語群から選んで答えよう。

1 動物の分類

教 p.47〜49

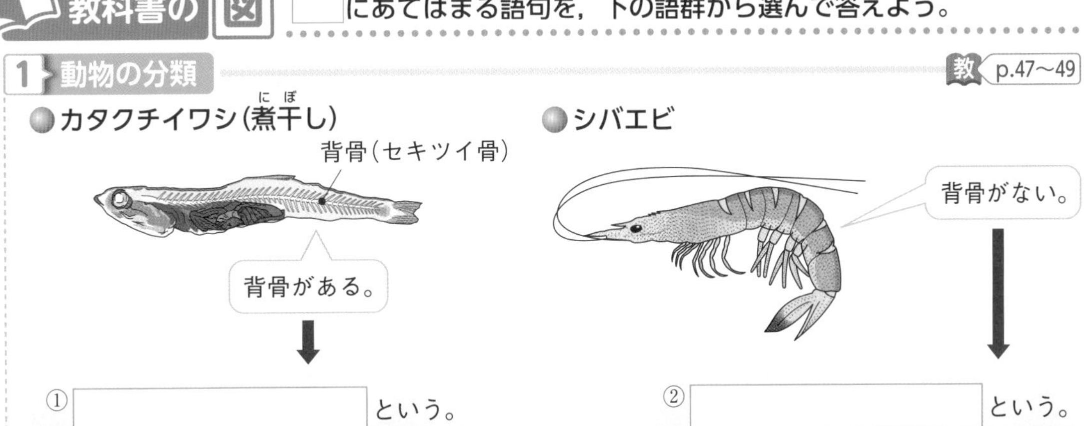

①□という。　②□という。

2 セキツイ動物の分類

教 p.52〜53

	魚類	両生類	ハチュウ類	①□類	ホニュウ類
生活場所	水中	幼生 水中 / 成体 陸上	②□		
移動のためのからだのつくり	③□	幼生 ひれ / 成体 あし	あし		
呼吸のためのからだのつくり	えら	幼生 えらと皮膚 / 成体 肺と皮膚	④□		
子のうまれ方	⑤□（殻がない）		卵生（殻がある）		⑥□
体表	うろこ	しめった皮膚	⑦□	羽毛	⑧□

語群
1 セキツイ動物／無セキツイ動物　2 ひれ／うろこ／胎生／卵生／陸上／鳥／肺／毛

わからない用語は，教科書の要点の★で確認しよう！

解答 p.6

定着のワーク ステージ2 第3章 動物の分類(1)

1 教 p.47 観察4 **動物のからだのつくり** 右の図は，シバエビとカタクチイワシ(煮干し)を表したものである。これについて，次の問いに答えなさい。

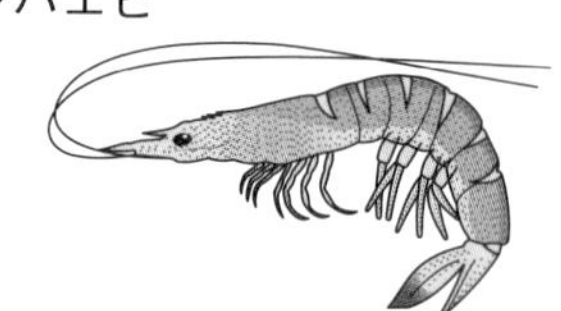

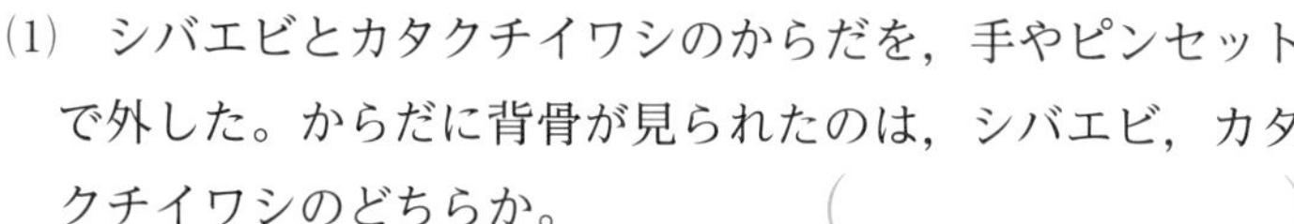

(1) シバエビとカタクチイワシのからだを，手やピンセットで外した。からだに背骨が見られたのは，シバエビ，カタクチイワシのどちらか。 (　　　)

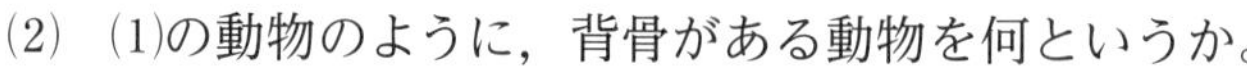

(2) (1)の動物のように，背骨がある動物を何というか。 (　　　)

(3) (2)の動物に対して，背骨がない動物を何というか。 (　　　)

2 **魚類の特徴** 右の図は，コイのからだのようすを表したものである。これについて，次の問いに答えなさい。

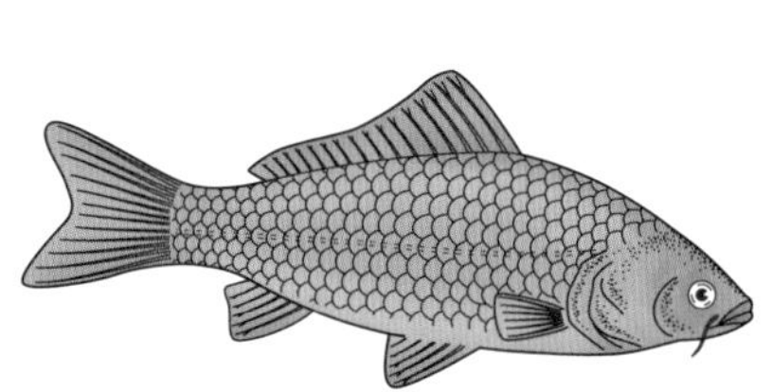

(1) セキツイ動物のうち，コイは何類に分類されるか。 (　　　)

(2) コイは，一生を水中と陸上のどちらで生活するか。 (　　　)

(3) コイが移動するためのからだのつくりは何か。ヒント (　　　)

(4) コイの体表は何でおおわれているか。ヒント (　　　)

(5) コイが呼吸をするためのからだのつくりは何か。ヒント (　　　)

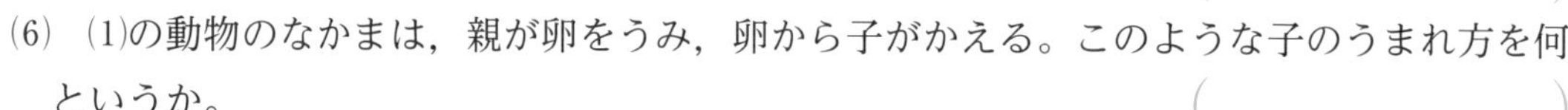

(6) (1)の動物のなかまは，親が卵をうみ，卵から子がかえる。このような子のうまれ方を何というか。 (　　　)

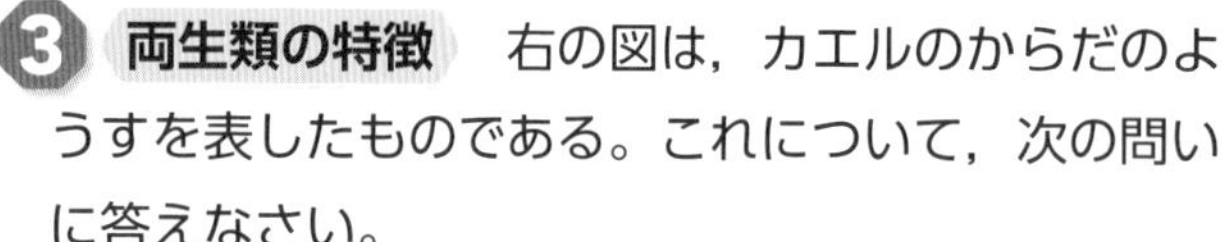

3 **両生類の特徴** 右の図は，カエルのからだのようすを表したものである。これについて，次の問いに答えなさい。

(1) セキツイ動物のうち，カエルは何類に分類されるか。 (　　　)

(2) カエルの皮膚は，乾燥しているか，しめっているか。 (　　　)

(3) カエルの幼生であるおたまじゃくしが，呼吸するためのからだのつくりは皮膚とどこか。 (　　　)

(4) カエルの成体が呼吸するためのからだのつくりは皮膚とどこか。 (　　　)

(5) 多くのカエルは水中と陸上のどちらに卵をうむか。ヒント (　　　)

2(3)(4)図のコイのからだのようすから考える。 (5)呼吸のためのからだのつくりは，生活している場所と関係が深い。 **3**(5)おたまじゃくしは，どこで生活しているかを考える。

4 ハチュウ類の特徴 右の図は，カナヘビのからだのようすを表したものである。これについて，次の問いに答えなさい。

(1) セキツイ動物のうち，カナヘビは何類に分類されるか。
( )

(2) カナヘビの移動のためのからだのつくりは何か。
( )

(3) カナヘビの体表は何でおおわれているか。
( )

(4) カナヘビの体表が(3)でおおわれている利点について，次の文の( )にあてはまる言葉を答えなさい。ヒント
( )

カナヘビの体表は，かたい(3)でおおわれているため，陸上の( )した環境でも生活することができる。

(5) カナヘビが呼吸をするためのからだのつくりは何か。 ( )

5 鳥類の特徴 右の図は，ハトのからだのようすを表したものである。これについて，次の問いに答えなさい。

(1) セキツイ動物のうち，ハトは何類に分類されるか。
( )

(2) ハトの体表は何でおおわれているか。
( )

(3) ハトが呼吸をするためのからだのつくりは何か。
( )

(4) ハトの子のうまれ方について，次の文の( )にあてはまる言葉を答えなさい。
①( ) ②( )

ハトは，(①)上に(②)のある卵をうみ，卵から子がかえる。

6 ホニュウ類の特徴 右の図は，サルのからだのようすを表したものである。これについて，次の問いに答えなさい。

(1) セキツイ動物のうち，サルは何類に分類されるか。
( )

(2) サルの体表は何でおおわれているか。
( )

(3) サルが呼吸をするためのからだのつくりは何か。
( )

(4) (1)の動物のなかまは，ある程度母親の体内で育ってから子がうまれる。このような子のうまれ方を何というか。ヒント ( )

4(4)陸上は，水中と比べたとき，どのような環境であるかを考える。
6(4)このうまれ方は，セキツイ動物のうち，ウサギやヒト，サルなどのなかまに見られる。

解答 p.6

第3章 動物の分類(1)

/100

1 次の図は，セキツイ動物を５つのグループに分類したときの代表的な動物の名前を書いたカードである。これについて，あとの問いに答えなさい。 ４点×６（24点）

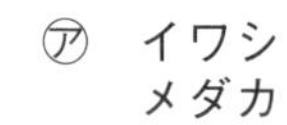

㋐ イワシ メダカ	㋑ ダチョウ ウズラ	㋒ ヘビ カメ	㋓ イモリ サンショウウオ	㋔ ネズミ ヒト

(1) 動物は，セキツイ動物と無セキツイ動物に分けられる。セキツイ動物と無セキツイ動物はどのような特徴によって分けられるか。

(2) ㋐，㋒，㋔のなかまをそれぞれ何類というか。

(3) 親と似たすがたの子をうむ動物のなかまはどれか。図の㋐〜㋔から選びなさい。

(4) (3)のような子のうまれ方を何というか。

(1)					
(2)	㋐		㋒		㋔
(3)		(4)			

2 次の図は，身のまわりに見られる５種類の動物を示したものである。これについて，あとの問いに答えなさい。 ４点×７（28点）

㋐ カエル

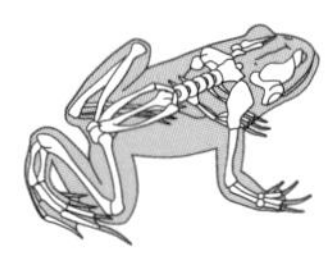

㋑ ウサギ

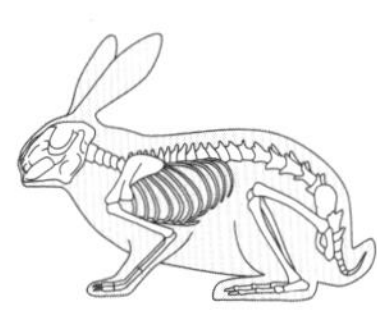

㋒ ハト

㋓ トカゲ

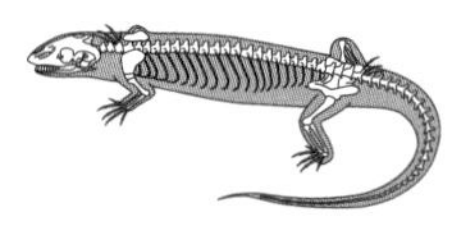

㋔ フナ

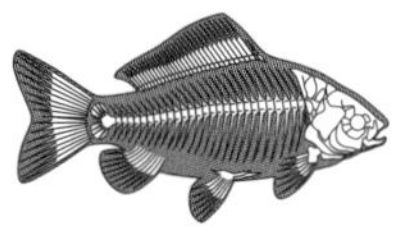

(1) 図のすべての動物に共通している特徴を答えなさい。

(2) 一生，水中で泳ぐのに適した体形をしている動物はどれか。図の㋐〜㋔から選びなさい。

(3) (2)の動物のなかまの移動のためのからだのつくりは何か。

(4) ㋑の動物のなかまは，体表が何でおおわれているか。

(5) 親が卵をうんで卵から子がかえるような子のうまれ方を何というか。

(6) 殻（から）がある卵をうむ動物はどれか。図の㋐〜㋔からすべて選びなさい。

(7) 一生のうちで，呼吸のしかたが変わる動物はどれか。図の㋐〜㋔から選びなさい。

(1)		(2)		(3)			
(4)		(5)		(6)		(7)	

よく出る **3** セキツイ動物のからだのつくりなどの特徴について，あとの問いに答えなさい。3点×8（24点）

	生活場所	移動のしかた	呼吸のしかた
ホニュウ類 鳥類 ハチュウ類	陸上	あし	肺
両生類	幼生:（ ㋐ ） 成体:（ ㋑ ）	幼生:（ ㋒ ） 成体:（ ㋓ ）	幼生:（ ㋔ ）と皮膚 成体:（ ㋕ ）と皮膚
A	水中	ひれ	えら

(1) 両生類の生活場所，移動のしかた，呼吸のしかたについて，㋐～㋕にあてはまる言葉をそれぞれ答えなさい。

(2) 図のAのセキツイ動物のなかまを何というか。

(3) ハチュウ類に分類される動物はどれか。次の**ア**～**エ**から選びなさい。

ア タツノオトシゴ　**イ** ツル　**ウ** サル　**エ** ワニ

(1) ㋐		㋑		㋒		㋓	
(1) ㋔		㋕		(2)		(3)	

4 サンショウウオとコウモリの特徴について，あとの問いに答えなさい。4点×6（24点）

	サンショウウオ	コウモリ
卵または子のうみ方	（ ㋐ ）	（ ㋑ ）
呼吸のしかた	（ ㋒ ）	（ ㋓ ）

(1) 表の㋐～㋓にあてはまる言葉を，次の**ア**～**カ**からそれぞれ選びなさい。

ア 水中に卵をうむ。　**イ** 陸上に卵をうむ。　**ウ** 子をうむ。

エ 一生肺で呼吸をする。　**オ** 一生えらで呼吸をする。

カ 肺で呼吸をする時期とえらで呼吸をする時期がある。

(2) ①サンショウウオと②コウモリは，セキツイ動物のうち，それぞれ何類か。

(1) ㋐		㋑		㋒		㋓	
(2) ①				②			

解答 p.7

確認のワーク ステージ1 第3章 動物の分類(2)

教科書の要点

同じ語句を何度使ってもかまいません。

(　　)にあてはまる語句を，下の語群から選んで答えよう。

1 無セキツイ動物

教 p.54～57

(1) 無セキツイ動物は，からだの特徴のちがいなどから，★軟体(なんたい)動物，(①　　　)動物，その他のグループに分類される。

(2) 無セキツイ動物のうち，イカのようにあしに節がなく，(②　　　)という筋肉でできた膜(まく)があり，この膜が内臓をおおっている動物を(③　　　)動物という。

(3) サザエやアサリなどの軟体動物では，★外(がい)とう膜(まく)の外側を(④　　　)がおおっている。

(4) 無セキツイ動物のうち，カニやカブトムシなどの動物のなかまを(⑤　　　)動物という。

(5) ★節足動物(せっそくどうぶつ)のからだをおおう殻を(⑥　　　)という。★外骨格(がいこっかく)は，からだを保護したり，支えたりするはたらきがある。

(6) 節足動物は，エビやカニなどの(⑦★　　　)類というグループと，カブトムシやバッタなどの(⑧　　　)類というグループなどに分類される。

(7) ★昆虫類(こんちゅうるい)のからだは，頭部(とうぶ)，胸部(きょうぶ)，(⑨　　　)の3つの部分からなり，胸部に3対(つい)のあしがついている。

2 動物の分類表の作成

教 p.58～59

(1) 動物は，背骨のある(①　　　)動物と，背骨のない無セキツイ動物に分類される。

(2) セキツイ動物には，水中生活をする(②　　　)類，陸上生活をするハチュウ類・鳥類・ホニュウ類，幼生のころは水中生活をし，成長すると陸上生活をする(③　　　)類の5つのグループに分類できる。

(3) 水中で生活をするセキツイ動物は(④　　　)で呼吸をし，陸上で生活をするセキツイ動物は肺で呼吸をする。

(4) 無セキツイ動物は，からだに節のある節足動物と，内臓が外とう膜でおおわれている(⑤　　　)動物，その他のグループに分類される。

まるごと暗記

無セキツイ動物の分類

- 軟体動物
イカ，タコ，アサリ，サザエ，マイマイなど。
内臓が外とう膜でおおわれている。
- 節足動物
甲殻類(こうかくるい)(カニなど)，昆虫類(バッタなど)，クモなど。
外骨格でおおわれ，からだに節がある。
- その他のグループ
ヒトデ，ウニ，イソギンチャク，クラゲなど。

ワンポイント

節足動物の昆虫類は，胸部や腹部にある気門(きもん)というあなから空気をとりこんで呼吸をしている。

プラスα

甲殻類は，カニのように頭胸部(とうきょうぶ)と腹部の2つに分かれるものと，頭部・胸部・腹部に分かれているものがいる。

語群

1 貝殻／甲殻／節足／軟体／昆虫／外とう膜／腹部(ふくぶ)／外骨格

2 魚／えら／両生／軟体／セキツイ

★の用語は，説明できるようになろう！

同じ語句を何度使ってもかまいません。

□にあてはまる語句を，下の語群から選んで答えよう。

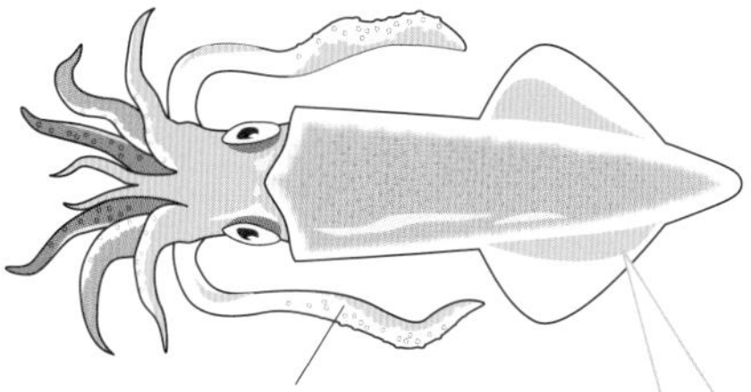

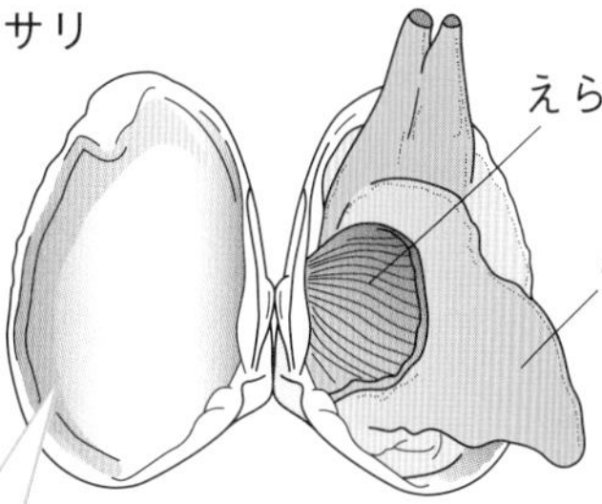

1 無セキツイ動物の分類

教 p.56〜57

● ① □ 動物

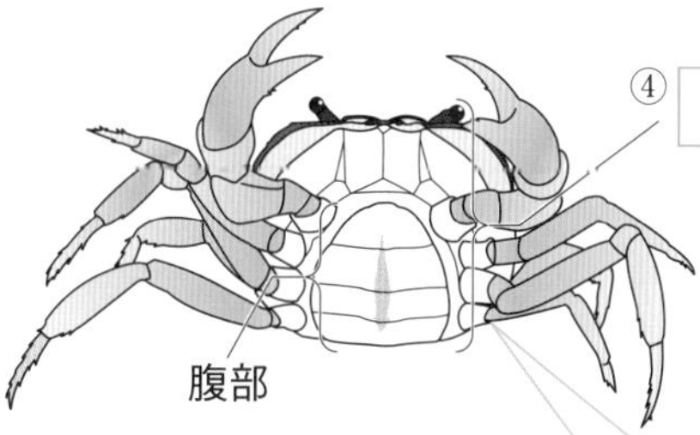

● 節足動物

● その他のグループ

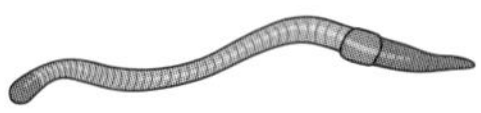

語群

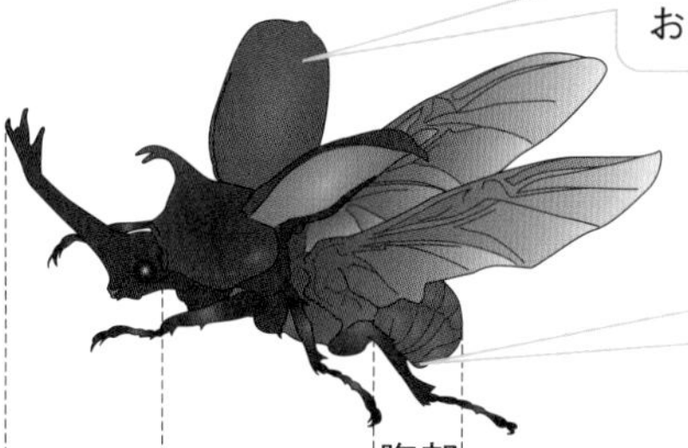

1 頭／胸／頭胸／軟体／甲殻／昆虫／気門／外骨格／外とう膜／ウニ／ミミズ

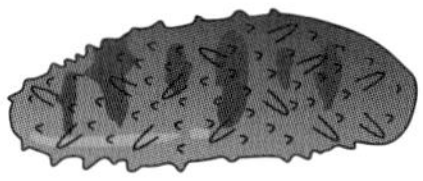

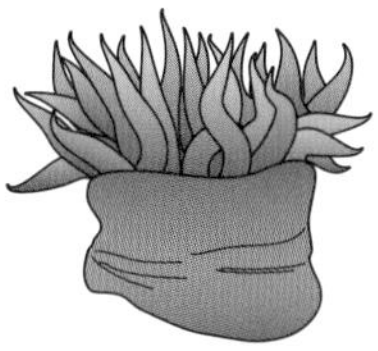

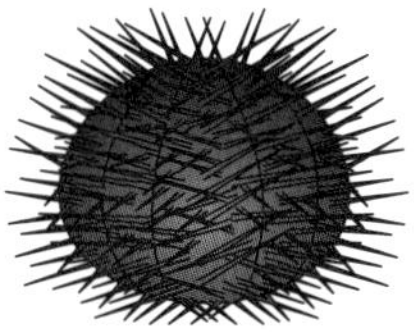

わからない用語は，教科書の要点の★で確認しよう！

解答 p.7

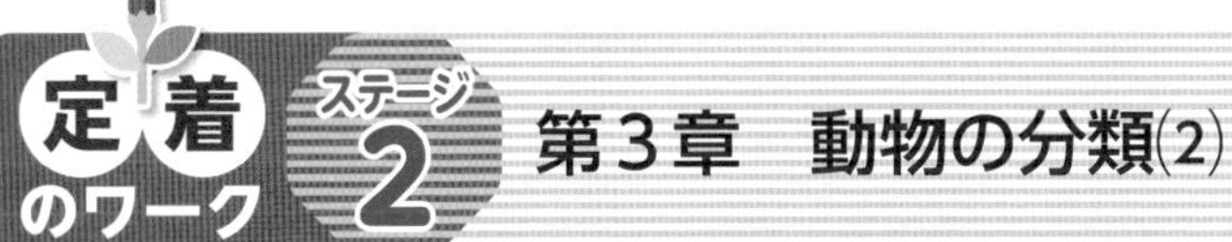

第3章 動物の分類(2)

1 教 p.55 観察5 無セキツイ動物のからだのつくり

右の図は，イカのからだをスケッチしたものである。これについて，次の問いに答えなさい。

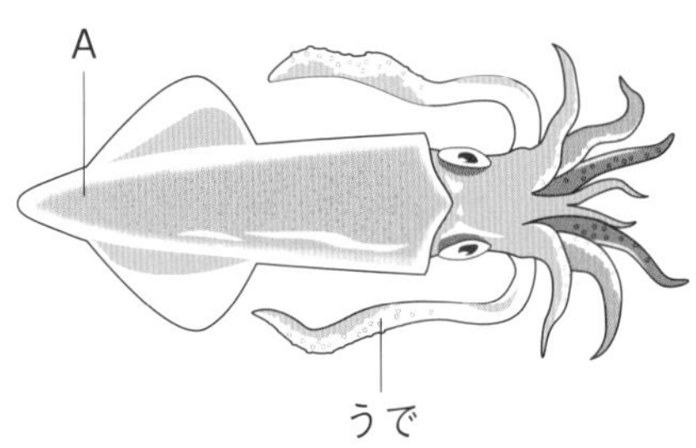

(1) イカのからだには背骨はあるか。 ( )

(2) イカのからだとあしには節はあるか。ヒント ( )

(3) 図のAは，内臓をおおっている筋肉でできた膜である。Aの膜を何というか。 ( )

(4) (3)をもつことから，イカは何動物に分類されるか。 ( )

(5) (4)のなかまに分類される動物を，下の〔 〕から選びなさい。 ( )

〔 アメリカザリガニ イソギンチャク バッタ アサリ 〕

2 節足動物のからだのつくり

右の図は，カニのからだをスケッチしたものである。これについて，次の問いに答えなさい。

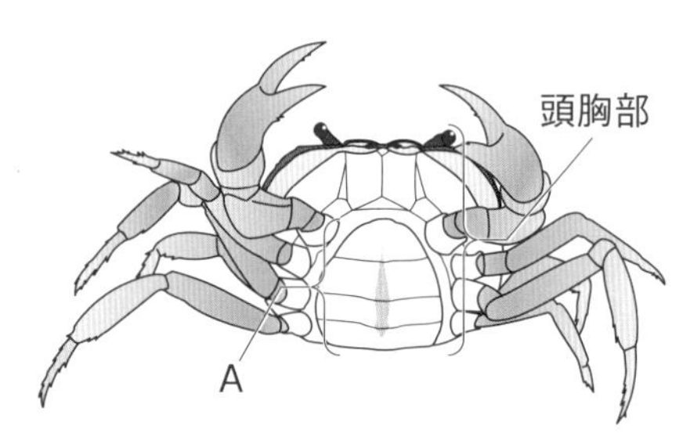

(1) カニのからだには背骨はあるか。 ( )

(2) カニのからだとあしには節はあるか。 ( )

(3) (2)のような特徴をもつカニとバッタは同じ動物のなかまに分類される。ヒント

① カニやバッタなどの動物をまとめて何動物というか。 ( )

② ①の動物のうち，カニなどの動物のなかまを何類というか。 ( )

③ ②のなかまに分類される動物を，下の〔 〕から選びなさい。 ( )

〔 ミジンコ バフンウニ マイマイ アゲハチョウ 〕

(4) カニのからだは，頭胸部とAの部分の2つに分かれている。Aの部分を何というか。 ( )

(5) カニのからだの表面は殻でおおわれている。この殻を何というか。 ( )

(6) カニの筋肉は，(5)の外側，内側のどちらについているか。 ( )

❶(2)節とは，からだの途中にある関節のような部分である。 ❷(3)カニとバッタは1つのグループに分類されるが，その中でさらに別のグループに分けられる。

3 節足動物のからだのつくり　右の図は，カブトムシのからだをスケッチしたものである。これについて，次の問いに答えなさい。

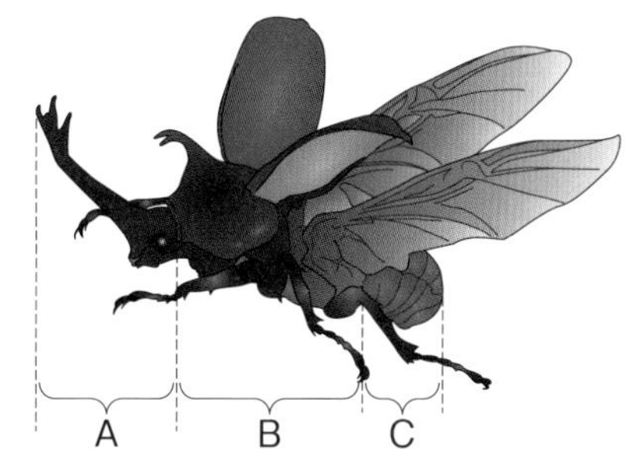

(1)　カブトムシのからだとあしには節はあるか。　(　　　　)

(2)　カブトムシの分類について，次の(　)にあてはまる言葉を答えなさい。

①(　　　　)
②(　　　　)

カブトムシは，エビなどの動物と同じなかまであり，これらの動物をまとめて(①)動物という。この動物のなかまのうち，カブトムシは(②)類に分類される。

(3)　カブトムシのからだをおおう殻を何というか。　(　　　　)

(4)　(3)には，どのようなはたらきがあるか。次の**ア**～**ウ**からすべて選びなさい。ヒント　(　　　　)

ア　からだを支えるはたらきがある。　**イ**　呼吸を行う。
ウ　からだを保護するはたらきがある。

(5)　カブトムシのからだは，A，B，Cの３つの部分に分かれている。A～Cの部分をそれぞれ何というか。

A(　　　　)　B(　　　　)　C(　　　　)

(6)　カブトムシは，BやCにあるあなから空気をとりこんで呼吸を行う。このあなを何というか。　(　　　　)

4 動物の分類　次の図は，動物の特徴の共通点と相違点から作成した分類表である。これについて，あとの問いに答えなさい。

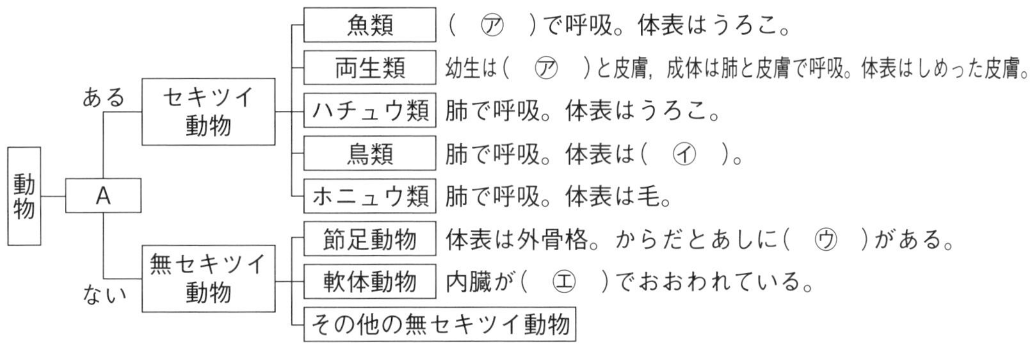

(1)　図のAにあてはまる言葉を答えなさい。ヒント　(　　　　)

(2)　図の㋐～㋓にあてはまる言葉を答えなさい。

㋐(　　　　)　㋑(　　　　)
㋒(　　　　)　㋓(　　　　)

3(4)カブトムシのからだをおおう殻はかたい。
4(1)動物を分類するときに，最初に注目する特徴を考える。

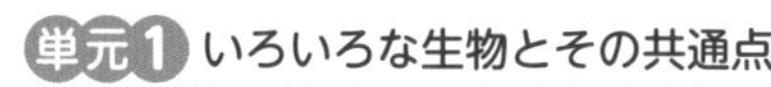

第3章　動物の分類(2)

解答 p.7

1 右の図はアサリの貝殻(かいがら)を開いたときのようすを表したものである。これについて，次の問いに答えなさい。

6点×4（24点）

(1) アサリのからだの特徴について正しいものを，次のア～エから選びなさい。

ア　おもに気門から空気をとりこんで呼吸する。

イ　3対のあしがある。

ウ　からだやあしに節がない。

エ　からだは，頭部，胸部，腹部の3つに分かれている。

(2) ㋐は内臓をおおっている筋肉でできた膜である。㋐の膜を何というか。

(3) (2)より，アサリは何動物に分類されることがわかるか。

(4) ㋑は，呼吸をするときに使われるつくりである。このつくりは，肺とえらのどちらと考えられるか。

2 次の図は，背骨をもたない動物について㋐～㋓の基準で分類したものである。これについて，あとの問いに答えなさい。

4点×7（28点）

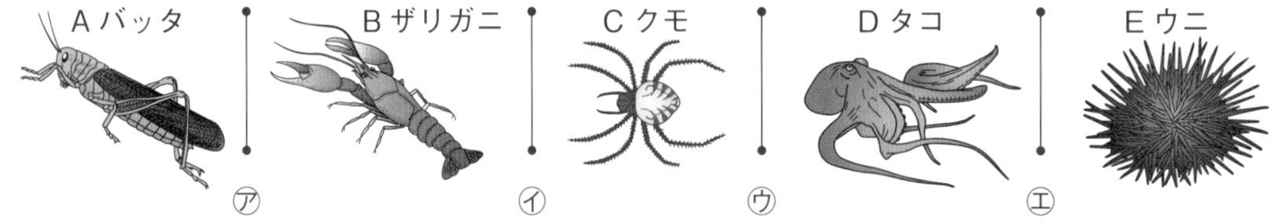

(1) A，B，Cを1つのなかまとしたとき，何という動物のなかまに分類されるか。

(2) (1)のうち，A，Bの動物は，それぞれ何類に分類されるか。

(3) 次の①，②の条件で2つのなかまに分けるとき，どこで区切ればよいか。図の㋐～㋓からそれぞれ選びなさい。

① からだとあしに節があるかどうか。

② からだが3つの部分に分かれていて，胸部にあしが6本ついているかどうか。

(4) 内臓が膜でおおわれている動物のなかまはどれか。図のA～Eから選びなさい。

(5) A，B，Cの動物のからだを支えたり，保護したりするかたい殻を何というか。

(1)		(2) A		B	
(3) ①	②	(4)		(5)	

よく出る **3** 次の図のように動物をいろいろな特徴をもとにして分類した。これについて，あとの問いに答えなさい。

4点×12(48点)

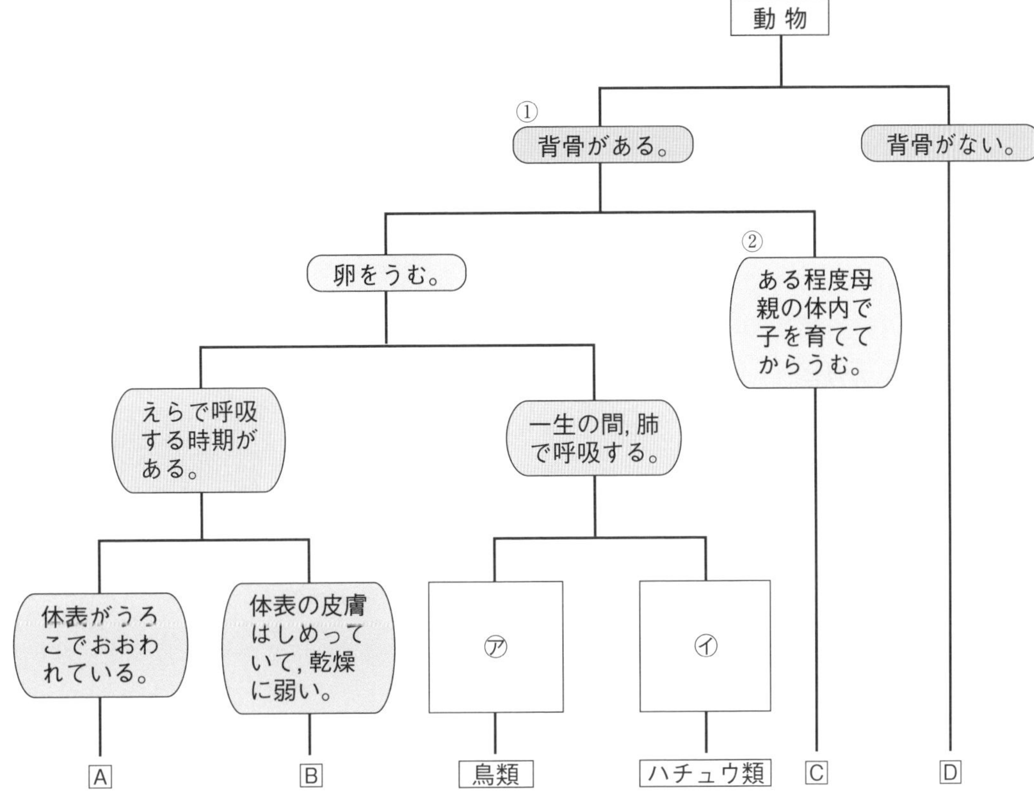

(1) 図の①のような特徴をもつ動物を何というか。

(2) 図の②のような子のうまれ方を何というか。

(3) 図のB，Cのグループを何というか。

(4) 図の㋐，㋑の特徴としてあてはまるものを，次のア～エからそれぞれ選びなさい。

ア　体表がうろこでおおわれている。　　イ　体表がしめった皮膚でおおわれている。

ウ　体表が羽毛でおおわれている。　　エ　体表が毛でおおわれている。

(5) 殻のある卵をうむのはどの動物のグループか。次のア～エからすべて選びなさい。

ア　A　　イ　B　　ウ　鳥類　　エ　ハチュウ類

(6) 図のCのグループは，何で呼吸しているか。

(7) 図のA～Dのグループに分類される動物を，次のア～クからそれぞれすべて選びなさい。

ア　サンショウウオ　　イ　カブトムシ　　ウ　サル　　エ　ペンギン

オ　タツノオトシゴ　　カ　ヒトデ　　キ　コウモリ　　ク　カメ

(1)		(2)		(3)	B		C	
(4)	㋐		㋑		(5)		(6)	
(7)	A		B		C		D	

解答 p.8

単元末総合問題 単元1 いろいろな生物とその共通点

/100

1 右の図1はマツの若い枝，図2はその中から採取したものである。図3はアブラナの花のめしべを表したものである。これについて，次の問いに答えなさい。 4点×7（28点）

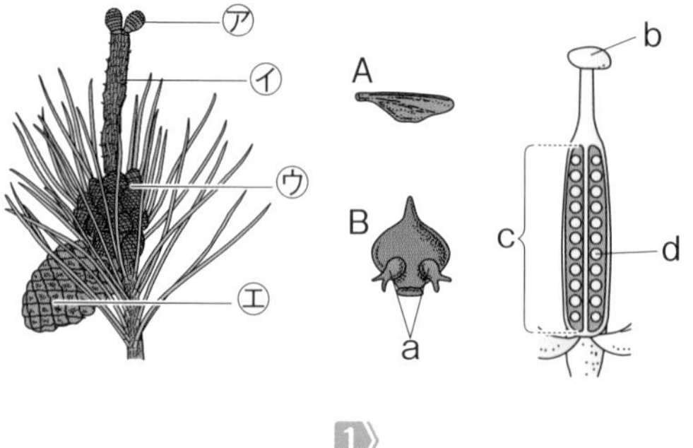

(1) マツの雄花を，図1の㋐〜㋓から選びなさい。

(2) 図2のAはやがて次の世代の植物になる。Aをつくる植物を何というか。

(3) 図2のBは図1の㋐〜㋓のどこから採取したものか。

(4) 図2のBのaを何というか。

(5) 図2のBのaは，図3のアブラナの花のめしべではb〜dのどれにあたるか。

(6) マツと同じ花のつくりをもつ植物を，次のア〜エから選びなさい。

ア フジ　　イ スギナ
ウ イチョウ　　エ コスギゴケ

(7) マツとアブラナの花の共通点として正しいものを，次のア〜エから選びなさい。

ア 種子ができる。　　イ おしべに花粉ができる。
ウ 果実ができる。　　エ 雄花と雌花がある。

1

(1)	
(2)	
(3)	
(4)	
(5)	
(6)	
(7)	

2 次の図1はヒマワリとトウモロコシの葉の表面，図2はヒマワリとトウモロコシの根のようすである。これについて，あとの問いに答えなさい。 4点×5（20点）

図1

㋐　㋑

図2

㋒

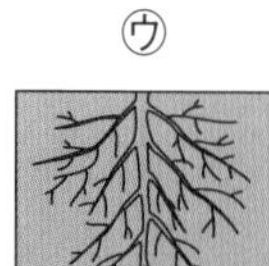

㋓

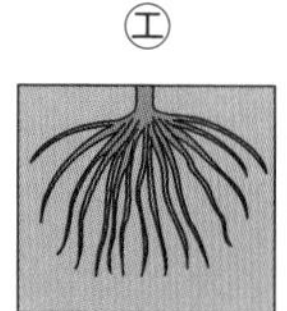

(1) トウモロコシの芽生えには，子葉が何枚あるか。

(2) (1)から，トウモロコシは何というなかまに分類されるか。

(3) (2)のなかまを，次のア〜エからすべて選びなさい。

ア イロハモミジ　　イ スズメノカタビラ
ウ イネ　　エ タンポポ

(4) 図2の㋓のような根を何というか。

(5) ヒマワリの葉の表面，根のようすはどれか。図1，2の㋐〜㋓から2つ選びなさい。

2

(1)	
(2)	
(3)	
(4)	
(5)	

目標 植物・動物を分類するときの特徴や分類名について，出てくる用語とともに理解しよう。

自分の得点まで色をぬろう!
がんばろう! もう一歩 合格!
0 60 80 100点

3 図1はイヌワラビ，図2はゼニゴケのからだのつくりを示したものである。これについて，あとの問いに答えなさい。

4点×6(24点)

図1

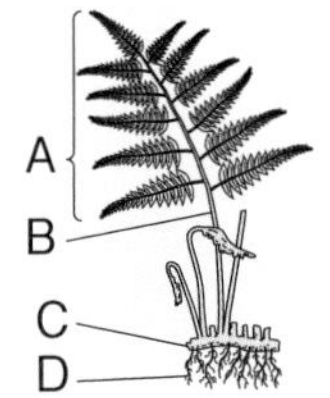

図2

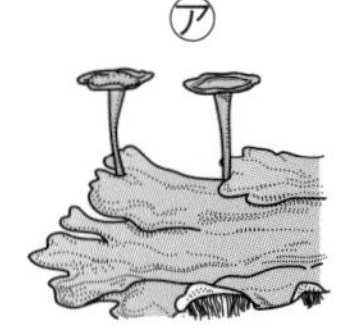

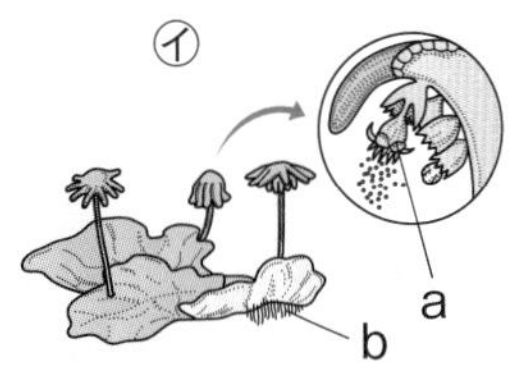

(1) イヌワラビの葉にあたる部分を，図1のA～Dからすべて選びなさい。

(2) 図2で，㋑のaのつくりには粉のようなものが多数入っていた。aを何というか。

(3) ゼニゴケの雄株を，図2の㋐，㋑から選びなさい。

(4) 図2のゼニゴケに見られるbは，根のようなつくりである。bを何というか。

記述 (5) (4)にはどのようなはたらきがあるか。

(6) 図1のイヌワラビと図2のゼニゴケは，何をつくってなかまをふやすか。

3

(1)	
(2)	
(3)	
(4)	
(5)	
(6)	

4 セキツイ動物・無セキツイ動物について，あとの問いに答えなさい。

4点×7(28点)

	魚類	両生類	ハチュウ類	鳥類	ホニュウ類
おもな生活場所	A	幼生：水中 成体：陸上	陸上	陸上	陸上
からだの表面のようす	うろこでおおわれている。	しめった皮膚でおおわれている。	Bでおおわれている。	Cでおおわれている。	毛でおおわれている。
子のうまれ方	卵生	卵生	卵生	卵生	D

(1) 図のA～Dにあてはまる言葉をそれぞれ答えなさい。

記述 (2) 両生類は，幼生と成体のときに，それぞれどのように呼吸を行っているか。

(3) 無セキツイ動物であるマイマイのからだの特徴を調べた。

① マイマイの内臓をおおっている膜を何というか。

② マイマイは，無セキツイ動物の何動物に分類されるか。

4

(1)	A	
	B	
	C	
	D	
(2)		
(3)	①	
	②	

終わったら後ろの，1，6，7，13をやろう。

解答 p.8

第1章 身のまわりの物質とその性質

同じ語句を何度使ってもかまいません。

教科書の要点 ( )にあてはまる語句を，下の語群から選んで答えよう。

1 物の調べ方，金属と非金属

教 p.76～81

(1) 私たちのまわりにある物について，物の外観に注目したときには(①★)といい，物を形づくっている材料に注目したときには(②★)という。

(2) 金属には，(③★)をもつ，(④)をよく通す，熱をよく伝える，引っ張ると細くのびる(延性)，たたくとのびてうすく広がる(展性)，などの共通の性質がある。

(3) (⑤)は磁石につくが，これは金属に共通した性質ではない。

(4) 金属以外の物質を(⑥★)という。

まるごと暗記
金属の性質
①金属光沢をもつ。
②電気をよく通す。
③熱をよく伝える。
④延性
⑤展性

ワンポイント
磁石につくのは，鉄などの一部の金属だけ。

2 さまざまな金属の見分け方

教 p.82～85

(1) てんびんではかることができる量を(①★)といい，物質そのものの量を表す。

(2) 単位体積あたりの質量をその物質の(②)という。ふつう，$1\,cm^3$あたりの質量で表す。単位はg/cm^3(グラム毎立方センチメートル)。

$$\text{物質の}\star\text{密度}[g/cm^3]=\frac{\text{物質の}(③\qquad)[g]}{\text{物質の}(④\qquad)[cm^3]}$$

(3) 物体のうきしずみは，物体と液体の密度の大小によって決まる。水より密度の小さい氷は水に(⑤)。

(4) 水に食用油を入れると，食用油がうくのは，食用油のほうが，密度が(⑥)からである。

まるごと暗記
物体のうきしずみ
● 物体の密度＞液体の密度→物体はしずむ。
● 物体の密度＜液体の密度→物体はうく。

3 白い粉末の見分け方

教 p.86～91

(1) 炭素をふくむ物質を(①)という。

(2) 白砂糖などの★有機物を熱すると，こげて炭ができ，さらに熱すると燃えて(②)という気体と水ができる。

(3) 有機物以外の物質を(③★)という。

(4) 食塩，鉄，エタノールのうち，有機物は(④)である。

まるごと暗記
● 有機物…炭素をふくむ物質。
● 無機物…有機物以外の物質。

ワンポイント
炭素や二酸化炭素は炭素をふくむが無機物である。

語群 ①非金属／金属光沢／鉄／物質／物体／電気 ②体積／質量／密度／うく／小さい ③無機物／有機物／エタノール／二酸化炭素

★の用語は，説明できるようになろう！

同じ語句を何度使ってもかまいません。

□にあてはまる語句を，下の語群から選んで答えよう。

1 上皿てんびんの使い方

教 p.84

物質の質量をはかるとき

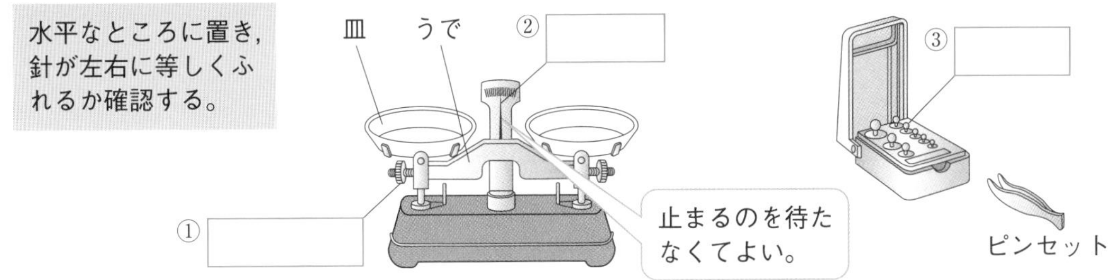

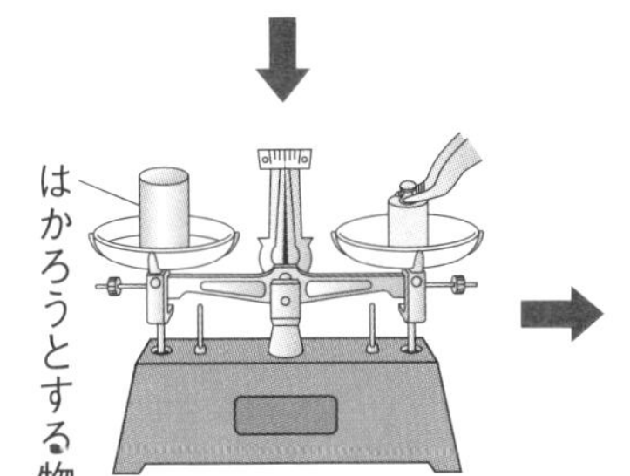

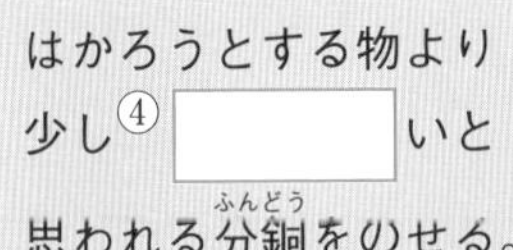
はかろうとする物より少し④□いと思われる分銅（ふんどう）をのせる。

分銅が重過ぎる場合，ひとつ小さな分銅に⑤□。
その分銅だけでは軽い場合，のせた分銅よりひとつ小さな分銅を⑥□。
これをくり返してつり合わせる。

2 メスシリンダーの使い方

教 p.84

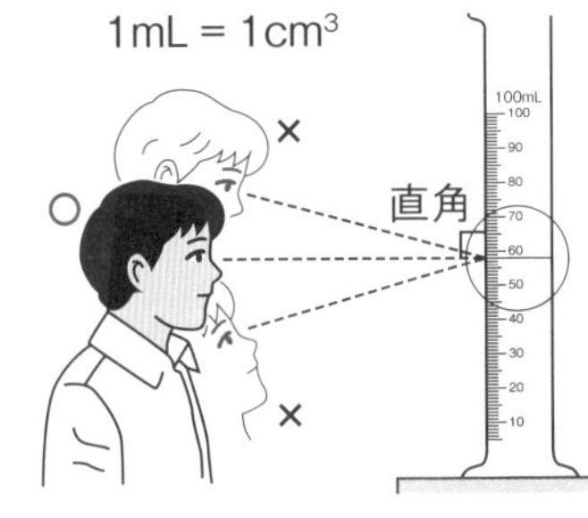

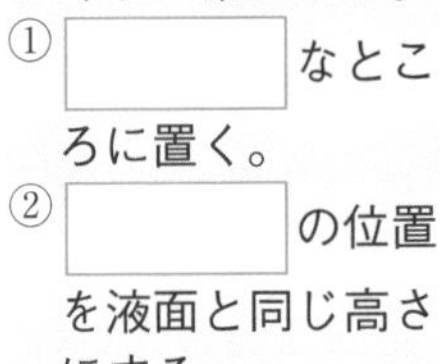
1目盛りの体積がいくらか確かめる。
①□なところに置く。
②□の位置を液面と同じ高さにする。

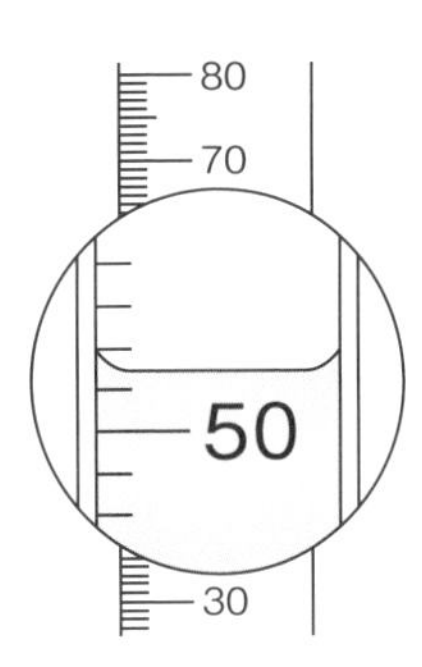

目盛りは，液面の③□なところを1目盛りの④□まで目分量で読みとる。
この液体の体積は⑤□cm^3

3 ガスバーナーの使い方

教 p.87

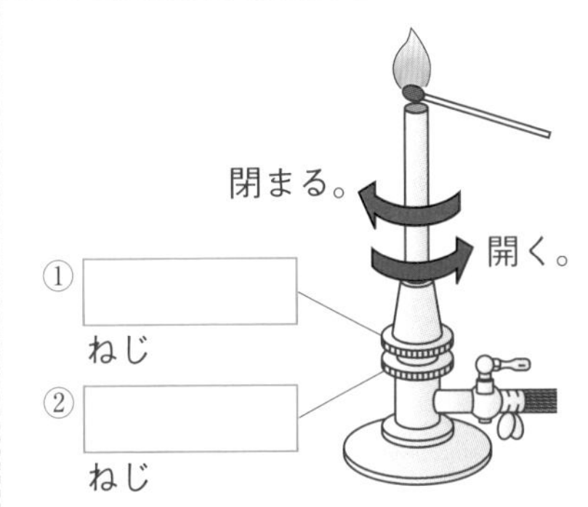

❶上下2つのねじが閉まっていることを確かめる。
❷ガスの③□，コックを開く。
❸マッチに火をつけ，④□ねじを少しずつ開いて点火する。
❹ガス調節ねじをさらに開いて10cmくらいの炎（ほのお）にする。
❺空気調節ねじを開いて⑤□色の炎にする。

語群 1 重／加える／とりかえる／調節ねじ／分銅／針　2 水平／$\frac{1}{10}$／51.5／平ら／目
3 ガス調節／空気調節／元栓（もとせん）／青

わからない用語は，教科書の要点の★で確認しよう！

単元2

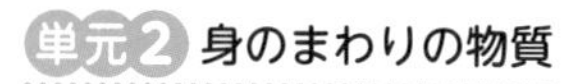

解答 p.8

第1章　身のまわりの物質とその性質－①

1 教 p.78 実験1 **金属と非金属のちがい**　図1のような身のまわりの物質を使って，次の実験を行った。これについて，あとの問いに答えなさい。ただし，スチールかんとアルミニウムかんは，表面をやすりでみがいた。

実験1　図2のようにして，調べる物が電気を通すかどうかを調べる。
実験2　図3のようにして，調べる物が磁石につくかどうかを調べる。

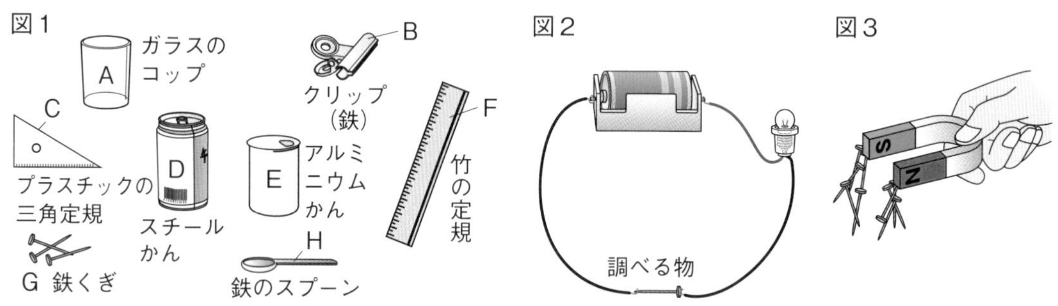

(1)　スチールかんとアルミニウムかんの表面をやすりでみがいたとき，表面にかがやきが見られた。このかがやきを何というか。ヒント　（　　　　　）

(2)　**実験1**で電気を通さないものを，図1のA～Hからすべて選びなさい。ヒント
（　　　　　）

(3)　**実験2**で磁石につくものを，図1のA～Hからすべて選びなさい。（　　　　　）

(4)　金属にあてはまるものを，下の〔　〕から2つ選びなさい。
（　　　　　）（　　　　　）

〔 ガラス　　鉄　　プラスチック　　アルミニウム　　木 〕

(5)　金属以外の物質を何というか。（　　　　　）

2 **メスシリンダーの使い方**　メスシリンダーに$50.0cm^3$の水を入れ，その中に物体をしずめたところ，右の図のようになった。これについて，次の問いに答えなさい。

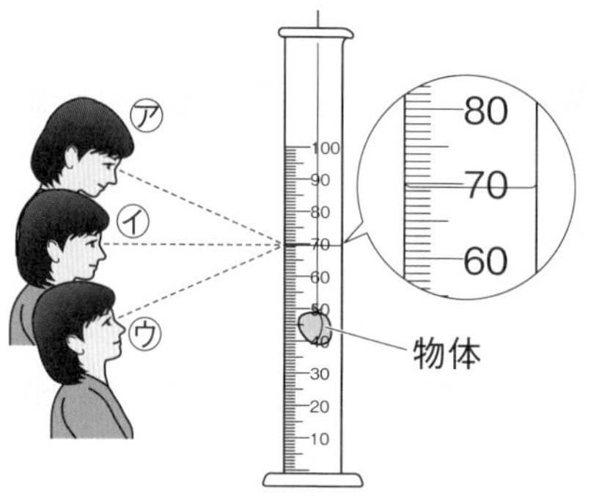

(1)　メスシリンダーはどのようなところに置いて使うか。（　　　　　）

(2)　メスシリンダーの目盛りを読みとるときの目の位置として正しいものを，図のア～ウから選びなさい。

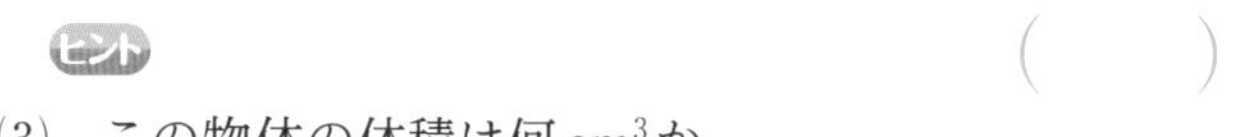

（　　　　　）

(3)　この物体の体積は何cm^3か。（　　　　　）

ヒントの森
❶(1)(2)表面をみがくとかがやいたり，電気を通したりする性質は，金属に共通する。
❷(2)1目盛りの$\frac{1}{10}$まで目分量で読みとる。

3 液体と物のうきしずみ　体積が50cm³の氷を，図１の電子てんびんではかったところ，46gであった。次に，図２のように，この氷を水に入れると，氷は水にういた。水の密度を１g/cm³として，次の問いに答えなさい。

図１

⑴　電子てんびんは，どのようなところに置いて使うか。
ヒント　（　　　　　　　　）

⑵　電子てんびんではかることができる，物質そのものの量を何というか。　（　　　　）

⑶　この氷の密度は何g/cm³か。　（　　　　）

⑷　密度の単位であるg/cm³の読み方を答えなさい。
（　　　　　　　　）

図２

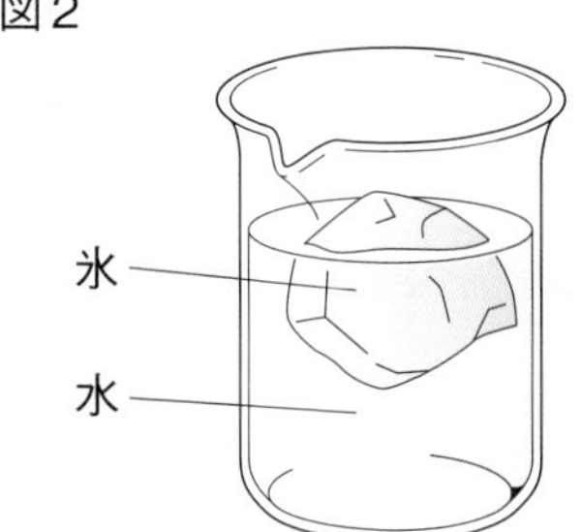

⑸　図２のように，氷が水にういたのは，氷と水の密度を比べたとき，どちらが大きいからか。
（　　　　）

⑹　この氷を密度が0.79g/cm³のエタノールに入れた。このとき，氷はエタノールにうくか，しずむか。　（　　　　）

4 白砂糖が燃えた後にできる物質　右の図のように，火をつけた白砂糖を集気びんの中で燃やし，火が消えてから内側のようすを観察した。次に，燃焼さじをとり出し，集気びんにふたをしてよくふり，石灰水（せっかいすい）の変化を調べた。これについて，次の問いに答えなさい。

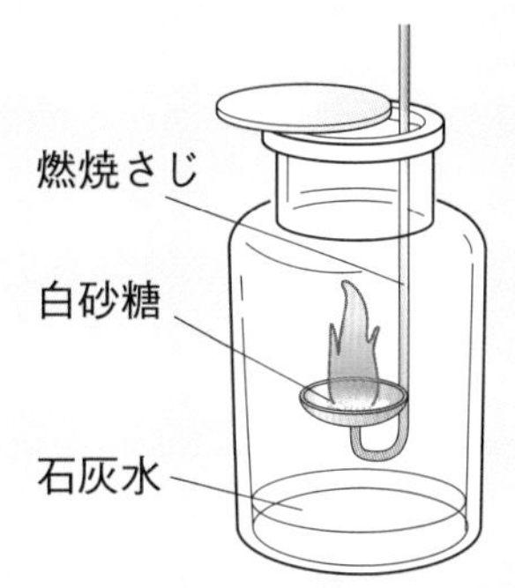

⑴　白砂糖が燃えた後，集気びんの内側がくもっていた。このようになったのは，何ができたためか。
（　　　　）

⑵　集気びんをよくふったとき，石灰水はどうなったか。
（　　　　　　　　）

⑶　⑵のようになったのは，何ができたためか。ヒント　（　　　　）

⑷　白砂糖のように，燃えると⑶ができる物質を何というか。　（　　　　）

⑸　⑷以外の物質を何というか。　（　　　　）

⑹　⑷に共通してふくまれているものはどれか。次のア～ウから選びなさい。　（　　）

ア　窒素　　イ　酸素　　ウ　炭素

⑺　燃やした後の集気びんの内側のようすや石灰水の変化が，白砂糖の場合と同じ結果になるものを，次のア～エからすべて選びなさい。　（　　　）

ア　デンプン　　イ　食塩　　ウ　エタノール　　エ　鉄

3⑴電子てんびんも上皿てんびんと同じようなところに置いて使う。
4⑶石灰水はある気体の有無を調べるときに使われる。

単元2

解答 p.9

第1章 身のまわりの物質とその性質－②

1 密度 体積が4 cm^{3}の金属㋐〜㋒を上皿てんびんを使って質量をはかったところ，下の図のようになった。下の表は，金属の密度を示したものである。これについて，あとの問い に答えなさい。ただし，㋐〜㋒は表のいずれかの物質からできているものとする。

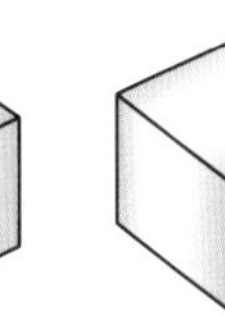
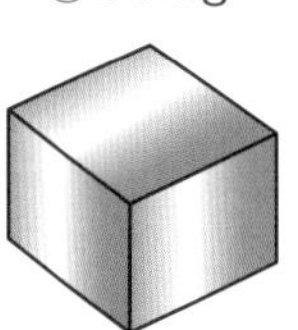

金属の密度〔g/cm^3〕	
アルミニウム	2.70
亜鉛	7.13
鉄	7.87
銅	8.96
銀	10.50

(1) 金属に共通する性質といえないものはどれか。次のア〜エから選びなさい。（　　）

ア 磁石に引きつけられる。　　イ みがくと光る。

ウ たたくとのびてうすく広がる。　　エ 電気を通しやすい。

(2) 密度が最も大きいものはどれか。図の㋐〜㋒から選びなさい。（　　）

(3) アルミニウムでできているものはどれか。図の㋐〜㋒から選びなさい。ヒント（　　）

(4) 同じ質量であるとき，体積が最も大きいものはどれか。図の㋐〜㋒から選びなさい。

（　　）

2 ガスバーナーの使い方 ガスバーナーの使い方について，次の問いに答えなさい。

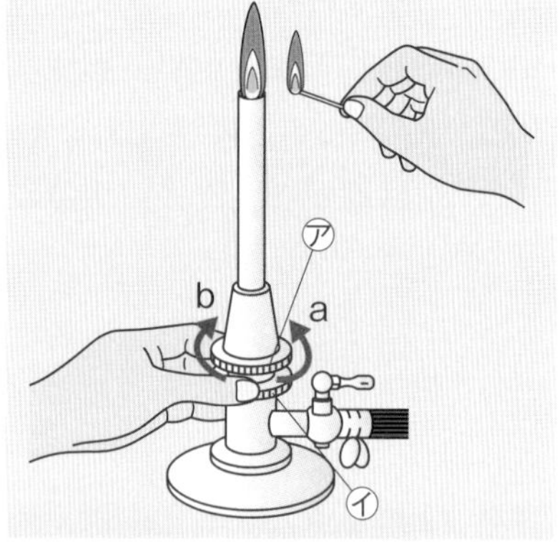

(1) ㋐，㋑のねじを何というか。

㋐（　　　　） ㋑（　　　　）

(2) ㋐，㋑のねじを開くときには，a，bのどちらに回すか。ヒント（　　）

記述

(3) ガスバーナーに火をつけるとき，ガスの元栓を開く前にどのようなことを確かめるか。

（　　　　　　　　）

(4) ガスバーナーに火をつけるときの操作の順になるように，次のア〜ウを並べなさい。

（　　→　　→　　）

ア ㋑のねじをおさえて，㋐のねじだけを少しずつ開く。

イ ㋑のねじを開いて点火する。　　ウ 元栓，コックを開く。

(5) ガスバーナーの火を消すときの操作の順になるように，次のア〜ウを並べなさい。

ヒント　（　　→　　→　　）

ア ㋑のねじを閉める。　　イ コック，元栓を閉じる。

ウ ㋑のねじをおさえておいて，㋐のねじを閉める。

ヒントの森

1(3)密度は物質によって固有の値をもつ。表を用いて答える。　2(2)ねじやふたを開くときに回す向きは決まっている。　(5)火を消すときは，火をつけるときの逆の順に操作する。

3 上皿てんびんの使い方 上皿てんびんの使い方について，次の問いに答えなさい。

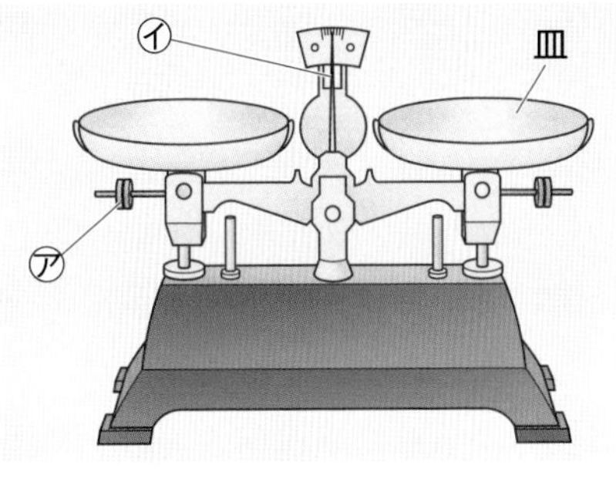

(1) 図の㋐，㋑の部分を何というか。

㋐(　　　　　　　) ㋑(　　　　　　　)

(2) 物体の質量をはかるときの上皿てんびんの使い方として正しいものを，次のア～エから選びなさい。ヒント (　　　)

ア　分銅を皿にのせるときは，はかる物より少し軽いと思われる分銅をのせる。

イ　上皿てんびんの針が等しくふれていれば，つり合っているものとする。

ウ　分銅が重過ぎたら，のせた分銅よりひとつ小さな分銅を加える。

エ　分銅を加えてもつり合わないときは，㋐のねじを回してつり合わせる。

単元2

4 教 p.88 実験3 **白い粉末の区別** 食塩，デンプン，グラニュー糖，白砂糖の粉末を区別するため，次のような実験を行った。あとの問いに答えなさい。

実験1　図1のように，薬品さじ1ぱい分の粉末を水に入れ，試験管をよくふった。
実験2　図2のように，アルミニウムはくの容器に粉末を入れ，弱火で熱した。

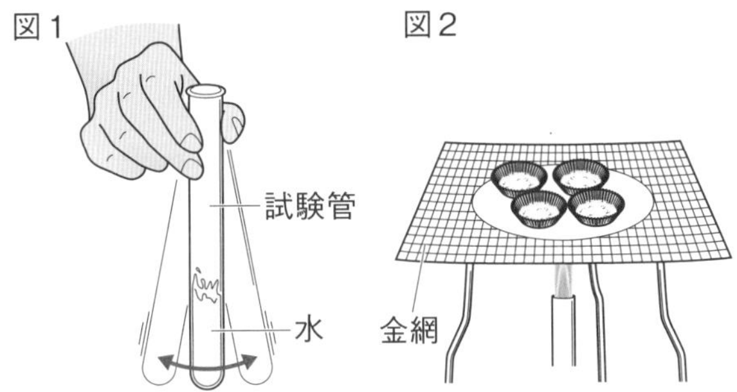

	実験1	実験2
食塩	水に(　㋐　)。	(　㋒　)。
デンプン	白くにごった。	こげた。
グラニュー糖	水にとけた。	液体となってこげた。
白砂糖	水に(　㋑　)。	液体となってこげた。

(1) 実験1，2の結果を，上の表にまとめた。表の㋐～㋒にあてはまる言葉を答えなさい。

㋐(　　　　　　) ㋑(　　　　　　) ㋒(　　　　　　)

(2) 次の文は，実験2の結果について述べたものである。(　)にあてはまる言葉を答えなさい。

①(　　　　　　) ②(　　　　　　)

デンプンやグラニュー糖，白砂糖は熱すると，こげることから，(①)であることがわかる。(①)は(②)という物質をふくむ。

(3) 有機物にあてはまるものはどれか。次のア～カからすべて選びなさい。ヒント

(　　　　　　)

ア　二酸化炭素　　イ　銅　　ウ　プラスチック
エ　ロウ　　オ　鉄　　カ　プロパン

(4) デンプンを容器の中で燃やすと，容器の内側がくもった。これは，デンプンが燃えたときに何ができたためか。ヒント (　　　　　　)

ヒントの森
3(2)上皿てんびんは，てこの原理を利用している。　4(3)炭素をふくんでいても有機物といわないものもある。(4)内側がくもったのは，ある液体がついたためである。

解答 p.10

第1章　身のまわりの物質とその性質

30分　/100

よく出る **1** エタノール，鉄，食塩，グラニュー糖をそれぞれ燃焼さじにのせ，図1のようにガスバーナーで加熱した。燃え出したら，すぐにガスバーナーの火からはなし，図2のように集気びんに入れて燃え方と集気びんの内側のようすを観察した。火が消えたら，燃焼さじをとり出し，燃えた後の集気びんに少量の石灰水を入れてふった。これについて，次の問いに答えなさい。　6点×3（18点）

図1

図2

(1) 図1のガスバーナーに火をつけるには，どのような手順で行うか。次の**ア**～**オ**を正しい順に並べなさい。

ア　空気調節ねじを少しずつ開き，青色の安定した炎に調節する。

イ　ガスの元栓を開け，次にコックを開ける。

ウ　２つのねじが閉まっていることを確認する。

エ　ガス調節ねじを少しずつ開き，炎を適当な大きさに調節する。

オ　ガス調節ねじを少し開いて，ガスバーナーに点火する。

(2) エタノールを集気びんに入れて燃やしたとき，集気びんの内側はどうなるか。

(3) 下線部のとき，石灰水が白くにごったものはどれか。エタノール，鉄，食塩，グラニュー糖からすべて選びなさい。

(1)	→　→　→　→	(2)	
(3)			

2 物質の性質について，次の問いに答えなさい。　5点×2（10点）

(1) 次の文は，身のまわりの物質の性質について述べたものである。正しいものを，次の**ア**～**オ**からすべて選びなさい。

ア　コップなどの物の外観に注目したときには物体という。

イ　金属は，たたくとうすく広がるが，この性質を延性という。

ウ　プラスチックやガラスなどの非金属は，よく熱を伝える。

エ　送電線は，電気をよく通す金属の性質を利用したものである。

オ　砂糖，食塩，デンプンは，白色の物質なので，すべて無機物である。

記述 (2) 水に菜種油を入れると，菜種油が水にうく。その理由を「密度」という言葉を使って答えなさい。

(1)		(2)	

3 ４種類のA～Dの物質(鉄，アルミニウム，デンプン，食塩)を区別するため，次の実験を行った。これについて，あとの問いに答えなさい。　6点×6(36点)

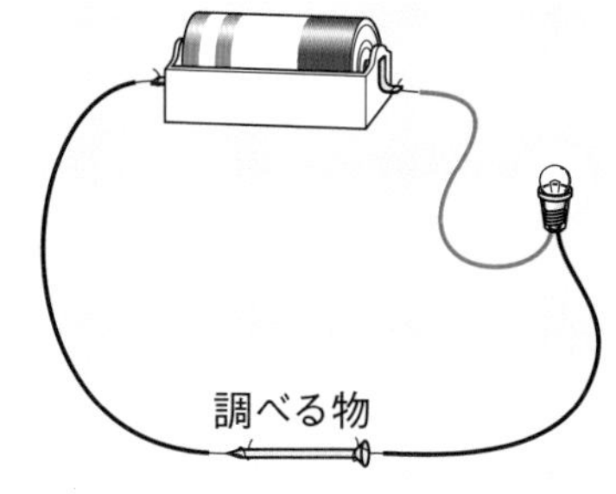

実験１　磁石につくかどうかを調べたところ，Dだけが磁石についた。

実験２　右の図のような回路をつくったところ，BとDでは豆電球の明かりがついた。

実験３　ガスバーナーで加熱したところ，Aだけがこげて炭ができた。

(1)　金属であるものはどれか。A～Dからすべて選びなさい。

(2)　炭素をふくむものはどれか。A～Dから選びなさい。

(3)　A～Dの物質は何か。次のア～エからそれぞれ選びなさい。

ア　鉄　　イ　アルミニウム　　ウ　デンプン　　エ　食塩

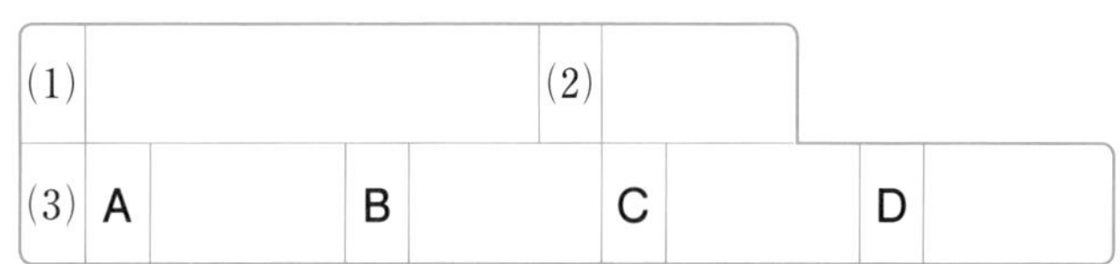

(1)		(2)					
(3) A		B		C		D	

4 ある金属からできた物体Aの質量を測定したところ，36.8gであった。次に，100mLのメスシリンダーに水を50.0cm³入れ，物体Aをしずめた。メスシリンダーの液面を真横から水平に見ると，右の図のようになった。表は，６種類の金属の密度を示したものである。これについて，次の問いに答えなさい。　6点×6(36点)

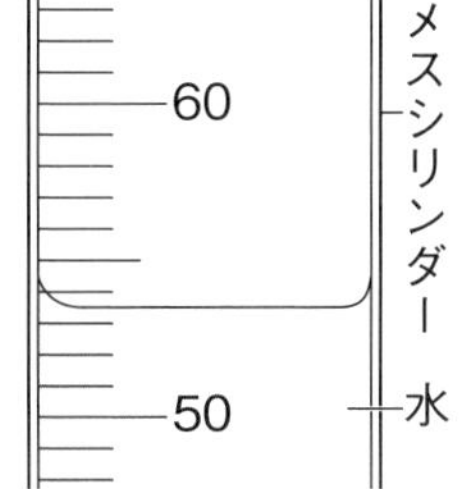

金属の密度〔g/cm³〕	
アルミニウム	2.70
亜鉛	7.13
鉄	7.87
銅	8.96
銀	10.50
金	19.32

(1)　メスシリンダーの目盛りは，１目盛りのどのくらいまで目分量で読みとるか。

(2)　物体Aの体積は何cm³か。

(3)　物体Aの密度は何g/cm³か。小数第２位を四捨五入して，小数第１位まで求めなさい。

(4)　物体Aは何からできていると考えられるか。表から選びなさい。

(5)　同じ質量であるとき，体積が最も大きい金属を，表から選びなさい。

(6)　水銀は，室温では液体として存在し，密度は13.55g/cm³である。ビーカーに入れた水銀に，表の６種類の金属を入れたとき，いくつの物質がしずむか。数字で答えなさい。ただし，しずむものがない場合は，×と答えなさい。

(1)		(2)		(3)	
(4)		(5)		(6)	

解答 p.10

第2章　気体の性質

教科書の要点

同じ語句を何度使ってもかまいません。

(　　)にあてはまる語句を，下の語群から選んで答えよう。

1 身のまわりの気体の性質

教 p.94〜97

(1) 気体のにおいは，(①　　　　)であおいでかぐ。

(2) 石灰石(せっかいせき)にうすい塩酸を加えると(②　　　　)が発生する。

(3) 二酸化マンガンにオキシドール(うすい過酸化水素水)を加えると(③　　　　)が発生する。

(4) 鉄や亜鉛(あえん)にうすい塩酸や硫酸(りゅうさん)を加えると(④　　　　)が発生する。

(5) ★二酸化炭素は，無色・無臭(むしゅう)の気体で，(⑤★　　　　)を白くにごらせる性質がある。

(6) ★酸素は，無色・無臭の気体で，物質を(⑥　　　　)はたらきがあるが，酸素そのものは燃えない。

(7) ★水素は，無色・無臭の気体で，空気中で火をつけると燃えて(⑦　　　　)ができる。

(8) 物質の中で，最も密度の小さい気体は(⑧　　　　)である。

(9) 空気中に体積の割合で最も多くふくまれている気体は，(⑨　　　　)である。

まるごと暗記

気体の発生方法

- 二酸化炭素
  石灰石(貝がら)＋うすい塩酸
- 酸素
  二酸化マンガン＋オキシドール
- 水素
  鉄(亜鉛)＋うすい塩酸(硫酸)

2 気体の性質と集め方

教 p.98〜102

(1) 塩化アンモニウムと水酸化カルシウムを混ぜ合わせて加熱すると，(①　　　　)が発生する。

(2) ★アンモニアは，特有の刺激臭(しげきしゅう)があり，水に非常にとけやすい。アンモニアが水にとけると，(②　　　　)性を示す。

(3) (③　　　　)は水にとけにくい気体を集める方法である。

(4) (④　　　　)は水にとけやすく，密度が空気よりも小さい気体を集める方法である。

(5) (⑤★　　　　)は水にとけやすく，密度が空気よりも大きい気体を集める方法である。

(6) 酸素，(⑥　　　　)，二酸化炭素は，★水上置換法(すいじょうちかんほう)で集めることができる。
└水に少しだけとける。

(7) (⑦　　　　)は，★上方置換法(じょうほうちかんほう)で集めることができる。

まるごと暗記

気体を集める方法

- 水上置換法
  水に**とけにくい**気体
  →酸素，水素
  水に少しとける気体
  →二酸化炭素
- 下方置換法
  水に**とけやすくて**，空気より**密度が大きい**気体
  →二酸化炭素
- 上方置換法
  水に**とけやすくて**，空気より**密度が小さい**気体
  →アンモニア

ワンポイント

二酸化炭素は，水上置換法でも下方置換法でも集めることができる。

語群
1 石灰水／酸素／二酸化炭素／水素／窒素(ちっそ)／水／手／燃やす
2 水上置換法／上方置換法／下方置換法(かほうちかんほう)／アンモニア／水素／アルカリ

★の用語は，説明できるようになろう！

同じ語句を何度使ってもかまいません。

教科書の図　□にあてはまる語句を，下の語群から選んで答えよう。

1 気体の発生方法　物質の名称を書こう。 教 p.95～98

酸素の発生方法

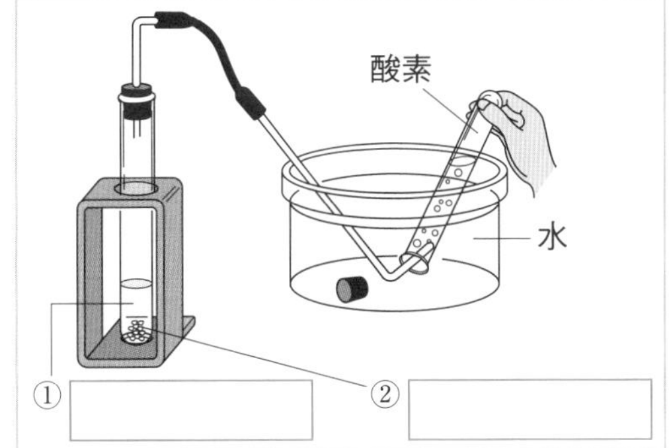

二酸化炭素の発生方法

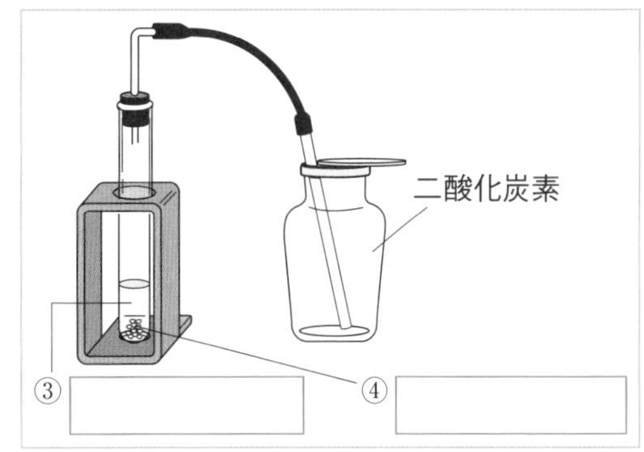

水素の発生方法

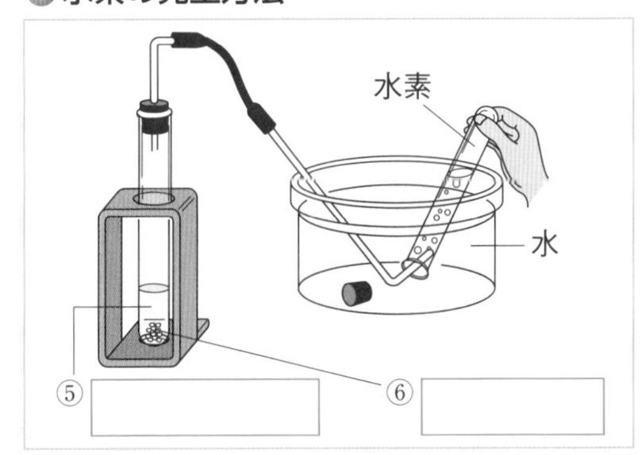

アンモニアの発生方法

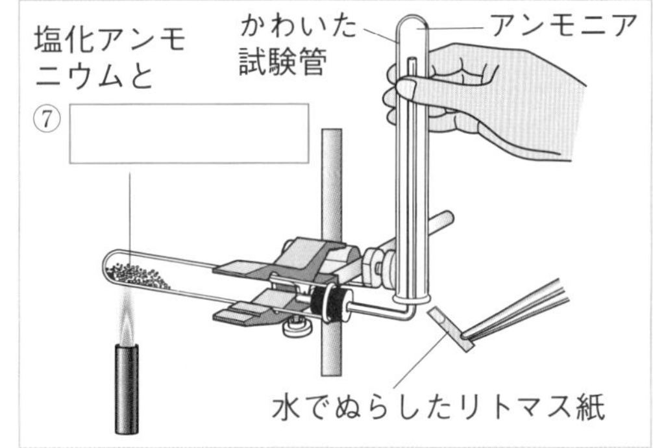

2 気体の性質による気体の集め方 教 p.99

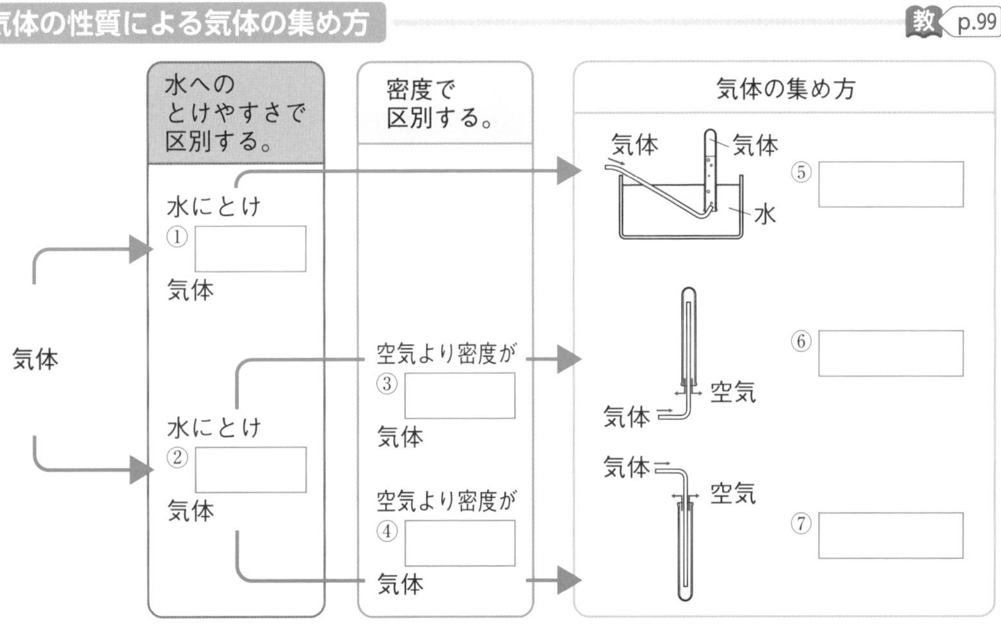

語群
1 うすい塩酸／オキシドール／亜鉛／石灰石／二酸化マンガン／水酸化カルシウム
2 小さい／大きい／やすい／にくい／上方置換法／下方置換法／水上置換法

わからない用語は，教科書の要点の★で確認しよう！

単元2

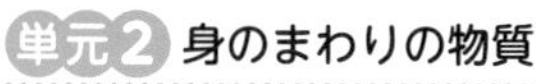

解答 p.10

第2章 気体の性質－①

1 教 p.95 実験4 **二酸化炭素と酸素の性質** 次の図1の㋐，㋑のように，固体と液体の物質を混ぜて気体を発生させた。発生させた気体は，図2のような方法で試験管に集め，それぞれ性質を調べた。これについて，あとの問いに答えなさい。

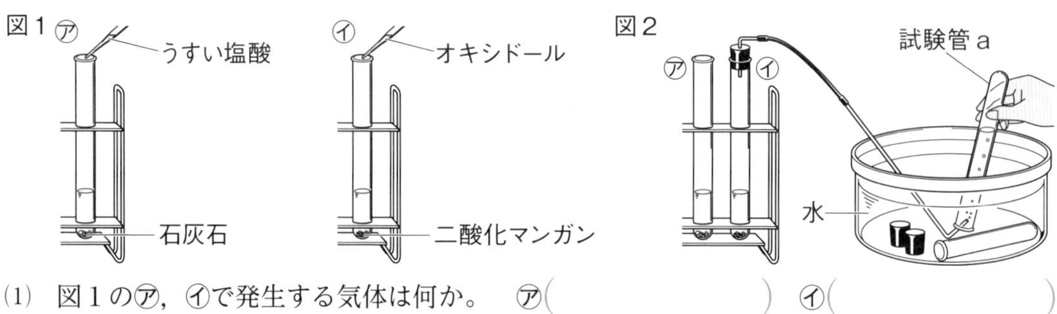

(1) 図1の㋐，㋑で発生する気体は何か。 ㋐（　　　） ㋑（　　　）

(2) ㋐，㋑の気体を集めた試験管に，それぞれ石灰水を入れてよくふった。このとき，石灰水はどうなるか。 ㋐（　　　） ㋑（　　　）

(3) ㋐，㋑の気体を集めた試験管に，それぞれ火のついた線香を入れた。このとき，線香はどうなるか。ヒント ㋐（　　　） ㋑（　　　）

2 **二酸化炭素の発生方法と性質** 右の図1のように二酸化炭素を発生させて集めた。また，二酸化炭素は，図2の方法でも集めることができる。これについて，次の問いに答えなさい。

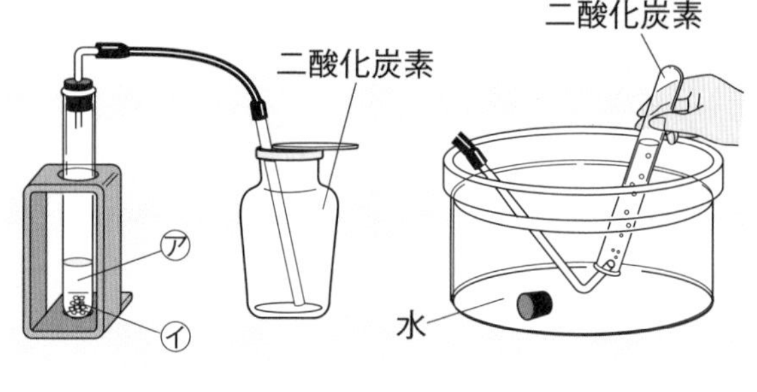

(1) 図1の㋐の液体，㋑の固体は何か。下の〔　〕からそれぞれ選びなさい。

㋐（　　　）
㋑（　　　）

〔 うすい塩酸　オキシドール　鉄　貝がら　二酸化マンガン 〕

(2) 図1，2のような気体の集め方を何というか。下の〔　〕からそれぞれ選びなさい。

図1（　　　） 図2（　　　）

〔 水上置換法　上方置換法　下方置換法 〕

(3) 図1，2のような方法で二酸化炭素を集めることができるのは，二酸化炭素にどのような性質があるからか。次の**ア**～**エ**からそれぞれ選びなさい。ヒント

図1（　　） 図2（　　）

ア 水に少ししかとけないから。　**イ** 水にとけやすいから。
ウ 密度が空気より小さいから。　**エ** 密度が空気より大きいから。

❶(3)物質を燃やすはたらきがある気体の中に入れると，線香は激しく燃える。
❷(3)空気より密度が小さい(軽い)気体は上へ移動し，密度が大きい(重い)気体は下にたまる。

3 アンモニアの性質

右の図のような装置で，塩化アンモニウムと水酸化カルシウムを混ぜ合わせたものを加熱して気体を発生させ，その性質を調べた。これについて，次の問いに答えなさい。

かわいた試験管
塩化アンモニウムと水酸化カルシウム
ガラス管
水でぬらしたリトマス紙

⑴ 発生した気体は何か。（　　　　）

⑵ 集めた気体のにおいと色について正しいものを，次のア～エから選びなさい。（　　　）

ア においはなく，色は無色である。

イ においはなく，色は黄色である。

ウ 激しく鼻をさすような特有の刺激臭があり，色は無色である。

エ 激しく鼻をさすような特有の刺激臭があり，色は黄色である。

⑶ 図のような気体の集め方から考えて，この気体の密度は空気より大きいか，小さいか。（　　　　）

⑷ 集めた気体に水でぬらした赤色や青色のリトマス紙を近づけたときのリトマス紙の色の変化について，次の文の（　）にあてはまる言葉を答えなさい。ヒント

①（　　　　）②（　　　　）③（　　　　）

（ ① ）色のリトマス紙が（ ② ）色に変わったが，（ ③ ）色のリトマス紙の色は変わらなかった。

⑸ ⑷より，この気体が水にとけると，その水溶液はどのような性質を示すか。下の〔　〕から選びなさい。ヒント（　　　　）

〔 酸性　　アルカリ性　　中性 〕

4 気体の集め方

右の図は，気体の性質による気体の集め方についてまとめたものである。これについて，次の問いに答えなさい。

㋐に とけやすい。
㋐に とけにくい。
空気より ㋑が大きい。
空気より ㋑が小さい。
A
B
C

⑴ 図の㋐，㋑にあてはまる言葉をそれぞれ答えなさい。
㋐（　　　　）
㋑（　　　　）

⑵ 図のA～Cの集め方をそれぞれ何というか。
A（　　　　）
B（　　　　）
C（　　　　）

⑶ 空気と置きかえて気体を集める方法を，図のA～Cからすべて選びなさい。（　　　　）

⑷ 水素とアンモニアを集める方法を，図のA～Cからそれぞれ選びなさい。ヒント

水素（　　）アンモニア（　　）

❸⑷⑸リトマス紙は，酸性のときは青色→赤色，アルカリ性のときは赤色→青色と変化する。
❹⑷水素とアンモニアの㋐へのとけやすさや，空気と比べたときの㋑の大きさを考える。

解答 p.11

定着のワーク ステージ2　第2章　気体の性質－②

1 水素の集め方と性質

右の図のような装置で水素を発生させ，試験管に集めた。これについて，次の問いに答えなさい。

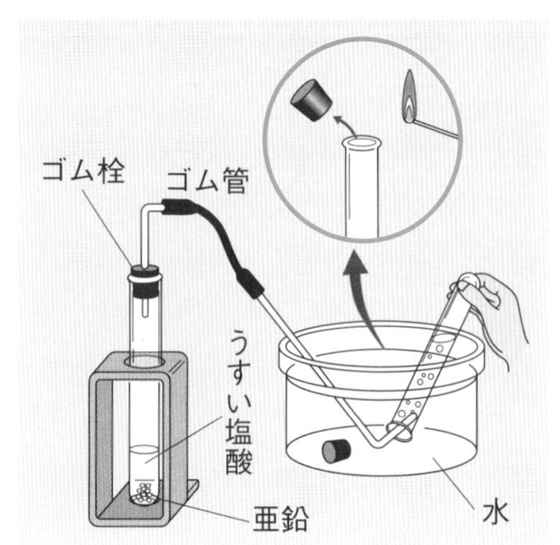

(1) 亜鉛のかわりに試験管に入れても水素が発生するものを，下の〔　〕から選びなさい。（　　　）

〔　石灰石　　鉄　　二酸化マンガン　〕

(2) うすい塩酸のかわりに試験管に入れても水素が発生するものを，下の〔　〕から選びなさい。（　　　）

〔　硫酸　　エタノール　　オキシドール　〕

(3) 図のような気体の集め方を何というか。ヒント（　　　）

記述 (4) (3)の方法で水素が集められるのは，水素にどのような性質があるためか。ヒント

（　　　）

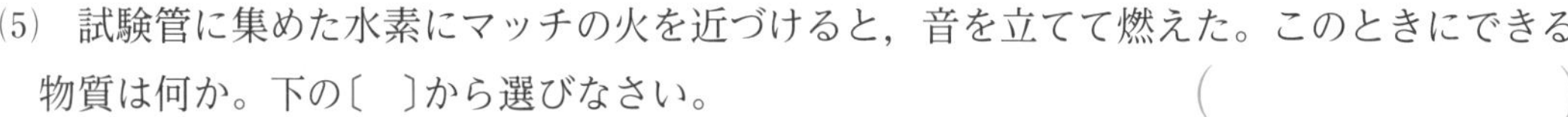

(5) 試験管に集めた水素にマッチの火を近づけると，音を立てて燃えた。このときにできる物質は何か。下の〔　〕から選びなさい。（　　　）

〔　水　　酸素　　二酸化炭素　　アンモニア　〕

(6) 水素の性質としてあてはまるものを，次のア～エから２つ選びなさい。（　　）（　　）

ア　無色で，においはない。　　イ　無色で，特有の刺激臭がある。

ウ　物質の中でいちばん密度が小さい。　　エ　石灰水を白くにごらせる。

2 空気の組成

右の図は，空気の組成（体積の割合）を表したグラフである。これについて，次の問いに答えなさい。

そのほかの気体　1％
〔二酸化炭素　0.04％
その他〕
㋐ 78％
㋑ 21％

(1) 図の㋐，㋑にあてはまる気体の名前を，それぞれ答えなさい。

㋐（　　　）

㋑（　　　）

(2) 図の㋐の性質としてあてはまるものを，次のア～カから３つ選びなさい。ヒント（　　）（　　）（　　）

ア　色はない。　　イ　黄色をしている。　　ウ　においがない。

エ　においがある。　　オ　水にとけにくい。　　カ　水に非常によくとける。

ヒントの森　❶(3)(4)図の方法は，水と置きかえて気体を集めている。　❷(2)㋐の気体は空気の組成のほとんどをしめているので，空気に色やにおいがあるか，水にとけやすいかを考える。

3 アンモニアの噴水実験

アンモニアを集めた丸底フラスコを用いて，右の図のような装置を組み立てた。スポイトでフラスコ内に水を入れたところ，ビーカーの水が上昇し，赤色の噴水が見られた。これについて，次の問いに答えなさい。

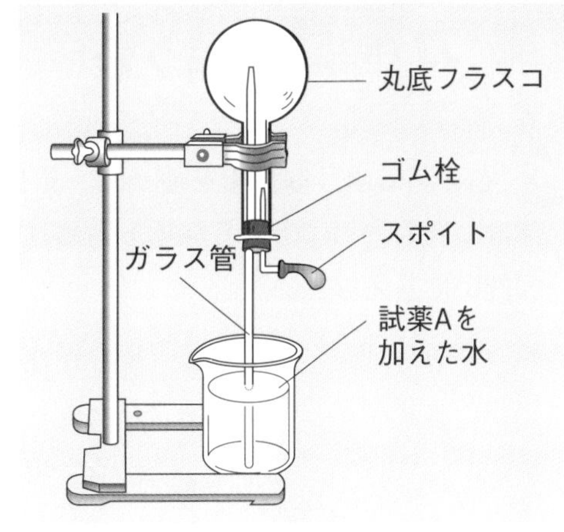

(1) アンモニアは，何という方法で集めるか。 (　　　　　　　)

(2) アンモニアを丸底フラスコに集めるとき，丸底フラスコはかわいたものと水でぬれたもののどちらを使うか。 (　　　　　　　)

(3) ビーカーの中の水に加えた試薬Aを，下の〔　〕から選びなさい。 ヒント

(　　　　　　　)

〔 BTB溶液　　石灰水　　フェノールフタレイン溶液 〕

記述 (4) 丸底フラスコ内で噴水（ふんすい）が見られたのは，アンモニアにどのような性質があるためか。

(　　　　　　　)

(5) 噴水が赤色であったのは，アンモニアは水にとけると何性を示すためか。下の〔　〕から選びなさい。 (　　　　　　　)

〔 酸性　　アルカリ性　　中性 〕

単元2

4 気体の区別

右の表は，酸素，二酸化炭素，窒素，水素，アンモニアの性質についてまとめたものである。これについて，次の問いに答えなさい。

	水へのとけ方	主な性質
㋐	とけにくい。	空気中に体積の割合で約$\frac{4}{5}$ふくまれる。
㋑	とけにくい。	物質のなかで最も密度が小さい。
㋒	非常にとけやすい。	特有の刺激臭がある。
㋓	とけにくい。	物質を燃やす。
㋔	①	石灰水を白くにごらせる。

(1) 表の㋐～㋔の気体は何か。

㋐(　　　　　　　)　㋑(　　　　　　　)　㋒(　　　　　　　)

㋓(　　　　　　　)　㋔(　　　　　　　)

(2) 表の①にあてはまるものとして正しいものを，次のア～ウから選びなさい。 (　　　)

ア　とけにくい。　　イ　少しとける。　　ウ　非常にとけやすい。

(3) スナック菓子（がし）のふくろなどにつめられている気体はどれか。表の㋐～㋔から選びなさい。

ヒント (　　　)

(4) 火をつけると音を出して燃える気体はどれか。表の㋐～㋔から選びなさい。 (　　　)

(5) 水上置換法で集めることができない気体はどれか。表の㋐～㋔から選びなさい。 (　　　)

(6) 空気中に体積の割合で約$\frac{1}{5}$ふくまれる気体はどれか。表の㋑～㋔から選びなさい。

ヒント (　　　)

❸(3)噴水の色が赤色であったことから考える。　❹(3)この気体は，ふつうの温度では反応しにくいという性質がある。　(6)空気の体積の割合で２番目に多い気体である。

第2章　気体の性質

1 右の図のような装置を使って，気体を発生させた。図の液体と固体は，次の㋐，㋑のような組み合わせを用いた。これについて，あとの問いに答えなさい。　6点×6（36点）

㋐　液体…うすい硫酸　　固体…鉄
㋑　液体…オキシドール　固体…二酸化マンガン

(1)　㋐，㋑の組み合わせでは，それぞれ何という気体が発生するか。

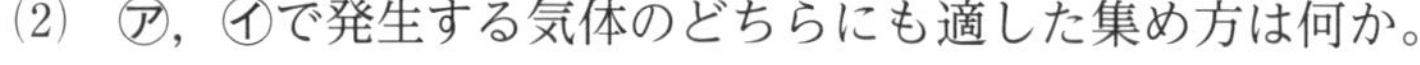

(2)　㋐，㋑で発生する気体のどちらにも適した集め方は何か。

記述 (3)　㋐，㋑で発生する気体を，(2)の方法で集めることができるのは，㋐，㋑の気体がどのような性質を共通してもつためか。

(4)　㋐，㋑で発生する気体の性質としてあてはまるものを，次の**ア**〜**エ**からそれぞれ選びなさい。

ア　物質を燃やす性質がある。　**イ**　石灰水に通すと，石灰水が白くにごる。
ウ　火を近づけると音を出して燃える。　**エ**　特有の刺激臭がある。

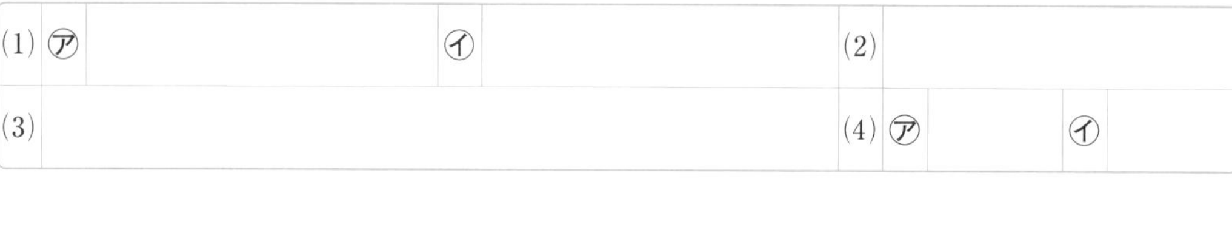

(1)	㋐		㋑		(2)			
(3)					(4)	㋐		㋑

よく出る **2** 気体の集め方を示したものについて，次の問いに答えなさい。　4点×5（20点）

記述 (1)　㋐はどのような気体を集めるときに用いられるか。「水」，「密度」という言葉を使って答えなさい。

記述 (2)　㋒で気体を集めるときは，はじめに出てくる気体は集めずに，しばらくしてから気体を集める。その理由を答えなさい。

(3)　ベーキングパウダーに食酢（しょくす）を加えたところ，気体が発生した。

①　発生した気体を石灰水に通すと，白くにごった。この気体は何か。
②　発生した気体は，㋐〜㋒のどの方法で集められるか。すべて選びなさい。
③　発生した気体を集めた試験管に火のついた線香を入れるとどうなるか。

(1)					
(2)					
(3)	①		②	③	

3 右の図1のようにして，発生させたアンモニアを試験管に集めてその性質を調べた。これについて，次の問いに答えなさい。

4点×5（20点）

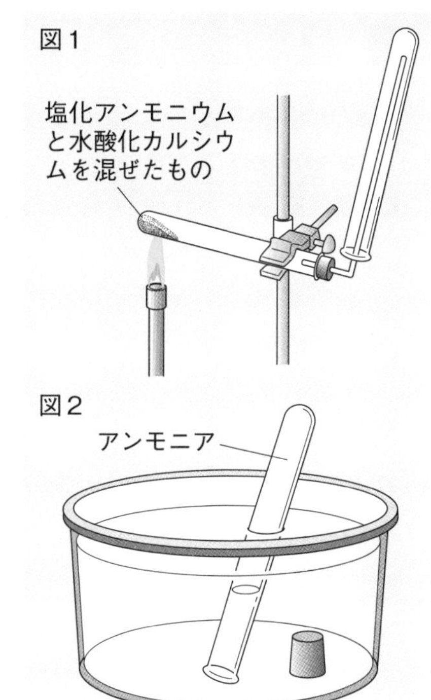

(1) 発生したアンモニアに，水でしめらせたリトマス紙を近づけると，リトマス紙の色が変わった。何色のリトマス紙が何色に変わったか。

(2) アンモニアを集めた試験管のゴム栓をはずし，水中にすばやく逆さに立てたところ，図2のように，水が試験管の中に入ってきた。これは，アンモニアがどうなったからか。

(3) (2)の試験管を水中でゴム栓をしてとり出し，試験管に入った水にフェノールフタレイン溶液を加えたところ，溶液の色が変わった。何色に変わったか。

(4) アンモニアのとけた水溶液は何性を示すか。

(5) アンモニアのとけた水溶液にBTB溶液を加えたところ，溶液の色が変わった。何色に変わったか。

(1)		(2)			
(3)		(4)		(5)	

4 次のA～Iの気体について，あとの問いに答えなさい。

3点×8（24点）

A	水素	B	塩化水素	C	プロパン	D	窒素	E	二酸化炭素
F	塩素	G	ヘリウム	H	一酸化炭素	I	酸素		

(1) 気体のにおいをかぐときは，保護眼鏡（めがね）をかけ，容器を顔の前に近づけた後，どのようにして確かめるか。

(2) 次の①，②の方法で発生する気体は何か。A～Iからそれぞれ選びなさい。

① 湯の中に発泡入浴剤（はっぽうにゅうよくざい）を入れる。　② レバーにオキシドールをかける。

(3) 次の①～⑤にあてはまる気体を，A～Iからそれぞれ選びなさい。

① 色がある気体　② 水にとけると塩酸となる気体

③ 気体の中で2番目に密度が小さい気体

④ 天然ガスの成分であり，よく燃えるので，家庭用ガスに用いられる気体

⑤ 有機物が不完全に燃えたときに発生する気体

(1)		(2) ①		②	

(3) ①		②		③		④		⑤	

解答 p.12

第3章　水溶液の性質

（　）にあてはまる語句を，下の語群から選んで答えよう。　同じ語句を何度使ってもかまいません。

1 物質が水にとけるようす

教 p.104〜109

(1) 物質が水にとけると，液は(①　　　　)になり，液のこさはどの部分も(②　　　　)になる。

(2) 砂糖を水にとかしたとき，砂糖のようにとけている物質を(③　　　　)といい，水のように★溶質をとかす液体を(④　　　　)という。

(3) 溶質が★溶媒にとけた液全体を★溶液といい，溶媒が水である溶液を(⑤★　　　　)という。

(4) 水やブドウ糖，酸素のように，1種類の物質からできている物を(⑥　　　　)(純物質)という。

(5) 炭酸飲料や砂糖水のように，いくつかの物質が混じり合った物を(⑦　　　　)という。

(6) 溶液のこさ(濃度)を，溶質の質量が溶液全体の質量の何%にあたるかで表したものを(⑧　　　　)という。

$$質量パーセント濃度〔\%〕= \frac{(⑨\quad\quad)の質量〔g〕}{(⑩\quad\quad)の質量〔g〕} \times 100$$

$$= \frac{溶質の質量〔g〕}{溶質の質量〔g〕+(⑪\quad\quad)の質量〔g〕} \times 100$$

ワンポイント

質量パーセント濃度の求め方

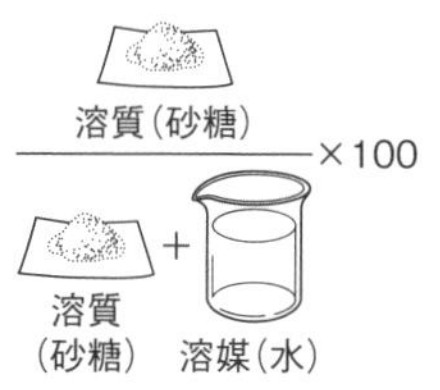

※100をかけるのを忘れないように。

2 溶解度と再結晶

教 p.110〜116

(1) 水溶液を冷やしたときに出てくる，いくつかの平面で囲まれた規則正しい形をした固体を(①★　　　　)という。

(2) 一定量の水に物質をとかしていったとき，物質がそれ以上とけることができなくなった状態を飽和状態といい，このときの水溶液をその物質の(②　　　　)という。

(3) ある物質を100gの水にとかして★飽和水溶液にしたときの，とけた物質の質量を(③　　　　)という。

(4) 水の温度に対する★溶解度の関係をグラフに表したものを(④　　　　)という。

(5) 固体の物質をいったん水にとかし，溶解度の差を利用して，再び結晶としてとり出すことを(⑤★　　　　)という。

ワンポイント

溶解度の変化が大きい物質

・飽和水溶液を冷やすと，多くの結晶が**出てくる**。
・硝酸カリウム，ミョウバン，ホウ酸など。

溶解度の変化が小さい物質

・飽和水溶液を冷やしてもほとんど結晶は**出てこない**。
・塩化ナトリウムなど。

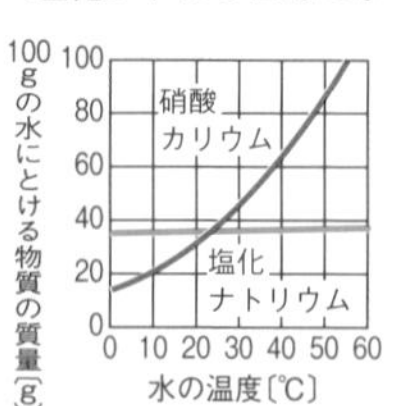

語群

①水溶液／溶質／溶媒／溶液／同じ／透明／純粋な物質／混合物／質量パーセント濃度
②飽和水溶液／溶解度／結晶／再結晶／溶解度曲線

★の用語は，説明できるようになろう！

同じ語句を何度使ってもかまいません。

教科書の図 　にあてはまる語句を，下の語群から選んで答えよう。

1 ろ過のしかた

教 p.106

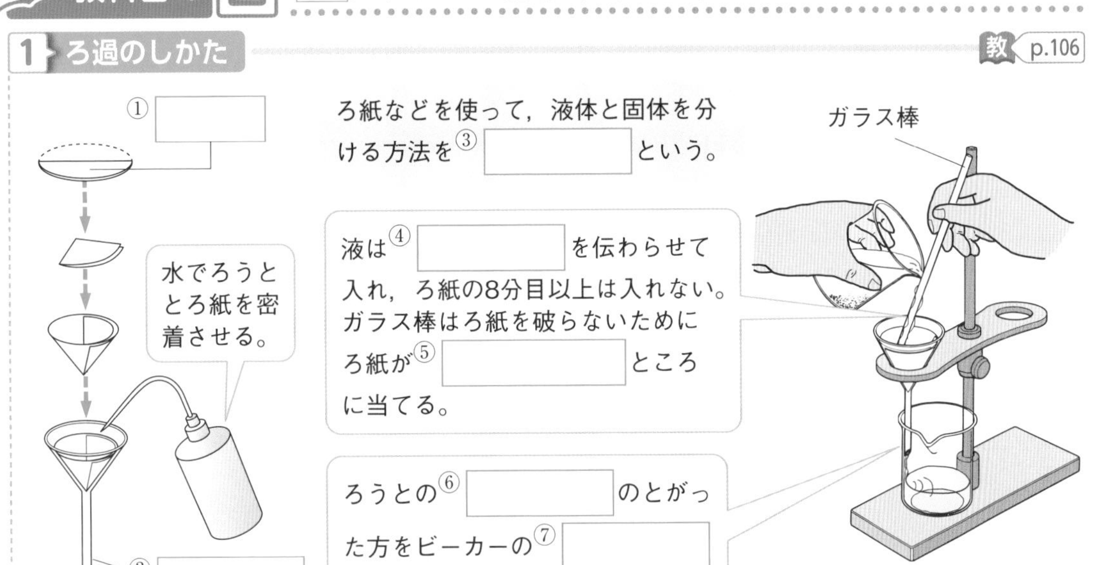

2 水溶液

教 p.108

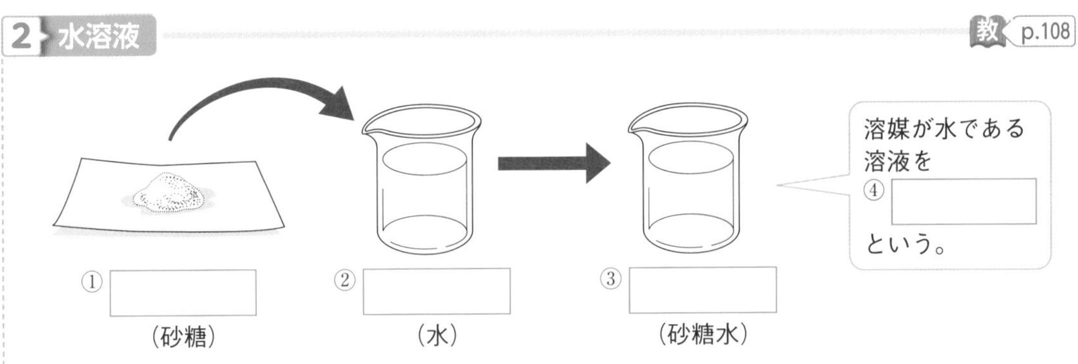

3 溶解度曲線でみる再結晶

教 p.114〜115

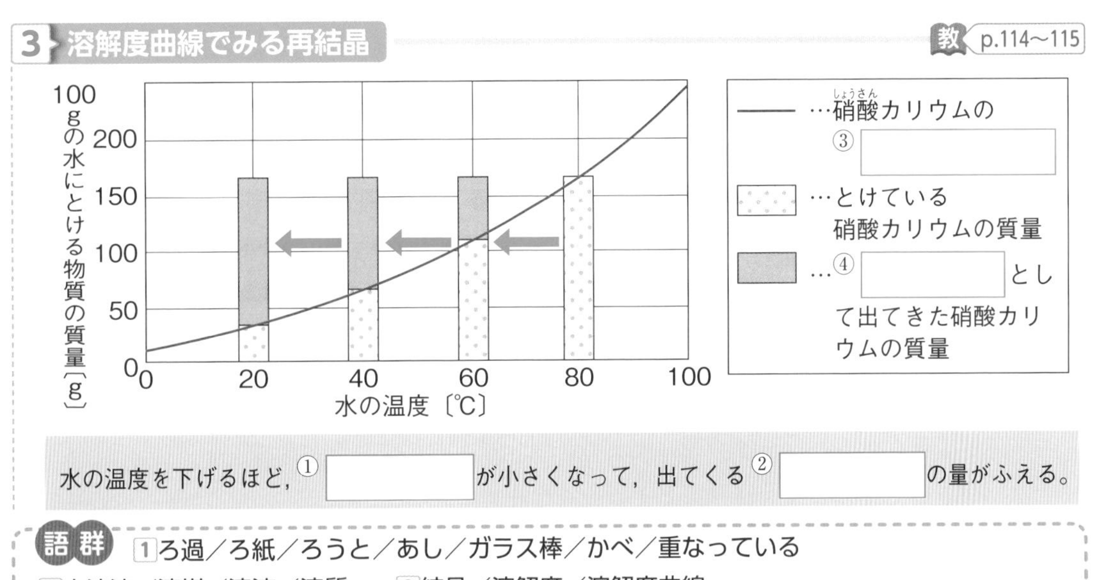

水の温度を下げるほど，①　が小さくなって，出てくる②　の量がふえる。

語群
1 ろ過／ろ紙／ろうと／あし／ガラス棒／かべ／重なっている
2 水溶液／溶媒／溶液／溶質　3 結晶／溶解度／溶解度曲線

わからない用語は，教科書の要点の★で確認しよう！

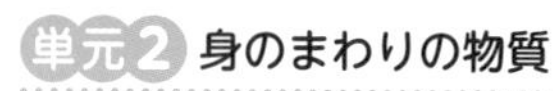

第3章 水溶液の性質－①

解答 p.12

1 物質を水に入れたときのようす

右の図1のように，茶色のコーヒーシュガーと白色のデンプンをそれぞれ水に入れ，ガラス棒でよくかき混ぜた。次に，これらの液をそれぞれろ過し，集めた液のようすを観察した。その後，図2のように，ろ過した液をスライドガラスに1滴とり，かわいてから ようすを観察した。これについて，次の問いに答えなさい。

図1

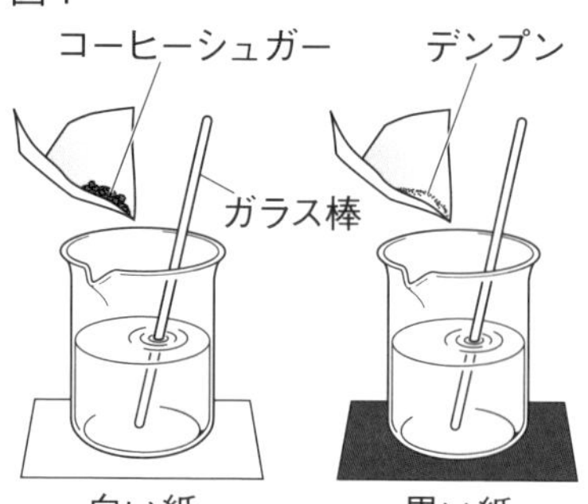

図2

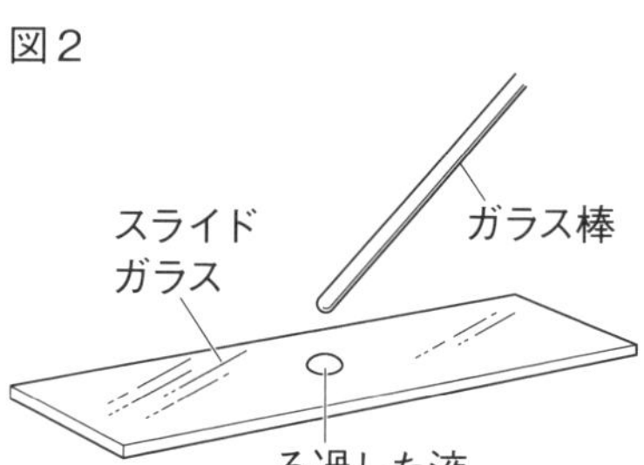

(1) 図1で，ガラス棒でかき混ぜたときに液が透明になったのは，コーヒーシュガーとデンプンのどちらか。

ヒント （　　　　）

(2) 図1で，かき混ぜた液を一晩置いたとき，底にしずむのは，コーヒーシュガーとデンプンのどちらか。

（　　　　）

(3) 下線部のろ過した液のようすはそれぞれどうなっていたか。次のア～ウから選びなさい。ヒント

コーヒーシュガー（　　） デンプン（　　）

ア にごっていた。 イ 無色透明だった。 ウ 色がついていたが透明だった。

(4) 図2のようにしたスライドガラスをかわいてから観察すると，どうなっていたか。それぞれ次のア，イから選びなさい。 コーヒーシュガー（　　） デンプン（　　）

ア 何も残らなかった。 イ あとに物質が残った。

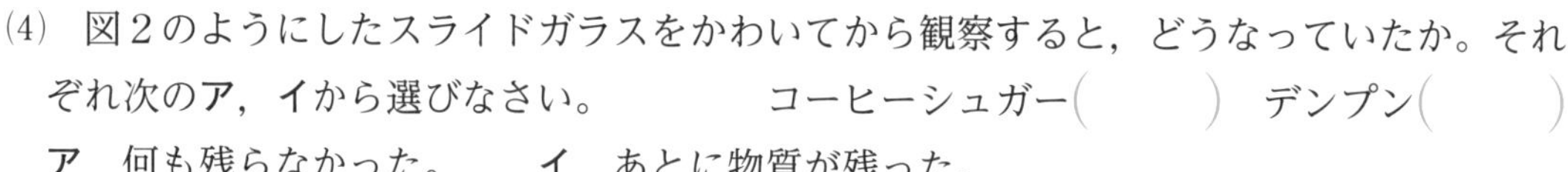

2 物質が水にとけるときの粒子のモデル

右の図は，砂糖が水にとけるようすを粒子のモデルで示したものである。これについて，次の問いに答えなさい。

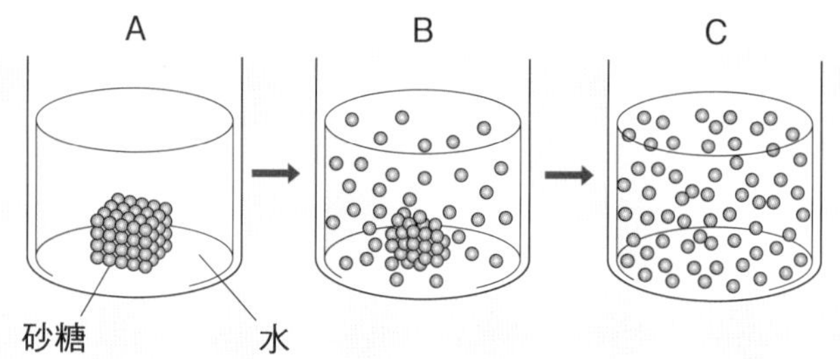

(1) 砂糖水のように溶質が水にとけた液を何というか。

（　　　　）

(2) Cのような砂糖と水が混じり合ったものを，純粋な物質に対して何というか。

（　　　　）

(3) Cの液を長時間置くと，粒子はどうなるか。次のア～ウから選びなさい。ヒント（　　）

ア しばらくすると粒子は液面に集まる。 イ Cのまま変化しない。

ウ しばらくすると粒子は底にしずむ。

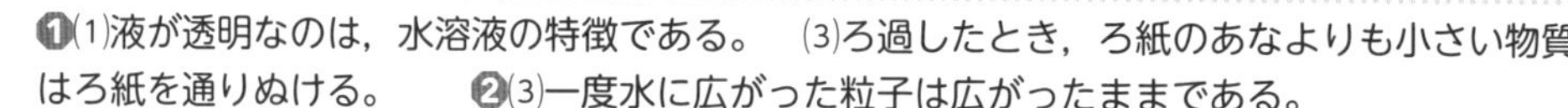

ヒントの森

1(1)液が透明なのは，水溶液の特徴である。 (3)ろ過したとき，ろ紙のあなよりも小さい物質はろ紙を通りぬける。 2(3)一度水に広がった粒子は広がったままである。

3 質量パーセント濃度

水溶液をつくったときの溶液の質量や質量パーセント濃度を求めた。これについて，次の問いに答えなさい。

(1) 180gの水に20gの砂糖をすべてとかしたとき，溶液の質量は何gか。ヒント

（　　　　　　　）

(2) (1)の質量パーセント濃度は何%か。（　　　　　　　）

レベルUP (3) 質量パーセント濃度が15%の食塩水を200gつくるには，食塩と水が何gずつ必要か。

ヒント　食塩（　　　　　　　）水（　　　　　　　）

4 教 p.111 実験5 水にとけた物質をとり出す

水溶液を冷やしたときにとけた物質がとり出せるかを調べるため，次の手順で実験を行った。また，一定量の水に物質がとける限度の質量を調べたら，表のようになった。これについて，あとの問いに答えなさい。

手順1　図1のように試験管Aに食塩3.0g，試験管Bに硝酸カリウム3.0gを入れ，20℃の水5 cm^3（5g）を加えてよくかき混ぜたところ，A，Bともにとけ残った。

手順2　図2のようにA，Bの水溶液の温度を60℃まで上げた。次に，図3のようにA，Bの水溶液を水で冷やした。その後，図4のようにA，Bの水溶液を1滴(てき)ずつスライドガラスにとり，かわいた後にルーペで観察した。

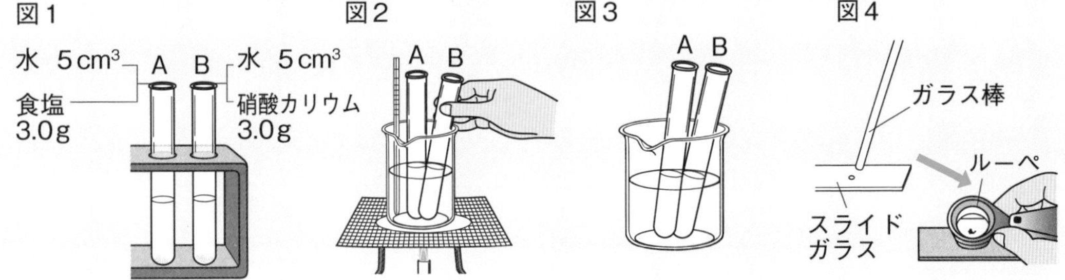

(1) 食塩や硝酸カリウムのように，水にとけている物質を何というか。（　　　　　　　）

(2) 図2で，水溶液の温度を上げたとき，すべてとけたのはA，Bのどちらか。ヒント（　　　）

(3) 図3で，水溶液の温度を下げたとき，多くの固体が出てきたのはA，Bのどちらか。ヒント（　　　）

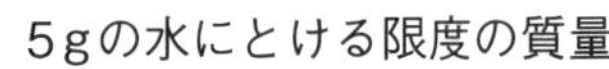
5gの水にとける限度の質量

水の温度〔℃〕	硝酸カリウム〔g〕	食塩（塩化ナトリウム）〔g〕
20	1.58	1.89
60	5.46	1.95

(4) 右の図5は，図4でルーペで観察したときのようすである。

① 図5のような規則正しい形をした物質の粒(つぶ)を何というか。

（　　　　　　　）

② 図5は，A，Bのどちらで見られたものか。（　　　）

(5) 図3のように，水溶液を冷やしてとけていた固体を再びとり出すことを何というか。（　　　　　　　）

図5

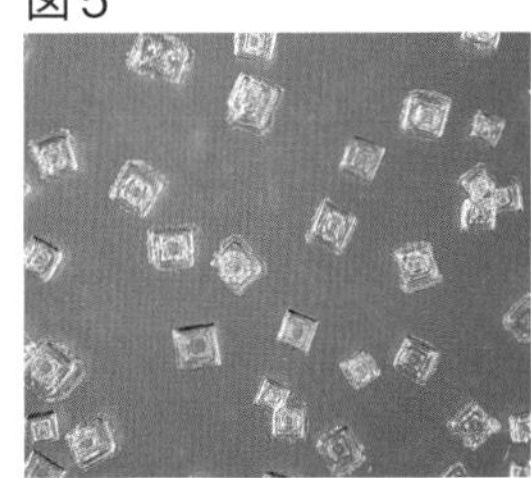

3 (1)溶液の質量＝溶質の質量＋溶媒の質量　(3)とかす食塩の質量をxgとして求める。

4 (2)(3)塩化ナトリウム（食塩）の溶解度は，水の温度が変化してもあまり変わらない。

解答 p.13

定着のワーク ステージ2 第3章 水溶液の性質－②

1 砂糖が水にとけるようす 砂糖を水の入ったビーカーに入れ，しばらく放置しておいたところ，砂糖はすべて水にとけた。これについて，次の問いに答えなさい。

(1) 砂糖がとけていく順になるように，右の図の㋐～㋒を並べかえなさい。(　　→　　→　　)

(2) 砂糖などの物質が水にとけた液全体を何というか。ヒント (　　　)

(3) 物質が水にとけると，液はどのように見えるようになるか。ヒント (　　　)

(4) 砂糖がすべて水にとけたとき，液のこさはどのようになるか。次のア～ウから選びなさい。(　　)

ア 液の上の方がこくなる。　　イ 液の下の方がこくなる。

ウ こさはどこも同じになる。

(5) 砂糖がすべて水にとけた液を3日間そのままにしたとき，液のこさはどうなるか。(4)のア～ウから選びなさい。(　　)

2 水溶液 右の図のように，砂糖15gを水110gにとかして砂糖水をつくった。これについて，次の問いに答えなさい。

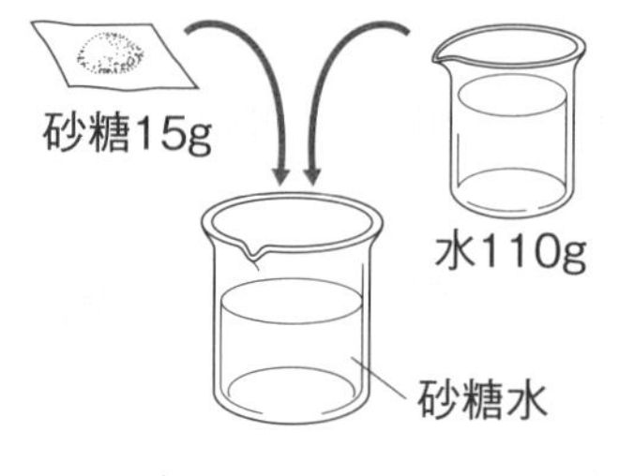

(1) 砂糖や水のように，1種類の物質からできている物を何というか。(　　　)

(2) 砂糖水のように，いくつかの物質が混じり合った物を何というか。(　　　)

(3) 砂糖のように，液体にとけている物質を何というか。(　　　)

(4) 水のように，物質をとかす液体を何というか。(　　　)

(5) (3)が(4)にとけた液全体を何というか。(　　　)

(6) 図の砂糖水の質量パーセント濃度は何％か。ヒント (　　　)

(7) 次の文は，(5)の特徴について説明したものである。正しいものには○，まちがっているものには×をつけなさい。

①(　　) すべて無色透明である。

②(　　) 砂糖水を顕微鏡で観察すると，砂糖の粒が見える。

③(　　) 一定量の水にとける砂糖の質量には限りがある。

④(　　) 炭酸飲料は，水，二酸化炭素，ブドウ糖などがとけた混合物である。

1(2)水にとけた液全体が問われていることに注意する。(3)図の㋑のようすからもわかる。
2(6)砂糖水にとけている砂糖の割合を百分率(％)で表す。

3 **ろ過**　食塩を水にとかしたところ，とけ残りが出たので，水溶液をろ過した。右の図は，ろ過のようすを示したものである。これについて，次の問いに答えなさい。

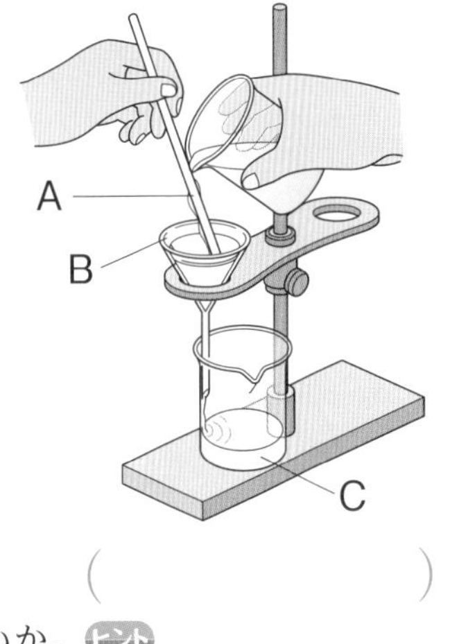

(1)　A，Bの器具をそれぞれ何というか。

A（　　　　　　）　B（　　　　　　）

(2)　ろ紙をBの器具に密着させるとき，ろ紙に何をかけるか。

（　　　　　　）

(3)　とけ残りが出た食塩水をろ過したとき，ろ紙の上には何が残るか。

（　　　　　　）

(4)　(3)のとき，Cの液には食塩がとけているか。

（　　　　　　）

(5)　水にとけた食塩の粒子は，ろ紙のあなより大きいか，小さいか。ヒント

（　　　　　　）

4 **100gの水にとける物質の質量**　右の図は，100gの水にとける硝酸カリウムと塩化ナトリウムの質量と水の温度との関係を示したものである。これについて，次の問いに答えなさい。

100gの水にとける物質の質量〔g〕
100
80
60
40
20
0
硝酸カリウム
塩化ナトリウム
0　10　20　30　40　50　60
水の温度〔℃〕

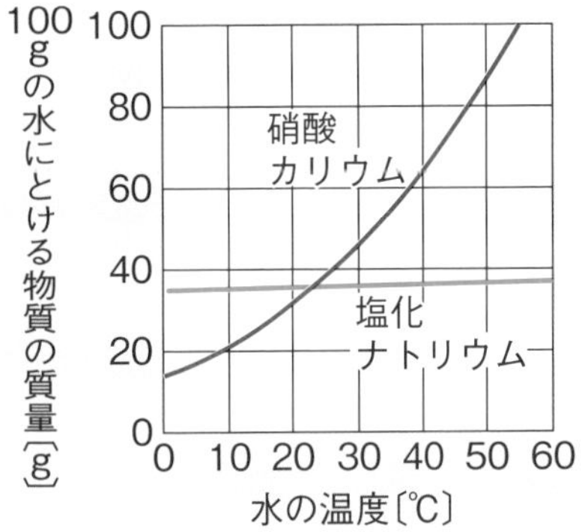

(1)　100gの水に物質をとかし，飽和状態にしたときのとけた物質の質量を何というか。

（　　　　　　）

(2)　(1)のときの水溶液を何というか。

（　　　　　　）

(3)　２つのビーカーに40℃の水100gを入れ，硝酸カリウム30gと塩化ナトリウム30gをそれぞれのビーカーに入れてよくかき混ぜた。このとき，それぞれの物質はすべてとけるか，とけ残るか。

硝酸カリウム（　　　　　　）　塩化ナトリウム（　　　　　　）

(4)　(3)の液をそれぞれ10℃まで冷やしたところ，一方の液から多くの固体の粒が出てきた。

①　出てきた固体の粒は，規則正しい形をしている。このような粒を何というか。

（　　　　　　）

②　多くの固体が出てきた液は，硝酸カリウム，塩化ナトリウムのどちらの液か。

（　　　　　　）

③　②の液から出てきた固体の質量はおよそ何gか。次のア～エから選びなさい。ヒント

（　　）

ア　8g　　イ　18g　　ウ　22g　　エ　28g

(5)　(4)のように，いったん水にとかした固体の物質を，水の温度による物質のとけ方のちがいを利用して再び固体としてとり出すことを何というか。（　　　　　　）

3(5)ろ紙のあなより大きな物質はろ紙の上に残り，小さな物質は通りぬける。　**4**(4)③図から10℃の水100gにとける硝酸カリウムの質量を読みとり，30gとの差を求める。

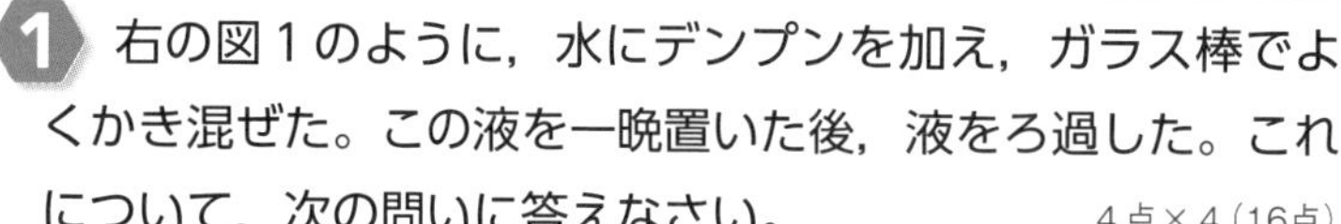

第3章 水溶液の性質

1 右の図1のように，水にデンプンを加え，ガラス棒でよくかき混ぜた。この液を一晩置いた後，液をろ過した。これについて，次の問いに答えなさい。 4点×4（16点）

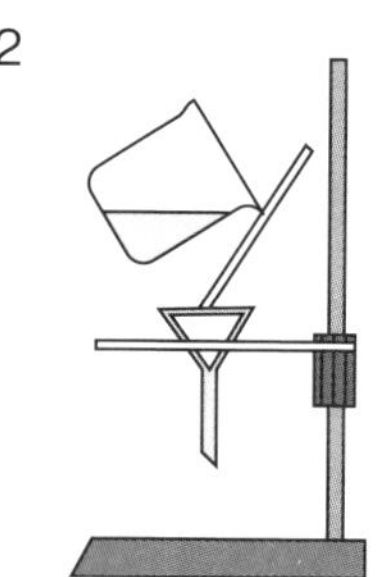

(1) 図1のようによくかき混ぜた液を一晩置いておくと，液はどうなっていたか。次のア〜ウから選びなさい。

ア 白色で透明であった。

イ 白くにごっていた。

ウ 底にデンプンがしずんでいた。

(2) 図2は，ろ過のようすを模式的に示したものであるが，ろ過した液を受けるビーカーは示されていない。どのようにビーカーを置けばよいか。図2に簡単にかきなさい。

(3) 正しくろ過した後，下のビーカーにたまった液を1滴とって蒸発させた。このとき，どのような結果となるか。

(4) この実験から，デンプンは水に対してどのような性質があることがわかるか。

(1)		(2)	図2に記入
(3)		(4)	

2 右の図のように，砂糖40gと水460gをビーカーに入れてかき混ぜたところ，すべてとけた。これについて，次の問いに答えなさい。 8点×5（40点）

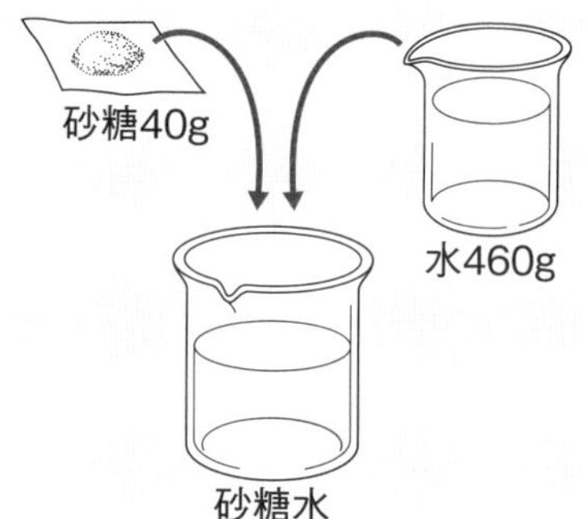

(1) 砂糖水を水溶液というとき，砂糖と水をそれぞれ何というか。

(2) 砂糖水のようにいくつかの物質が混じり合った物を何というか。

(3) 砂糖水のような水溶液は，どのような性質を共通してもつか。次のア〜エから選びなさい。

ア 顕微鏡で観察すると，とけた物質が見える。　イ 水溶液はすべて無色透明である。

ウ 水溶液のこさはどこも同じである。　エ やがて下の方がこくなってくる。

(4) 図の砂糖水の質量パーセント濃度は何％か。

(1)	砂糖		水		(2)		(3)		(4)	

よく出る **3** 物質のとけ方を調べるため，次のような手順で実験を行った。これについて，あとの問いに答えなさい。

6点×4（24点）

手順1　ビーカーに水100gと硝酸カリウム60gを入れてかき混ぜたところ，硝酸カリウムがとけ残った。

手順2　手順1のビーカーの水をかき混ぜながら加熱して50℃にすると，硝酸カリウムはすべてとけた。その後，50℃のまま，水溶液を静かに置いておいた。

手順3　手順2の水溶液を20℃まで冷やした。このとき，ビーカー内に硝酸カリウムの結晶が出ていた。20℃のまま，ろ過して結晶と水溶液に分けた。

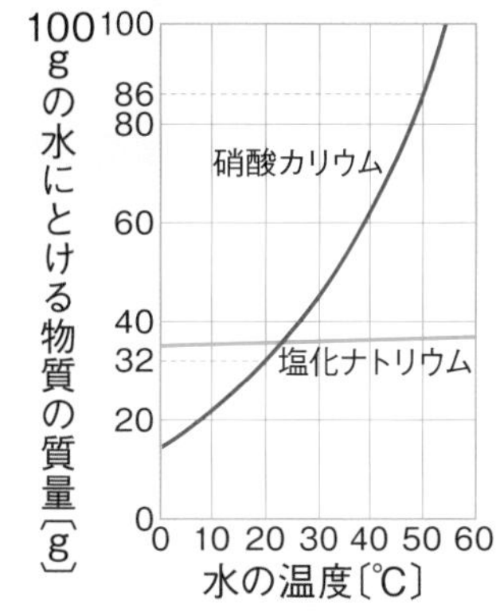

(1)　下線部のときの水溶液のようすとして適当なものを，右の㋐～㋓から選びなさい。ただし，○は硝酸カリウムの粒子を示す。

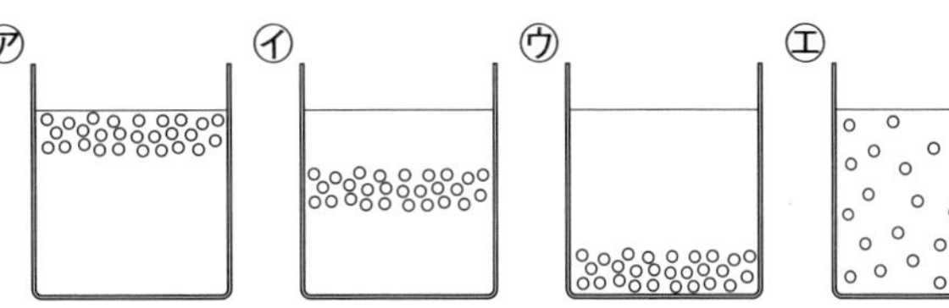

(2)　手順3で20℃まで冷やしたときに出ていた結晶の質量は何gか。また，ろ過して得られた水溶液の質量パーセント濃度は何％か。小数第1位を四捨五入して答えなさい。

(3)　この実験のように，水溶液の温度を下げて水溶液から結晶をとり出す方法は，塩化ナトリウムには適さない。その理由を簡単に書きなさい。

(1)		(2)	質量		濃度	
(3)						

4 右の図は，いろいろな物質の溶解度曲線を示したものである。これについて，次の問いに答えなさい。

5点×4（20点）

(1)　図の物質のうち，20℃の水100gにとける質量が最も大きいものはどれか。

(2)　図の物質のうち，40℃の水100gにそれぞれの物質を50gとかしたとき，すべてとけたものはどれか。

(3)　60℃の水100gに図の物質をそれぞれ加えて飽和水溶液をつくり，20℃まで冷やしたとき，結晶が最も多く出てくる物質はどれか。

(4)　(3)のように，固体の物質をいったん水にとかし，溶解度の差を利用して，再び結晶をとり出すことを何というか。

(1)		(2)		(3)		(4)	

単元2

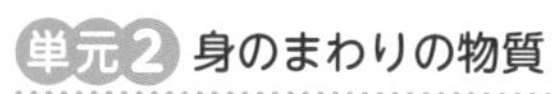

解答 p.14

第4章　物質の姿と状態変化

同じ語句を何度使ってもかまいません。

（　）にあてはまる語句を，下の語群から選んで答えよう。

1 物質の状態変化と体積・質量の変化

教 p.118〜125

(1)　物質が熱せられたり冷やされたりすると，物質の状態が固体⇄液体⇄（①★　　　　）と変わる。このような温度による状態の変化を，物質の（②　　　　）という。

(2)　物質の★状態変化では，（③　　　　）は変化するが，質量は変化しない。

(3)　ロウなど多くの物質では，固体に熱が加えられて液体になると，粒子の運動が激しくなり，粒子と粒子の間が広がって（④　　　　）が大きくなる。しかし，粒子の数は変わらないので，（⑤　　　　）は変化しない。

(4)　液体が気体に状態変化するとき，体積は飛躍的に（⑥　　　　）くなる。

(5)　水は，固体(氷)から液体(水)に状態変化するときに体積が（⑦　　　　）くなる。

(6)　氷が水にうかぶのは，水が氷になるときに，質量が変わらずに体積が大きくなり，液体のときよりも密度が（⑧　　　　）くなるからである。

2 状態変化が起こるときの温度と蒸留

教 p.126〜133

(1)　液体が沸騰を始めるときの温度を（①　　　　）という。また，固体がとけて，液体に変化するときの温度を（②　　　　）という。

(2)　身近な液体は，その物質の（③　　　　）と★沸点の間の温度内にあるので，液体の状態を保っている。

(3)　（④　　　　）の沸点や★融点は物質の種類によって決まっていて，このときに温度が一定になる。

(4)　（⑤　　　　）の沸点や融点は決まった温度にならない。

(5)　液体を熱して沸騰させ，出てくる蒸気(気体)を冷やして再び液体をとり出すことを（⑥　　　　）という。

(6)　水とエタノールの混合物を★蒸留すると，（⑦　　　　）の低いエタノールが先に多く出てくる。

ワンポイント

状態変化と粒子

熱が加わると粒子と粒子の間が**広がる→**体積が**大きくなる。**(ただし，氷→水のみ，体積が小さくなる。)

熱が加わっても粒子の数は**変わらない→**質量は**変わらない。**

まるごと暗記

● **沸点**
液体が沸騰を始めるときの温度。水の沸点は100℃。

● **融点**
固体が液体に変化するときの温度。水の融点は0℃。

● **蒸留**
液体を熱して沸騰させ，出てくる蒸気(気体)を冷やして再び液体をとり出すこと。物質の**沸点のちがい**を利用している。

ワンポイント

純粋な物質は，沸点や融点が一定となるため，物質の区別に利用される。

語群
1 質量／体積／状態変化／気体／小さ／大き
2 純粋な物質／混合物／融点／沸点／蒸留

★の用語は，説明できるようになろう！

同じ語句を何度使ってもかまいません。

教科書の図 　にあてはまる語句を，下の語群から選んで答えよう。

1 物質の状態変化

教 p.119，123〜124

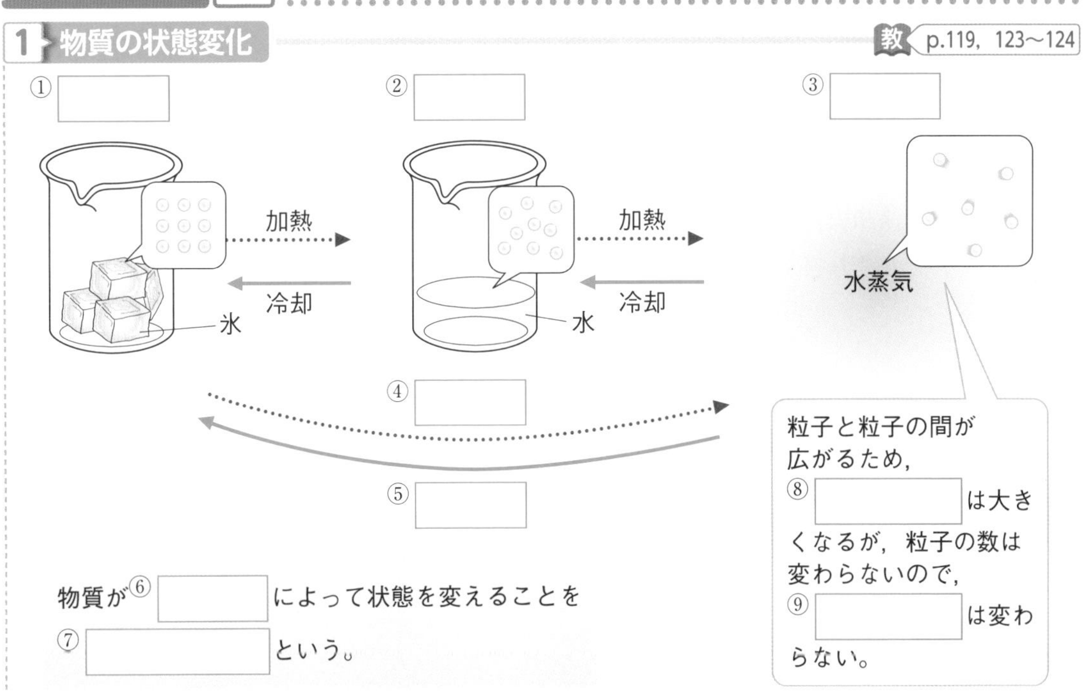

物質が⑥　によって状態を変えることを⑦　という。

2 混合物の分離

教 p.129〜131

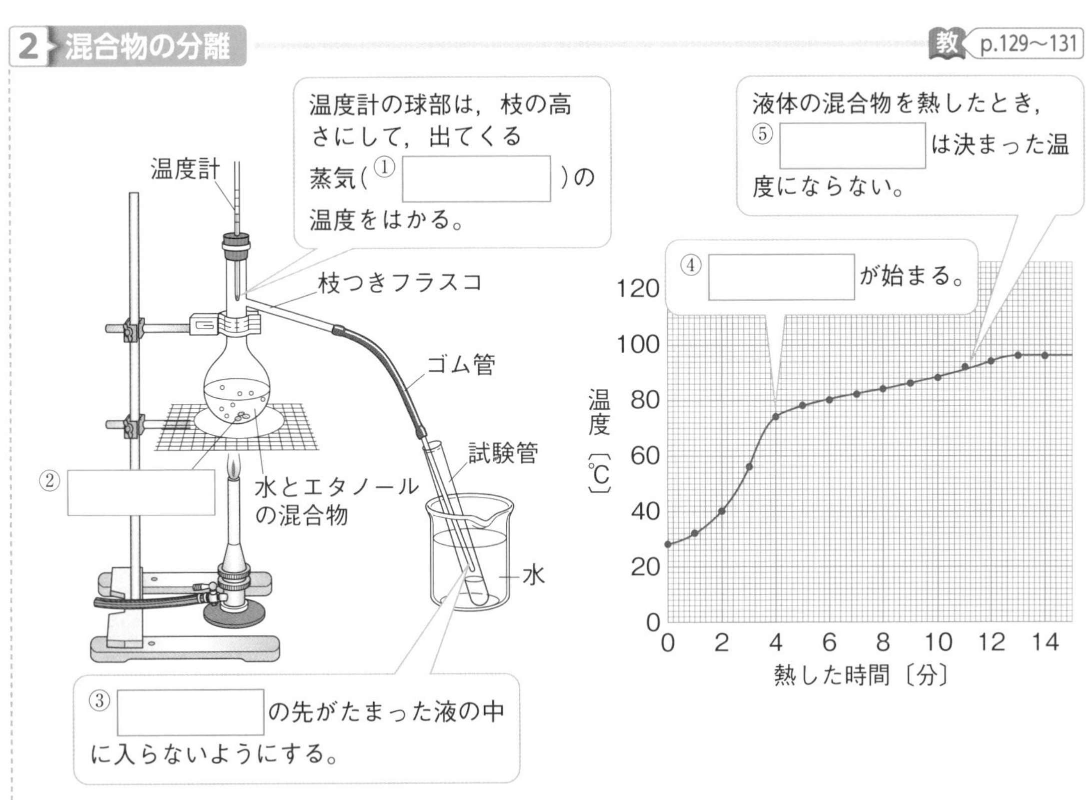

語群 1 加熱／冷却／気体／液体／固体／状態変化／温度／質量／体積
2 沸点／沸騰／沸騰石／ガラス管／気体

わからない用語は，教科書の要点の★で確認しよう！

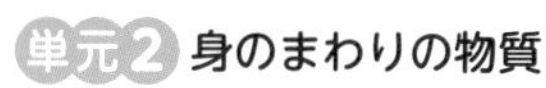

解答 p.14

定着のワーク ステージ2 第4章 物質の姿と状態変化－①

1 物質の状態変化 右の図は，物質が固体，液体，気体と姿を変えるようすを示したものである。これについて，次の問いに答えなさい。

(1) 図の㋐～㋕の矢印の変化は，それぞれ加熱・冷却のどちらによって起こるか。それぞれ答えなさい。

㋐(　　　) ㋑(　　　)
㋒(　　　) ㋓(　　　)
㋔(　　　) ㋕(　　　)

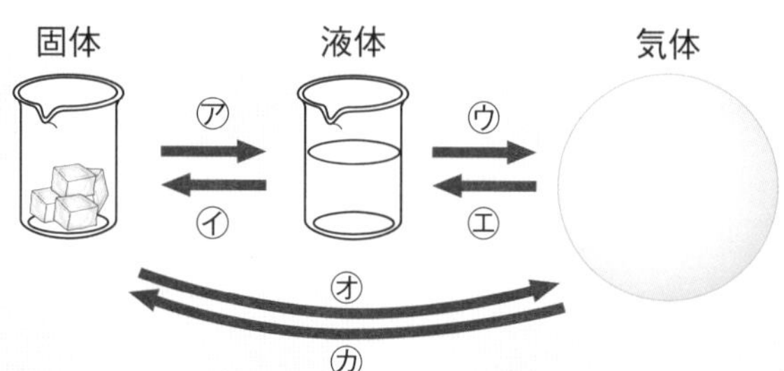

(2) 図のように，物質が温度によってその状態を変えることを何というか。
(　　　)

(3) 水を入れたガラスのびんを冷凍室に入れておくと，びんが割れることがあるため，入れてはいけない。このようにびんが割れるのは，水が氷になるときに体積がどのように変化するからか。ヒント (　　　)

2 教 p.121 実験6 ロウの状態変化と体積・質量の変化 ロウをおだやかに熱して液体とし，全体の質量をはかったところ，260gであった。これをしばらく置いておくと，下の図のように中央がへこんで固体のロウとなった。これについて，次の問いに答えなさい。

(1) 固体のロウの全体の質量をはかると何gを示すか。次のア～ウから選びなさい。
(　　　)

ア　260gより小さい。
イ　260gである。
ウ　260gより大きい。

(2) 図のように，固体のロウの中央がへこんだのは，液体のロウが固体になるときに体積がどのように変化するためか。
(　　　)

(3) 固体と液体のロウのうち，密度が大きいのはどちらか。ヒント (　　　)

(4) 固体のロウを液体のロウの中に入れると，固体のロウは，うくか，しずむか。
(　　　)

(5) 固体のロウと液体のロウの粒子のようすについて，正しく述べたものを，次のア～ウから選びなさい。
(　　　)

ア　固体の粒子の方が活発に運動している。　イ　液体の粒子の方が数が多い。
ウ　液体の粒子の方が広がっている。

❶(3)ふつう，物質の状態が液体から固体に変化すると，体積が小さくなるが，水は例外的な変化をする。　❷(3)密度は，質量÷体積で求めることから考える。

3 水を加熱したときの状態と温度の変化

右の図は，氷を加熱していったときの温度の変化を表したグラフである。これについて，次の問いに答えなさい。

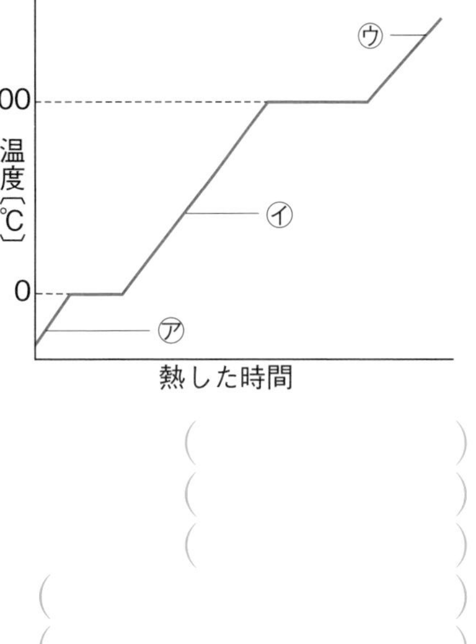

⑴ 図の㋐～㋒にあてはまる水の状態を，それぞれ答えなさい。ヒント

㋐（　　　　　　　　）
㋑（　　　　　　　　）
㋒（　　　　　　　　）

⑵ 氷がとけ始める温度は何℃か。（　　　　　　　　）

⑶ 固体がとけ始めるときの温度を何というか。（　　　　　　　　）

⑷ 水が沸騰し始める温度は何℃か。（　　　　　　　　）

⑸ 液体が沸騰し始める温度を何というか。（　　　　　　　　）

⑹ 氷がとけている間は，温度は変化するか。（　　　　　　　　）

⑺ 水が沸騰している間は，温度は変化するか。（　　　　　　　　）

4 エタノールの温度変化

右の図のように，試験管に入れたエタノールを湯に入れてあたためた。グラフは，そのときのエタノールの温度変化を表したものである。これについて，あとの問いに答えなさい。

⑴ グラフの縦軸（じく）には，次のア，イのうち，どちらの見出しを書くか。（　　　　）

ア　変化させた量

イ　変化した量

⑵ 図のグラフは，すべての測定値を折れ線でつながずに，なめらかな線でつないでいる。その理由として適当なものを，次のア，イから選びなさい。（　　　　）

ア　測定をしなくても正確な値（あたい）を得ることができるから。

イ　測定値には誤差（ごさ）があるから。

⑶ エタノールが沸騰を始めたのは，熱してから何分後か。次のア～エから選びなさい。

ヒント（　　　　）

ア　3分後　　イ　5分後　　ウ　7分後　　エ　9分後

⑷ グラフから，エタノールの沸点はおよそ何℃とわかるか。ヒント（　　　　　　　　）

ヒントの森

3⑴状態を問われているので，氷ではなく，固体と答える。　4⑶純粋な物質が沸騰したときの温度変化のようすを考える。　⑷グラフの１目盛りが何℃を示しているかを読みとる。

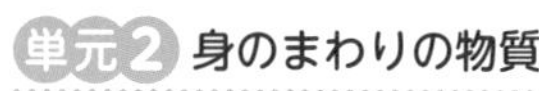

解答 p.15

定着のワーク ステージ2 第4章 物質の姿と状態変化－②

1 エタノールの状態変化

図1のように，ポリエチレンのふくろに少量のエタノールを入れ，空気をぬいて口を閉じた。次に，図2のように，このふくろに熱い湯をかけたところ，ふくろが大きくふくらんだ。これについて，次の問いに答えなさい。

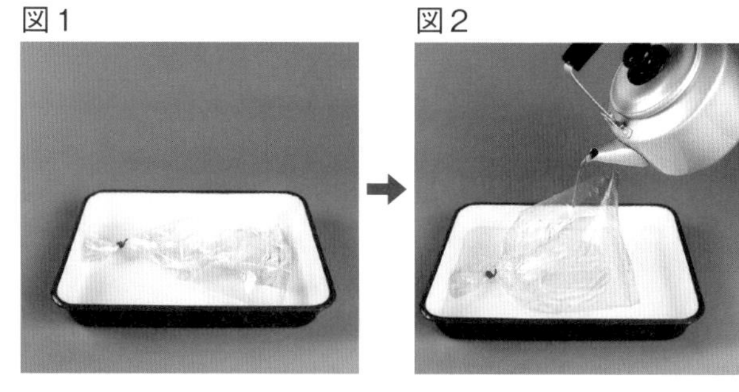

(1) ふくろの中のエタノールは，どの状態からどの状態に変化したか。（　　　　　　　　）

(2) 図2のように，熱い湯をかけてふくろが大きくふくらんだとき，エタノールの体積と質量はどのようになったか。
体積（　　　　　　）　質量（　　　　　　）

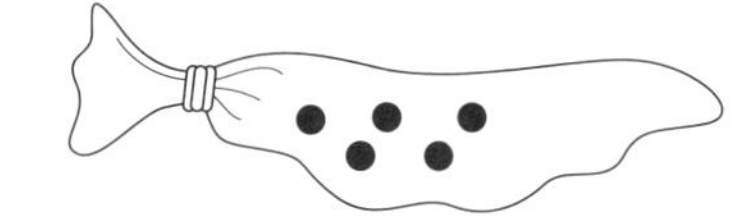

(3) 図3は，図1のときのエタノールを粒子のモデルで表したものである。図2のように熱い湯をかけてふくろが大きくふくらんだときのエタノールを粒子のモデルを，図3を参考にして，図4にかきなさい。ヒント

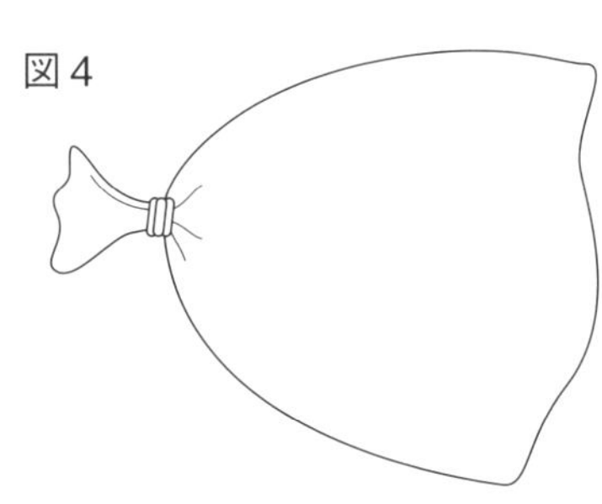

(4) 図4のエタノールの密度の大きさは，図3のときに比べてどうなっているか。（　　　　　　）

2 物質の状態変化と体積・質量の変化

右の図は，水が状態変化するときの体積の変化を表したものである。これについて，次の問いに答えなさい。

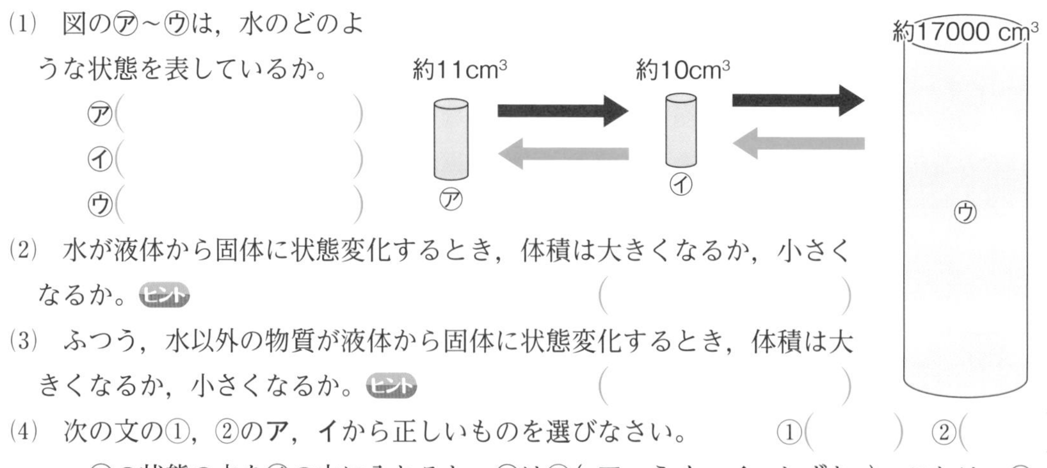

(1) 図の㋐～㋒は，水のどのような状態を表しているか。
㋐（　　　　　　）
㋑（　　　　　　）
㋒（　　　　　　）

(2) 水が液体から固体に状態変化するとき，体積は大きくなるか，小さくなるか。ヒント（　　　　　　）

(3) ふつう，水以外の物質が液体から固体に状態変化するとき，体積は大きくなるか，小さくなるか。ヒント（　　　　　　）

(4) 次の文の①，②のア，イから正しいものを選びなさい。　①（　　　）　②（　　　）

㋐の状態の水を㋑の中に入れると，㋐は①(ア　うく　イ　しずむ)。これは，㋐よりも㋑の方が密度が②(ア　大きい　イ　小さい)ためである。

❶(3)図3の粒子の数や粒子の間隔を参考にする。
❷(2)(3)液体→固体に変化するとき，水は，ほかの物質とは異なる体積の変化が見られる。

3 ナフタレンの温度変化　右の図は，固体のナフタレンが状態変化するときの温度変化を表したグラフである。これについて，次の問いに答えなさい。

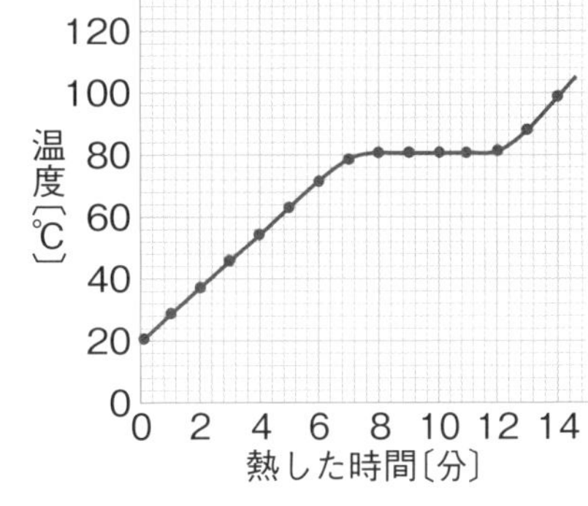

⑴　グラフから，ナフタレンがとけ始めたときの温度はおよそ何℃か。次のア～エから選びなさい。（　　　）

ア　22℃　　**イ**　50℃

ウ　80℃　　**エ**　100℃

⑵　⑴の温度を，ナフタレンの何というか。（　　　）

⑶　ナフタレンがとけ始めてからとけ終わるまでの温度はどうなるか。（　　　）

⑷　グラフから，ナフタレンは純粋な物質，混合物のどちらであるとわかるか。ヒント（　　　）

4 教 p.129 実験7 **混合物の分離**　次の図１のような装置で，エタノール3cm³と水17cm³の混合物を熱し，出てきた液体を約2cm³ずつ試験管A，B，Cの順に集めた。図２は，記録した温度変化をグラフに表したものである。これについて，あとの問いに答えなさい。

図１

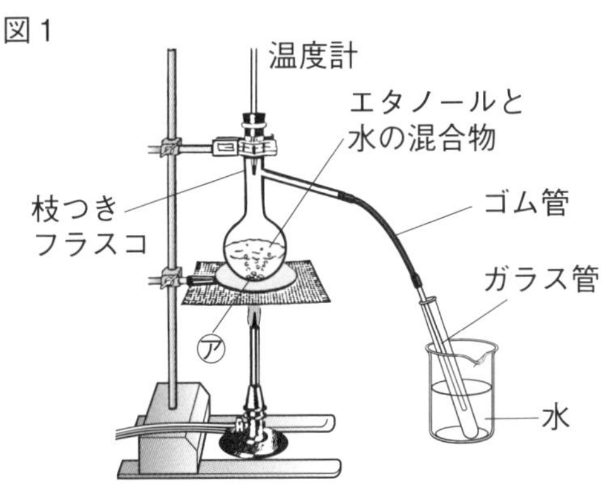

図２

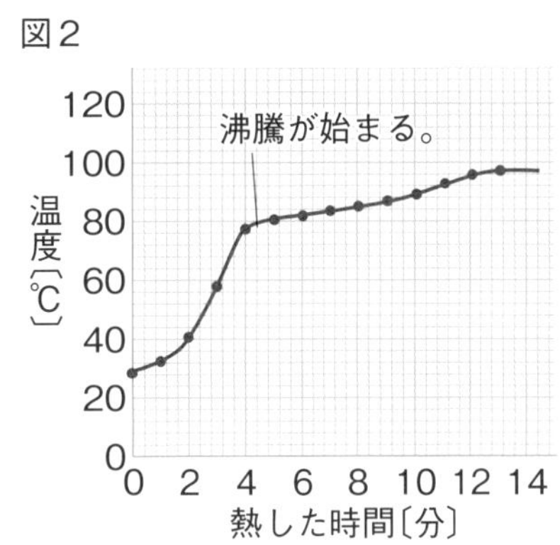

⑴　枝つきフラスコの中に入れた㋐を何というか。ヒント（　　　）

⑵　試験管Aの液体と試験管Cの液体に火をつけたところ，試験管Aの液体は燃えたが，試験管Cの液体は燃えなかった。試験管Aの液体と試験管Cの液体のうち，エタノールを多くふくんでいるのはどちらか。ヒント（　　　）

⑶　試験管Aの液体が出てきた温度を，次のア～ウから選びなさい。（　　　）

ア　40～50℃　　**イ**　70～80℃　　**ウ**　90℃以上

⑷　図１のように，液体を熱して沸騰させ，出てくる蒸気を冷やして再び液体としてとり出すことを何というか。（　　　）

⑸　実験中，図１のガラス管の先は，たまった液体の中に入れるようにするか，入れないようにするか。（　　　）

ヒントの森　3⑷混合物は，沸点や融点は決まった温度にならない。　4⑴㋐は液体が急に沸騰するのを防ぐために入れる。　⑵エタノールには，火をつけると燃えるという性質がある。

単元2

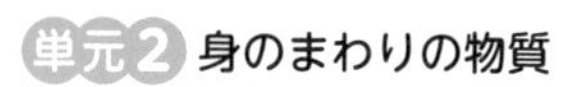

第4章 物質の姿と状態変化

1 右の図は，物質の状態変化を模式的に表したものである。これについて，次の問いに答えなさい。

5点×7（35点）

気体 固体 液体 a b c d e f

(1) 物質を冷却したときの変化として適当なものを，図のa〜fからすべて選びなさい。

(2) ロウがeのように変化するとき，体積と質量の大きさはそれぞれどのように変化するか。

(3) 水がfのように変化するとき，密度の大きさはどうなるか。

(4) 液体のエタノールを入れたポリエチレンのふくろに熱い湯をかけると，ふくろがふくらんだときの変化として適当なものを，図のa〜fから選びなさい。

(5) 右の表は，物質の融点と沸点を示したものである。

物質	㋐〔℃〕	㋑〔℃〕
鉄	1535	2750
銅	1083	2567
パルミチン酸	63	360
水銀	−39	357
塩化ナトリウム	801	1413

① 沸点を示しているものを，表の㋐，㋑から選びなさい。

② 表の物質のうち，室温が20℃のときに液体であるものはどれか。

(1)		(2) 体積		質量	
(3)		(4)		(5) ①	②

2 右の図は，固体のナフタレン2gを，ゆっくり熱したときの温度変化を示したものである。これについて，次の問いに答えなさい。 5点×4（20点）

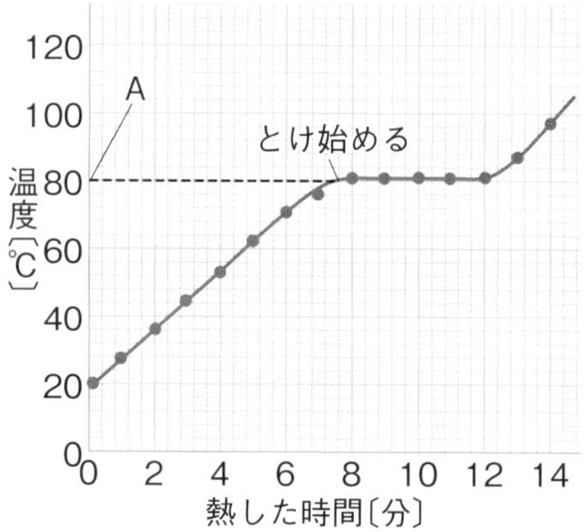

(1) グラフのA点で示した温度を何というか。

(2) 熱し始めてから10分後のナフタレンの状態はどうなっているか。次のア〜ウから選びなさい。

ア 固体だけの状態　　イ 液体だけの状態

ウ 固体と液体の混じった状態

(3) ナフタレンの量を10gにして同じ実験を行うと，ナフタレンがとけ始める温度は約何℃になるか。

(4) グラフから，ナフタレンは純粋な物質だとわかる。その理由を答えなさい。

(1)		(2)		(3)	
(4)					

3 右のグラフは，−20℃のある固体の物質を熱したときの温度変化を示したものである。これについて，次の問いに答えなさい。　4点×5（20点）

(1) この物質がとけ始めるのは何℃か。

(2) グラフのAで示した温度を何というか。

(3) a～eのうち，液体だけになっているのはどの間か。「a b」のように示しなさい。

(4) 液体が沸騰し始めた点を，図のa～eから選びなさい。

(5) この結果から考えて，熱した固体の物質とは何か。

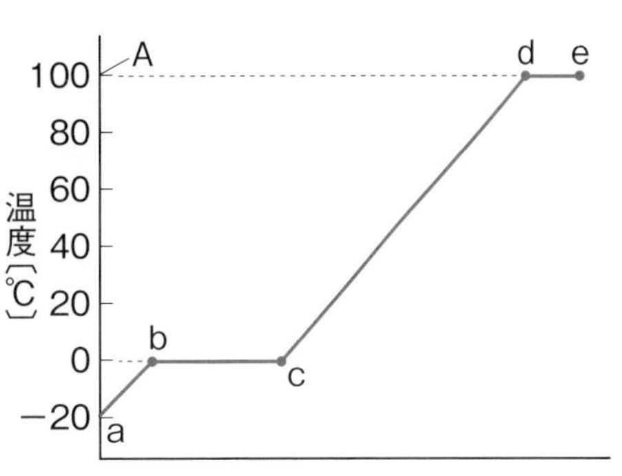

(1)		(2)		(3)		(4)		(5)	

よく出る **4** 右の図のような装置で，エタノール3cm³と水17cm³の混合物を熱し，出てきた液体を約2cm³ずつ試験管A，B，Cの順に集めた。これについて，次の問いに答えなさい。　5点×5（25点）

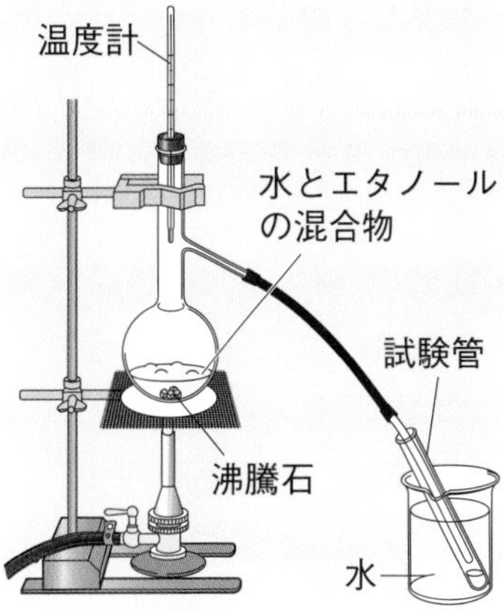

温度計
水とエタノールの混合物
試験管
沸騰石
水

(1) 試験管Aに集まった液体をろ紙にひたし，マッチの火を近づけるとどうなるか。

(2) 試験管Cに集まった液体を次のア～ウから選びなさい。

ア　水を多くふくむ液体

イ　エタノールを多くふくむ液体

ウ　同じ量の水とエタノールをふくむ液体

(3) この実験における，混合物の温度変化をグラフに表すとどのようになるか。次の㋐～㋓から選びなさい。

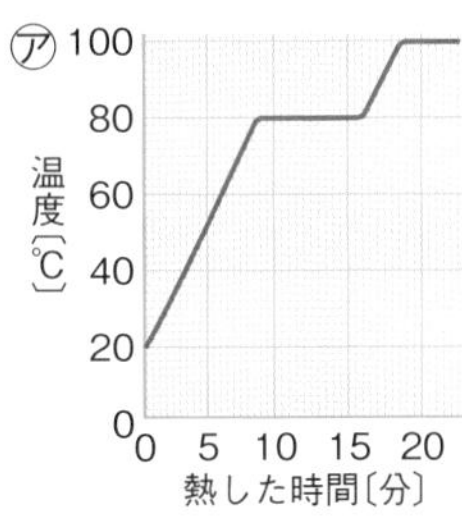

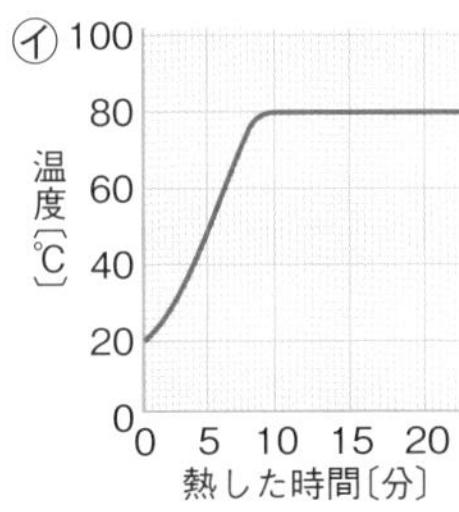

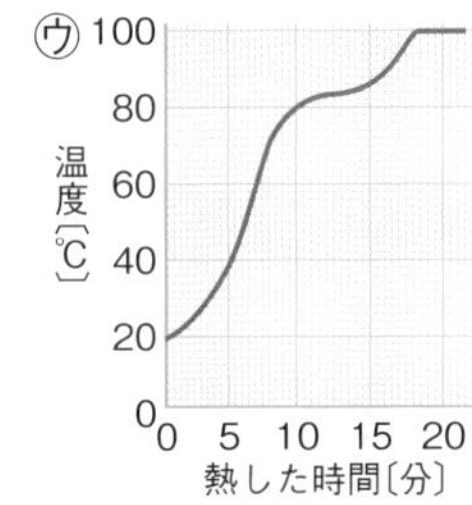

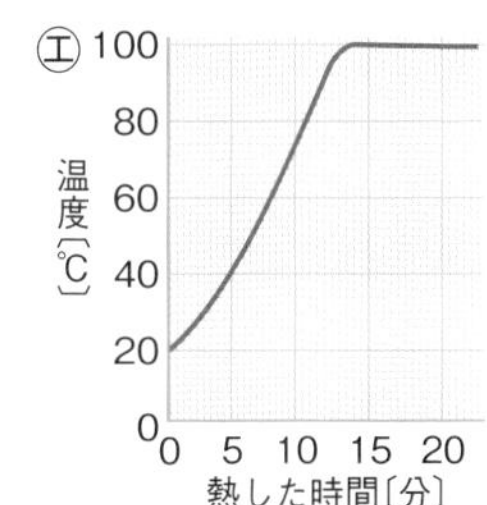

(4) この実験のようにして，混合物を分ける操作を何というか。

(5) (4)は，物質の何のちがいによって混合物を分けているか。

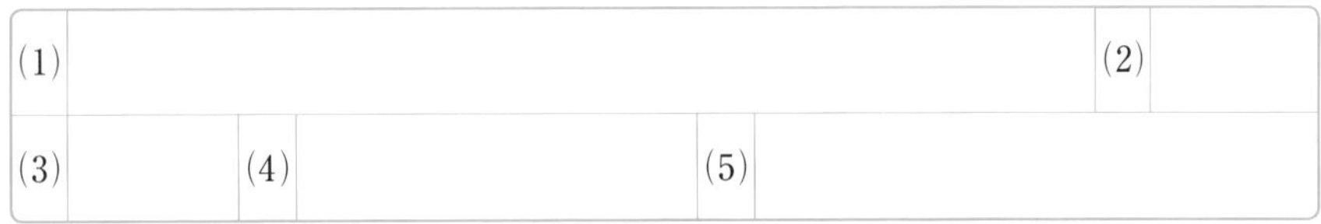

単元2 身のまわりの物質

1 質量がいずれも13.5gの3種類の金属A〜Cを用意した。次に，右の図のようにあらかじめ50.0cm³の水を入れておいたメスシリンダーに金属Aを入れ，水中にしずんだときのメスシリンダーの目盛りを読みとった。さらに，金属B，Cについても，それぞれ同じように実験を行い，メスシリンダーの目盛りを読みとった。表は，このときの結果をまとめたものである。次の問いに答えなさい。 6点×3（18点）

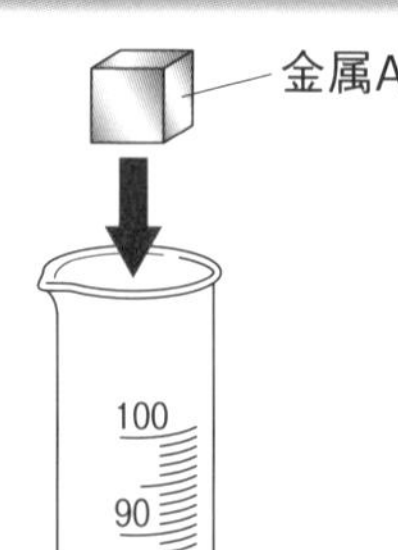

	金属A	金属B	金属C
読みとった体積〔cm³〕	55.0	51.7	51.5

(1) 金属の表面に見られるかがやきを何というか。

(2) 金属Aの密度は何g/cm³か。

(3) 金属Aの密度をa，金属Bの密度をb，金属Cの密度をcとするとき，a，b，cの関係を正しく表しているものを，次のア〜カから選びなさい。

ア a＞b＞c　イ a＞c＞b　ウ b＞a＞c
エ b＞c＞a　オ c＞a＞b　カ c＞b＞a

2 図1のように，三角フラスコの中に石灰石とうすい塩酸を入れ，2本の試験管A，Bに気体を集めた。次の問いに答えなさい。 6点×5（30点）

図1

図2

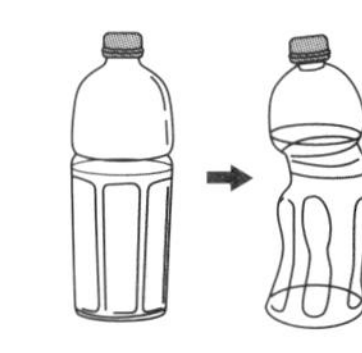

(1) 発生した気体は何か。

(2) 図1の気体の集め方を何というか。

(3) 発生し始めた気体を試験管Aに集め，続いてBに集めた。この気体の性質を調べるには，AよりBの中の気体を使うほうがよい。その理由を答えなさい。

記述 (4) 図1で発生した気体を，水が半分ほど入ったペットボトルに集め，ふたをしてからよくふったところ，図2のように変形した。このことからわかる気体の性質を答えなさい。

(5) この実験で発生した気体と同じ気体が発生する方法を，次のア〜エからすべて選びなさい。

ア ベーキングパウダーに食酢を入れる。
イ 亜鉛に硫酸を入れる。
ウ オキシドールにレバーを入れる。
エ 湯の中に発泡入浴剤を入れる。

2
(1)
(2)
(3)
(4)
(5)

目標 物質の性質，気体の発生方法と性質，水溶液の性質，物質の状態変化について，出てくる用語とともに理解しよう。

自分の得点まで色をぬろう!

がんばろう! もう一歩 合格!

0 60 80 100点

3 3つのビーカーに水100gを入れ，温度を60℃に保ちながら，塩化ナトリウム，硝酸カリウム，ミョウバンを入れてかき混ぜ，3種類の飽和水溶液をつくった。右のグラフは，それぞれの物質の溶解度と水の温度との関係を示したものである。これについて，次の問いに答えなさい。 8点×4（32点）

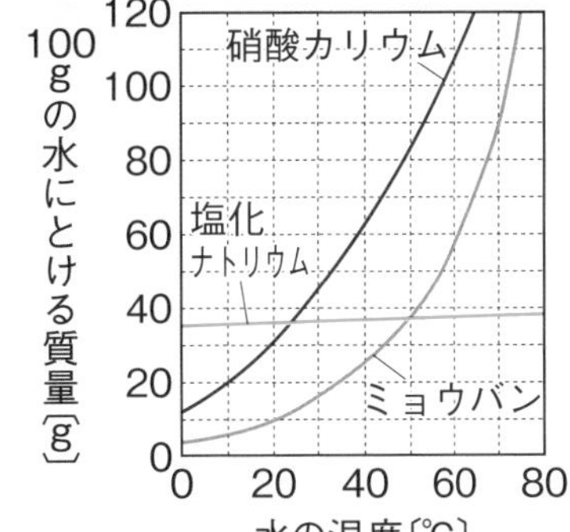

(1) 図のように，物質の溶解度と温度との関係を表したグラフを何というか。

(2) できた60℃の塩化ナトリウムの飽和水溶液の質量は約何gか。次のア～エから選びなさい。

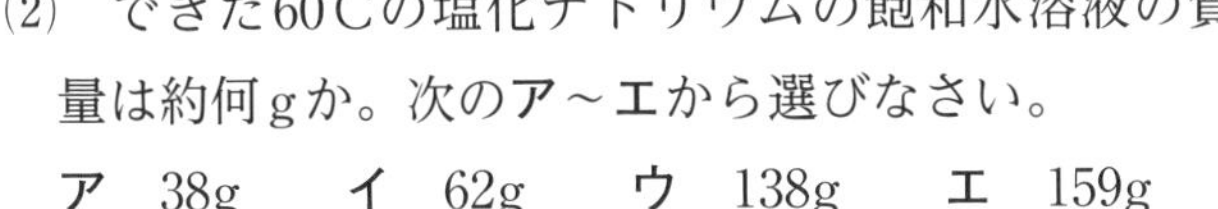

ア 38g　イ 62g　ウ 138g　エ 159g

(3) 3種類の飽和水溶液をそれぞれ20℃に冷やした。

① 最も多くの結晶をとり出すことができたのは，塩化ナトリウム，硝酸カリウム，ミョウバンのうちどれか。

② 20℃のミョウバンの飽和水溶液の質量パーセント濃度は何%か。小数第1位を四捨五入して答えなさい。

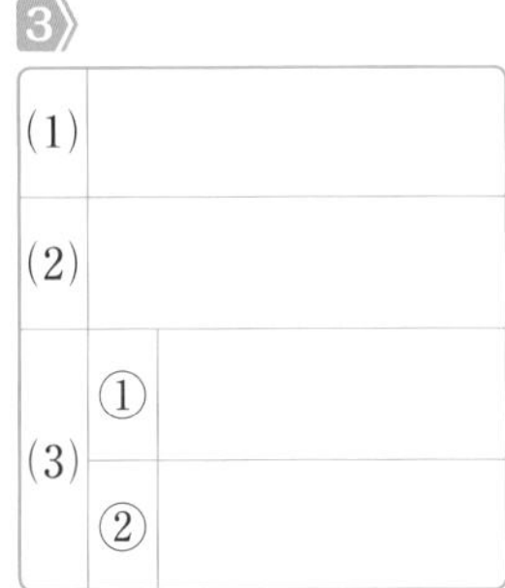

4 右の図のような装置を組み立て，水17cm³とエタノール3cm³の混合物を加熱した。加熱を始めてから，試験管Aに約2cm³の液体がたまると，試験管Bにとりかえた。次に試験管Bに約2cm³の液体がたまると試験管Cにとりかえ，3本の試験管A～Cに液体を約2cm³ずつ集めた。これについて，次の問いに答えなさい。 5点×4（20点）

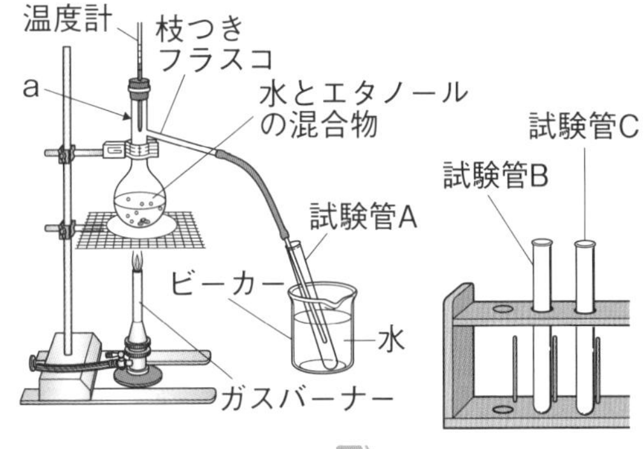

(1) 温度計の球部を図のaの位置にするのはなぜか。その理由を答えなさい。

(2) 図のように，液体を熱して沸騰させ，出てくる気体を冷やして再び液体をとり出すことを何というか。

(3) 試験管A～Cの液体をろ紙を入れた蒸発皿にとり，ろ紙にマッチの火を近づけたとき，ろ紙に火がついたものがあった。この試験管を，A～Cから選びなさい。

(4) (3)で答えた試験管の液体に火がついたのはなぜか。その理由を「沸点」という言葉を使って答えなさい。

4	
(1)	
(2)	
(3)	
(4)	

終わったら後ろの，2，3，8，14，15をやろう。

解答 p.17

確認のワーク ステージ1 第1章 光の世界(1)

教科書の要点

同じ語句を何度使ってもかまいません。

(　)にあてはまる語句を，下の語群から選んで答えよう。

1 物の見え方

教 p.146～147

(1) 太陽のように自ら光を出す物体を(①★　　　)という。

(2) 光がまっすぐに進むことを★光の(②　　　)という。

(3) 光が物体の表面ではね返ることを★光の(③　　　)という。

(4) 太陽の光は複数の色の光が混ざり合っていて，(④　　　)く見える。太陽の光を(⑤　　　)というガラスに通すと，光が分かれて色が現れる。

2 光の反射

教 p.148～151

(1) 光源装置などで鏡に光を当てたとき，鏡の面に垂直な線と入射した光がつくる角を(①　　　)といい，反射した光がつくる角を(②　　　)という。

(2) 光が物体の表面で反射するとき，★入射角と★反射角は等しくなる。このことを，★光の(③　　　)の法則という。

(3) 鏡にうつった自分の姿は，鏡に対して同じ距離だけはなれているように見える。これは，鏡に対して(④　　　)の位置から光が届くように見えるからである。

(4) 物体の表面に凹凸がある場合，光はさまざまな方向に反射する。これを(⑤★　　　)という。

ひとつひとつの反射は光の反射の法則に従う。

3 光の屈折

教 p.152～155

(1) ガラスなど透明な物体に光が出入りするとき，ななめに入射する光は境界面で曲がる。これを★光の(①　　　)という。

(2) 入射した点で境界面に垂直な線と屈折した光のつくる角を(②★　　　)という。

(3) 光が透明な物体から空気中へ進むとき，入射角が一定以上大きくなると，境界面ですべての光が反射する。これを(③　　　)という。

(4) 通信ケーブルで使われている(④　　　)は，★全反射を利用している。

ワンポイント

・物体が見えるのは，光源から出た光が直接目に入ったり，物体で反射した光が目に入ったりするからである。

・郵便ポストが赤く見えるのは，郵便ポストに当たった光のうち，赤い色の光が多く反射しているためである。

まるごと暗記

光の反射

入射角＝反射角

光の屈折

●空気側→ガラス・水に入射するとき
入射角＞屈折角

●ガラス・水→空気側に入射するとき
入射角＜屈折角

語群

1 プリズム／直進／反射／白／光源　2 反射／乱反射／反射角／入射角／対称
3 光ファイバー／全反射／屈折／屈折角

★の用語は，説明できるようになろう！

同じ語句を何度使ってもかまいません。

教科書の図　□にあてはまる語句を，下の語群から選んで答えよう。

1 光の反射

教 p.150

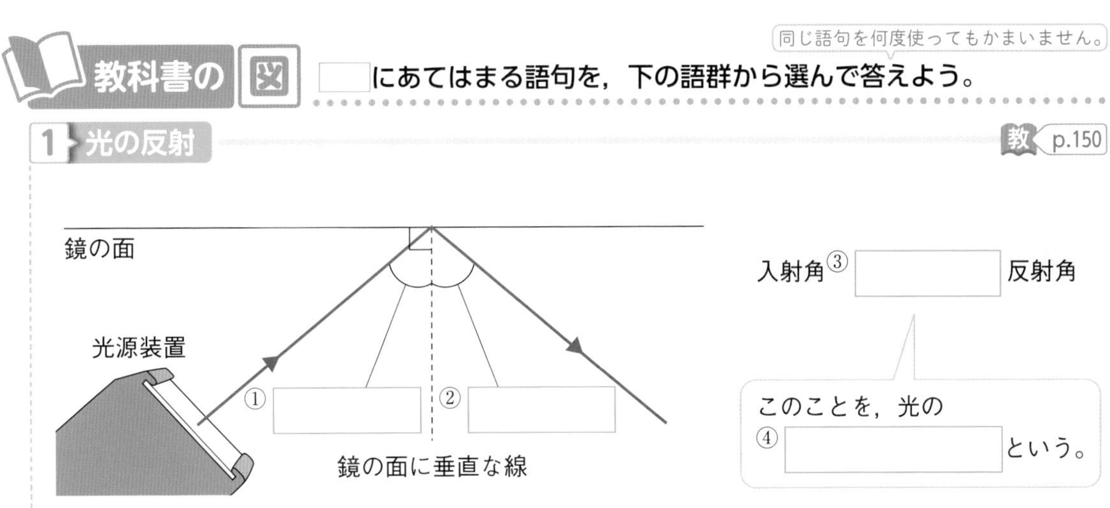

2 光の屈折

教 p.154

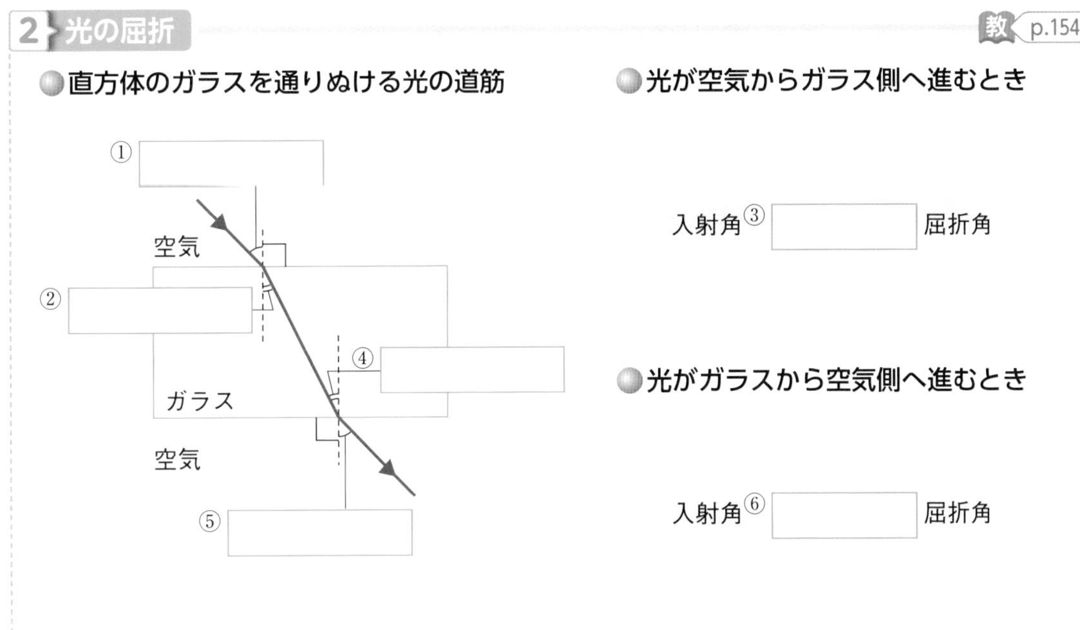

3 全反射

教 p.155

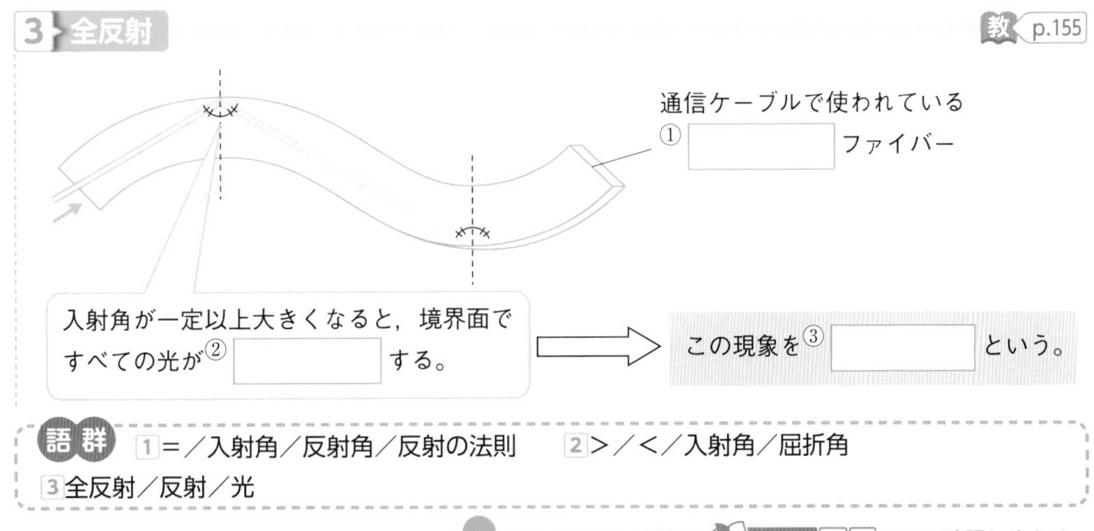

語群　1 ＝／入射角／反射角／反射の法則　2 >／<／入射角／屈折角
3 全反射／反射／光

わからない用語は，教科書の要点の★で確認しよう！

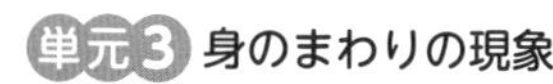

解答 p.17

定着のワーク ステージ2 第1章 光の世界(1)

1 物の見え方

右の図は，太陽や植物が見えるときの光の進み方を表したものである。これについて，次の問いに答えなさい。

(1) 太陽のように，自ら光を出す物体を何というか。
（　　　　）

(2) 太陽の光は何色に見えるか。（　　　　）

(3) 植物の葉が緑色に見えるのは，葉が何色の光を多く反射しているためか。（　　　　）

(4) 物体の表面で反射した光が目に届くことで見えているのは，太陽，植物のどちらか。

（　　　　）

2 教 p.149 実験1 鏡で反射する光の道筋

右の図は，光源装置から出した光を鏡に当てたときの光の道筋を表したものである。これについて，次の問いに答えなさい。

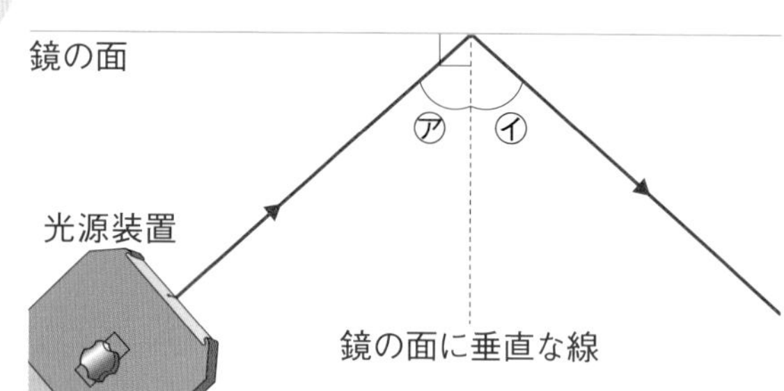

(1) 光源装置から光を出すと，光はまっすぐに進む。この現象を何というか。
（　　　　）

(2) 図の㋐，㋑の角をそれぞれ何というか。㋐（　　　　）㋑（　　　　）

(3) 図の㋐，㋑の角の大きさは，どのようになっているか。（　　　　）

(4) 図の㋐，㋑が(3)のような関係にあることを，何の法則というか。
（　　　　）

3 鏡の中での消しゴムの見かけの位置

右の図は，消しゴムのａ点から出た光が鏡の面に当たって目に届くまでの光の進み方を示したものである。これについて，次の問いに答えなさい。

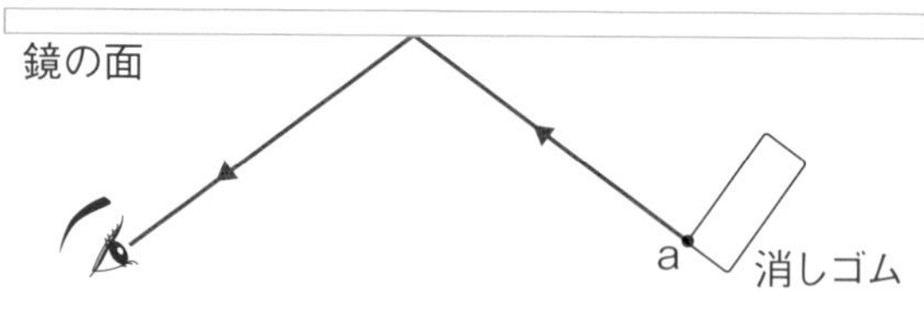

(1) 消しゴムのａ点は，鏡のどの位置にあるように見えるか。その位置を図に×でかきなさい。ヒント

(2) 鏡にうつる消しゴムが鏡のおくのほうにあるように見えるのは，鏡に対して，光がどのような位置から届くように見えるためか。（　　　　）

❶(4)植物は自ら光を出していないので，暗いときは見ることができない。
❸(1)鏡にうつったａ点は，反射した光の延長線上にあるように見える。

4 教 p.153 実験2 **直方体のガラスを通りぬける光の道筋** 次の図1，2は光が空気側からガラスへ進むときの光の道筋，図3は光がガラスから空気側へ進むときの光の道筋をまとめたものである。これについて，あとの問いに答えなさい。

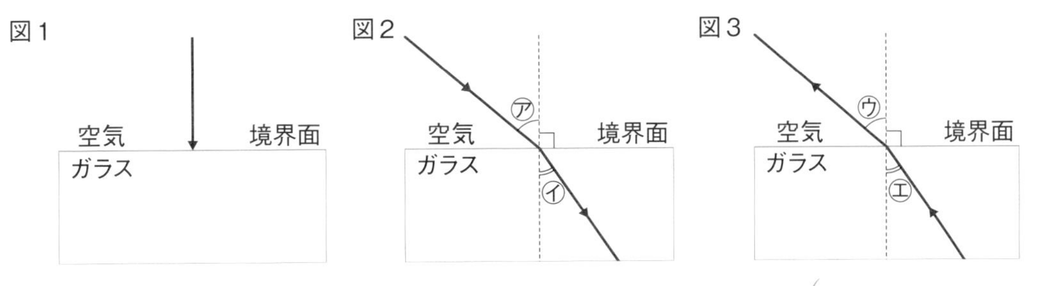

⑴ 図1のように，境界面に垂直に入射した光はどのように進むか。（　　　　　　）

⑵ 図2の角㋐，㋑，図3の角㋒，㋓をそれぞれ何というか。ヒント

⑶ 図2の角㋐，㋑の大きさ，図3の角㋒，㋓の大きさには，どのような関係があるか。①，②の(　)に，=，>，<を答えなさい。

① 角㋐（　　）角㋑　　② 角㋒（　　）角㋓

単元3

5 **コインが見えるしくみ** 右の図1のように，カップの中にコインを入れ，コインが見えなくなるまで，目の位置を下げた。その後，カップに水を入れた。図2は，水を入れたときのコインのa点から出た光の道筋を示したものである。これについて，次の問いに答えなさい。

図1　目　コイン　カップ

図2　㋐　㋑　㋒　a

⑴ 図2のように，コインから出た光が水面で曲がることを何というか。（　　　　　　）

⑵ 観察者が水中のコインを見たとき，コインのa点はどの位置にあるように見えるか。図2の㋐〜㋒から選びなさい。（　　）

⑶ 水中の物体は実際の位置より浅い位置，深い位置どちらにあるように見えるか。ヒント（　　　　　　）

6 **全反射** 右の図のaのように，ガラスから空気側へ光を入射させたところ，境界面ですべての光が反射し，bのように進んだ。これについて，次の問いに答えなさい。

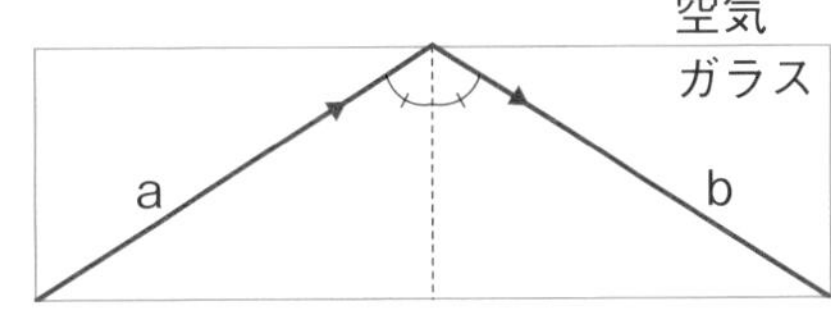

⑴ 図のように，境界面ですべての光が反射することを何というか。（　　　　　　）

⑵ ⑴の現象は，光が空気側からガラスへ進むときにも起こるか。（　　　　　　）

4⑵図2と図3では，光が進む向きがちがうことに注意しよう。
5⑶水の入ったプールや浴槽（よくそう）の底がどのように見えるか思い出してみよう。

第1章　光の世界(1)

解答 p.18

/100

1 右の図1は，太陽の光をガラスAに通したとき，光が分かれて色が現れた。これについて，次の問いに答えなさい。 4点×7(28点)

図1

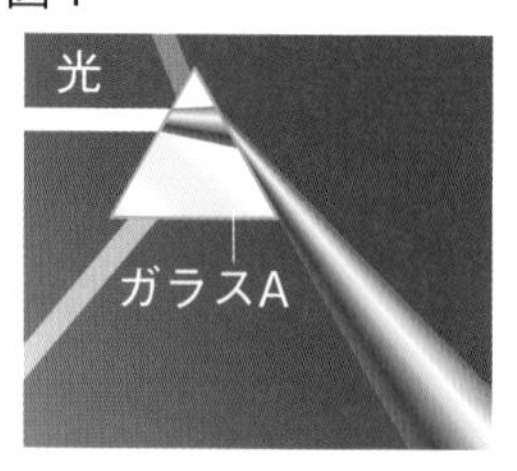

図2

(1) 図1のガラスAを何というか。

(2) 太陽の光は，白い色をしているが，リンゴは図2のように赤く見える。

① リンゴの表面には凹凸があるため，光がさまざまな方向に反射している。このような光の反射を何というか。

記述 ② リンゴが赤く見える理由を答えなさい。

(3) 次の①～④が起こる主な原因となる光の性質を，あとのア～エからそれぞれ選びなさい。

① 水にものさしを入れると，水中の目盛りの間隔がせまく見えた。

② 光源装置からの光がまっすぐに進んだ。

③ 夜，自分の姿が窓ガラスにうつって見えた。

④ 水槽(すいそう)の水の中を泳ぐ金魚を見上げると，水面よりも上に金魚がうつって見えた。

ア 光の直進　　イ 光の反射　　ウ 光の屈折　　エ 全反射

(1)		(2) ①	
(2) ②			
(3) ①	②	③	④

2 机の上に記録用紙を置き，その上に鏡と3本の色鉛筆(いろえんぴつ)(赤色，青色，黄色)を垂直に立て，目の高さを色鉛筆の先端に合わせて，どの色鉛筆が鏡にうつって見えるかを調べた。右の図は，鏡と3本の色鉛筆，目の位置(点O)を真上から見たものである。これについて，次の問いに答えなさい。 6点×4(24点)

鏡の面
赤色
青色
黄色
O

(1) 次の文は，物が見えるときのようすについてまとめたものである。(　)にあてはまる言葉を答えなさい。

自ら光を出す(①)から出た光が直接目に届いたり，(①)から出た光が物体の表面で(②)して目に届いたりしている。

(2) 図の点Oの位置から見えた色鉛筆は1本だけであった。この色鉛筆は何色か。また，見えた色鉛筆から出た光が，目に入るまでの道筋を図示しなさい。

(1) ①		②		(2) 色		道筋	図に記入

3 次の図1～3の光の道筋について，あとの問いに答えなさい。

6点×4（24点）

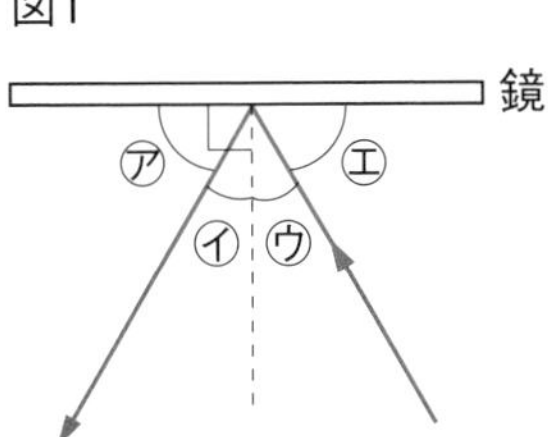

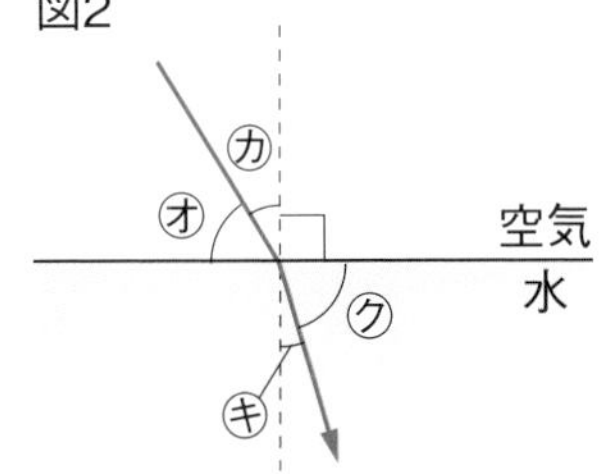

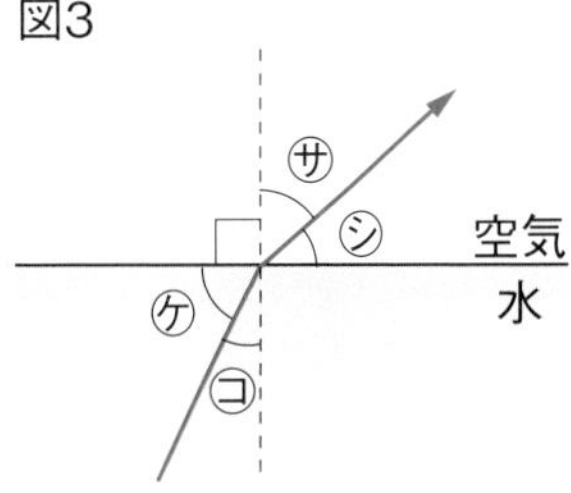

(1) 図1～3のア～シのうち，屈折角はどれか。すべて選びなさい。

(2) 図1の入射角と反射角の大きさの関係を，ア～エと=，>，<を使って表しなさい。

(3) 図2，3の入射角と屈折角の大きさの関係を，オ～シと=，>，<を使ってそれぞれ表しなさい。

(1)		(2)		(3)	図2		図3	

4 光の性質による現象について，次の問いに答えなさい。

6点×4（24点）

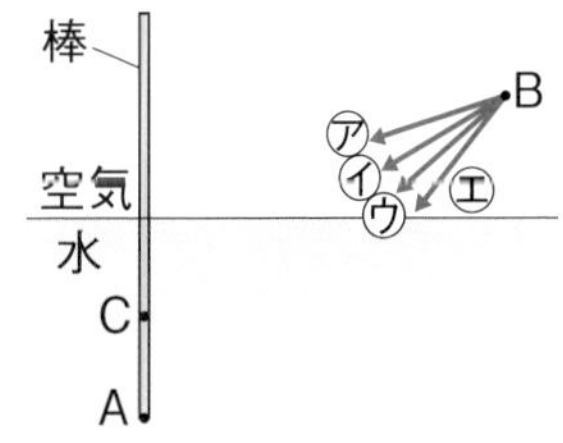

(1) 図1のように，水中にある棒の先AをBから見ると，Cの位置にあるように見えた。Bに置いた光源装置から出した光をAに当てるためには，Bからどの向きに光を出せばよいか。図1のア～エから選びなさい。

(2) 図2のように，実験台の上に直方体の透明なガラスを置き，その後ろにチョークを立てた。図3は図2を真上から見たときの位置関係を示している。図3の点Pの位置からガラスを通してチョークを観察すると，どのように見えるか。次のア～エから選びなさい。

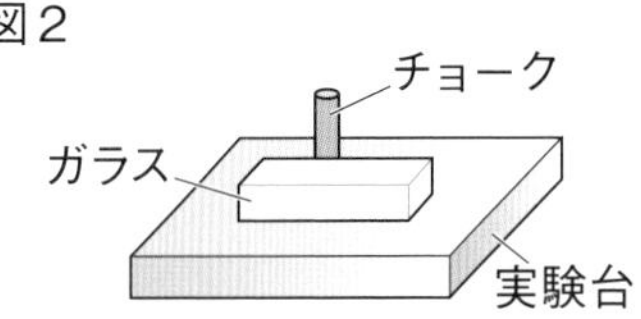

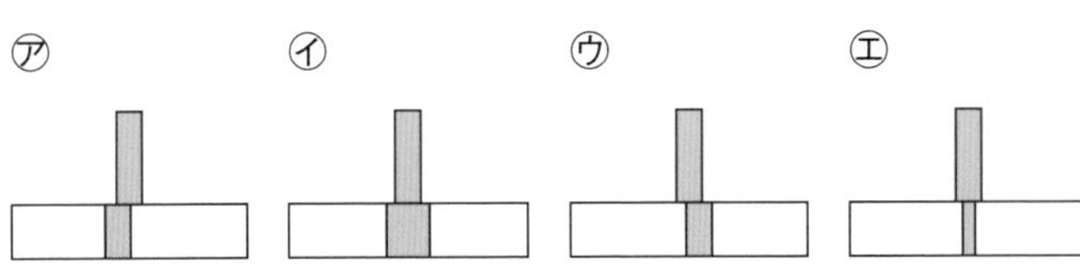

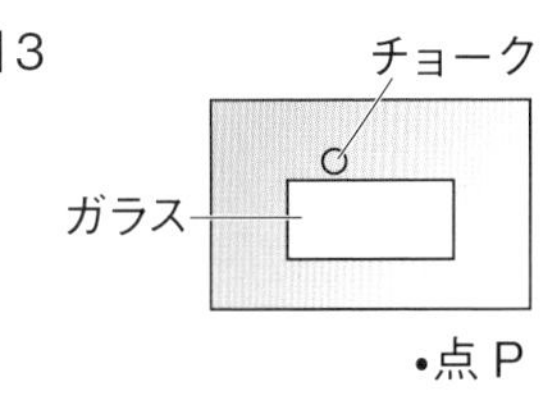

(3) 図4のように，水中に光源を置き，水面に向けて光を当てた。水面と光の進む向きのつくる角度が30°のとき，屈折する光は観察されなかった。このことについて説明した，次の文の(　)にあてはまる数字や言葉を答えなさい。

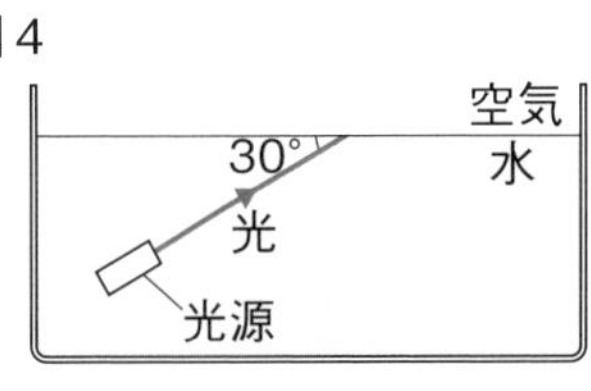

図4では，屈折する光はなく，反射角(①)°の反射する光だけが観察された。この現象を(②)という。

(1)		(2)		(3)	①		②	

単元3

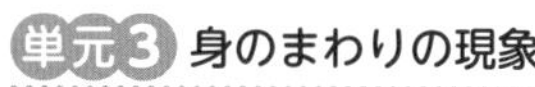

解答 p.19

確認のワーク ステージ1 第1章 光の世界(2)

教科書の要点

同じ語句を何度使ってもかまいません。

(　　)にあてはまる語句を，下の語群から選んで答えよう。

1 凸レンズを通る光の進み方

教 p.156〜157

(1) 凸レンズを通して見えるものや，スクリーンにうつって見えるものを(①★　　　)という。

(2) 凸レンズの中心を通り，凸レンズの面に垂直な軸を(②　　　)という。

(3) 凸レンズの★光軸に平行に進む光は，凸レンズを出るときに屈折して1点に集まる。この1点を(③　　　)という。

(4) 凸レンズの中心から★焦点までの距離を(④　　　)という。

(5) 太陽の光は平行に進むので，凸レンズを通った後の光は，(⑤　　　)の位置に集まる。

(6) 凸レンズの中心を通る光は，凸レンズで屈折せずに，そのまま(⑥　　　)する。

(7) 焦点を通る光は，凸レンズを通ると，光軸に対して(⑦　　　)に進む。

まるごと暗記

実像の特徴

- 物体が焦点より外側にあるときにできる。
- 実際に光が集まっている。
- 物体と比べて，上下左右が逆向き。

虚像の特徴

- 物体が焦点と凸レンズの間にあるときにできる。
- 実際に光が集まっていない。
- 物体と比べて，上下左右が同じ向き。

2 凸レンズによる像のでき方

教 p.158〜161

(1) 物体が焦点より外側にあるとき，凸レンズを通った光が集まり，スクリーン上に(①　　　)ができる。

(2) 物体が焦点距離の2倍の位置にあるとき，焦点距離の2倍の位置に，物体と(②　　　)大きさの★実像ができる。

(3) 物体を焦点に近づけていくと，スクリーン上にできる実像の位置は焦点から(③　　　)。このとき，スクリーン上にできる実像の大きさは，(④　　　)なる。

(4) 物体が焦点と凸レンズの間にあるとき，スクリーン上には光が集まらないため，像はうつらない。このとき，凸レンズをのぞくと，物体よりも大きな(⑤　　　)が見える。

(5) 物体を焦点の位置に置いたとき，(⑥　　　)も★虚像もできない。

(6) 実像は，物体と比べて，上下左右が(⑦　　　)向きであるが，虚像は上下左右が(⑧　　　)向きである。

ワンポイント

凸レンズによってできる像の作図には，次の光を使う。

①光軸に平行に入射する光→焦点を通る。

②凸レンズの中心を通る光→そのまま直進する。

③焦点を通る光→光軸に平行に進む。

語群

❶焦点／焦点距離／光軸／直進／平行／像

❷大きく／同じ／逆／遠ざかる／実像／虚像

★の用語は，説明できるようになろう！

同じ語句を何度使ってもかまいません。

教科書の図　□にあてはまる語句を，下の語群から選んで答えよう。

1 凸レンズ

教 p.156～157

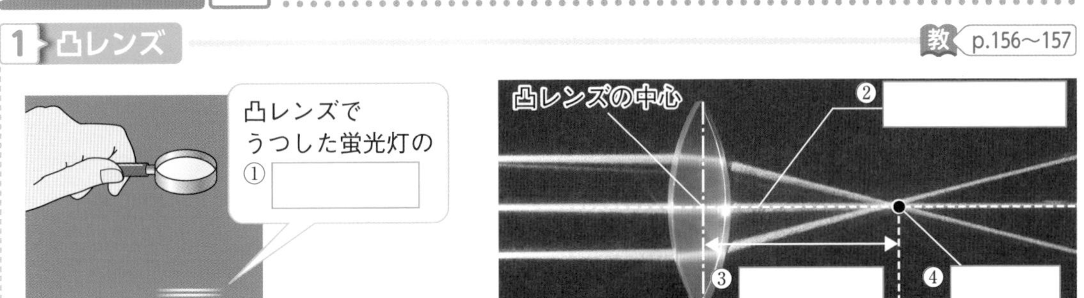

2 凸レンズを通る光の進み方

教 p.157

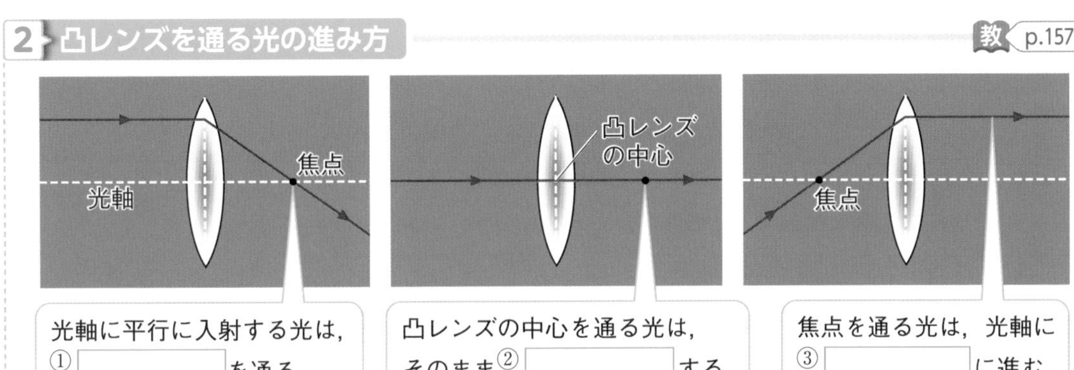

3 凸レンズによる像のでき方

教 p.160～161

物体が焦点より外側にあるとき

物体と比べて，上下左右が①□向き

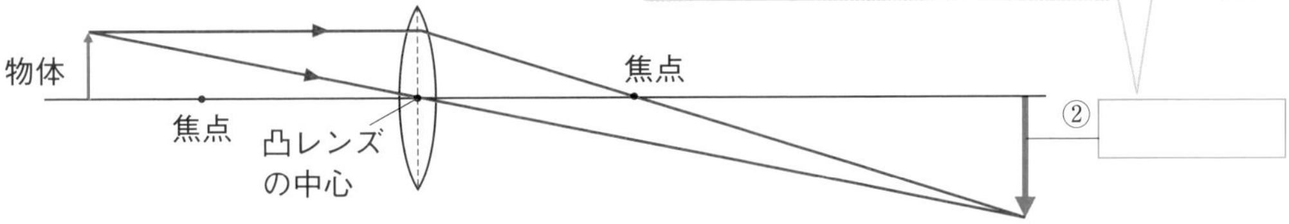

物体
焦点
凸レンズの中心
焦点
②□

物体が焦点と凸レンズの間にあるとき

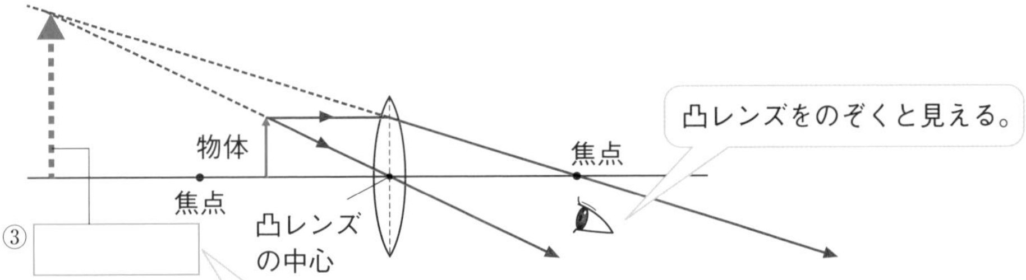

物体
焦点
凸レンズの中心
焦点
凸レンズをのぞくと見える。
③□

物体よりも，④□く，上下左右が⑤□向き

語群
1 焦点／焦点距離／像／光軸　2 直進／平行／焦点
3 実像／虚像／逆／大きい／同じ

わからない用語は，教科書の要点の★で確認しよう！

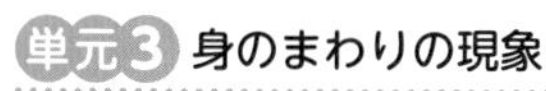

解答 p.19

定着のワーク ステージ2 第1章 光の世界(2)

1 凸レンズの性質 右の図のように，凸レンズの中心を通り，凸レンズの面に垂直な軸に，平行な光を当てたところ，光が中心Oから18cmはなれた点Aに集まった。これについて，次の問いに答えなさい。

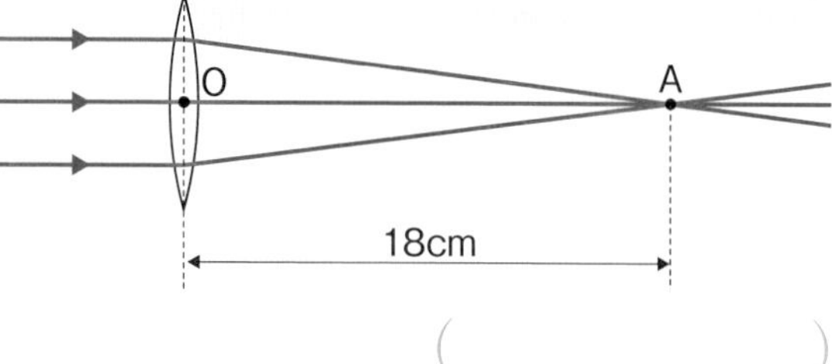

(1) 下線部の軸を何というか。 (　　　)

(2) 図の光が集まった点Aを何というか。 (　　　)

(3) 図の凸レンズの焦点距離は何cmか。 (　　　)

2 凸レンズによってできる像 右の図は，物体が焦点の外側にあるときの光の道筋の一部を示したものである。これについて，次の問いに答えなさい。

(1) 図のAは光軸に平行な光，Bは凸レンズの中心を通る光，Cは凸レンズの焦点を通る光である。これらの光は，その後，どのように進むか。図にかきなさい。また，このときにできる像を，図に矢印でかきなさい。 ヒント

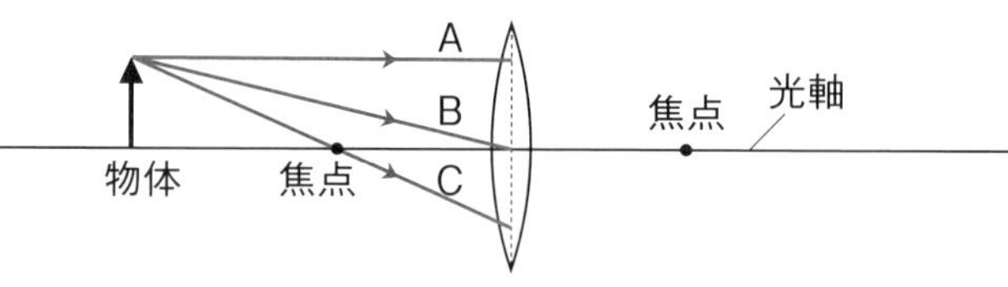

(2) (1)でかいた像を何というか。 (　　　)

(3) (2)の像の向きは，物体と比べて，上下左右がどのような向きにできるか。

(　　　)

3 凸レンズによってできる像 右の図は，物体が焦点と凸レンズの間にあるときの光の道筋の一部を示したものである。これについて，次の問いに答えなさい。

(1) 図のAは光軸に平行な光，Bは凸レンズの中心を通る光である。これらの光は，その後，どのように進むか。図にかきなさい。

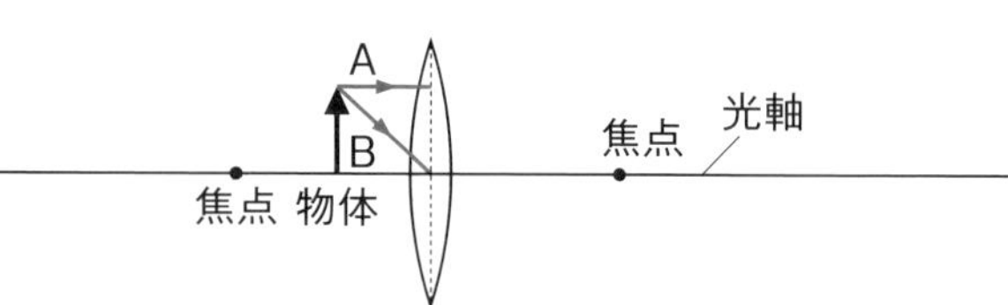

(2) 凸レンズをはさんで物体の反対側にスクリーンを置いて左右に動かすと，スクリーン上に像はできるか。 ヒント

(　　　)

(3) 物体の反対側から凸レンズをのぞくと，物体よりも大きな像が見えた。この像を何というか。 (　　　)

(4) (3)の像を図に矢印でかきなさい。ただし，作図に用いた補助線を残しておくこと。

2(1)物体の先端から出た光が集まったところが像の先端である。
3(2)光が集まらなければ，スクリーン上に像はできない。

4 教 p.158 実験 3 **凸レンズによる像のでき方** 光源を動かしたとき，スクリーンにできる像を調べる実験を行った。表は，結果をまとめたものである。あとの問いに答えなさい。

手順1 凸レンズから光源までの距離を，表のⓐ～ⓔの位置に変化させる。次に，スクリーンを動かして，うつる像の位置や大きさ，向きを調べる。

手順2 スクリーン上に像がうつらないときは，スクリーンの位置から凸レンズをのぞき，像が見えるかを調べる。

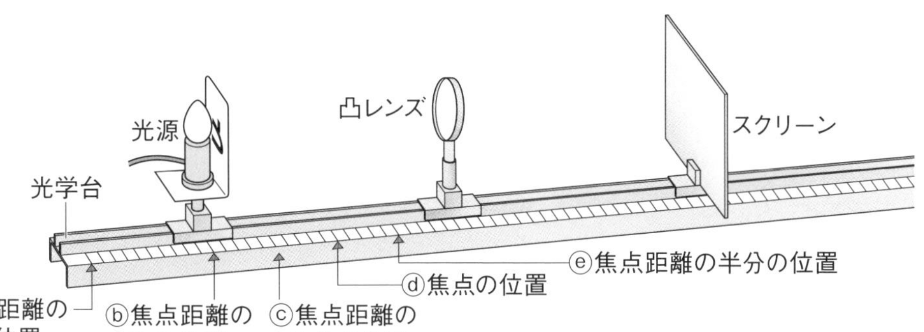

光源の位置	像の位置	像の大きさ	像の向き
ⓐ焦点距離の３倍の位置	焦点距離の 1.5 倍の位置	㋐	上下左右が逆向き
ⓑ焦点距離の２倍の位置	焦点距離の（①）倍の位置	光源と同じ大きさ	㋒
ⓒ焦点距離の 1.5 倍の位置	焦点距離の３倍の位置	光源より大きい	㋓
ⓓ焦点の位置	うつらなかった	（うつらなかった）	（うつらなかった）
ⓔ焦点距離の半分の位置	うつらなかった	㋑	㋔

(1) 表の①にあてはまる数字を書きなさい。（　　　）

(2) 光源が焦点距離のⓐ３倍の位置，ⓔ半分の位置にあるとき，像は光源と比べてどのような大きさであったか。㋐，㋑にあてはまる言葉を答えなさい。ヒント

㋐（　　　）㋑（　　　）

(3) 光源が焦点距離のⓑ２倍の位置，ⓒ1.5倍の位置，ⓔ半分の位置にあるとき，像は光源と比べてどのような向きにできたか。表の㋒～㋔にあてはまる言葉を答えなさい。

㋒（　　　）㋓（　　　）㋔（　　　）

(4) 次の文は，光源をⓐ，ⓑ，ⓒの位置に置いたときの結果についてまとめたものである。（　）にあてはまる言葉を答えなさい。ヒント

①（　　　）②（　　　）③（　　　）

光源が焦点の（ ① ）側にあるとき，凸レンズを通った光は，スクリーン上に集まり，（ ② ）ができる。光源を凸レンズに近づけると，像の大きさは（ ③ ）なる。

(5) 次の文は，光源をⓔの位置に置いたときの結果についてまとめたものである。（　）にあてはまる言葉を答えなさい。ヒント ①（　　　）②（　　　）

光源が焦点の（ ① ）側にあるとき，スクリーン上に像はうつらないが，スクリーン側から凸レンズをのぞいたときに光源と同じ向きの（ ② ）が見える。

4(2)実像の大きさは，物体が焦点距離の２倍の位置にあるときを基準にして考える。
(4)(5)物体が焦点の外側にあるときと内側にあるときでは，できる像が異なる。

単元3

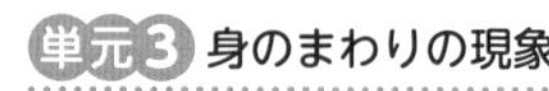

第1章　光の世界(2)

1 右の図1は遠くにある木を凸レンズで見たようす，図2は手に持った葉を凸レンズで見たようすである。これについて，次の問いに答えなさい。　5点×2（10点）

図1

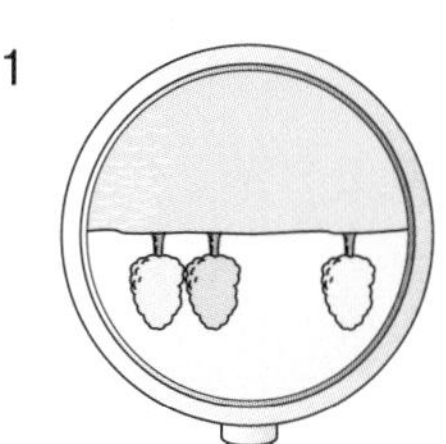

図2

(1) 図1のような像を何というか。

(2) 次のア～オのうち，図2の像について述べたものはどれか。すべて選びなさい。

ア　実際に光が集まっている。

イ　物体が焦点の外側にあるときにできる。

ウ　物体よりも，いつも大きくなる。

エ　スクリーン上にうつすことができる。

オ　上下左右の向きが物体と同じである。

(1)		(2)	

2 次の図1のように，物体（J字形のあなをあけた板）と光源，焦点距離4cmの凸レンズ，スクリーンを用いて，スクリーンに像をうつした。あとの問いに答えなさい。　6点×4（24点）

図1

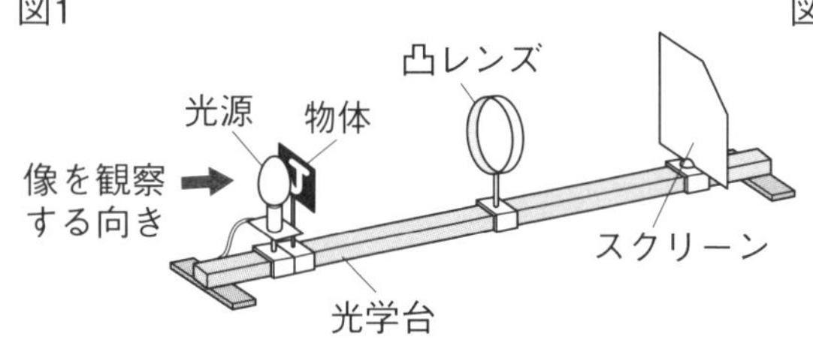

図2

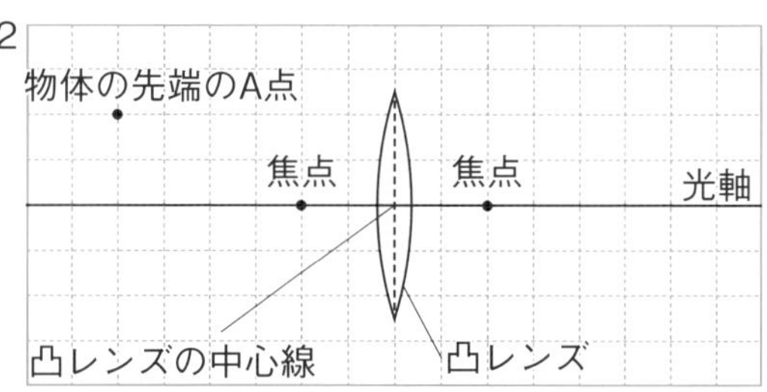

(1) スクリーンに物体と同じ大きさの像をうつしたとき，凸レンズとスクリーンの間の距離は何cmか。

(2) スクリーンにうつった像はどのように見えるか。次の㋐～㋓から選びなさい。

㋐ 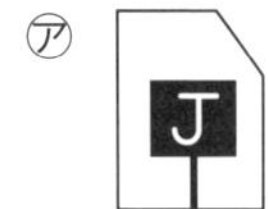
㋑ 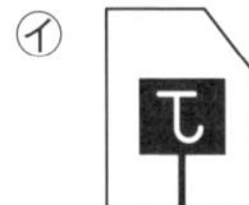
㋒ 
㋓ 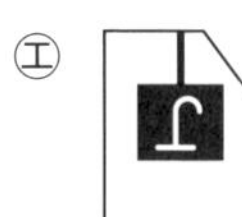

(3) 図2は，スクリーンに像がうつったときの物体の先端のA点と凸レンズの位置を示したものである。

① A点から光軸に平行に凸レンズに入った光と，A点から焦点を通って凸レンズに入った光の道筋を，図2にかきなさい。

② スクリーンに像がうつったときの，凸レンズとスクリーンの間の距離は何cmか。

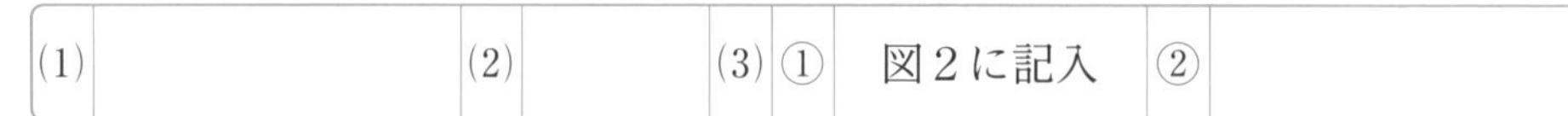

(1)		(2)		(3) ①	図2に記入	②	

3 右の図のように，３cmの物体をA～Dの位置に置いたときに，凸レンズによってできる像について調べた。次の問いに答えなさい。ただし，Fは焦点，Pは焦点距離の２倍の位置とする。　6点×3（18点）

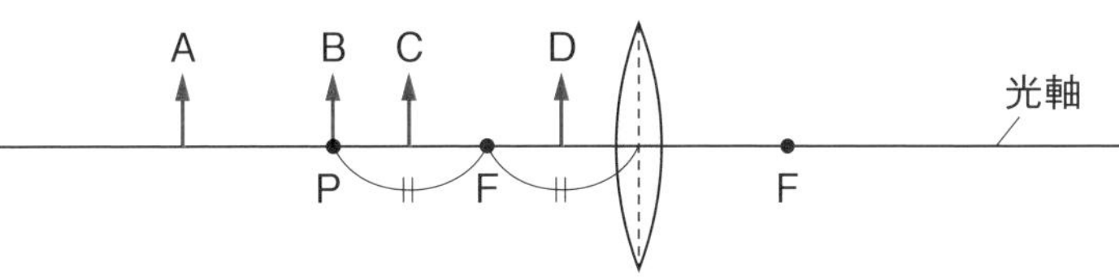

(1)　A～Dのうち，実像ができるのは物体をどの位置に置いたときか。すべて選びなさい。

作図 (2)　Bの位置に物体を置いたときにできる像を図にかきなさい。ただし，作図に用いた補助線を残しておくこと。

(3)　Cの位置に物体を置いたときの像の大きさとして正しいものを，ア～ウから選びなさい。

ア　3cmより大きい。　　イ　3cmよりも小さい。　　ウ　3cmである。

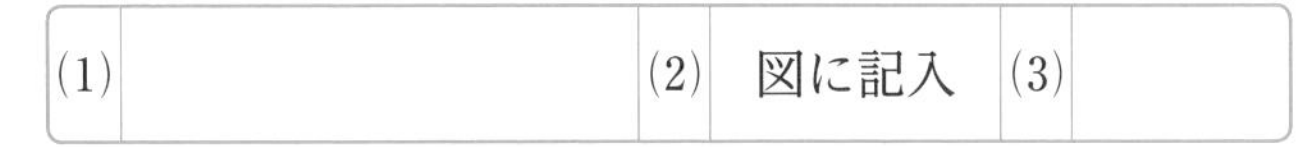

4 次の図のように，電球，あなを開けた板X（物体），焦点距離14.5cmの凸レンズ，スクリーンを並べ，電球と凸レンズを固定し，物体の位置を変えたときのスクリーン上の像を調べた。表は，この結果をまとめたものである。あとの問いに答えなさい。　6点×8（48点）

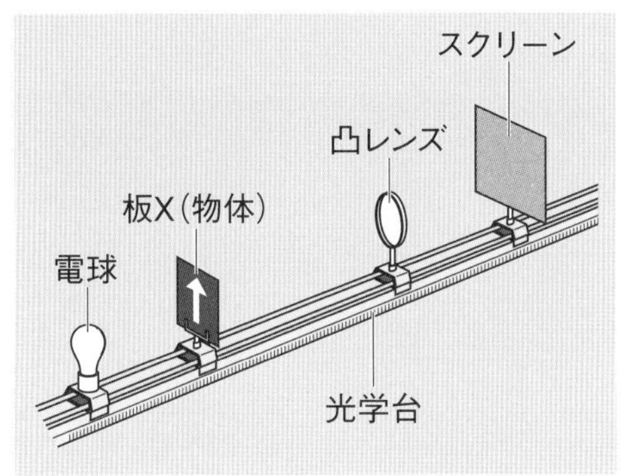

板Xと凸レンズの距離〔cm〕	スクリーンと凸レンズの距離〔cm〕	板Xの矢印と比べた像の向き	板Xの矢印と比べた像の大きさ
36.0	24.3	㋐	㋑
29.0	29.0	上下左右が逆	同じ
22.0	42.5	㋒	㋓
10.0	スクリーン上に像はできない		

(1)　表の㋐～㋓にあてはまる言葉をそれぞれ答えなさい。

(2)　この実験の結果について説明した次の文の（　）にあてはまる言葉を答えなさい。

凸レンズと物体の距離が14.5cmより大きいとき，凸レンズと物体の距離が大きいほど，スクリーンと凸レンズの距離が（ ① ）く，スクリーンにできる像の大きさが（ ② ）くなる。

(3)　凸レンズと物体の距離が12.5cmのとき，スクリーンの方向から凸レンズをのぞいた。

①　このときに見えた像を何というか。

記述 ②　①の像の向きと大きさは，板Xの矢印と比べてどうなっているか。

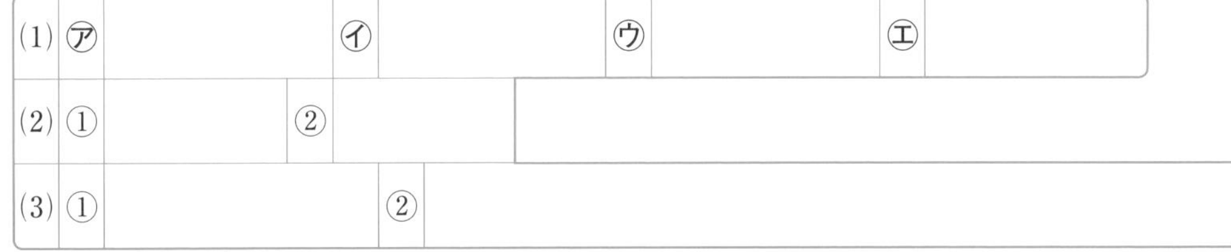

解答 p.20

第2章 音の世界

同じ語句を何度使ってもかまいません。

教科書の要点 ( )にあてはまる語句を，下の語群から選んで答えよう。

1 音の伝わり方

教 p.164〜165

(1) 音を出している物体は(①　　　)している。

(2) 振動(しんどう)して音を出すものを(②　　　)という。

(3) 空気中では，★音源(おんげん)の振動が空気を振動させ，その振動が空気中を次々と伝わり，(③　　　)として広がりながら音は伝わる。

(4) 音が聞こえるのは，空気の振動が(④　　　)(耳の中にあるうすい膜(まく))を振動させ，その振動を音としてとらえているからである。

(5) 音は空気のような気体，水などの(⑤　　　)，金属などの固体の中を伝わる。

2 音の性質

教 p.166〜169

(1) 弦(げん)をはじいたとき，弦の振動の中心からのはばを(①　　　)という。

(2) 弦をはじいたとき，弦が1秒間に振動する回数を(②　　　)という。

(3) ★振動数(しんどうすう)の単位には，(③　　　)(記号Hz)が使われる。

(4) 弦の★振幅(しんぷく)が大きいほど，音は(④　　　)くなり，振幅が小さいほど，音は(⑤　　　)くなる。

(5) 弦の振動数が多いほど，音は(⑥　　　)くなり，振動数が少ないほど，音は(⑦　　　)くなる。

(6) 弦の振動する部分を短くするほど，弦の張りを強くするほど，音は(⑧　　　)くなる。

(7) 簡易オシロスコープの画面に音を表示したとき，大きな音ほど，振幅を表す波の高さが(⑨　　　)くなる。

(8) 簡易オシロスコープの画面に音を表示したとき，高い音ほど，波の数が(⑩　　　)くなる。

(9) 音の伝わる速さは，空気中では秒速約340mであり，光の伝わる速さ(秒速約30万km)と比べてはるかに(⑪　　　)い。

振幅と振動数は，音の何と関係しているのかな。

ワンポイント
水中で音楽を聴いて演技をするアーティスティックスイミングでは，水中のスピーカーから出る音を聞いている。

まるごと暗記
振幅
振動の中心からのはば。大きい音ほど，振幅が大きい。
振動数
音源が1秒間に振動する回数。高い音ほど，振動数が多い。

ワンポイント
秒速340mは,「340m/s」と表すこともある。かみなりのいなずままでの大まかな距離は，いなずまが見えてから音が聞こえるまでの時間〔秒〕×340〔m/秒〕によって求めることができる。

プラスα
音の伝わる速さ〔m/秒〕＝音が伝わった距離〔m〕÷かかった時間〔秒〕

語群
1 波／液体／鼓膜(こまく)／音源／振動
2 大き／小さ／多／高／低／おそ／ヘルツ／振幅／振動数

★の用語は，説明できるようになろう！

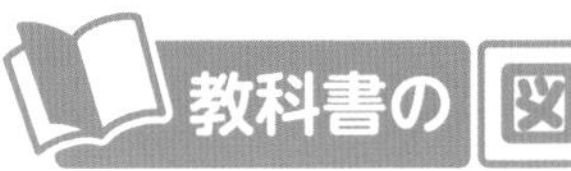

同じ語句を何度使ってもかまいません。

教科書の 図　□にあてはまる語句を，下の語群から選んで答えよう。

1 弦の振動による音の大きさと高さ
教 p.167～168

弦のはじき方

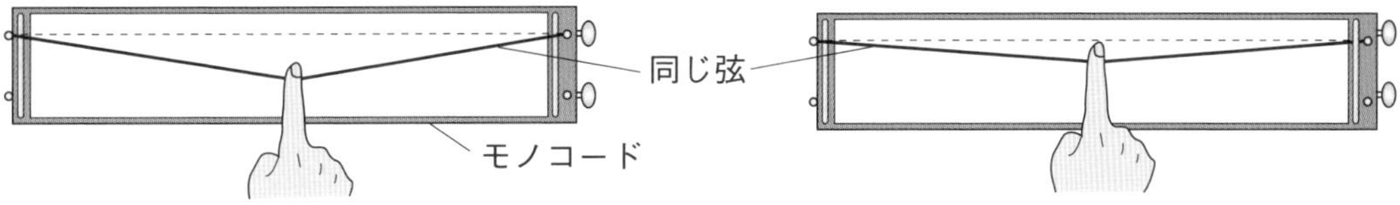
同じ弦
モノコード

強くはじくと①□い音になる。　弱くはじくと②□い音になる。

弦の長さ

③□い弦　④□い弦

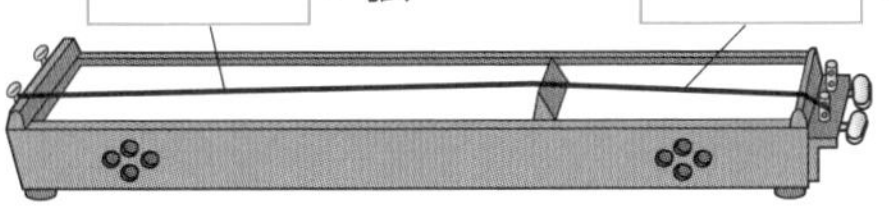

弦を長くすると⑤□い音になる。
弦を短くすると⑥□い音になる。

弦の張り方

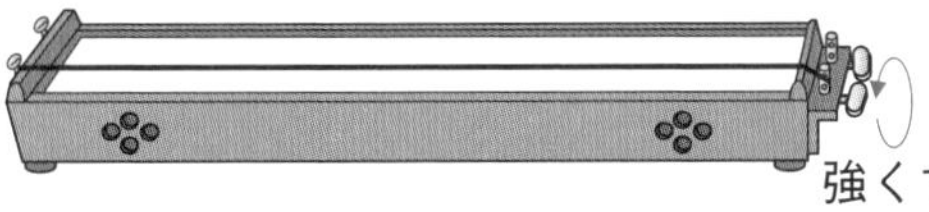
強くする。

弦を変えずに，弦の張り方を強くして同じ強さではじくと⑦□い音になる。

2 音の大きさや高さと音源の振動の関係
教 p.168

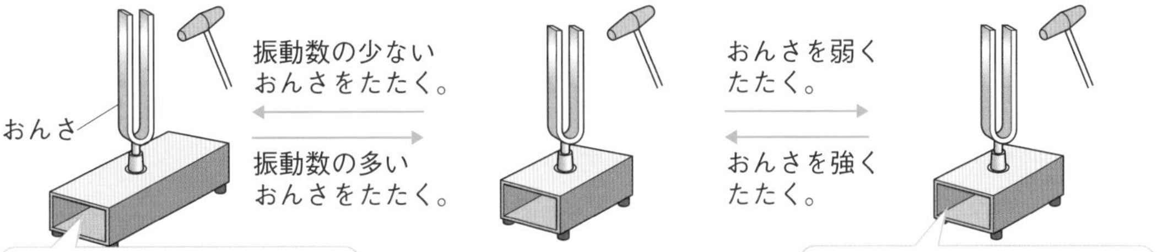
おんさ
振動数の少ないおんさをたたく。
振動数の多いおんさをたたく。
おんさを弱くたたく。
おんさを強くたたく。

①□音が出る。　②□音が出る。

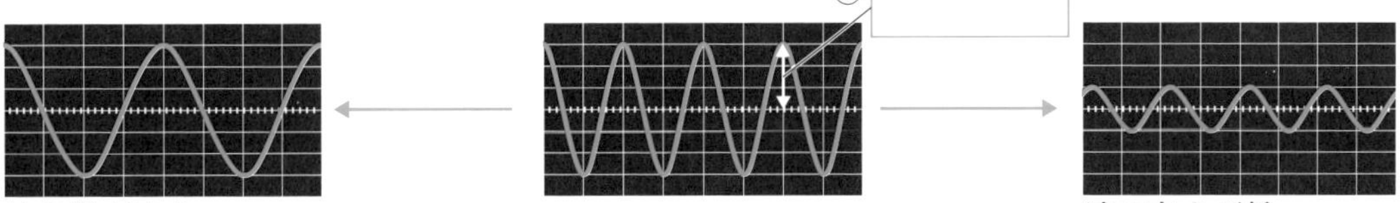

③□

波の数が少ない。
④□が少ない。

1秒間に振動する回数を⑤□という。

波の高さが低い。
⑥□が小さい。

語群
1 高／低／大き／小さ／長／短　2 振幅／振動数／小さい／低い

わからない用語は，教科書の要点の★で確認しよう！

解答 p.20

定着のワーク ステージ2 第2章 音の世界

1 音と空気 右の図のような装置で，容器の中の空気をぬいていったとき，音が鳴っているブザーの音がどのように変わるかを調べた。これについて，次の問いに答えなさい。

ブザー

音の大きさを表示する測定器A

(1) ブザーを鳴らした後，容器の中の空気を少しずつぬいていった。

① 測定器Aに表示される数値はどうなるか。次のア〜ウから選びなさい。ヒント （　　）

ア 少しずつ大きくなる。　イ 少しずつ小さくなる。

ウ 変わらない。

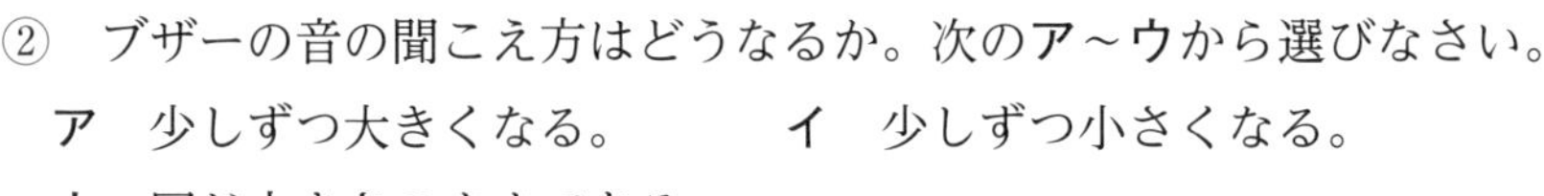

② ブザーの音の聞こえ方はどうなるか。次のア〜ウから選びなさい。 （　　）

ア 少しずつ大きくなる。　イ 少しずつ小さくなる。

ウ 同じ大きさのままである。

(2) この実験から，ブザーの音は何によって伝えられているといえるか。ヒント

（　　　　）

(3) 次の文は，音を伝える物体についてまとめたものである。(　)にあてはまる言葉を答えなさい。 ①(　　　　) ②(　　　　) ③(　　　　)

音は，空気のような(①)，水などの(②)，金属などの(③)の中を伝わる。

2 教 p.167 実験4 **弦の振動による音の大きさ** 右の図のように，モノコードの弦をはじく強さを変えたときの音の大きさや振動のようすを調べた。これについて，次の問いに答えなさい。

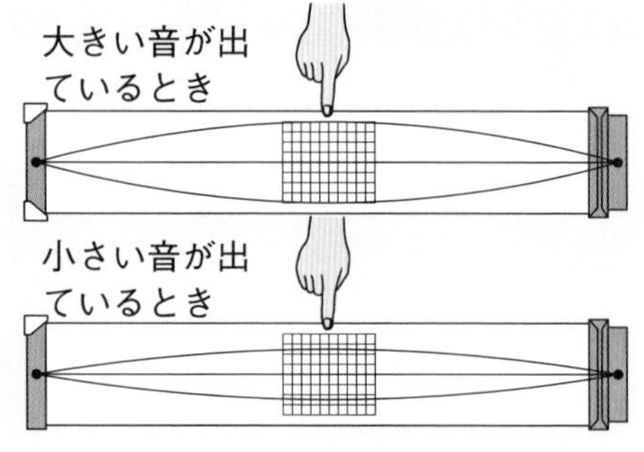

(1) 大きい音が出るのは，弦を強くはじいたときか，弱くはじいたときか。ヒント

（　　　　）

(2) 弦を強くはじいたときと弱くはじいたときで，弦の中心からのはばが小さいのはどちらか。ヒント （　　　　）

(3) 弦の中心からのはばのことを何というか。

（　　　　）

(4) 次の文は，音の大きさについてまとめたものである。(　)にあてはまる言葉を答えなさい。 ①(　　　　) ②(　　　　) ③(　　　　)

弦を強くはじくと(①)い音が出る。また，弦を強くはじくと振幅が(②)くなる。このことから，音の大きさは弦の(③)の大小によることがわかる。

❶(1)①測定器Aの数値は，容器内の音の大きさを示している。 (2)空気をぬいたときのブザーの音の大きさの変化から考える。 ❷(1)(2)図を参考にしてみよう。

3 教 p.167 実験4 **弦の振動による音の高さ** 音の高さと弦の張り方の関係を調べるため，右の図1，2のa～dのようにした弦をはじいた。これについて，次の問いに答えなさい。

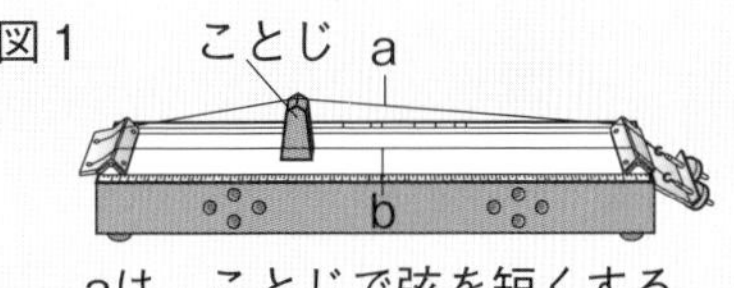

aは，ことじで弦を短くする。

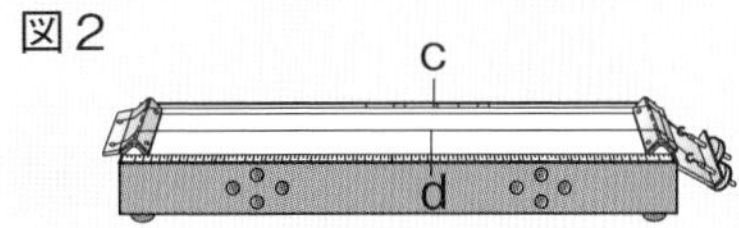

dは，弦を強く張る。
cとdは，弦の長さが同じ。

(1) 図1のa，bの弦をそれぞれはじいたときの音の高さを比べるとき，a，bの弦の張り方はどうするか。ヒント（　　　　）

(2) 図1のaとbを比べたとき，どちらが高い音が出るか。（　　）

(3) 図2のcとdを比べたとき，どちらが低い音が出るか。（　　）

(4) 音の高さに関係するのは，弦の振幅，振動数のどちらか。（　　　　）

(5) 次の文は，図1，2の弦をはじいたときの結果をまとめたものである。（　）にあてはまる言葉を答えなさい。　①（　　　　）②（　　　　）

音の高さは，弦の長さを（ ① ）するほど高くなる。また，弦の張りを（ ② ）するほど高くなる。

4 **簡易オシロスコープによる音の測定** 次の図は，さまざまな音を波として簡易オシロスコープの画面に表示したものである。これについて，あとの問いに答えなさい。ただし，①～④の左右方向は時間経過を表している。

①
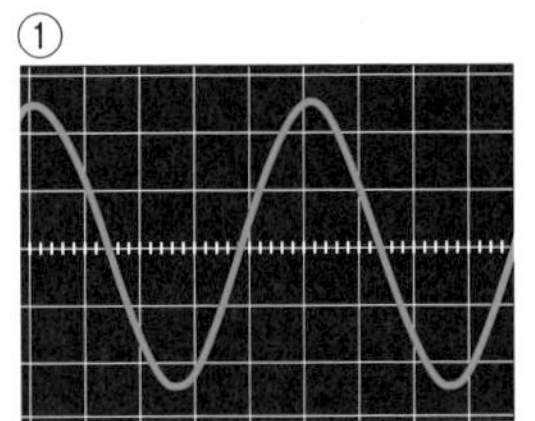
②
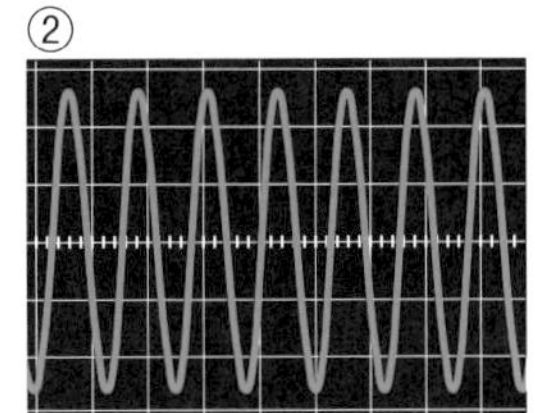
③
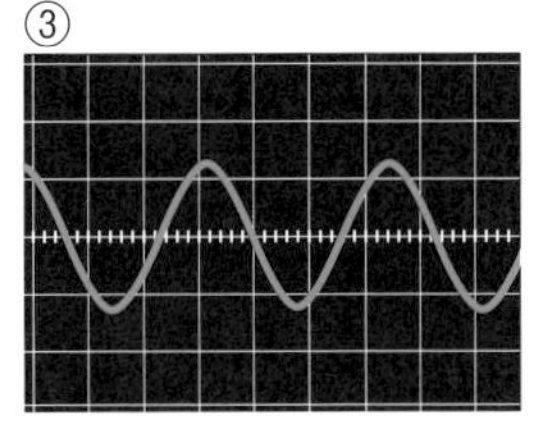
④
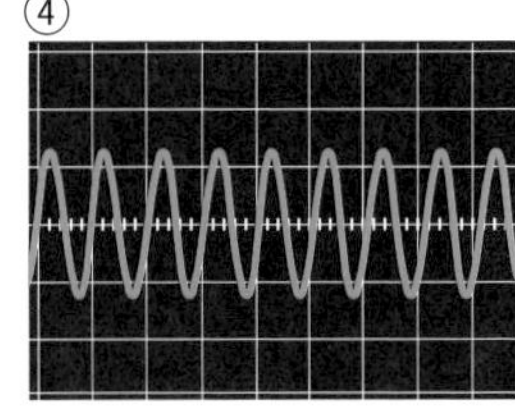

(1) ①～④の上下方向は，振幅，振動数のどちらを表しているか。（　　　　）

(2) (1)は，音の大きさ，音の高さのどちらと関係するか。（　　　　）

(3) 音の高さの単位は何か。名称と記号をそれぞれ書きなさい。

名称（　　　　）　記号（　　　　）

(4) 大きい音を簡易オシロスコープの画面に表示させたとき，小さい音のときと比べて，波の高さはどのようになるか。ヒント（　　　　）

(5) 高い音を簡易オシロスコープの画面に表示させたとき，低い音のときと比べて，波の数はどのようになるか。ヒント（　　　　）

(6) ①～④は，どのような音を簡易オシロスコープの画面に表示したものか。次のア～エからそれぞれ選びなさい。　①（　）②（　）③（　）④（　）

ア　小さくて低い音　　イ　小さくて高い音
ウ　大きくて低い音　　エ　大きくて高い音

3(1)比べる条件以外の条件も変えると，実験の結果のちがいが何によって生じたかがわからない。
4(4)(5)簡易オシロスコープの画面の波の高さは音の大きさ，波の数は音の高さと関係している。

解答 p.21

第2章　音の世界

/100

1 右の図のように，音が出ているおんさを水につけたところ，水が飛び散った。これについて，次の問いに答えなさい。　5点×2（10点）

(1) 図のときよりも大きな音が出ているおんさを水につけると，水の飛び散り方はどうなるか。

記述 (2) 空気中では，音はどのようにして聞こえるか。「鼓膜」という言葉を使って簡単に書きなさい。

(1)		(2)	

2 右の図1のように，同じ高さの音が出るおんさA，Bをならべ，おんさAをたたいて鳴らした。次に，図2のようにおんさA，Bの間に板を置き，同じ強さでおんさAをたたいて鳴らした。これについて，次の問いに答えなさい。　6点×3（18点）

図1

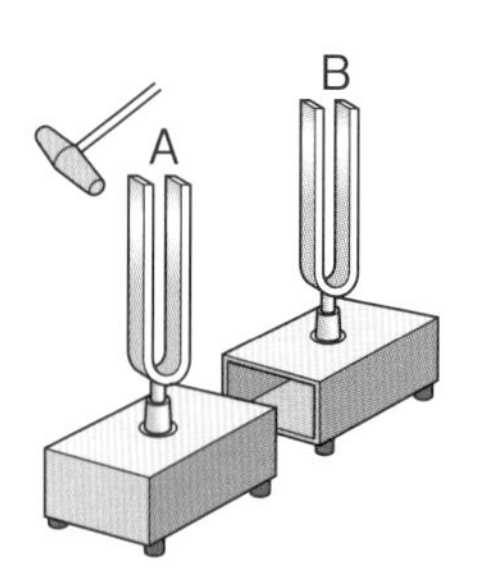

Aをたたく。

図2

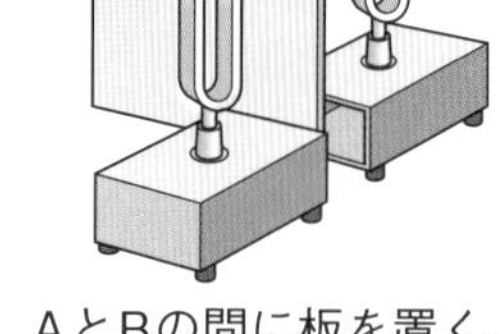

AとBの間に板を置く。

(1) 図1で，Aのおんさをたたいて音を鳴らすと，Bのおんさはどうなるか。

(2) 図2で，Aのおんさをたたいて音を鳴らすと，(1)のときと比べてBのおんさはどうなるか。

(3) 図1，2の結果から，おんさの音は何が伝えることがわかるか。

(1)		(2)		(3)	

3 打ち上げ花火をビデオカメラで撮影したところ，光が見えてから2.5秒後に音が聞こえていたことがわかった。花火を打ち上げた場所と撮影場所は，850mはなれていた。次の問いに答えなさい。　6点×3（18点）

記述 (1) 花火の音は，花火の光が見えた後に聞こえる。その理由を答えなさい。

レベルUP (2) このときの花火の音の速さは秒速何mか。

(3) ある場所では，この花火の光が見えてから4秒後に音が聞こえた。この場所は，花火を打ち上げた場所からどのくらいはなれているか。

(1)			
(2)		(3)	

4 音の大きさや高さについて調べるために，モノコードを使って，次の実験を行った。これについて，あとの問いに答えなさい。 6点×4（24点）

実験1　右の図のように，弦の一方におもりをつけて弦を張り，ことじの右側の弦を指ではじいた。

実験2　次に，モノコードの条件を変えて弦をはじくと，<u>音が高くなった</u>。

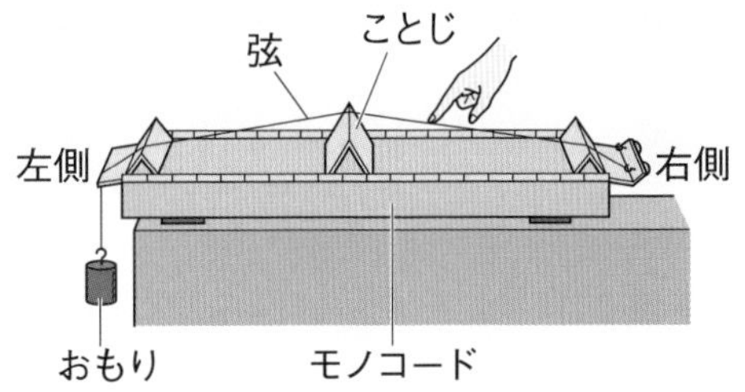

(1)　図のモノコードの弦の音を大きくするには，弦をどのようにはじけばよいか。

(2)　下線部のように音が高くなったのは，どのように条件を変えて弦をはじいたためか。次の**ア**～**エ**から2つ選びなさい。

ア　ことじを左側に動かして，ことじの右側の弦を同じ強さではじいた。

イ　ことじを右側に動かして，ことじの右側の弦を同じ強さではじいた。

ウ　弦の張り方を強くして，ことじの右側の弦を同じ強さではじいた。

エ　弦の張り方を弱くして，ことじの右側の弦を同じ強さではじいた。

(3)　この実験からわかることについて，次の**ア**～**エ**から選びなさい。

ア　弦の振幅が小さいほど音が高くなる。　**イ**　弦の振幅が大きいほど音が高くなる。

ウ　弦の振動数が少ないほど音が高くなる。　**エ**　弦の振動数が多いほど音が高くなる。

5 次のA～Eは，いろいろな音を簡易オシロスコープの画面に表示したもので，横軸は時間を表している。これについて，あとの問いに答えなさい。 6点×5（30点）

A

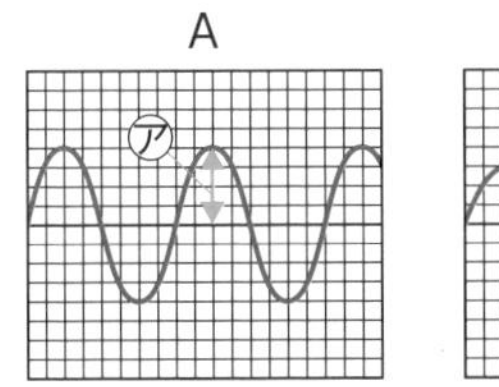

B

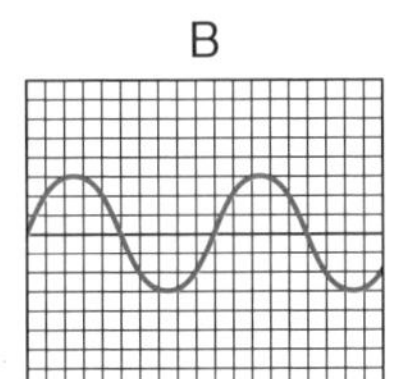

C

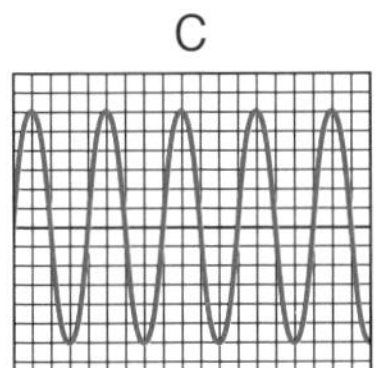

D

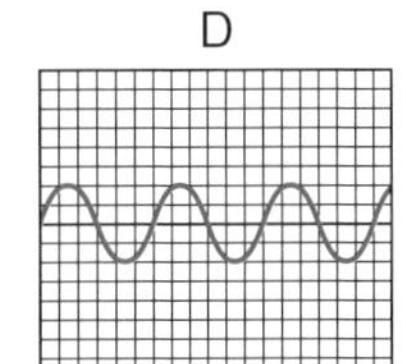

E

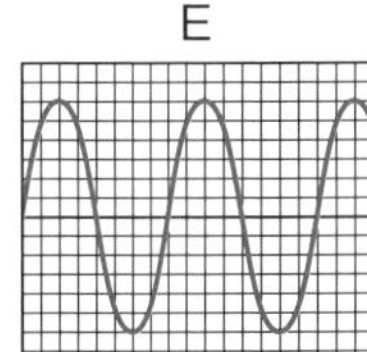

(1)　Aに示した㋐の波の高さを何というか。

(2)　①高い音，②小さい音のとき，簡易オシロスコープの画面の波のようすはどのようになるか。次の**ア**～**エ**からそれぞれ選びなさい。

ア　波の高さが高くなる。　**イ**　波の高さが低くなる。

ウ　波の数が多くなる。　**エ**　波の数が少なくなる。

(3)　最も高い音が出たものを，図のA～Eから選びなさい。

(4)　同じ大きさの音が出たものを，図のA～Eから2つ選びなさい。

(1)		(2) ①		②		(3)		(4)	と

単元3

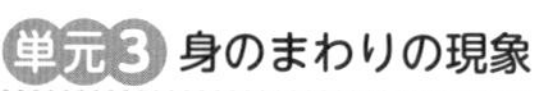

解答 p.21

第3章　力の世界(1)

教科書の要点

同じ語句を何度使ってもかまいません。

(　　)にあてはまる語句を，下の語群から選んで答えよう。

1 日常生活のなかの力

教 p.172～175

(1)　力のはたらきには，次のものがある。

・物体の(①　　　　　)を変える。

・物体の(②　　　　　)の状態を変える。

・物体を(③　　　　　)。

(2)　面が物体におされたとき，そのおす力に逆らって，面が物体をおし返す力を(④★　　　　　)という。

机の上のこのテキストにも垂直抗力がはたらいているよ。

(3)　力によって変形させられた物体がもとにもどろうとする性質を★弾性という。また，もとにもどる向きに生じる力を★(⑤　　　　　)の力(★弾性力)という。

(4)　物体が面と接しながら運動するとき，面から運動をさまたげる向きにはたらく力を(⑥★　　　　　)という。

(5)　地球上にある物体が，地球から地球の中心の向きに受ける力を(⑦★　　　　　)という。

(6)　２つの磁石を近づけたとき，同じ極どうしは反発し合い，異なる極どうしは引き合う。このような力を(⑧　　　　　)(★磁力)という。

(7)　かみの毛をこすった下じきを上げると，かみの毛が下じきに引き寄せられる。このような力を(⑨　　　　　)という。

(8)　(⑩　　　　　)，★磁石の力，★電気の力は，物体どうしがはなれていてもはたらく。

2 力のはかり方

教 p.176～179

(1)　力の大きさの単位には，(①★　　　　　)(記号N)が使われる。

(2)　1Nは，(②　　　　　)gの物体にはたらく重力の大きさとほぼ同じである。

(3)　ばねののびは，ばねを引く力の大きさに(③　　　　　)する。このような関係を★(④　　　　　)の法則という。

ワンポイント

自転車のブレーキをかけると，ブレーキのゴムがタイヤにふれ，タイヤの運動をさまたげる向きに摩擦力がはたらく。

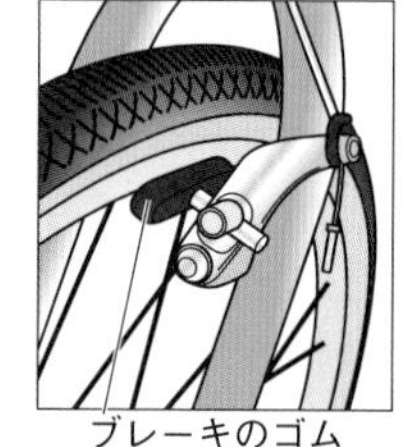
ブレーキのゴム

ワンポイント

グラフのかき方

①横軸には「変化させた量」，縦軸には「変化した量」をとり，見出しと単位を書く。

②測定値を「・」や「×」で記入する。

③すべての点の近くを通るように，なめらかな曲線または直線を引く。測定値には，誤差があることも考え，折れ線にしない。

語群

1 垂直抗力／磁石の力／重力／電気の力／弾性／摩擦力／運動／形／支える

2 100／比例／フック／ニュートン

★の用語は，説明できるようになろう！

同じ語句を何度使ってもかまいません。

教科書の図　□にあてはまる語句を，下の語群から選んで答えよう。

1 力のはたらき
教 p.172〜173

●力のはたらき

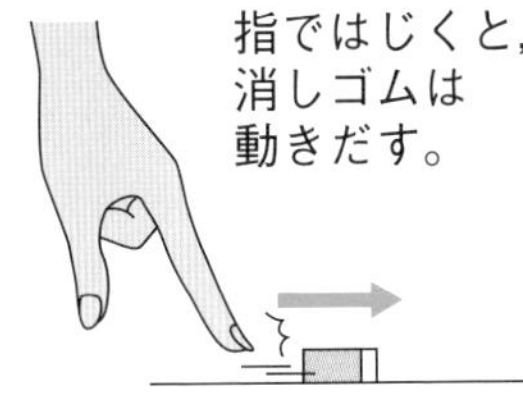
指ではじくと，消しゴムは動きだす。

物体の①□の状態を変える。

消しゴムをおしつけると，消しゴムが変形する。

物体の②□を変える。

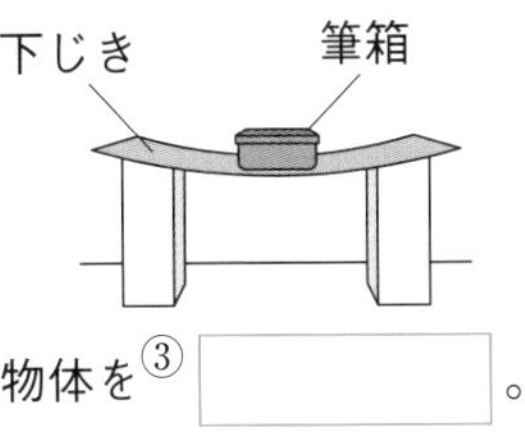

下じきの上に筆箱を置くと，筆箱が下に落ちない。

物体を③□。

2 日常生活のなかの力
教 p.174〜175

①□

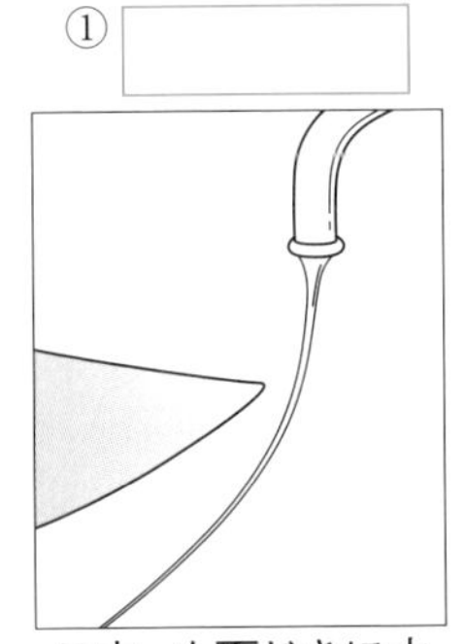
こすった下じきに水が引き寄せられる。

②□

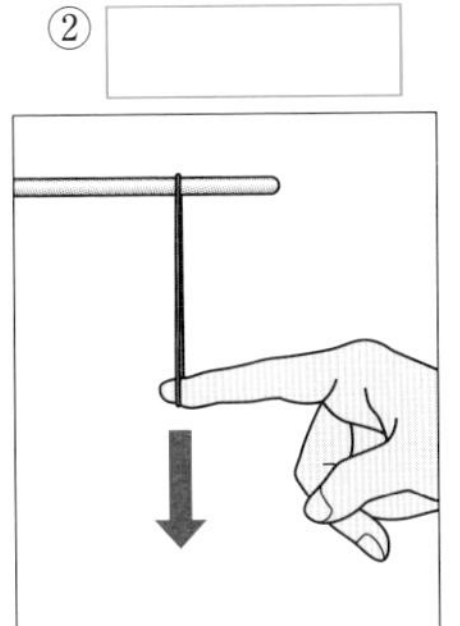
輪ゴムを引っ張ると，もとにもどろうとする。

③□

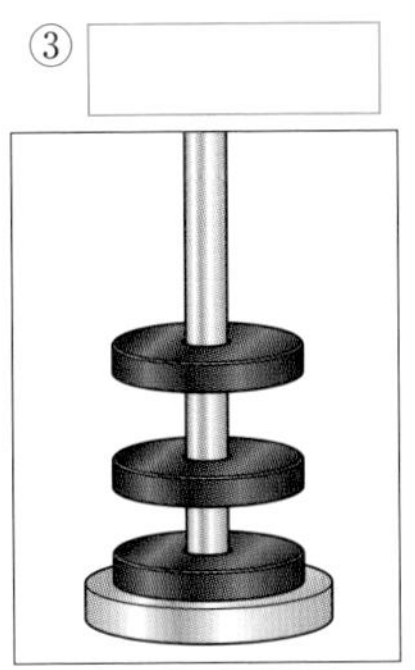
宙にうく磁石

④□

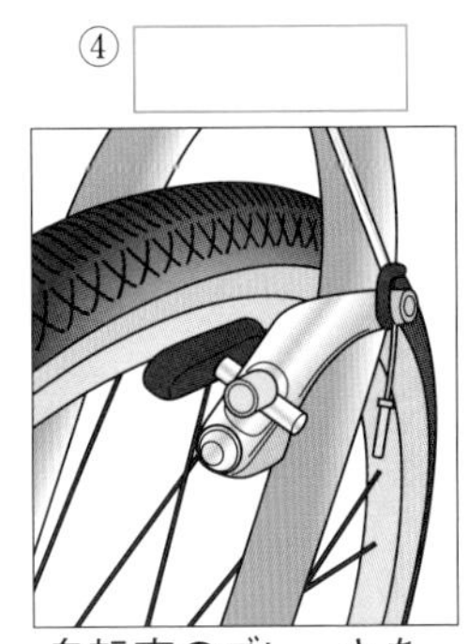
自転車のブレーキをかけると，減速する。

3 力の大きさとばねののびの関係
教 p.177〜178

20gの物体にはたらく力の大きさ
→およそ①□N

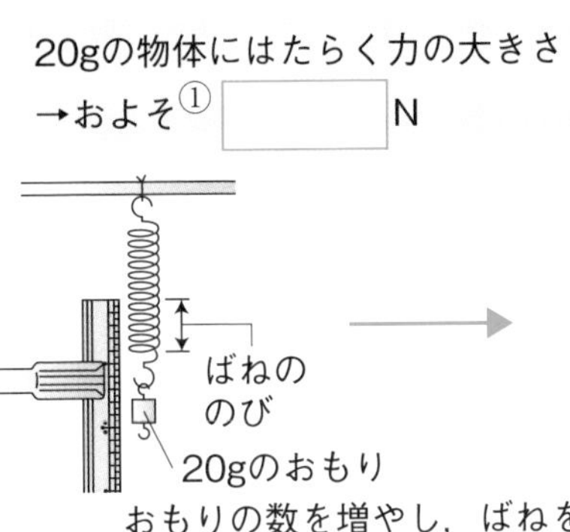

おもりの数を増やし，ばねを引く力とばねののびの関係をグラフに表す。

ばねA，Bのどちらも原点を通る直線
⇒ばねののびは，ばねを引く力の大きさに②□している。

この関係を③□という。

語群
1 形／運動／支える　2 摩擦力／電気の力／磁石の力／弾性の力
3 フックの法則／比例／0.2

わからない用語は，教科書の要点の★で確認しよう！

単元3

解答 p.22

定着のワーク ステージ2 第3章 力の世界(1)−①

1 力のはたらき 右の図1のように下じきの上に筆箱を置いたところ，下じきが曲がり，筆箱が静止した。次に，図2のように消しゴムを机におしつけると，消しゴムが変形した。これについて，次の問いに答えなさい。

図1

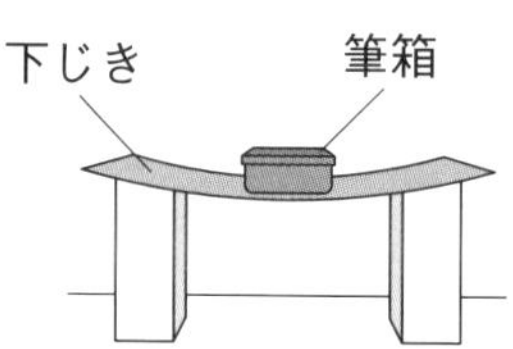

図2

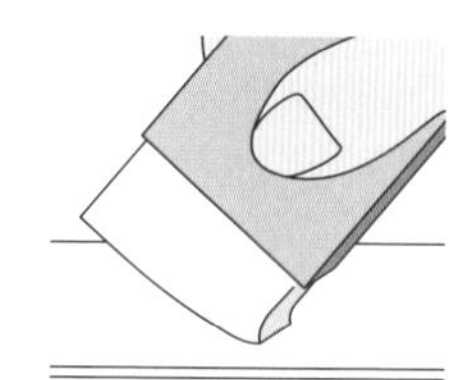

(1) 力のはたらきは，次の㋐〜㋒の3つに分けることができる。(　)にあてはまる言葉を答えなさい。①(　　　) ②(　　　) ③(　　　)

㋐ 物体の(①)を変える。　㋑ 物体の(②)の状態を変える。

㋒ 物体を(③)。

(2) 図1，図2で見られる現象は，主にどのような力のはたらきによって起こっているか。(1)の㋐〜㋒からそれぞれ選びなさい。ヒント　図1(　　) 図2(　　)

(3) 図1の曲がった下じきや図2の変形した消しゴムには，もとにもどろうとする性質がある。この性質を何というか。(　　　)

2 力のはたらき 右の図は，自転車のブレーキを示したものである。これについて，次の問いに答えなさい。

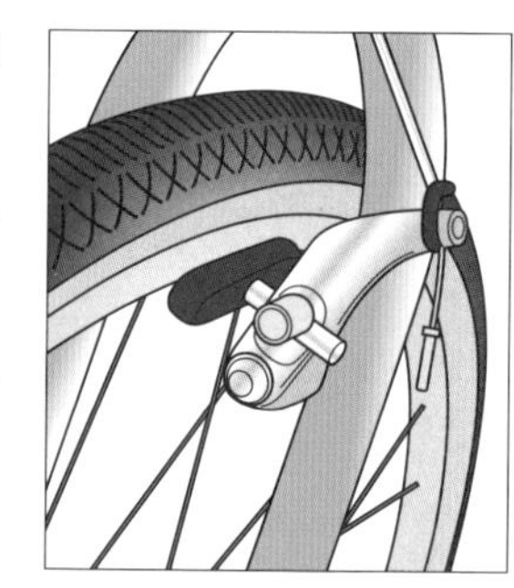

(1) 自転車のブレーキをかけると，タイヤの回転が止まった。このタイヤの回転を止めた力を何というか。(　　　)

(2) (1)の力の特徴を，次のア，イから選びなさい。(　　)

ア 物体どうしがふれ合ってはたらく。

イ 物体がはなれていてもはたらく。

3 力のはたらき 右の図のように，地球上で手に持っているボールをはなした。これについて，次の問いに答えなさい。

(1) 手に持っているボールをはなすと，ボールはどうなるか。(　　　)

(2) (1)は，ボールがどこに向かって引かれているために起こったか。(　　　)

(3) (2)のような力を何というか。(　　　)

(4) 力の大きさの単位には何が使われるか。名称と記号をそれぞれ書きなさい。ヒント

名称(　　　) 記号(　　　)

1(2)図1，2のようすから，どのような力がはたらいているかを考える。
3(4)力の大きさの単位は，有名な物理学者の名前にちなんでいる。

4 教 p.177 実験5 力の大きさとばねののびの関係

図1のような装置をつくり，ばねにおもりを1個ずつつるし，ばねののびを記録した。次の表は，ばねを引く力の大きさとばねののびについてまとめたものである。これについて，あとの問いに答えなさい。

図1

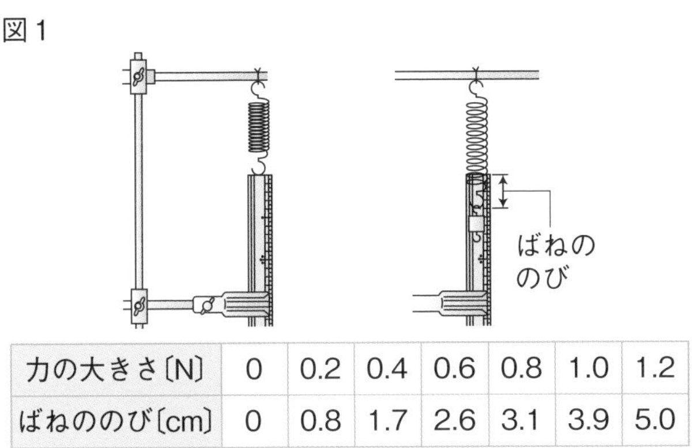

図2

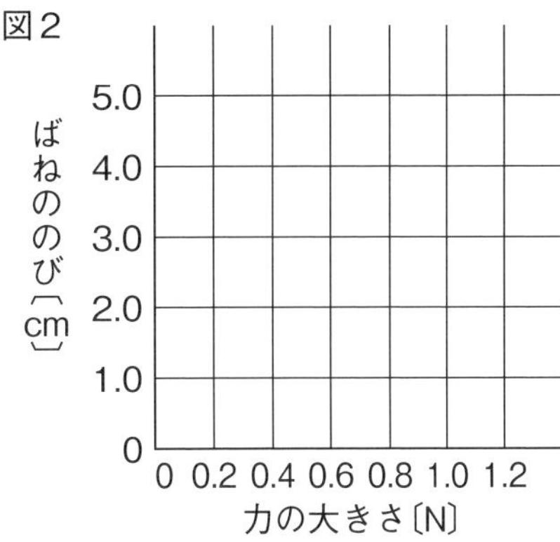

力の大きさ〔N〕	0	0.2	0.4	0.6	0.8	1.0	1.2
ばねののび〔cm〕	0	0.8	1.7	2.6	3.1	3.9	5.0

作図

(1) 表の測定値を，図2に点(•)で記入しなさい。ヒント

(2) (1)の点のようすから，測定値の変化は，どのようなようすだとわかるか。次のア，イから選びなさい。ヒント　(　　)

ア　原点を通る直線のような変化　　イ　原点を通る曲線のような変化

作図

(3) 図2に線をかき加えて，グラフを完成させなさい。

(4) (3)のグラフから，ばねを引く力の大きさとばねののびにはどのような関係があることがわかるか。　(　　)

(5) (4)のような関係を何の法則というか。　(　　)

5 力の大きさとばねののびの関係

図1のようにばねに1個20gのおもりをつるしていき，ばねののびを記録した。図2は，ばねにつるしたおもりの個数とばねののびの関係を示したものである。これについて，次の問いに答えなさい。ただし，100gの物体にはたらく重力の大きさを1Nとする。

図1

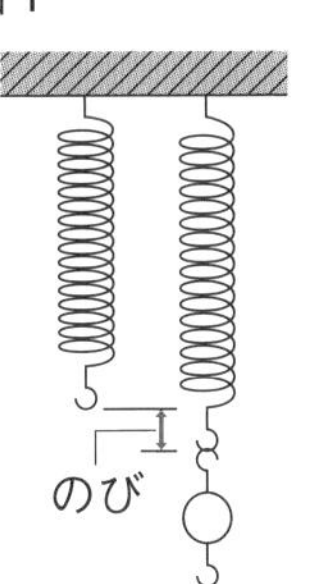

図2

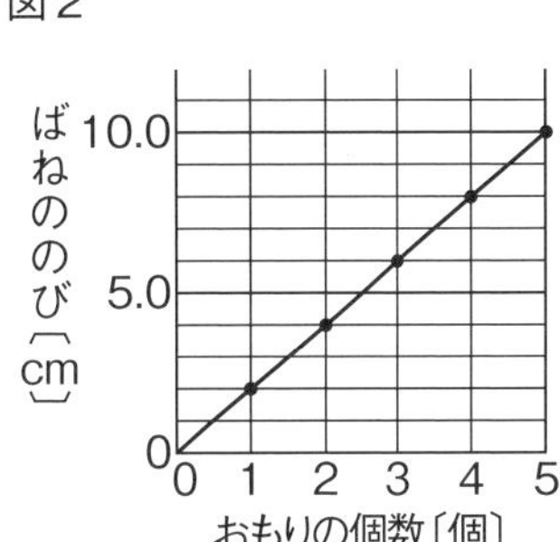

(1) おもり1個にはたらく重力の大きさは何Nか。ヒント　(　　)

(2) ばねにおもり3個をつるしたとき，ばねにはたらく力の大きさは何Nか。　(　　)

(3) このばねに1.0Nの力を加えたとき，ばねののびは何cmか。　(　　)

(4) このばねに1.5Nの力を加えたとき，ばねののびは何cmか。　(　　)

(5) このばねののびを4.0cmにするのに必要な力の大きさは何Nか。　(　　)

(6) このばねののびを12.0cmにするのに必要な力の大きさは何Nか。　(　　)

4(1)(2)点(•)をグラフに正確に記入した後，点のようすからグラフの形を考える。
5(1)「100gの物体にはたらく重力の大きさを1Nとする」という記述に注目する。

単元3

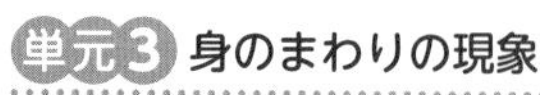

解答 p.22

定着のワーク ステージ2 第3章 力の世界(1)－②

1 力のはたらき 右の図1は，静止している消しゴムである。この消しゴムを，図2のように指ではじくと，消しゴムははじいた向きに動きだした。これについて，次の問いに答えなさい。

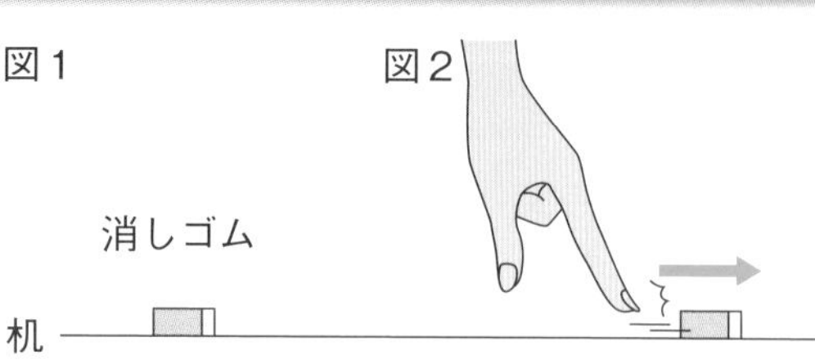

(1) 図1の消しゴムは，地球の中心の向きに力を受けている。この力を何というか。
( )

(2) 図1の消しゴムは，机の面から垂直におし返されている。このおし返す力を何というか。
( )

(3) 図1の消しゴムが机の上で静止しているのは，力の3つのはたらきのうち，主にどのはたらきと関係があるか。次のア〜ウから選びなさい。ヒント ( )

ア 物体の形を変える。 イ 物体の運動の状態を変える。

ウ 物体を支える。

(4) 図2のように，静止していた消しゴムがはじいた向きに動きだしたのは，力の3つのはたらきのうち，主にどのはたらきと関係があるか。(3)のア〜ウから選びなさい。 ( )

2 日常生活のなかの力 次の図1〜4は，いろいろな力を表したものである。これについて，あとの問いに答えなさい。

図1
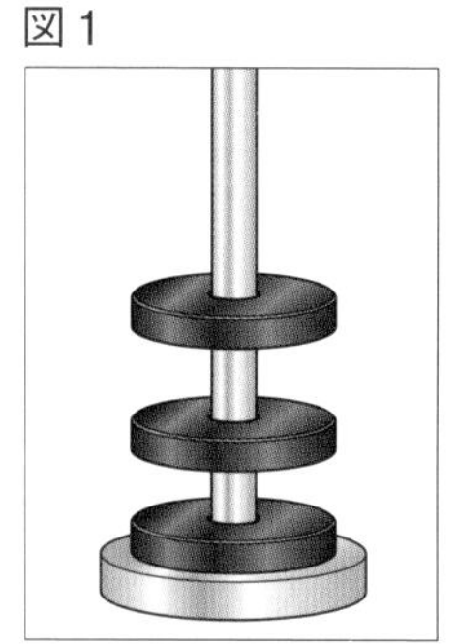
宙にうく磁石

図2
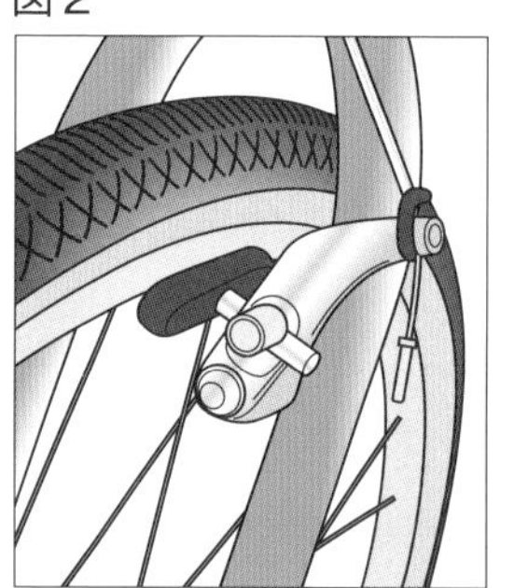
自転車のブレーキをかけると，減速する。

図3
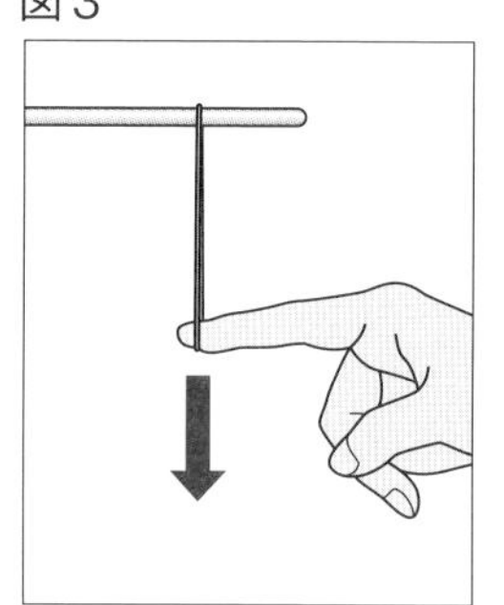
輪ゴムを引っ張ると，もとにもどろうとする。

図4
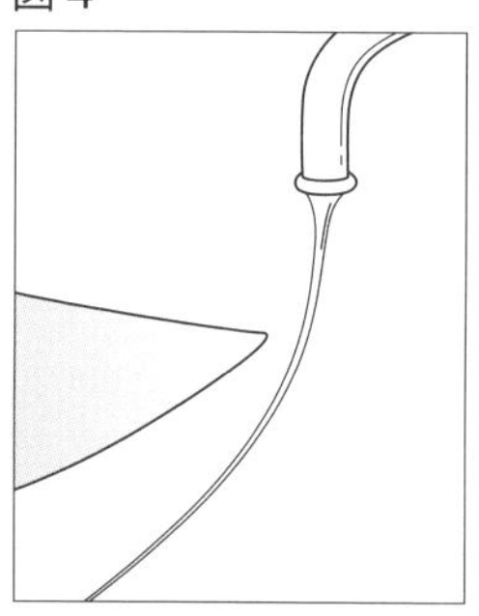
こすった下じきに水が引き寄せられる。

(1) 図1〜4にはどのような力がはたらいているか。下の〔 〕からそれぞれ選びなさい。

図1( ) 図2( )
図3( ) 図4( )

〔 垂直抗力 重力 弾性の力 摩擦力 磁石の力 電気の力 〕

(2) 物体どうしがはなれていてもはたらく力はどれか。(1)の〔 〕からすべて選びなさい。
ヒント ( )

ヒントの森

❶(3)消しゴムが静止しているのは，机から力を受けているためである。
❷(2)図1〜4のようすを見て考えてみよう。

3 ばねののびと力の大きさ　右の図１のように，ばねに25gのおもりをつるした。次に，図２のように，図１と同じばねを用いて，ばねが図１と同じ長さになるように手で引いた。これについて，次の問いに答えなさい。ただし，100gの物体にはたらく重力の大きさを１Nとする。

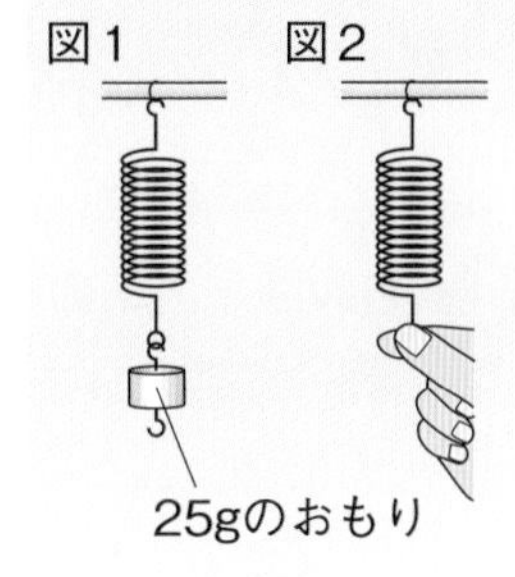

⑴　ばねには，もとにもどろうとする性質がある。この性質を何というか。（　　　　）

⑵　力の大きさの単位の名称をカタカナで書きなさい。（　　　　）

⑶　図１，２のばねにはたらく力の大きさは何Nか。ヒント

図１（　　　　）　図２（　　　　）

4 教 p.177 力の大きさとばねののびの関係　次の図１のようにして，ばねにさまざまな質量のおもりをつるしたときのばねののびを調べた。表は，ばねにつるしたおもりの質量とばねののびをまとめたものである。これについて，あとの問いに答えなさい。ただし，100gの物体にはたらく重力の大きさを１Nとする。

図１

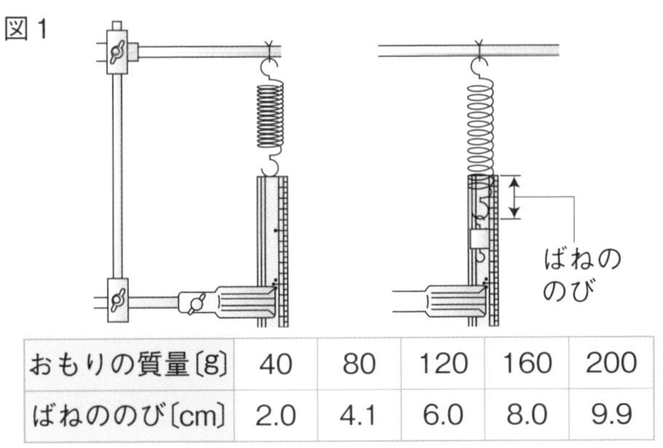

図２

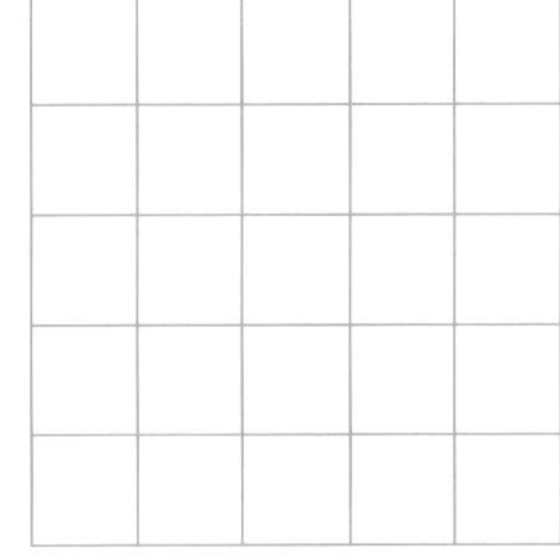

おもりの質量〔g〕	40	80	120	160	200
ばねののび〔cm〕	2.0	4.1	6.0	8.0	9.9

⑴　40gのおもりにはたらく重力の大きさは何Nか。（　　　　）

⑵　ばねを引く力の大きさとばねののびの関係を，次の手順でグラフに表す。

①　グラフの横軸を「力の大きさ」，縦軸を「ばねののび」とし，目盛りの数値や単位を図２に記入しなさい。ヒント

②　表の測定値を図２に点（•）で記入しなさい。

作図 ③　②で記入した点（•）から，直線か曲線かを判断し，図２にグラフをかきなさい。

記述 ④　グラフは，折れ線にしない。その理由を答えなさい。

（　　　　）

⑶　⑵で表したグラフから，ばねを引く力の大きさとばねののびには，どのような関係があることがわかるか。（　　　　）

⑷　⑶の関係を何の法則というか。（　　　　）

⑸　このばねののびを3cmにするには，ばねに何Nの力を加えればよいか。（　　　　）

3⑶25gのおもりにはたらく重力の大きさは，図１のばねにはたらく力の大きさと等しい。
4⑵①横軸の「力の大きさ」の単位は，gでないので気をつけること。

単元3

解答 p.23

実力判定テスト ステージ3 第3章 力の世界(1)

30分 /100

1 右の図1，2の筆箱には力がはたらいている。次の問いに答えなさい。 5点×6（30点）

図1

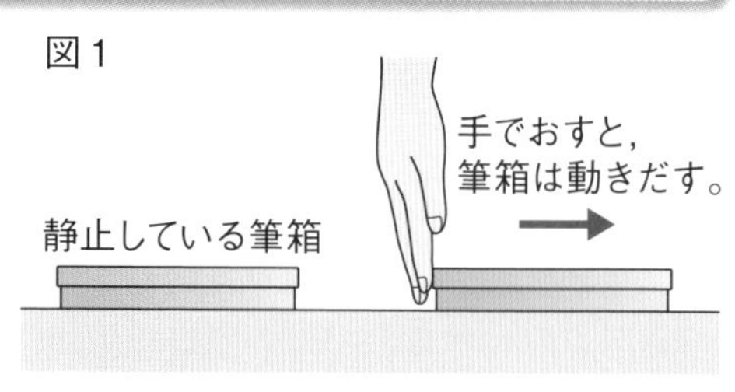

(1) 力には，3つのはたらきがある。次の（ ）にあてはまる言葉を答えなさい。

A…物体の（ ① ）を変える。

B…物体の（ ② ）の状態を変える。

C…物体を（ ③ ）。

(2) 図1のような，筆箱を手でおす力は，(1)のA～Cのどのはたらきをしているか。

(3) 図1の手でおした筆箱には，机の面から運動をさまたげる向きに力がはたらいている。この力を何というか。

図2

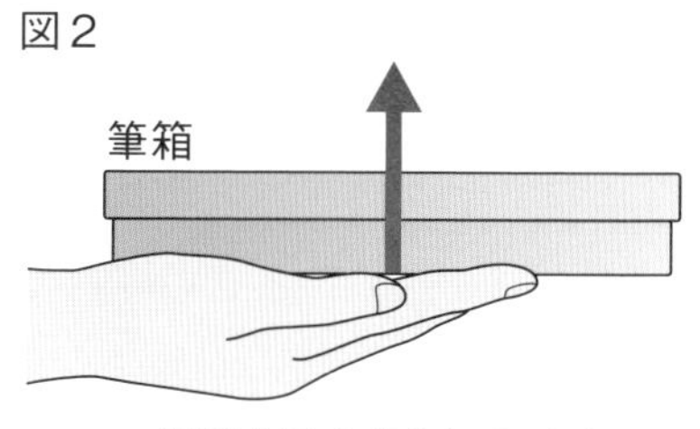

筆箱を手のひらにのせる。

(4) 図2の筆箱は，手のひらから矢印の向きに力を受けている。この力を何というか。

(1) ①		②		③	
(2)		(3)		(4)	

2 右の図は，身のまわりに見られる現象を表したものである。これについて，次の問いに答えなさい。 4点×5（20点）

㋐

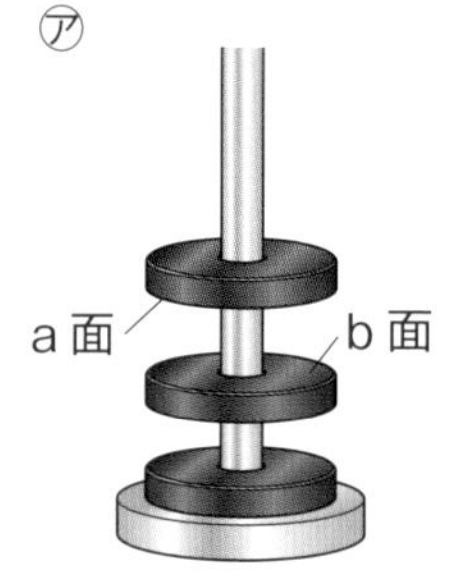

㋑

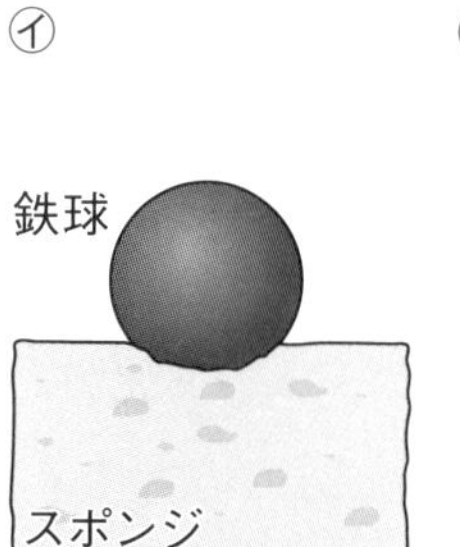

㋒

(1) 図の㋐では，磁石が宙にういている。このときにはたらいている力を何というか。

(2) 図の㋐で，磁石のa面とb面は，同じ極，ちがう極のどちらと考えられるか。

(3) 図の㋑のように，スポンジにのせた鉄球をとりのぞくと，へこみがもとにもどった。このように，物体がもとにもどる向きに生じる力を何というか。

(4) 図の㋒では，こすった下じきを頭に近づけると，かみの毛が引かれた。このときにはたらいている力を何というか。

(5) 図の㋐～㋒のうち，物体どうしがふれ合ってはたらく力はどれか。

(1)		(2)		(3)	
(4)		(5)			

3 右の図のように，同じ２本のばねに１個10gのおもりをつるしていき，ばねののびを調べた。また，おもりをつるしたときとばねののびが同じになるように手でばねを引いた。これについて，次の問いに答えなさい。ただし，100gの物体にはたらく重力の大きさを１Nとする。 4点×5（20点）

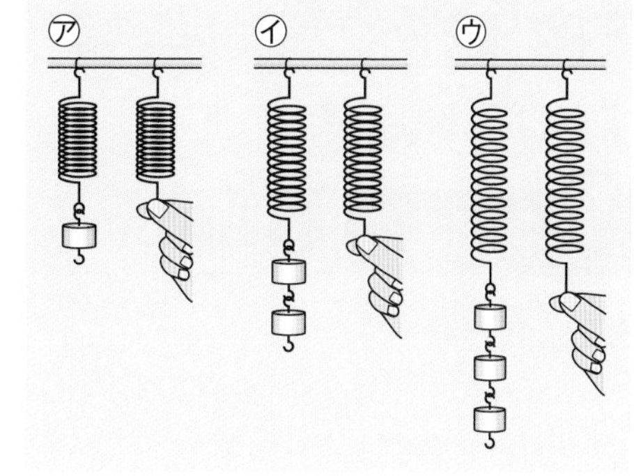

(1) ㋐，㋑で，おもりがばねを引く力はそれぞれ何Nか。

(2) (1)の力が生じるのは，地球がおもりを地球の中心に向かって引いているためである。この力を何というか。

(3) ㋒で，手がばねに加えている力は何Nか。

(4) ㋐～㋒のうち，ばねを引く手ごたえが最も大きいのはどれか。

(1)	㋐		㋑			
(2)			(3)		(4)	

よく出る **4** 右の図１のように，２種類のばねA，Bを用意し，それぞれのばねに１個20gのおもりをいくつかつるし，つるしたおもりの質量とばねののびを調べた。図２は，このときの結果をグラフに表したものである。これについて，次の問いに答えなさい。ただし，100gの物体にはたらく重力の大きさを１Nとする。

5点×6（30点）

図１

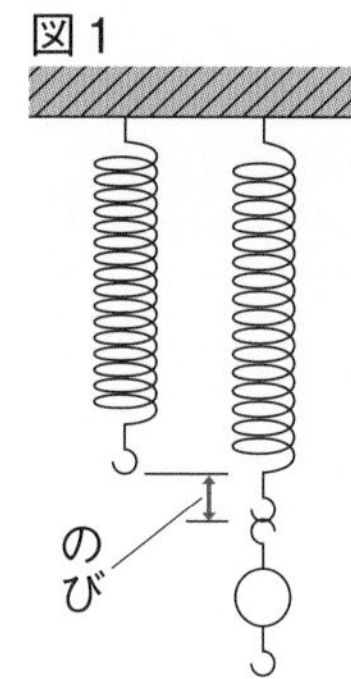

図２

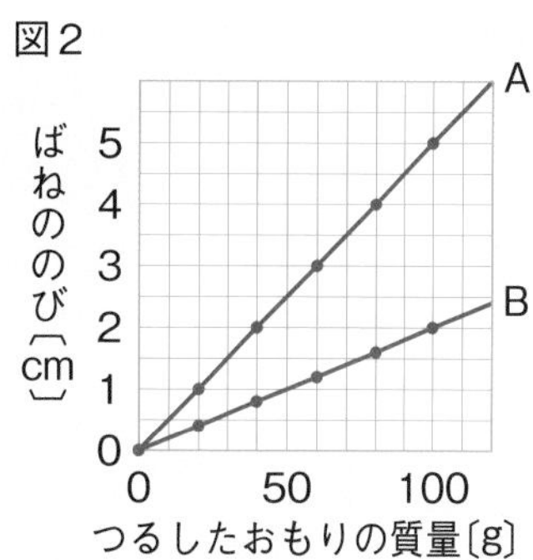

(1) ばねAとばねBのうち，変形しにくいのはどちらか。

(2) 次の文は，(1)の理由を説明したものである。(　)にあてはまる文を答えなさい。
同じ大きさの力を加えたとき，(　　　　　　　　　　　　　　　　　　　　　)。

(3) ばねAに150gのおもりをつるしたとき，ばねののびは何cmになるか。

(4) ばねBののびが4cmであったとき，ばねBを引く力は何Nか。

(5) ばねを引く力の大きさとばねののびには，どのような関係があるか。

(6) (5)の関係を何の法則というか。

(1)							
(2)							
(3)		(4)		(5)		(6)	

解答 p.24

確認のワーク ステージ1 第3章 力の世界(2)

同じ語句を何度使ってもかまいません。

教科書の要点 (　)にあてはまる語句を，下の語群から選んで答えよう。

1 力の表し方

教 p.180～181

(1) 月面上の重力の大きさは，地球上の重力の大きさのおよそ(①　　　)しかない。

(2) 場所が変わっても変化しない物質そのものの量を(②　　　)という。

(3) ★質量(しつりょう)の単位は，(③　　　)やgなどが使われる。

(4) 質量は，(④　　　)ではかることができる。

(5) 物体にはたらく力は，力のはたらく点(★作用点(さようてん))，★力の向き，★力の(⑤　　　)という3つの要素で表す。

(6) 力を表すには，(⑥　　　)を矢印の始点とし，力の向きを矢印の向きにして，矢印の(⑦　　　)を力の大きさに比例した長さにする。

(7) 重力は物体全体にはたらいているが，物体の(⑧　　　)を作用点とする1本の矢印で表す。

まるごと暗記

力の3つの要素と力の表し方

①作用点(力のはたらく点)→矢印の始点
②力の向き→矢印の向き
③力の大きさ→矢印の長さ

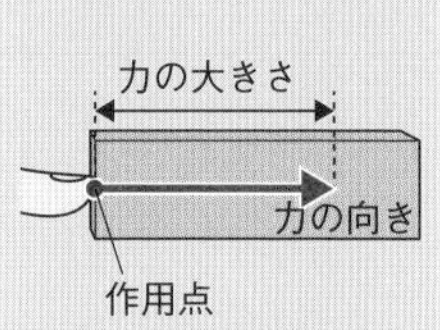

2 力のつり合い

教 p.182～184

(1) 1つの物体に2つの力(2力)が同時にはたらいていても，物体が静止しているとき，2力は(①★　　　)という。

(2) 1つの物体にはたらく2力のつり合いの条件には次の3つがある。
・2力が(②　　　)上にある。
・2力の大きさが(③　　　)。
・2力の向きが(④　　　)向きである。

(3) 机の上の物体が静止しているとき，物体にはたらく下向きの重力と，机の面から物体にはたらく上向きの(⑤　　　)がつり合っている。

(4) 1つの物体にはたらく2力のつり合いの3つの条件のうち，どれか1つでも条件を満たさないと，物体は(⑥　　　)状態を保つことができない。

ワンポイント

物体を手のひらでおしている場合は，Aのように手のひら全体から力がはたらいている。しかし，力を矢印で表すときは，Bのように作用点を1つにして1本の矢印で表すようにする。

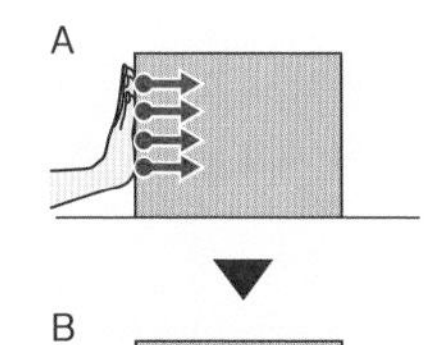

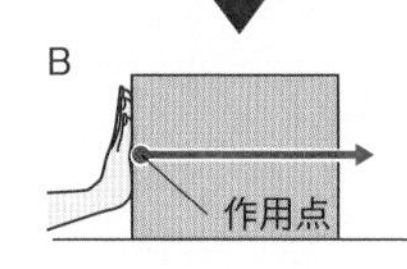

語群 ①質量／大きさ／長さ／作用点／中心／kg／上皿てんびん／$\frac{1}{6}$
②逆／等しい／静止／一直線／垂直抗力／つり合っている

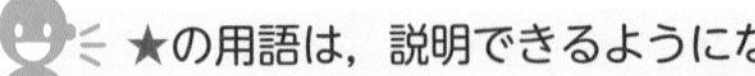

同じ語句を何度使ってもかまいません。

教科書の図 □にあてはまる語句を，下の語群から選んで答えよう。

1 重力と質量

教 p.180

地球上

ばねばかりにつるす。

地球上で質量100gの物体にはたらく重力の大きさを1Nとすると，この物体にはたらく重力の大きさは①□N。

上皿てんびんではかる。

質量600gの物体

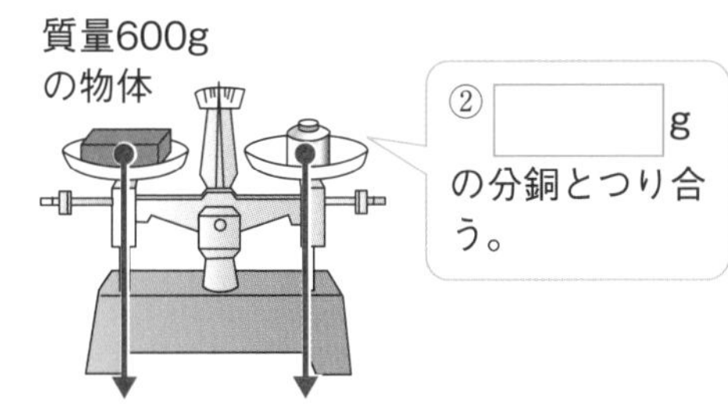

②□gの分銅とつり合う。

上皿てんびんは，③□をはかることができる。

月面上

ばねばかりにつるす。

物体にはたらく重力の大きさは④□N。

上皿てんびんではかる。

質量600gの物体

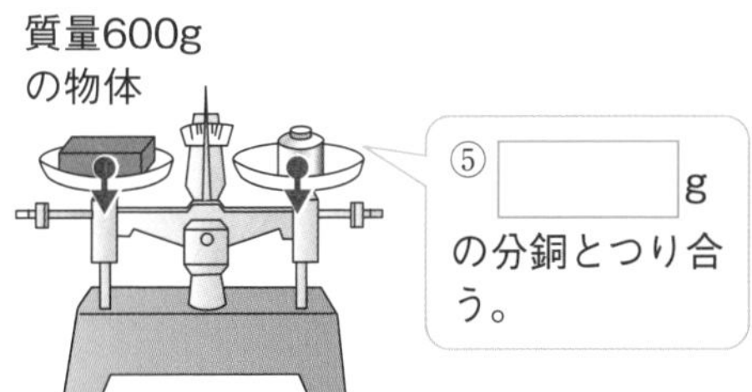

⑤□gの分銅とつり合う。

月面上では，重力の大きさが地球上の約⑥□しかない。

2 力の表し方

教 p.180〜181

力の3つの要素

力の①□は，矢印の長さで表す。

②□は点で表す。

重力の表し方

重力は，物体の中心を③□とし，下向きの1本の矢印で表す。

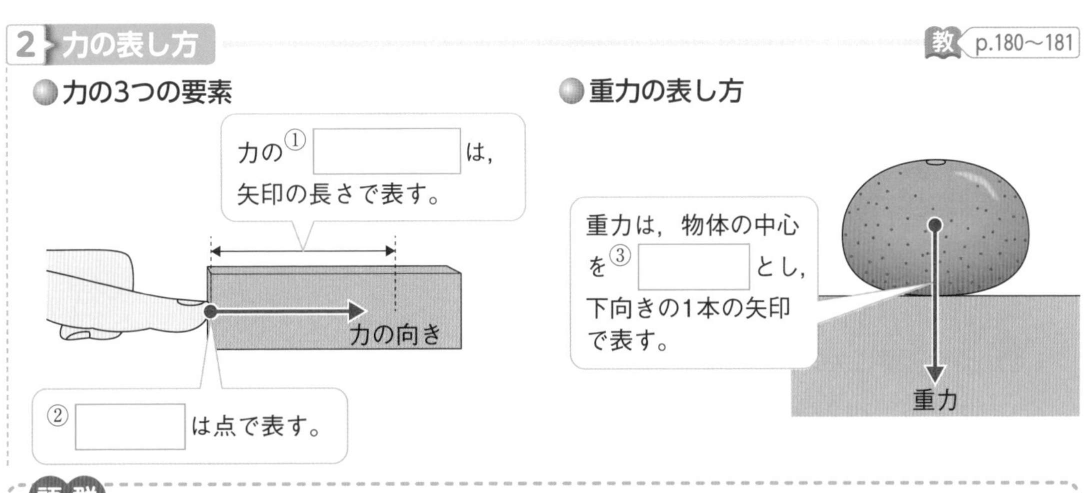

語群

1 $\frac{1}{6}$／1／6／600／質量　2 作用点／大きさ

わからない用語は，教科書の要点の★で確認しよう！

解答 p.24

定着のワーク ステージ2 第3章　力の世界(2)

1 重力と質量　次の図1，2のように，地球上と月面上で，300gの物体をばねばかりと上皿てんびんではかった。あとの問いに答えなさい。ただし，100gの物体にはたらく地球上での重力の大きさを1N，月面上での重力の大きさを地球上の$\frac{1}{6}$とする。

図1

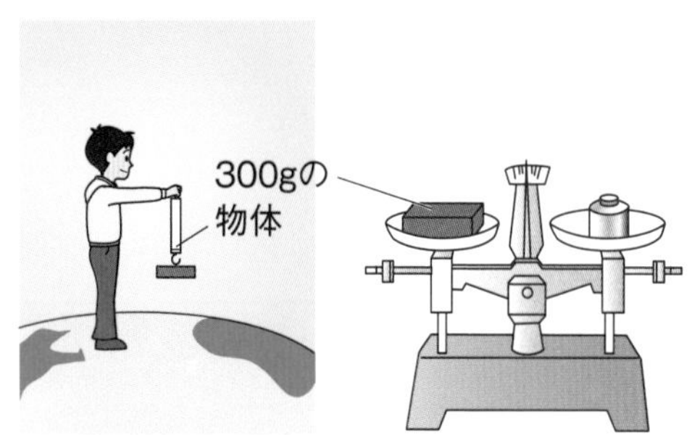

地球上

図2

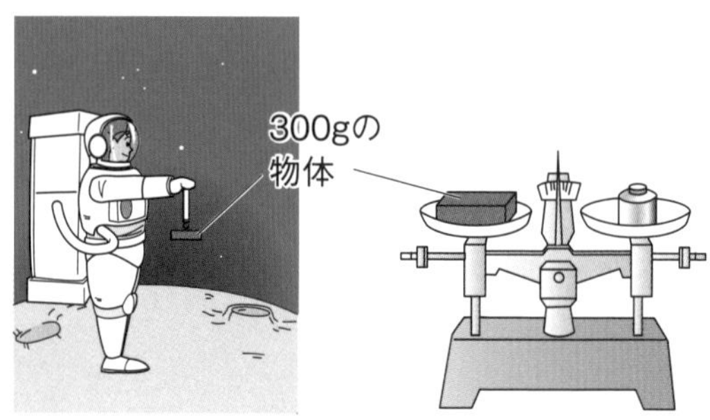

月面上

(1) 質量をはかることができるのは，ばねばかり，上皿てんびんのどちらか。 ヒント
（　　　　　）

(2) 質量に使われる単位を1つ答えなさい。（　　　　　）

(3) 図1，2のように，地球上と月面上で300gの物体をばねばかりにつるしたとき，それぞれ何Nを示すか。　地球上（　　　　　）月面上（　　　　　）

(4) 図1，2のように，地球上と月面上で300gの物体を上皿てんびんではかると，何gの分銅とつり合うか。　地球上（　　　　　）月面上（　　　　　）

2 力の表し方　右の図は，人が台車を右向きにおしているようすを表している。図のAは，人が台車をおしている点である。これについて，次の問いに答えなさい。

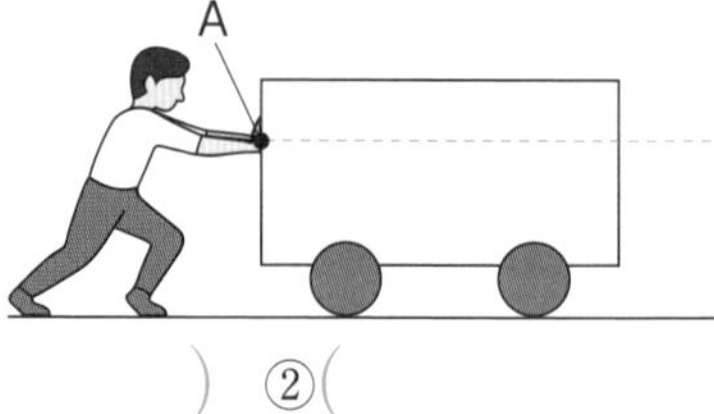

(1) 力の3つの要素について，次の文の(　)にあてはまる言葉を答えなさい。　①（　　　　　）②（　　　　　）

物体にはたらく力には，図のAの(①)，力の(②)，力の大きさの3つの要素がある。

(2) 図の人は，30Nの力で台車をおしている。10Nを1cmの長さの矢印で表すものとして，この力を図中に矢印でかきなさい。 ヒント

(3) 台車をおす力の大きさを60Nにしたとき，力の矢印の長さは何cmになるか。
（　　　　　）

❶(1)ばねばかりは，つるした物体にはたらく重力の大きさをはかることができる。
❷(2)「10Nを1cmの長さの矢印で表す」という記述に注目する。

3 力の表し方　力の表し方について，次の問いに答えなさい。

(1) 次の文は，力の表し方についてまとめたものである。(　)にあてはまる言葉を答えなさい。　①(　　　　)　②(　　　　)

力を表すには，(①)を矢印の始点とし，力の向きを矢印の向きとし，矢印の大きさを力の大きさに(②)した長さにする。

作図 (2) 次の①～③の力を矢印で表しなさい。ただし，10Nを1.0cmで表すものとし，Oを矢印の始点とする。また，100gの物体にはたらく重力の大きさを1Nとする。ヒント

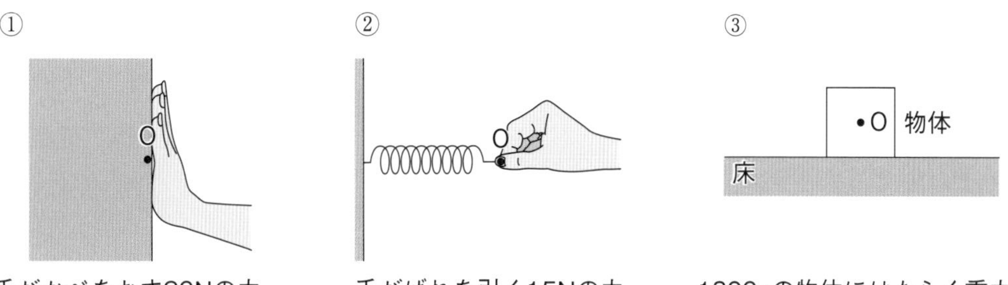

手がかべをおす20Nの力　　手がばねを引く15Nの力　　1800gの物体にはたらく重力

4 教 p.182 実験6 1つの物体にはたらく2つの力　次の図のように，厚紙とばねばかりを使って，1つの物体にはたらく2つの力について調べた。あとの問いに答えなさい。

手順1　厚紙のあなに糸を通し，糸をばねばかりA，Bに結ぶ。
手順2　図のようにばねばかりA，Bを左右に引き，厚紙が静止したときのばねばかりの値と位置を調べる。

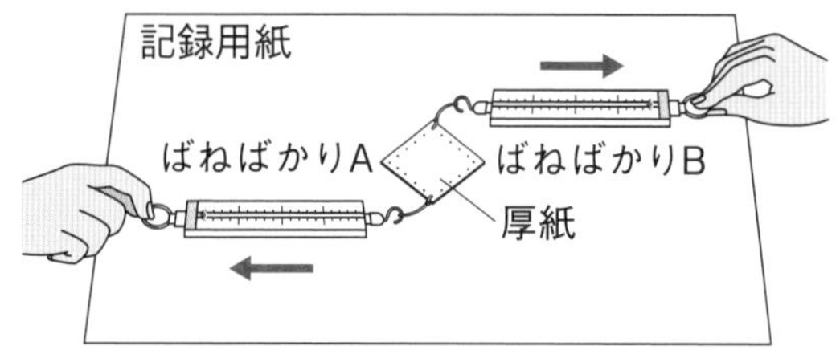

(1) 厚紙が静止しているとき，ばねばかりAは3Nを示していた。このとき，ばねばかりBは何Nを示していたか。　(　　　　)

(2) 左右に引いたばねばかりA，Bは，どのような位置にあったか。
(　　　　　　　　)

(3) ばねばかりAを引いた向きに対して，ばねばかりBを引いた向きはどのようになっていたか。　(　　　　)

(4) 次の文は，1つの物体にはたらく2つの力についてまとめたものである。(　)にあてはまる言葉を答えなさい。ヒント　①(　　　)　②(　　　)　③(　　　)

1つの物体に2つの力がはたらいているとき，2つの力の大きさが(①)く，向きが(②)向きで，(③)上にあるとき，力がはたらいていないのと同じ状態になり，物体は静止する。

(5) 物体に2力がはたらいているが，物体が静止しているとき，物体にはたらく2力はどうなっているというか。　(　　　　)

3(2)「10Nを1.0cmで表す」という記述に注目する。③は最初に「g」→「N」に変換する。
4(4)2力がはたらいている物体が静止しているとき，2力はつり合いの3つの条件を満たしている。

解答 p.25

第3章 力の世界(2)

1 右の図のように，地球上で物体Aを上皿てんびんの左の皿にのせると，720gの分銅を右の皿にのせたときにつり合った。図のaの矢印は，物体Aにはたらく重力を示したものである。これについて，次の問いに答えなさい。ただし，地球上で100gの物体にはたらく重力の大きさを1N，月面上の重力の大きさは地球上の$\frac{1}{6}$とする。 6点×5(30点)

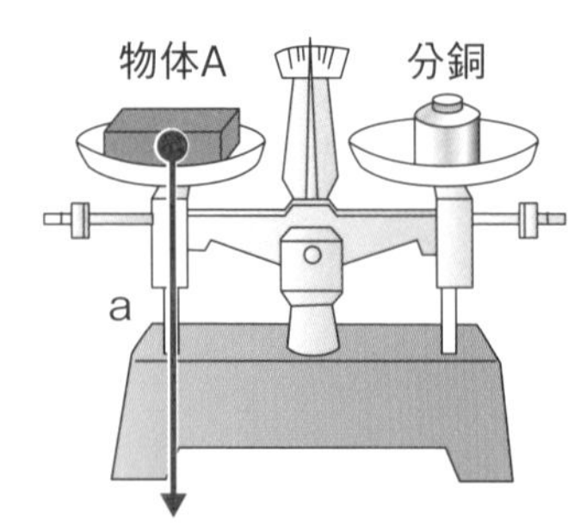

(1) 分銅にはたらく重力を，aの矢印を参考にして図にかきなさい。

(2) 地球上で，物体Aをばねばかりではかると何Nを示すか。

(3) 月面上で，物体Aをばねばかりではかると何Nを示すか。

(4) 月面上で，物体Aとは異なる物体Bをばねばかりではかると2.5Nを示した。物体Bの質量は何gか。

(5) 質量について正しく説明しているものを，次のア〜エから選びなさい。

ア 質量は上皿てんびんで測定し，重力の大きさを示す。

イ 質量はばねばかりで測定し，重力の大きさを示す。

ウ 質量は上皿てんびんで測定し，物質そのものの量を示す。

エ 質量はばねばかりで測定し，物質そのものの量を示す。

(1)	図に記入	(2)		(3)	
(4)		(5)			

2 右の図の矢印は，机の上の果物にはたらく重力を示したものである。これについて，次の問いに答えなさい。ただし，100gの物体にはたらく重力の大きさを1Nとし，図では0.5Nを1.0cmの矢印の長さで表している。 6点×3(18点)

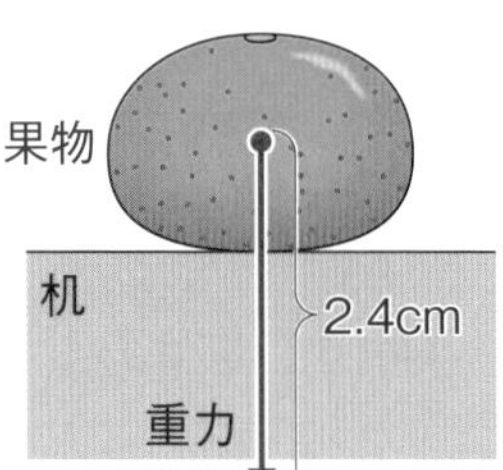

(1) 図の矢印の長さから，果物の質量は何gとわかるか。

作図

(2) 果物にはたらく重力は，机がおし返す力とつり合っている。この机がおし返す力を図にかきなさい。

(3) 2つの力のつり合いについて正しく述べたものを，次のア〜ウから選びなさい。

ア 2つの力がつり合っているときは，物体は一定の方向へ移動する。

イ 2つの力がつり合っているときは，2つの力の向きが同じ向きである。

ウ 2つの力がつり合っているときは，2つの力の大きさが同じである。

(1)		(2)	図に記入	(3)	

3 次の図は，１つの物体にはたらく力Ａと力Ｂの２つの力を矢印で表したものである。これについて，あとの問いに答えなさい。

4点×4（16点）

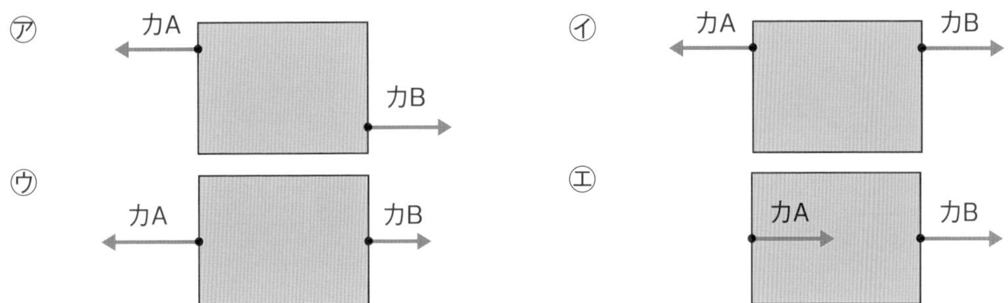

(1) 物体が動かないものを，㋐～㋓から選びなさい。

(2) ㋐～㋓のうち，力Ａと力Ｂの２つの力がつり合っていないものはどれか。また，それらの２つの力がつり合っていない理由は，次のａ～ｃのうちどれか。正しい組み合わせを，あとのア～シから３つ選びなさい。

ａ　力Ａと力Ｂが一直線上にないから。　　ｂ　力Ａと力Ｂの向きが逆向きでないから。

ｃ　力Ａと力Ｂの大きさが異なるから。

ア　㋐，ａ　　イ　㋐，ｂ　　ウ　㋐，ｃ

エ　㋑，ａ　　オ　㋑，ｂ　　カ　㋑，ｃ

キ　㋒，ａ　　ク　㋒，ｂ　　ケ　㋒，ｃ

コ　㋓，ａ　　サ　㋓，ｂ　　シ　㋓，ｃ

(1)		(2)			

よく出る **4** 台ばかりに果物をのせると，針が400gを指して静止した。右の図は，このときの果物にはたらく２つの力を矢印で示したものである。これについて，次の問いに答えなさい。ただし，100gの物体にはたらく重力の大きさを１Ｎとする。

6点×6（36点）

(1) 果物にはたらく下向きの力ａ，台ばかりの面から果物にはたらく上向きの力ｂを，それぞれ何というか。

(2) 次の文は，ａとｂの２つの力について説明したものである。(　)にあてはまる言葉を答えなさい。

台ばかりにのせた果物は静止していることから，ａとｂの２力は(①)といえる。この２力は(②)上にあり，向きは(③)である。

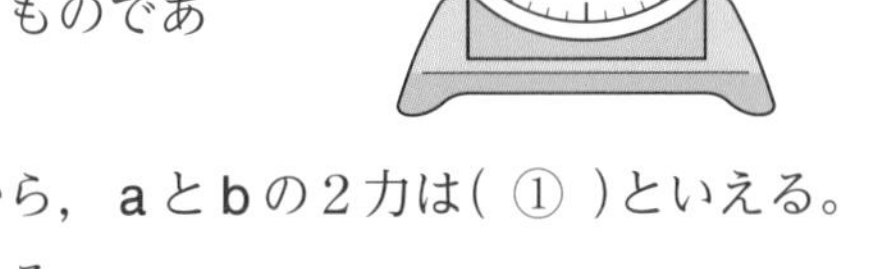

(3) ｂの力は何Ｎか。

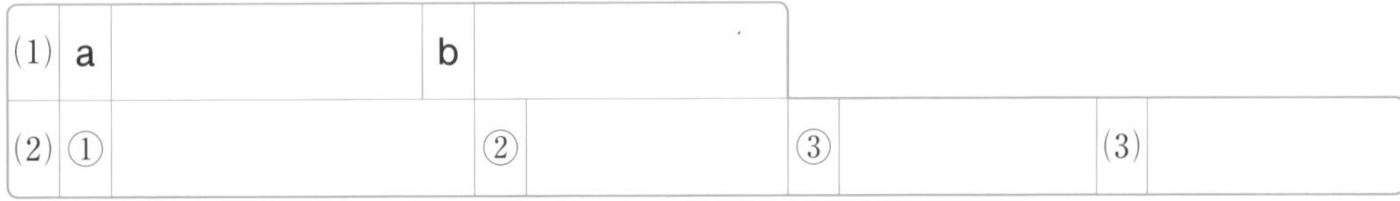

単元3 身のまわりの現象

解答 p.25

40分 /100

1 光の性質について，あとの問いに答えなさい。 6点×3（18点）

図1

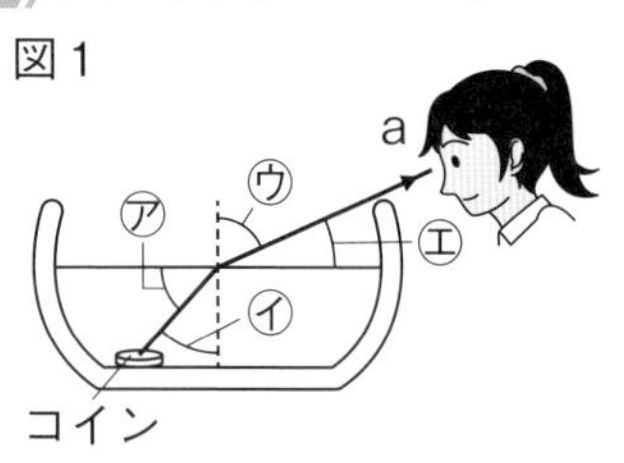

図2

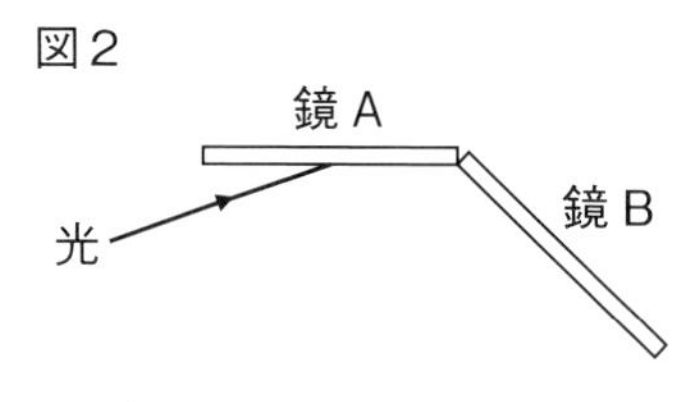

図3

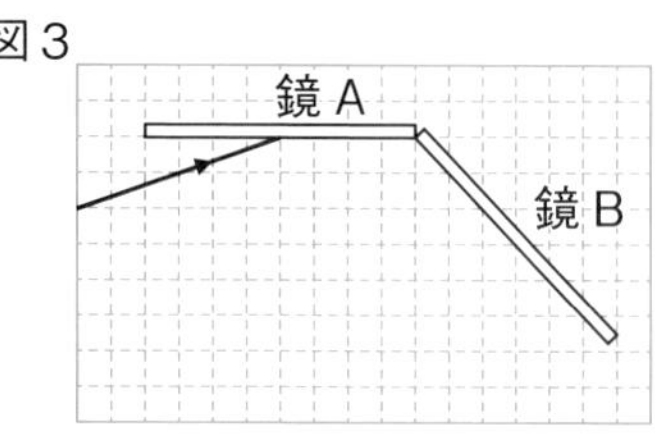

(1) 図1のように，カップの底にコインを置き，aの位置から見ながらカップに水を注いでいくと，水を注ぐ前にはカップの中の見えなかったコインが見えるようになった。実線の矢印は，aに届いた光の道筋を表している。

① 図1の㋐〜㋓のうち，屈折角はどれか。

② 次の文の(　)にあてはまる言葉を答えなさい。

光が水から空気側へ進むと，光は入射角より屈折角の方が(　　　　)ように屈折するように進むため，コインはうき上がって見えるようになる。

(2) 図2のように，光を矢印の向きに入射させたとき，光が鏡AとBで反射するときの光の道筋を，図3にかきなさい。

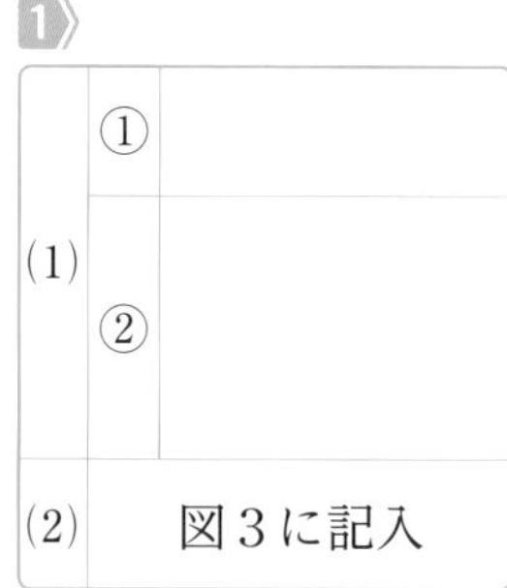

1		
(1)	①	
	②	
(2)	図3に記入	

2 次の図1のように，光源(電球)から凸レンズまでの距離を変えて，像がうつるようにスクリーンを動かした。表は，凸レンズからスクリーンまでの距離と，像の大きさを調べて表にまとめたものである。これについて，あとの問いに答えなさい。 8点×3（24点）

図1

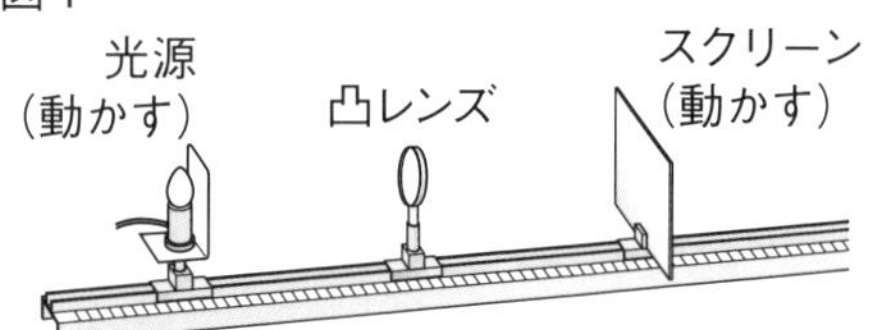

光源から凸レンズまでの距離〔cm〕	20	12	8
凸レンズからスクリーンまでの距離〔cm〕	5	6	8
像の大きさ〔cm〕	1	2	4

(1) この実験でスクリーンにうつる像を何というか。

(2) この実験で使った凸レンズの焦点距離は何cmか。

作図

(3) 光源から凸レンズまでの距離が8cmのとき，像はどのようにできるか。スクリーンまでの光の道筋と像を，図2にかきなさい。ただし，光源と像は↑で表すものとする。

図2

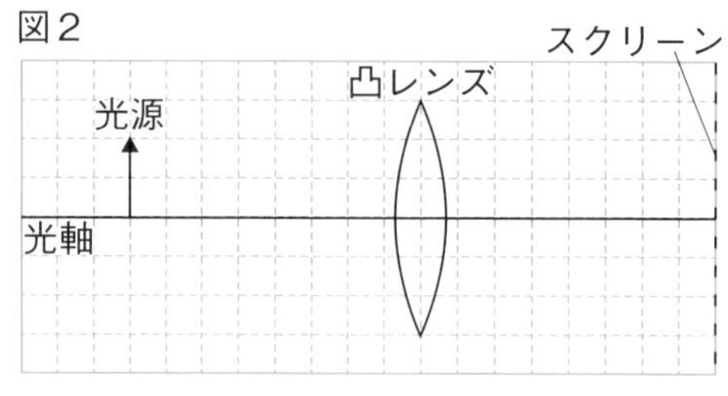

2	
(1)	
(2)	
(3)	図2に記入

目標 光の反射や屈折，凸レンズの性質，音の大小と高低，力の性質について理解し，作図ができるようにしよう。

自分の得点まで色をぬろう！
がんばろう！ もう一歩 合格！
0 60 80 100点

3 次の実験1，2について，あとの問いに答えなさい。

6点×3（18点）

〈実験1〉 打ち上げ花火をビデオカメラで撮影し，映像を再生したところ，打ち上げ花火が開くのが見えてから音が聞こえるまでに6秒かかった。

〈実験2〉 右の図のように，おもりで張ったモノコードの弦をはじいた。

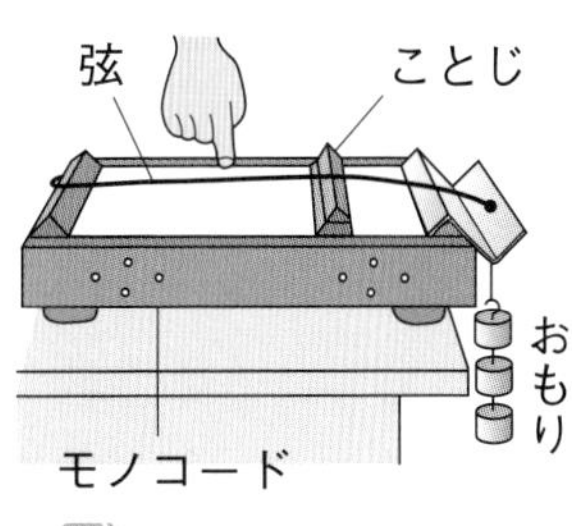

(1) 実験1で，花火が開いた場所から撮影した場所までの距離は何mか。ただし，音の伝わる速さは，秒速340mとする。

記述 (2) 実験1で，花火が開くのが見えてから音が聞こえるまでに時間差があるのはなぜか。その理由を答えなさい。

(3) 実験2で，弦をはじいたとき，低い音を出すにはどうすればよいか。次のア～ウから選びなさい。

ア 弦につるすおもりの数を増やす。　　イ 弦を強くはじく。

ウ ことじを動かし，はじく弦の長さを長くする。

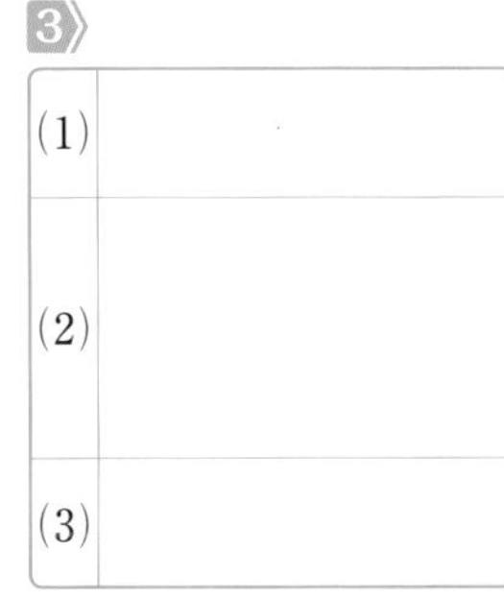

単元3

4 図1のように，ばねに質量10gのおもりを1個，2個，…と順に増やしながらつるし，ばねののびを測定した。図2は，ばねを引く力の大きさとばねののびの関係を示したものである。これについて，次の問いに答えなさい。ただし，100gの物体にはたらく重力の大きさを1Nとする。

図1

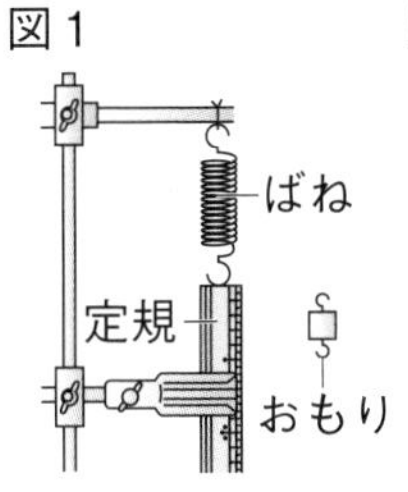

図2

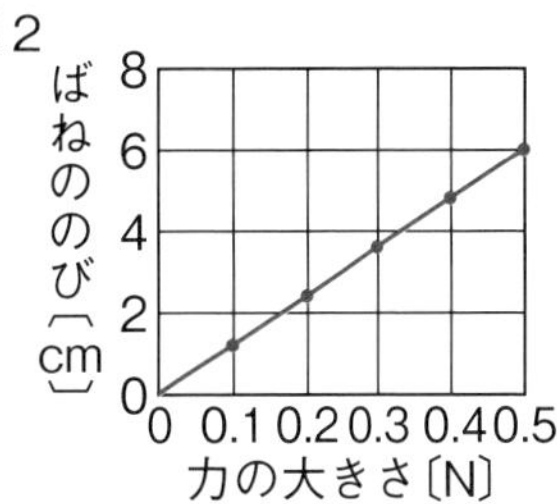

8点×5（40点）

(1) ばねには，もとにもどろうとする性質がある。この性質を何というか。

(2) ばねを引く力の大きさとばねののびについて，（　）にあてはまる言葉を答えなさい。

ばねを引く力の大きさとばねののびの間には（ ① ）の関係がある。この関係は発見した人物の名前にちなんで，（ ② ）の法則とよばれている。

(3) 図1で使ったばねを2本使って，図3のように糸を結んだ厚紙を両側から引いたところ，厚紙が静止した。

図3

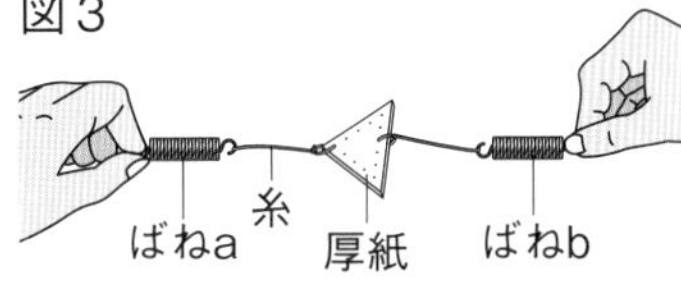

① 厚紙が静止しているとき，厚紙にはたらく2つの力は，どうなっているというか。

② ばねaののびが12cmであるとき，ばねbにはたらく力は何Nか。

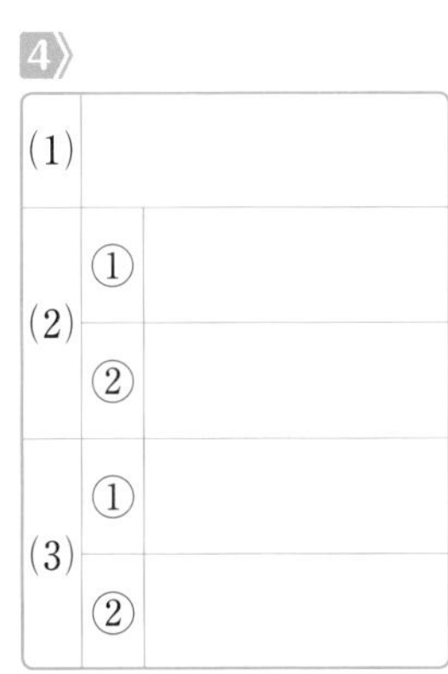

終わったら後ろの，4，9，10，11，12，16をやろう。

解答 p.26

第1章　火をふく大地

教科書の要点

同じ語句を何度使ってもかまいません。

(　　)にあてはまる語句を，下の語群から選んで答えよう。

1 火山の姿からわかること，火山がうみ出す物　教 p.200〜205

(1) 地球内部の熱で地下の岩石がとけた物を(①　　　　)という。

(2) 地表に上昇(じょうしょう)した★マグマの中の水が気体になって発泡(はっぽう)し，地表の岩石などをふき飛ばすことで(②　　　　)が始まる。

(3) 地下のマグマが地表に流れ出た物を(③　　　　)という。

(4) マグマのねばりけが(④　　　　)い場合は傾斜(けいしゃ)がゆるやかな火山になり，マグマのねばりけが(⑤　　　　)い場合は盛り上がった形の火山になる。

(5) 火山の★噴火(ふんか)で火口からふき出される★溶岩(ようがん)，★火山灰(かざんばい)，★火山弾(かざんだん)などを(⑥　　　　)という。

(6) マグマが冷えてできた，結晶(けっしょう)になった粒を(⑦★　　　　)といい，石英(せきえい)や長石(ちょうせき)などの無色鉱物(むしょくこうぶつ)と黒雲母(くろうんも)などの有色(ゆうしょく)鉱物がある。

まるごと暗記

傾斜がゆるやかな火山
- マグマのねばりけが弱く，溶岩が黒っぽい。
- マウナケアなど。

盛り上がった形の火山
- マグマのねばりけが強く，溶岩が白っぽい。
- 火口付近に溶岩の溶岩ドームをつくる。
  →爆発的な激しい噴火
- 雲仙普賢岳(うんぜんふげんだけ)，昭和新山(しょうわしんざん)など。

2 火山の活動と火成岩　教 p.206〜209

(1) マグマが冷え固まってできた岩石を(①　　　　)という。

(2) マグマが地表付近まで運ばれ，地表や地表付近で短い時間で冷え固まった★火成岩(かせいがん)を(②　　　　)という。

(3) マグマが地下の深いところでたいへん長い時間をかけて冷え固まった火成岩を(③　　　　)という。

(4) ★火山岩(かざんがん)は，比較的大きな鉱物である(④★　　　　)のまわりを，小さな鉱物の集まりやガラス質の部分(★石基(せっき))がとり囲んでいる。このようなつくりを(⑤★　　　　)組織(そしき)という。

(5) ★深成岩(しんせいがん)は，石基の部分がなく，大きな鉱物が集まってできている。このようなつくりを(⑥★　　　　)組織(そしき)という。

ワンポイント

マグマのねばりけが中程度である富士山などは，円すい形になる。

まるごと暗記

火山岩の種類
流紋岩(りゅうもんがん)，安山岩(あんざんがん)，玄武岩(げんぶがん)

深成岩の種類
花(か)こう岩(がん)，せん緑岩(りょくがん)，はんれい岩

3 火山とともにくらす　教 p.210〜211

(1) 火山のめぐみとして，火山の熱を利用した温泉や，地熱を利用した(①　　　　)発電がある。

(2) 過去の噴火の記録から，今後の噴火による災害の予測をまとめた地図を(②　　　　)という。

語群
1 溶岩／鉱物／マグマ／噴火／火山噴出物／強／弱
2 斑状(はんじょう)／斑晶／等粒状(とうりゅうじょう)／深成岩／火成岩／火山岩　3 ハザードマップ／地熱

★の用語は，説明できるようになろう！

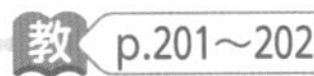

□にあてはまる語句を，下の語群から選んで答えよう。

1 マグマのねばりけと火山の形

教 p.201〜202

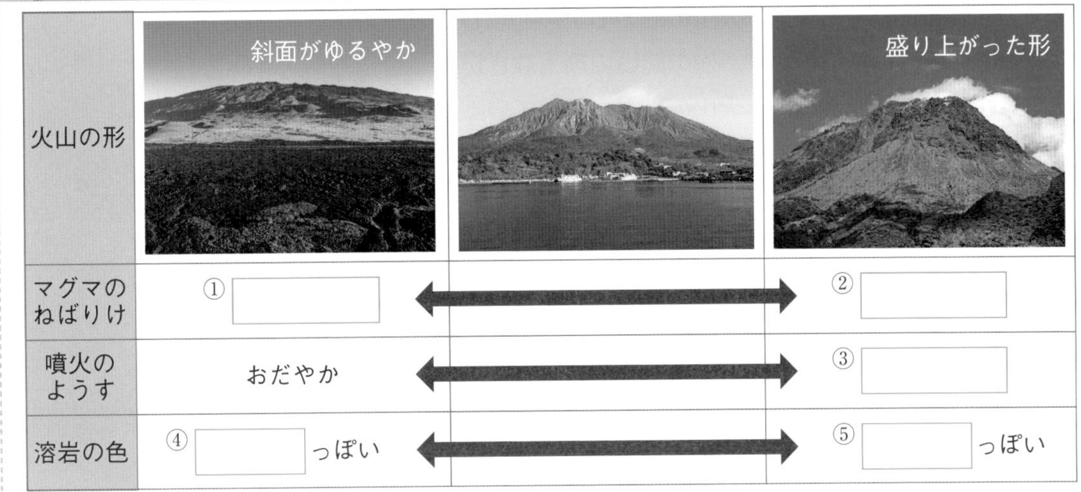

2 火山灰の中にふくまれる主な鉱物

教 p.204

単元4

3 火成岩のつくり

教 p.208

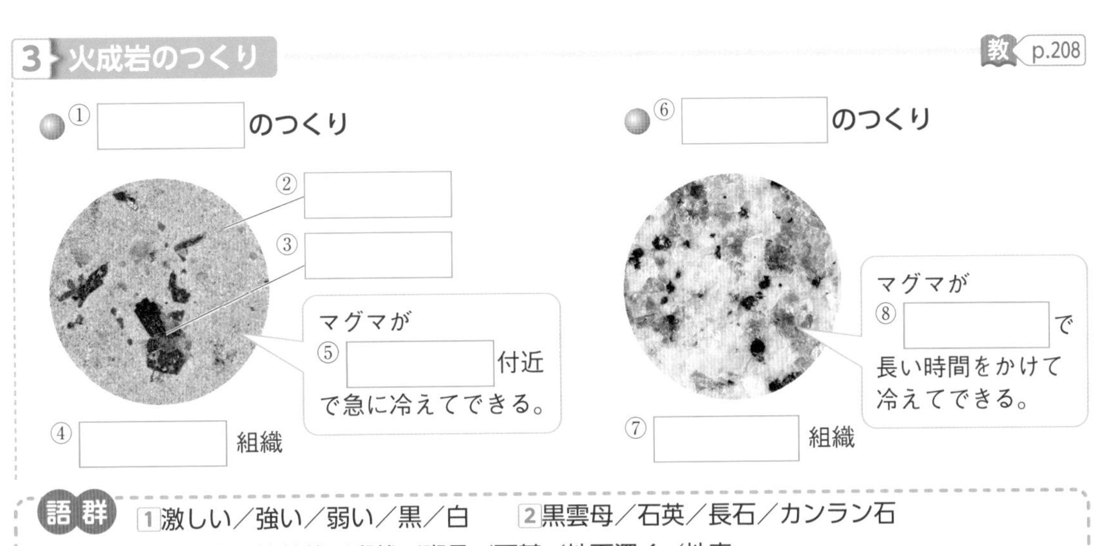

語群 1 激しい／強い／弱い／黒／白　2 黒雲母／石英／長石／カンラン石
3 深成岩／火山岩／等粒状／斑状／斑晶／石基／地下深く／地表

わからない用語は，教科書の要点の★で確認しよう！

解答 p.26

定着のワーク ステージ2 第1章　火をふく大地ー①

1 火山の形　右の図は，火山の形のモデルを示したものである。これについて，次の問いに答えなさい。

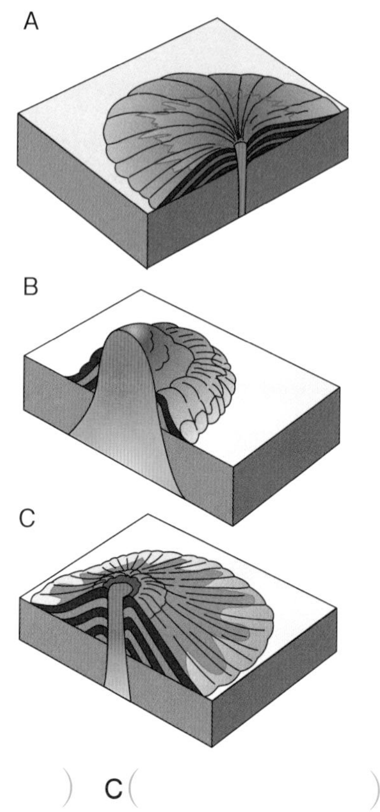

(1) 図のA〜Cのように，火山の形がちがっているのは，マグマの性質が異なるためである。この性質とは何か。（　　）

(2) マグマの(1)の性質が最も強い火山はどれか。図のA〜Cから選びなさい。ヒント（　　）

(3) 図のBの火山では，火口付近に溶岩のかたまりをつくることがある。この溶岩のかたまりを何というか。（　　）

(4) 溶岩の色が最も黒っぽい火山はどれか。図のA〜Cから選びなさい。（　　）

(5) 溶岩が火口からはなれたところまで流れていくことがある火山はどれか。図のA〜Cから選びなさい。ヒント（　　）

(6) 図のA〜Cのような形をしている火山を，下の〔　〕からそれぞれ選びなさい。

A（　　）　B（　　）　C（　　）

〔　富士山　　マウナケア　　雲仙普賢岳　〕

2 教 p.203 観察1 **火山灰にふくまれる物**

右の図のように，火山灰に水を加え，指の先で軽くおし，にごった水を流した。この操作を水がきれいになるまでくり返し，残った粒を双眼実体顕微鏡で観察した。これについて，次の問いに答えなさい。

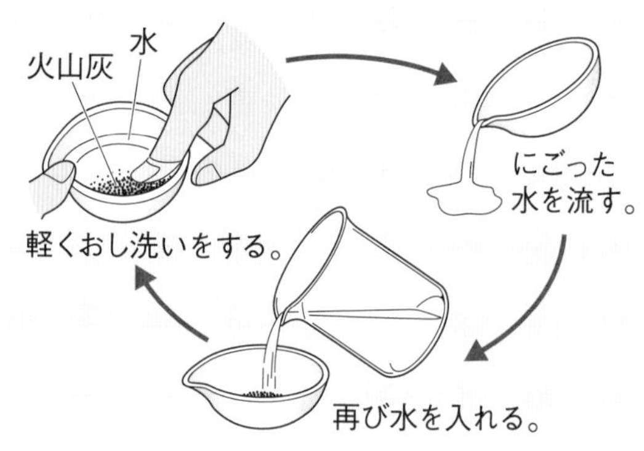

(1) 双眼実体顕微鏡で観察したところ，色や形が異なる粒が見られた。この粒を何というか。（　　）

(2) (1)のとき，白っぽい粒が多く見られた。このことから，この火山灰をふき出した火山のマグマのねばりけの強さはどうなっていたと考えられるか。ヒント（　　）

(3) (1)には，白っぽい色をしたものと，黒っぽい色をしたものがある。このうち，黒っぽい色をしたものを何というか。（　　）

❶(2)(5)マグマのねばりけの強さと，溶岩の流れやすさの関係を考える。
❷(2)マグマのねばりけの強さと火山噴出物の色の関係を考える。

3 火成岩のでき方 右の図は，マグマが冷えて岩石ができる場所を模式的に表したものである。これについて，次の問いに答えなさい。

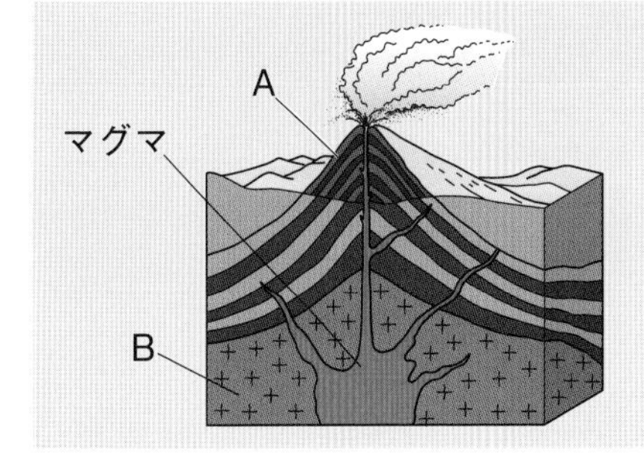

(1) マグマが冷え固まってできた岩石を何というか。

ヒント （　　　　　　）

(2) Aのようにマグマが地表付近で冷え固まった(1)の岩石を何というか。ヒント （　　　　　　）

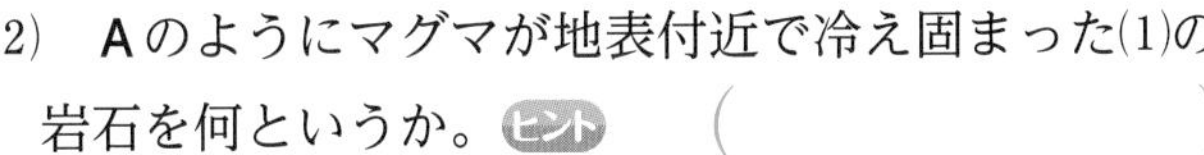

(3) Bのようにマグマが地下深いところで冷え固まった(1)の岩石を何というか。

（　　　　　　）

(4) マグマが冷え固まってできた岩石にふくまれる主な鉱物の中で，次の①～④にあてはまるものを，下の〔　〕からそれぞれ選びなさい。ヒント

① 黒色で，決まった方向にうすくはがれる。（　　　　　　）

② 白色または半透明で，決まった方向に割れる。（　　　　　　）

③ 緑褐色～茶褐色で，不規則な形の小さい粒である。（　　　　　　）

④ 無色または少し色がついた透明で，不規則に割れる。（　　　　　　）

〔 長石　輝石　黒雲母　角セン石　石英　カンラン石 〕

4 教 p.207 観察2 火成岩の観察 右の図は，2種類の火成岩の表面をルーペで観察したものである。次の問いに答えなさい。

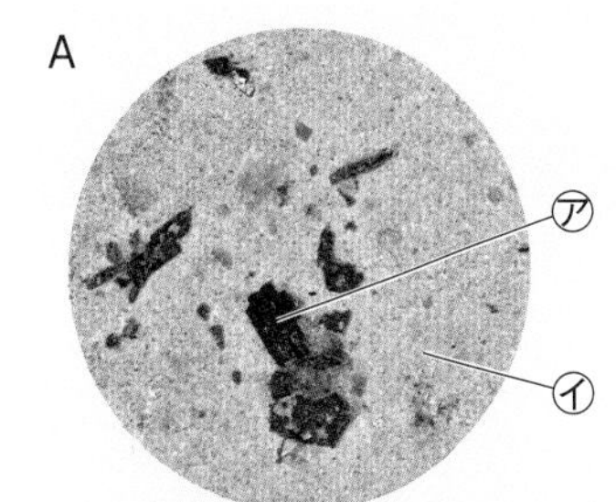

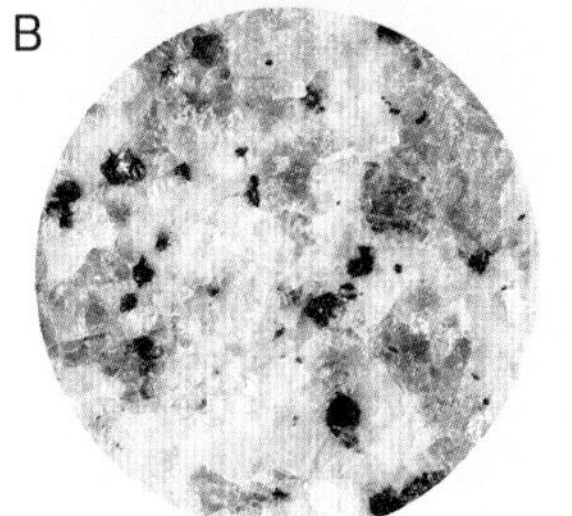

(1) Aのように，㋐の比較的大きな鉱物のまわりを，㋑の小さな鉱物の集まりがとり囲んでいるつくりを何組織というか。（　　　　　　）

(2) Aの㋐，㋑の部分を何というか。

㋐（　　　　　　） ㋑（　　　　　　）

(3) Aのようなつくりをもつ火成岩をまとめて何というか。

（　　　　　　）

(4) Bのように，同じくらいの大きさの鉱物が集まってできているつくりを何組織というか。（　　　　　　）

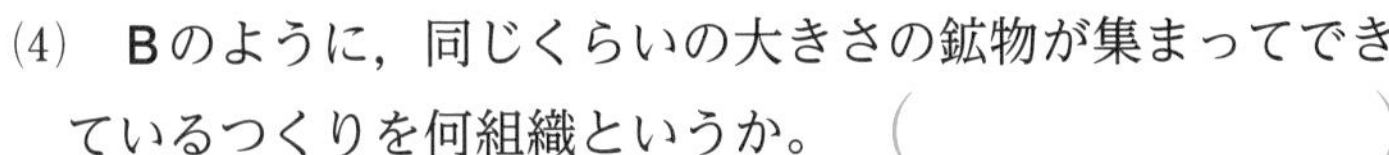

(5) Bのようなつくりをもつ火成岩をまとめて何というか。

（　　　　　　）

(6) Bのようなつくりになったのは，マグマがどのような場所で冷え固まったからか。

ヒント （　　　　　　）

(7) A，Bのつくりをしている火成岩はどれか。下の〔　〕からそれぞれ3つずつ選びなさい。

A（　　　　）（　　　　）（　　　　）

B（　　　　）（　　　　）（　　　　）

〔 流紋岩　せん緑岩　玄武岩　安山岩　はんれい岩　花こう岩 〕

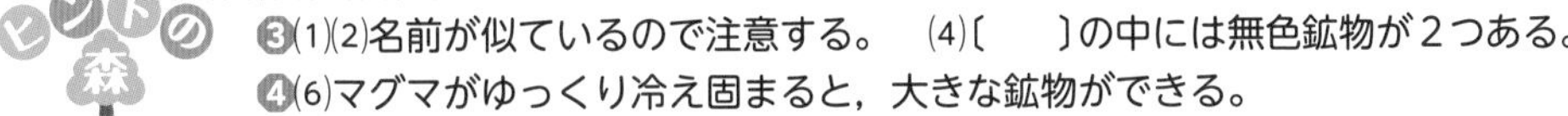

ヒントの森

3(1)(2)名前が似ているので注意する。 (4)〔　〕の中には無色鉱物が2つある。

4(6)マグマがゆっくり冷え固まると，大きな鉱物ができる。

単元4

解答 p.27

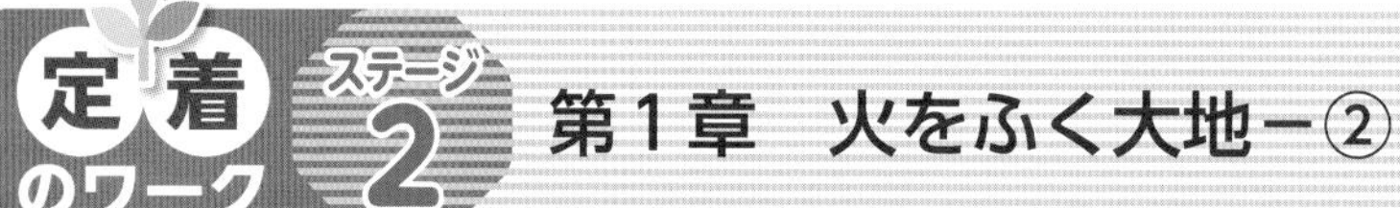

定着のワーク ステージ2 第1章 火をふく大地－②

1 石こうのねばりけによる形のちがい ふくろAには少量の水と石こうを入れ，ふくろBにはAよりも多い水と同じ量の石こうを入れてよく混ぜた。次に，図1のように発泡ポリスチレンの板のあなからA，Bの中の石こうをそれぞれおし出した。図2は，このときの結果を示したものである。次の問いに答えなさい。

図1

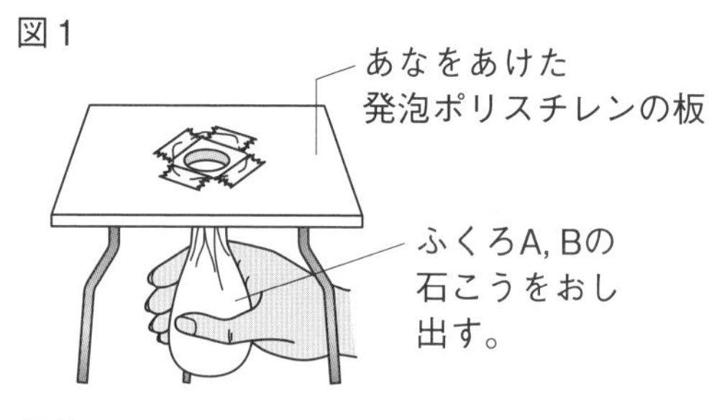

図2

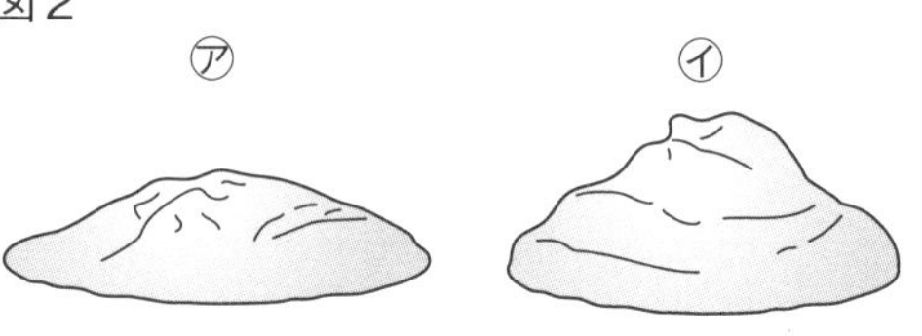

(1) 石こうのねばりけが強かったのは，A，Bのどちらか。ヒント（　　）

(2) Aの結果は，図2の㋐，㋑のどちらか。（　　）

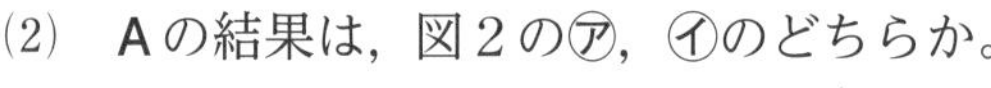

(3) 実際の火山では，図2の㋐のような形の火山にはどのような特徴があるか。(　)にあてはまる言葉を答えなさい。①（　　）②（　　）

㋐のような形の火山は，マグマのねばりけが(①)く，火山噴出物の色が(②)っぽいという特徴がある。

2 火山灰にふくまれる物 下の図の①〜⑦は，火山灰の中にふくまれる主な鉱物を示したものである。これについて，あとの問いに答えなさい。

(1) 火山灰は，何が冷えてできたものか。（　　）

(2) 次の①〜⑦は，図の鉱物の特徴について説明した文である。それぞれの鉱物の名前を，下の〔　〕から選びなさい。ヒント

① 白色または半透明で，決まった方向に割れる。（　　）
② 暗緑色で，短い柱状の形をしている。（　　）
③ 黒色で，決まった方向にうすくはがれる。（　　）
④ 暗褐色または緑黒色で，長い柱状の形をしている。（　　）
⑤ 無色または少し色がついた透明で，不規則に割れる。（　　）
⑥ 緑褐色〜茶褐色で，不規則な形の小さい粒である。（　　）
⑦ 黒色で不透明であり，表面がかがやいている。（　　）

〔 黒雲母　磁鉄鉱　角セン石　長石　輝石　石英　カンラン石 〕

ヒントの森

1(1)石こうは加えた水の量によってねばりけが変わる。
2(2)①〜⑦は，2つの無色鉱物と，5つの有色鉱物に分けられる。

3 火成岩のつくり　次の図1は，安山岩と花こう岩のようす，図2は，これらの岩石の表面をルーペで観察したときのようすである。これについて，あとの問いに答えなさい。

図1

安山岩　　花こう岩

図2

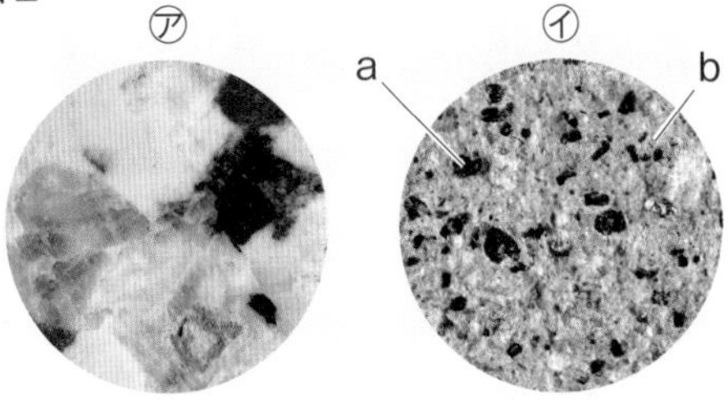

㋐　㋑　a　b

(1)　安山岩の表面のようすは，図2の㋐，㋑のどちらか。ヒント　(　　　)

(2)　図2の㋐，㋑のようなつくりを何組織というか。

㋐(　　　　　　)　㋑(　　　　　　)

(3)　図2の㋑にふくまれるaのような比較的大きな鉱物，bのような形がわからないほどの小さな鉱物の集まりやガラス質の部分をそれぞれ何というか。

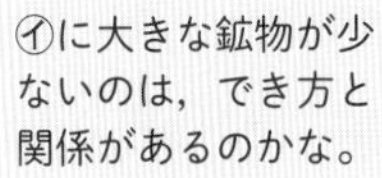

a(　　　　　　)　b(　　　　　　)

(4)　図2の㋑の岩石のでき方を，次のア～エからすべて選びなさい。

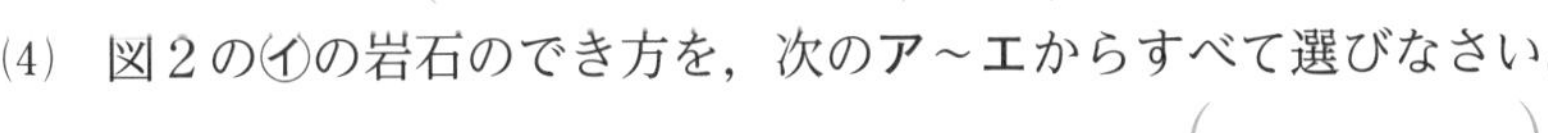

(　　　　　　)

ア　地下深くでできた。　　イ　地表や地表付近でできた。
ウ　短い時間でできた。　　エ　長い時間をかけてできた。

単元4

4 火成岩の分類　火成岩は，ふくまれる鉱物の割合などから，次の6種類に分類することができる。これについて，あとの問いに答えなさい。

はんれい岩　花こう岩　玄武岩　せん緑岩　流紋岩　安山岩

(1)　上の火成岩のうち，白っぽい色をしている火成岩を2つ選びなさい。

(　　　　　　)(　　　　　　)

(2)　(1)の火成岩が白っぽい色をしているのは，無色鉱物を多くふくむためである。無色鉱物にあてはまるものを，下の〔　〕から2つ選びなさい。

(　　　　　　)(　　　　　　)

〔　カンラン石　長石　黒雲母　輝石　石英　磁鉄鉱　〕

(3)　(2)の〔　〕のうち，磁石につくものはどれか。　(　　　　　　)

(4)　上の火成岩のうち，同じくらいの大きさの鉱物が集まってできたものはどれか。3つ選びなさい。ヒント　(　　　　)(　　　　)(　　　　)

(5)　上の火成岩のうち，地表や地表付近でできたものはどれか。3つ選びなさい。ヒント

(　　　　)(　　　　)(　　　　)

3(1)安山岩は，火山岩と深成岩のどちらだろうか。
4(4)(5)火成岩は3つの火山岩と3つの深成岩に分けられる。

解答 p.27

第1章 火をふく大地

/100

1 下の図のA〜Cは，火山の断面を模式的に示したものである。これについて，あとの問いに答えなさい。

5点×4（20点）

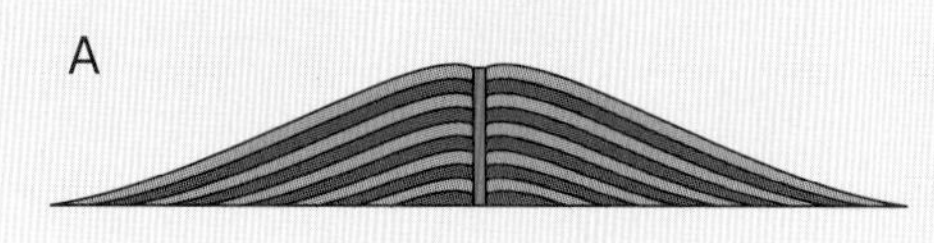

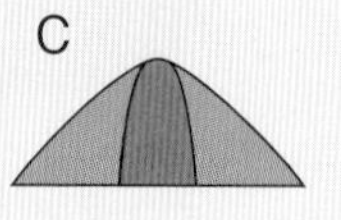

(1) マグマのねばりけと火山に関する文として適切なものを，次の**ア**〜**エ**から選びなさい。

ア マグマのねばりけが弱いと，火山の形は盛り上がる。

イ マグマのねばりけが強いと，溶岩の色は黒っぽくなる。

ウ マグマのねばりけが弱いほど，溶岩が流れにくい。

エ マグマのねばりけが強いほど，激しい噴火をする。

(2) 図の**A**の火山と同じような形をしている火山を，次の**ア**〜**エ**から選びなさい。

ア 昭和新山　**イ** マウナケア　**ウ** 雲仙普賢岳　**エ** 富士山

(3) 次の文は，火山による災害やめぐみについてまとめたものである。(　)にあてはまる言葉を答えなさい。

火山の噴火によって，ふき上げられた細かな(①)は自動車などに積もったり，溶岩流や火砕流が起こって災害を引き起こしたりすることもあるが，火山の熱を利用した(②)や地熱発電などのめぐみも得ている。

(1)		(2)		(3) ①		②	

2 右の図の火成岩の特徴について，次の問いに答えなさい。

4点×9（36点）

A	流紋岩	x	玄武岩
B	y	せん緑岩	z

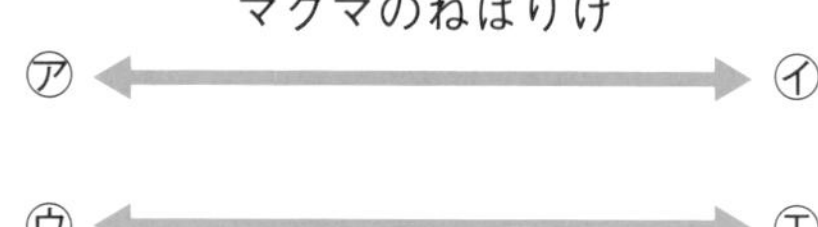

(1) 図のマグマのねばりけの㋐，㋑，無色鉱物の割合の㋒，㋓にあてはまる言葉を，次の**ア**〜**エ**からそれぞれ選びなさい。

ア 弱い。　**イ** 強い。

ウ 多い。　**エ** 少ない。

(2) 図の**A**の火成岩を何というか。

(3) 図の**x**〜**z**の火成岩をそれぞれ何というか。

(4) 同じくらいの大きさの鉱物が集まってできている火成岩は**A**，**B**のどちらか。

3 右の図は，ある火山からふき出した火山灰を観察したときのスケッチである。これについて，次の問いに答えなさい。

4点×3（12点）

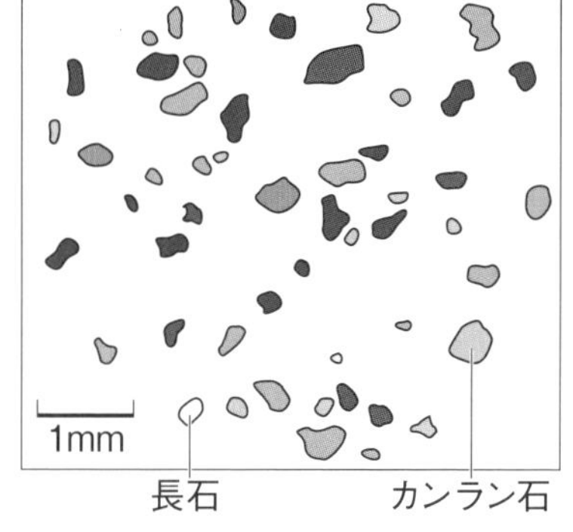

(1) 火山灰の粒を観察するために，まず火山灰を蒸発皿に少量とった。その後に行う操作として正しいものを，次のア～ウから選びなさい。

ア　水を加え，指でよくおし洗い，にごった水をすてる。

イ　水を加え，よく混ぜて，にごった水をろ過する。

ウ　うすい塩酸を加え，気体を発生させる。

(2) 火山灰などの火山の噴火でふき出されるものをまとめて何というか。

(3) 図の火山灰に見られる特徴から，この火山は傾斜がゆるやかな形をしていることが推測できる。この根拠（こんきょ）となる，図の火山灰の特徴を答えなさい。

(1)		(2)		(3)	

よく出る **4** 右の図１は，マグマが冷えてつくられる岩石のできる場所を示したものである。図２は，図１でできた２種類の岩石のつくりを示したものである。これについて，次の問いに答えなさい。

4点×8（32点）

図１

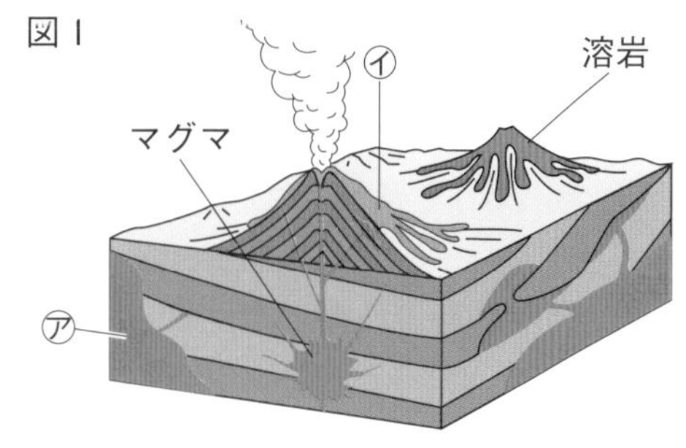

図２

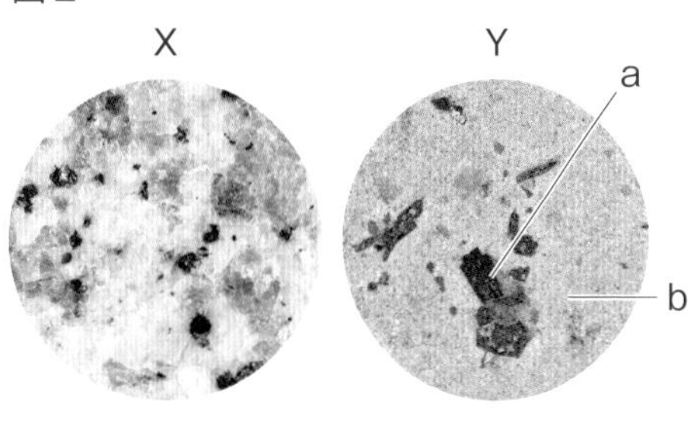

(1) マグマが冷えてできる岩石をまとめて何というか。

(2) 図１の㋐，㋑のような場所で，マグマが冷えてできる岩石をそれぞれ何というか。

(3) 図１の㋐の場所でできた岩石は，図２のX，Yのどちらのつくりをしているか。

(4) 図２のXのつくりが大きな鉱物だけからできているのは，この岩石がどのように冷えてできたためか。「時間」という言葉を使って答えなさい。

(5) 図２のYのつくりの大きな鉱物であるaの部分，細かい粒などからできているbの部分をそれぞれ何というか。

(6) 図２のYのようなつくりを何組織というか。

(1)		(2) ㋐		㋑	
(3)		(4)			
(5) a		b		(6)	

解答 p.28

第2章　動き続ける大地

（　　）にあてはまる語句を，下の語群から選んで答えよう。　同じ語句を何度使ってもかまいません。

1 地震のゆれの伝わり方

教 p.214～217

(1)　★地震が発生した場所を（①　　　　），★震源の真上の地点を（②　　　　）という。

(2)　地震によるゆれの大きさは（③★　　　　）で表す。

(3)　初めにくる小さく小刻みなゆれを（④　　　　），その後にくる大きなゆれを（⑤　　　　）という。

(4)　★初期微動が始まってから★主要動が始まるまでの時間を（⑥　　　　）という。

(5)　初期微動を伝える波を（⑦　　　　）波，主要動を伝える波を（⑧　　　　）波という。

(6)　震源からの距離が（⑨　　　　）ほど，★P波と★S波の到着時刻の差が大きくなるので，★初期微動継続時間は長くなる。

(7)　地震の規模（地震のエネルギー）の大きさは（⑩★　　　　）（記号：M）で表す。

2 地震が起こるところ

教 p.218～221

(1)　地球の表面をおおう岩盤を（①★　　　　）という。

(2)　地下の岩盤に力が加わってひずみが生じ，ひずみにたえられなくなって破壊された岩盤のずれを（②　　　　）という。

(3)　くり返しずれが生じる可能性がある★断層を（③　　　　）という。

(4)　陸の★活断層のずれによる地震を（④★　　　　）という。

(5)　海底で深い溝のようになっている海溝付近で生じる地震を（⑤★　　　　）といい，海水がもち上げられて（⑥★　　　　）が起こることがある。

3 地震に備えるために

教 p.222～223

(1)　地震により，大地がもち上がることを（①★　　　　），大地がしずむことを（②★　　　　）という。

(2)　（③★　　　　）により，強いゆれの到着を事前に知ることができる場合がある。

ワンポイント

震度は，0，1，2，3，4，5弱，5強，6弱，6強，7の10階級に分かれている。

まるごと暗記

初期微動
- 初めの小さなゆれ。
- P波によって伝わる。

主要動
- 後に起こる大きなゆれ。
- S波によって伝わる。

ワンポイント

P波はPrimary wave（最初にくる波），S波はSecondary wave（2番目にくる波）を略したもの。

プラスα

- P波の速さとS波の速さ〔km/秒〕は，**伝わった距離〔km〕÷かかった時間〔秒〕**で求める。
- 初期微動継続時間は震源からの距離に**比例**して長くなる。

語群

1 震度／震源／震央／マグニチュード／初期微動／初期微動継続時間／主要動／P／S／大きい
2 断層／活断層／プレート／津波／海溝型地震／内陸型地震
3 沈降／隆起／緊急地震速報

★の用語は，説明できるようになろう！

同じ語句を何度使ってもかまいません。

教科書の図 　にあてはまる語句を，下の語群から選んで答えよう。

1 地震計の記録

教 p.216

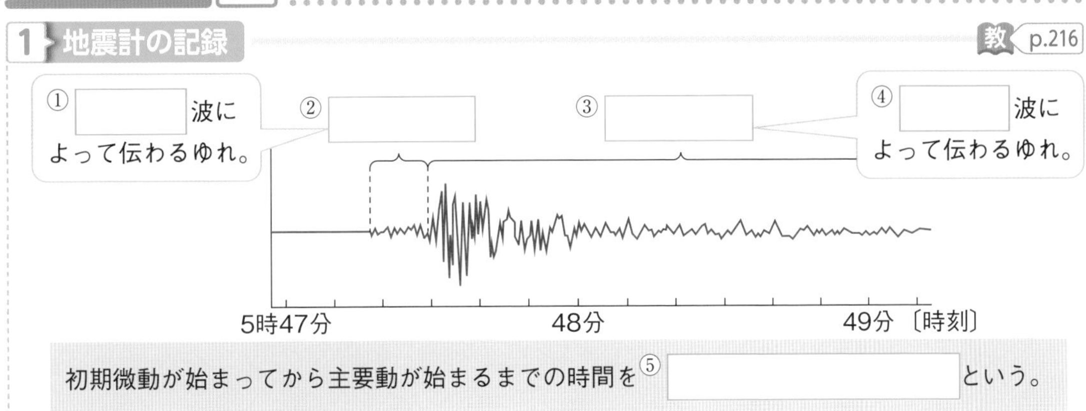

初期微動が始まってから主要動が始まるまでの時間を⑤ 　という。

2 内陸型地震のしくみ

教 p.221

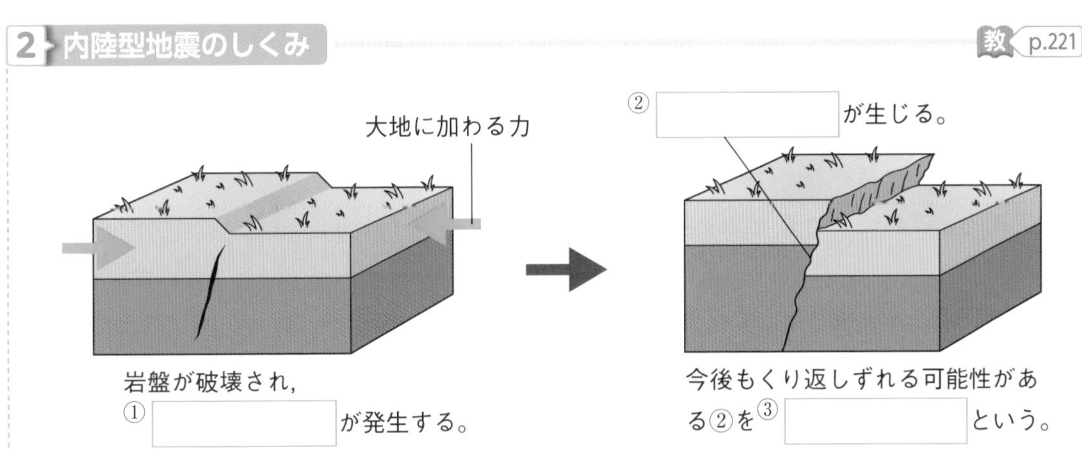

岩盤が破壊され，① 　が発生する。

今後もくり返しずれる可能性がある②を③ 　という。

3 海溝型地震のしくみ

教 p.221

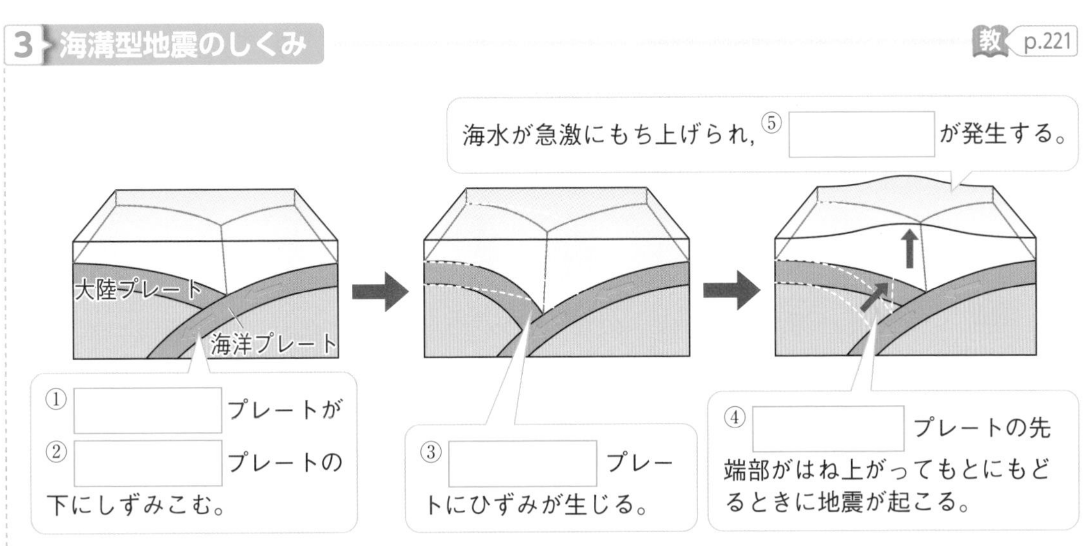

① 　プレートが② 　プレートの下にしずみこむ。

③ 　プレートにひずみが生じる。

④ 　プレートの先端部がはね上がってもとにもどるときに地震が起こる。

語群　1 S／P／主要動／初期微動／初期微動継続時間　2 断層／活断層／地震　3 津波／大陸／海洋

解答 p.28

定着のワーク ステージ2　第2章　動き続ける大地－①

1 地震に関する名称　右の図は，震源と地震を記録した観測点を示したものである。これについて，次の問いに答えなさい。

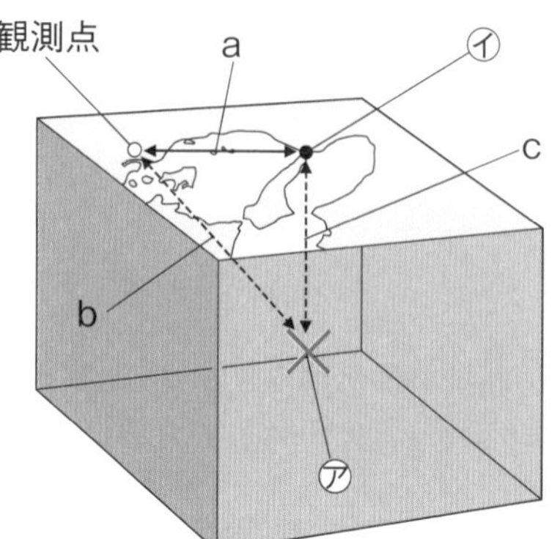

(1)　㋐は地震が発生した場所，㋑は㋐の真上の地点である。これらの地点をそれぞれ何というか。
㋐(　　　　)
㋑(　　　　)

(2)　図のa～cのうち，震源距離を示したものはどれか。(　　　)

(3)　地震のゆれは，地下から地表までを何となって伝わっていくか。(　　　)

2 地震のゆれと波　右の図は，ある地震について，地震計でゆれを記録したものである。これについて，次の問いに答えなさい。

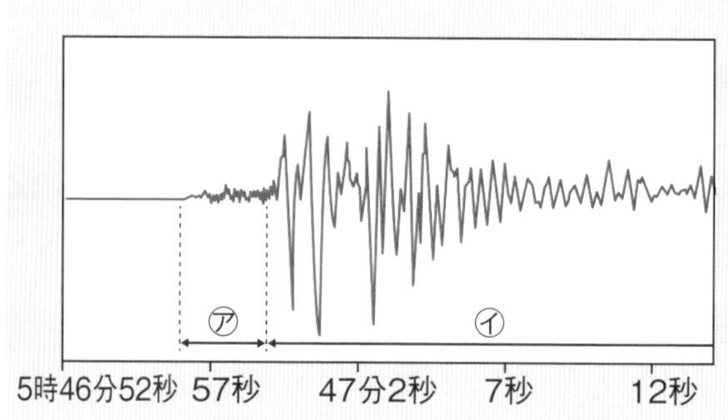

(1)　図の㋐，㋑のゆれを，それぞれ何というか。
㋐(　　　　)
㋑(　　　　)

(2)　図の㋐，㋑のゆれを起こす波を，それぞれ何というか。　㋐(　　　　)　㋑(　　　　)

(3)　㋐，㋑のうち，伝わる速さが速いのはどちらか。(　　　)

(4)　図の㋐のゆれが始まってから，㋑のゆれが始まるまでの時間を何というか。
(　　　　)

(5)　震源から遠い地点では，(4)の時間はどうなるか。ヒント
(　　　　)

3 震度とマグニチュードのちがい　次の問いに答えなさい。

(1)　地震によるゆれの大きさは何で表されるか。(　　　)

(2)　地震の規模は，何で表されるか。(　　　)

(3)　地震の規模が大きいほど，ゆれが伝わる範囲はどうなるか。(　　　)

(4)　次の文は，震度について述べたものである。(　)にあてはまる数字を答えなさい。
ヒント　①(　　　　)　②(　　　　)

震度は，人がゆれを感じない震度0から最大の震度(　①　)までの(　②　)階級で表す。

ヒントの森
2(5)震源から遠くなると，速い波とおそい波の到着時間の差はどうなるかを考える。
3(4)震度5と6には強・弱がある。

4 教 p.215 実習 1 地震の波の伝わり方

右の図は，岩手・宮城内陸地震での震央と，震央がゆれ始めてから５秒後，10秒後，15秒後，20秒後にゆれ始めたと考えられる地点を結んだ線である。これについて，次の問いに答えなさい。

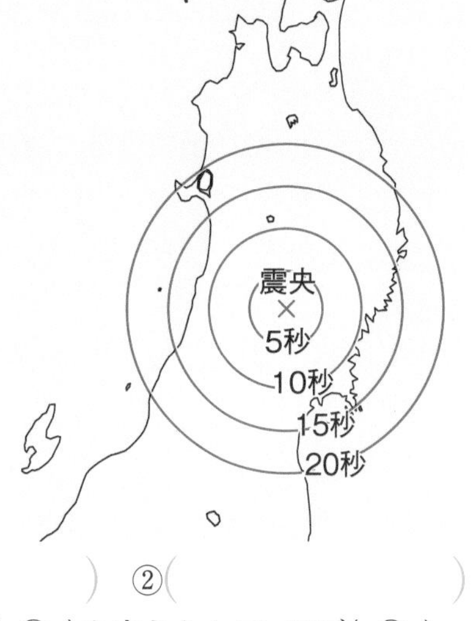

⑴ 地震で初めにくるゆれを何というか。また，このゆれを伝える波を何というか

ゆれ（　　　　）

波（　　　　）

⑵ 次の文は，図について説明したものである。（　）にあてはまる言葉を答えなさい。ヒント

①（　　　　）②（　　　　）

図から，地震の波の到着時刻が同じ地点を結ぶと，（ ① ）を中心として，ほぼ（ ② ）状になることがわかる。

⑶ 震度の大きさは，ふつう，震央からはなれるにつれてどうなるか。

（　　　　）

5 プレートの境界で起こる地震

右の図は，日本列島の地下の断面を模式的に示したものである。これについて，次の問いに答えなさい。

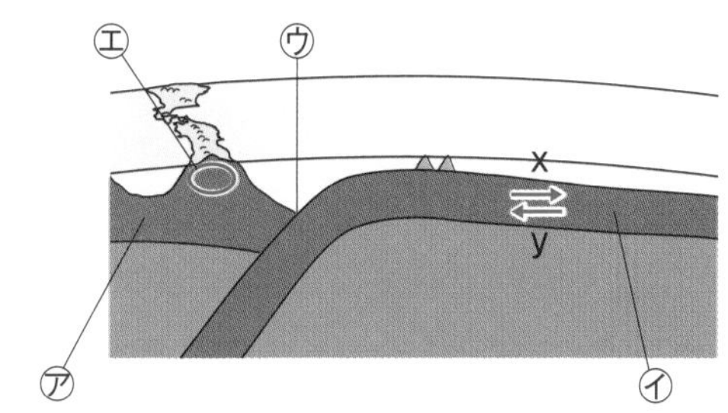

⑴ 大陸プレートを，図の㋐，㋑から選びなさい。（　　）

⑵ 図の㋑のプレートが動く向きを，図２の x， y から選びなさい。（　　）

⑶ 図の㋒は，プレートの境界部で，海底で深い溝のようになっているところである。この部分を何というか。（　　　　）

⑷ 次の文は，プレートの境界で起こる地震について述べたものである。（　）にあてはまる言葉を答えなさい。ヒント ①（　　　　）②（　　　　）

プレートの境界で起こる地震の震源の深さは，太平洋側で（ ① ）く，日本列島の下に向かって（ ② ）くなっている。

⑸ プレートの境界付近で，プレートがずれることで生じる地震を何というか。

（　　　　）

⑹ 図の㋓の地下の浅い場所には多くの地震の震源が分布している。このような陸の浅い場所で岩盤がずれて起こる地震を何というか。（　　　　）

⑺ 地震によって大地がもち上がることがある。この現象を何というか。

（　　　　）

❹⑵同じ時刻にゆれ始めた地点を結んだ線は，中心が同じで，半径が異なる円になっている。
❺⑷プレートの境界付近では震源が多く見られる。

解答 p.29

定着のワーク ステージ2 第2章 動き続ける大地-②

1 地震のゆれの伝わり方

右の図は，ある地震のゆれを，地点A，Bの地震計で記録したものである。これについて，次の問いに答えなさい。

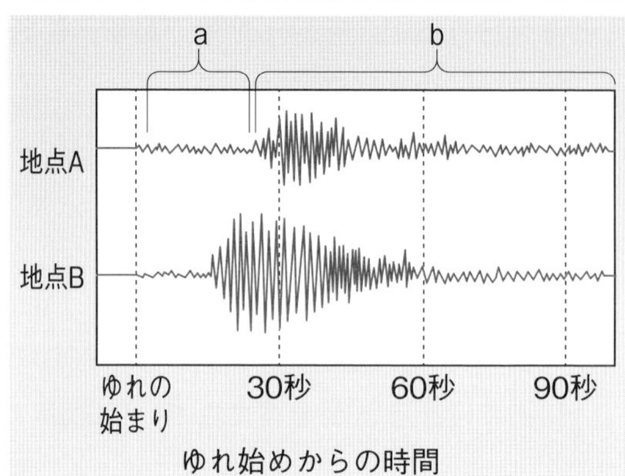

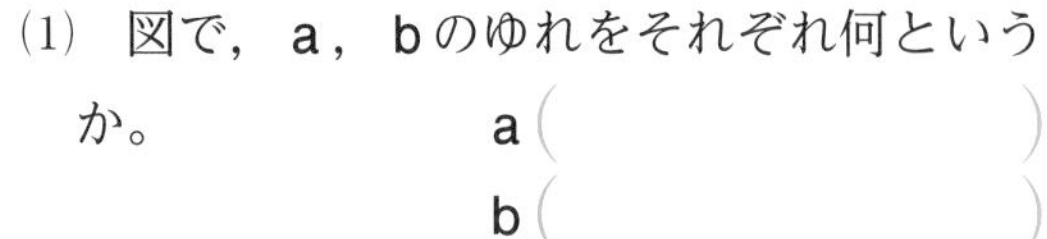

(1) 図で，a，bのゆれをそれぞれ何というか。 a(　　　) b(　　　)

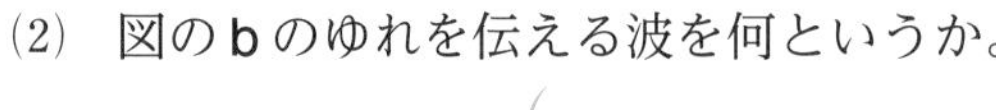

(2) 図のbのゆれを伝える波を何というか。 (　　　)

(3) 図のaのゆれが始まってから，bのゆれが始まるまでの時間を何というか。 (　　　)

(4) (3)の時間が長いのは，地点A，Bのどちらか。 (　　　)

(5) この地震の震源に近いのは，地点A，Bのどちらか。 ヒント (　　　)

2 震度とマグニチュード

次の図1，2は，震央がほぼ同じである2つの地震の震度を示したものである。図1，2の地震は，マグニチュードが異なっているため，観測点での震度にちがいがある。これについて，あとの問いに答えなさい。

図1

図2

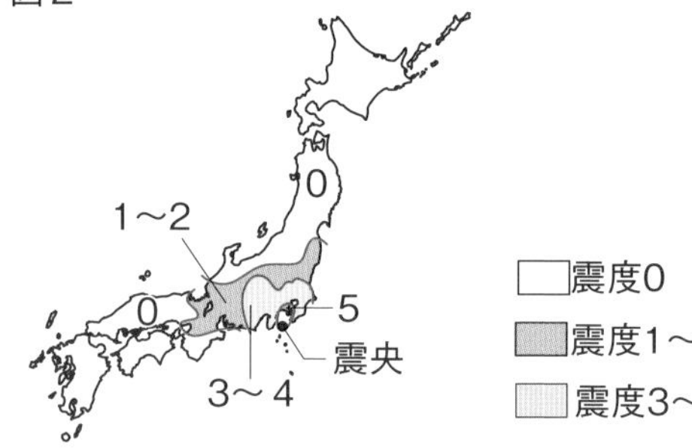

(1) 地震が発生した場所を何というか。 (　　　)

(2) 震度0〜7のうち，強と弱の2つに分かれているのは震度いくつか。2つ答えなさい。 ヒント 震度(　　　) 震度(　　　)

(3) マグニチュードを表す記号を，アルファベットで答えなさい。 (　　　)

(4) マグニチュードの大きさから，その地震の何の大きさがわかるか。 (　　　)

(5) マグニチュードが大きいのは，図1，図2のどちらか。 (　　　)

(6) 地震のゆれが伝わる範囲が広いのは，マグニチュードの値が大きいときか，小さいときか。 (　　　)

1(5)震源からの距離が小さいと，(3)の時間はどうなるか考える。

2(2)震度は0〜7があるが，このうちの2つが強と弱に分かれているので，合計10階級ある。

3 日本列島付近のプレート

右の図は，日本列島付近に見られる厚さ100kmほどの岩盤の分布を示したものである。これについて，次の問いに答えなさい。

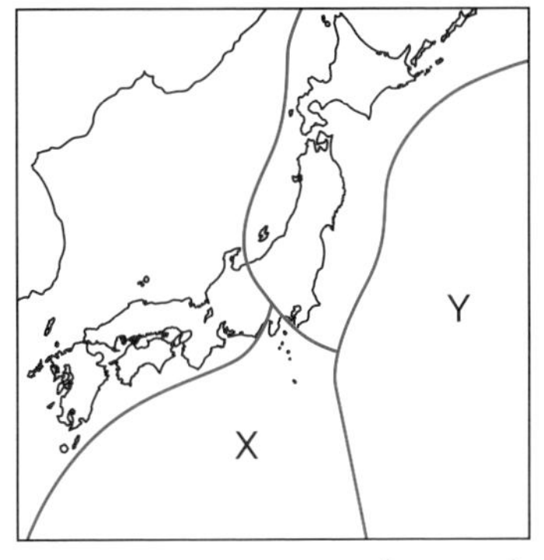

(1) 地球の表面をおおっている厚さ100kmほどの岩盤を何というか。（　　　　）

(2) 図のX，Yの(1)の名前を，それぞれ答えなさい。ヒント

X（　　　　）
Y（　　　　）

(3) 図のX，Yの(1)はどの向きに動いているか。次の㋐～㋓から選びなさい。（　　　　）

㋐
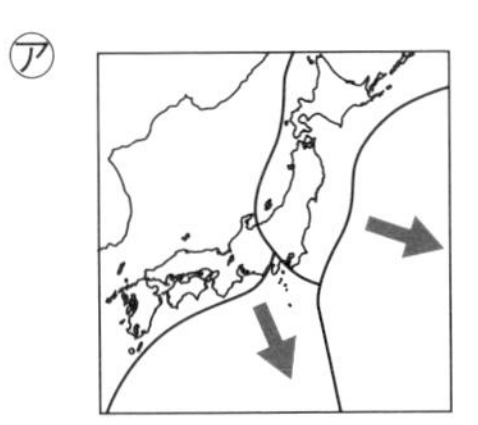
㋑
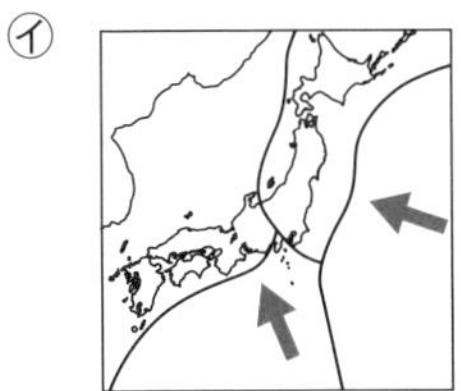
㋒

㋓

4 地震が起こるしくみ

次の図は，プレートの境界で起こる地震のしくみを示したものである。これについて，あとの問いに答えなさい。

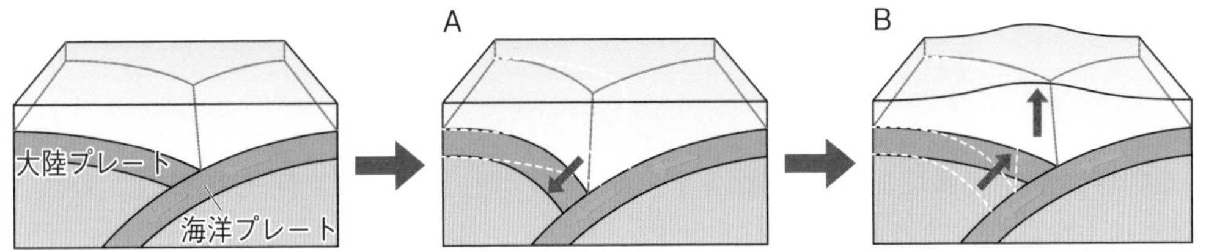

(1) 次の文は，図の地震が起こるしくみをまとめたものである。①～④について，大陸，海洋のどちらかで答えなさい。ヒント

①（　　　　） ②（　　　　）
③（　　　　） ④（　　　　）

大陸プレートと海洋プレートの境界では，（ ① ）プレートが（ ② ）プレートを引きずりこむため，（ ③ ）プレートがひずみ，（ ③ ）プレートのひずみが限界に達すると，（ ④ ）プレートの先端部がもとにもどろうとして急激にはね上がり，大きな地震が起こる。

(2) 図のAでは大陸プレートがしずみこみ，Bではもち上がっている。このような大地の変化をそれぞれ何というか。　A（　　　　）　B（　　　　）

(3) 図のように，プレートの境界で起こる地震を何というか。ヒント（　　　　）

(4) (3)の地震では，震源付近の海水がもち上げられて，大きな波が生じることがある。この波を何というか。（　　　　）

(5) 地下の浅いところで生じた大地のずれのうち，今後もくり返しずれる可能性があるものを何というか。（　　　　）

3(2)日本列島付近には４枚の岩盤が分布し，XとYは海側にある。
4(1)図を参考にしながら考えてみよう。　(3)図のプレートの境界を海溝という。

第2章 動き続ける大地

解答 p.30

30分 /100

1 よく出る 右の図は，ある地震のゆれを地震計で記録したものである。これについて，次の問いに答えなさい。

4点×6（24点）

(1) 記述 震源，震央とは，それぞれどのようなところをいうか。

(2) 図1の㋐の小さなゆれ，㋑の大きなゆれをそれぞれ何というか。

(3) S波が伝える波は，図1の㋐，㋑のどちらか。

(4) P波，S波が到着する時刻に差があるのはなぜか。次のア〜ウから選びなさい。

ア　P波が発生してから，S波が発生するため。

イ　P波とS波の発生する場所が異なるため。

ウ　P波とS波の伝わる速さが異なるため。

(1)	震源		震央	
(2)	㋐		㋑	
(3)		(4)		

2 次の表は，地震Aにおける観測点a〜dでのP波，S波の到着時刻である。図は，この地域を真上から見た図であり，×印は震央，㋐〜㋓の各点は観測点a〜dのいずれかである。これについて，あとの問いに答えなさい。ただし，この地域ではP波，S波はそれぞれ一定の速さで伝わるものとする。

4点×4（16点）

観測点	P波の到着時刻	S波の到着時刻
a	11時15分51秒	11時15分56秒
b	11時16分06秒	11時16分21秒
c	11時16分13秒	11時16分33秒
d	11時15分57秒	11時16分06秒

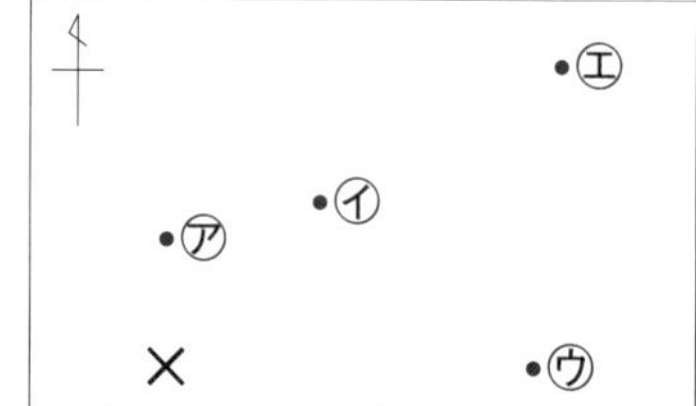

(1) 観測点aの初期微動継続時間は何秒か。

(2) 観測点cは，図の㋐〜㋓のどれか。

(3) 地震のゆれの大きさは何で表すか。

(4) 記述 同じ震源で地震Aよりマグニチュードが大きな地震が発生した。このときのすべての観測点の初期微動継続時間の長さとゆれの大きさはどうなるか。地震Aと比べて答えなさい。

(1)		(2)		(3)	
(4)					

レベルUP **3** 右の図は，ある地震について２つの地点で観測した地震計の記録をグラフに表したものである。これについて，次の問いに答えなさい。　5点×5（25点）

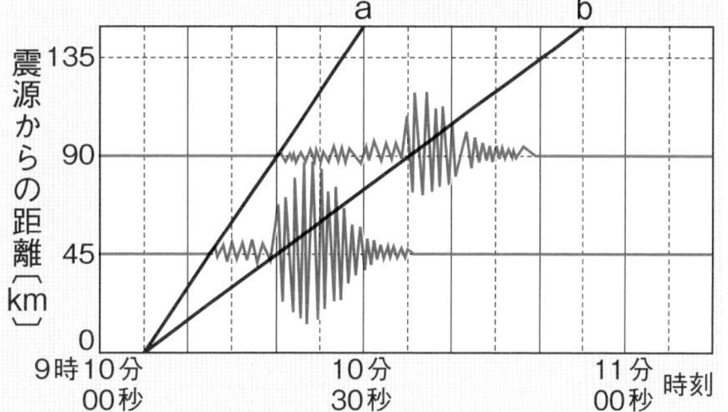

(1)　P波を表しているグラフを，図のa，bから選びなさい。

(2)　P波の速さは，秒速何kmか。

(3)　初期微動継続時間と震源からの距離は比例の関係にある。次の①，②の地点の初期微動継続時間は何秒か。

　①　震源からの距離が90kmの地点

　②　震源からの距離が150kmの地点

(4)　地点Xで，この地震で観測された初期微動継続時間は12秒であった。地点Xの震源からの距離は何kmと考えられるか。

(1)		(2)			
(3)	①		②		(4)

4 右の図は，日本列島付近のプレートの境界で起こる地震のしくみを模式的に示したものである。これについて，次の問いに答えなさい。　5点×7（35点）

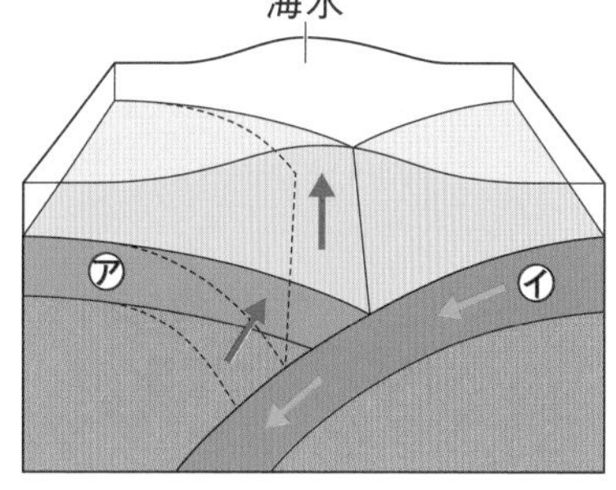

(1)　図の㋐，㋑のプレートをそれぞれ何というか。

(2)　図のようなプレートの境界付近で，プレートが動くことで生じる地震を何というか。

(3)　(2)の地震によって海底が変動したときに発生する波を何というか。

(4)　図のようなしくみで発生する地震の震源の深さについて，正しく述べているものはどれか。次のア～エから選びなさい。

　ア　太平洋側から大陸側に向かって深くなる。　　**ウ**　浅いところに多く見られる。

　イ　大陸側から太平洋側に向かって深くなる。　　**エ**　深いところに多く見られる。

(5)　プレートの内部の地下の浅い場所に生じた断層のうち，再びずれる可能性があるものを何というか。

(6)　地震により，地面が急にやわらかくなることによって，土地に泥水がふき出すことがある。この現象を何というか。

(1)	㋐		㋑		(2)	
(3)		(4)		(5)		(6)

解答 p.31

第3章　地層から読みとる大地の変化

同じ語句を何度使ってもかまいません。

(　　)にあてはまる語句を，下の語群から選んで答えよう。

1 地層のつくりとはたらき

教 p.226～227

(1) 気温の変化や風雨のはたらきなどにより岩石がもろくなることを(①★　　　　), 岩石が流水によってけずられることを(②★　　　　), 流水によって土砂が下流へと運ばれることを(③　　　　), れき・砂・泥が水の流れがゆるやかになったところにたまることを(④　　　　)という。

(2) (⑤★　　　　)は，れき・砂・泥や火山灰が湖や海に積み重なることでつくられる。

(3) 海や湖まで★運搬されてきた土砂は，粒の(⑥　　　　)ものほど海岸に近いところに★堆積する。

2 堆積岩，地層や化石からわかること

教 p.228～235

(1) 堆積物がおし固められた岩石を(①　　　　)という。れき，砂，泥の★堆積岩を，それぞれ(②　　　　)，砂岩，泥岩という。

(2) 貝殻やサンゴなどが堆積してできた(③　　　　)は，うすい塩酸をかけると二酸化炭素が発生する。

(3) 海水中の小さな生物の殻が堆積してできた(④　　　　)は，鉄のハンマーでたたくと，火花が出るほどかたい。

(4) (⑤　　　　)は，火山灰がおし固められた岩石である。

(5) 地層が堆積した当時の環境を示す化石を(⑥★　　　　)，地層が堆積した年代を示す化石を(⑦★　　　　)という。

(6) (⑧★　　　　)は，生物の移り変わりをもとに決められた年代であり，古いものから順に，(⑨　　　　)，中生代，新生代に分けられる。

3 大地の変動，身近な大地の歴史

教 p.236～240

(1) 地層をおし縮めるような大きな力によってできた地層の曲がりを(①★　　　　)という。

(2) 地層の特徴を調べるために，地層の重なりを模式的に表したものを(②★　　　　)という。

ワンポイント

粒の大きさ

- れき…2mm以上
- 砂…2mm～$\frac{1}{16}$(約0.06)mm
- 泥…$\frac{1}{16}$(約0.06)mm以下

堆積によってできる地形

山地から平野に出たところでは扇状地，平野から海に出たところでは三角州がつくられる。

まるごと暗記

♠示相化石…限られた環境にしかすめない生物が適する。
- サンゴ…あたたかくて浅い海
- シジミ…河口や湖

♠示準化石…ある時期だけ栄え，広範囲にすんでいた生物が適する。
- 古生代…サンヨウチュウ，フズリナ
- 中生代…アンモナイト，フクイラプトル(恐竜)
- 新生代…ビカリア，ナウマンゾウ，メタセコイア

語群 1 堆積／侵食／運搬／風化／地層／大きい　2 示準化石／示相化石／堆積岩／石灰岩／凝灰岩／れき岩／古生代／地質年代／チャート　3 柱状図／しゅう曲

★の用語は，説明できるようになろう！

同じ語句を何度使ってもかまいません。

教科書の図　□にあてはまる語句を，下の語群から選んで答えよう。

1 地層をつくるはたらき
①〜③には流れる水のはたらきを書こう。　教 p.226〜227

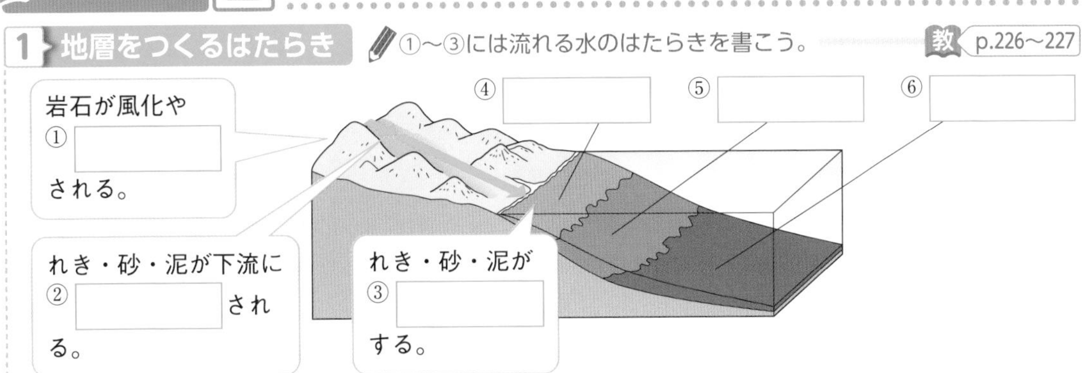

2 堆積岩
教 p.228〜229

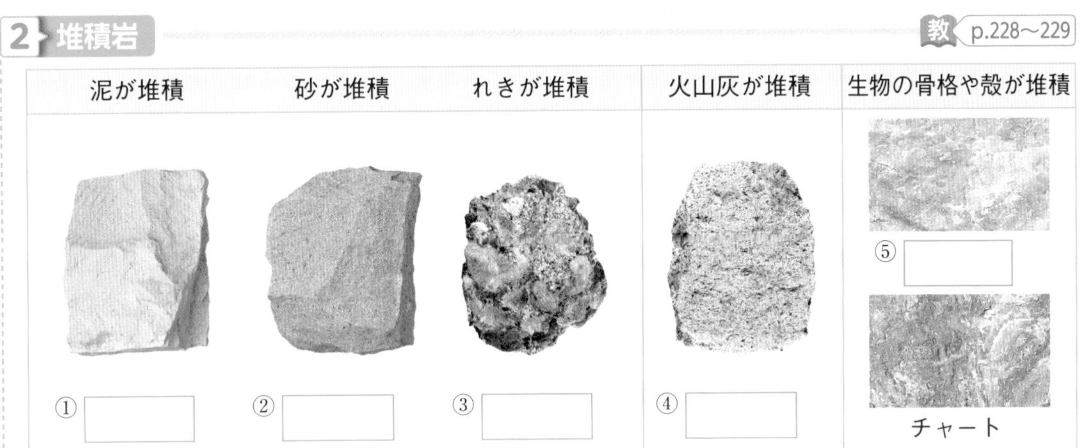

3 示準化石
教 p.234〜235

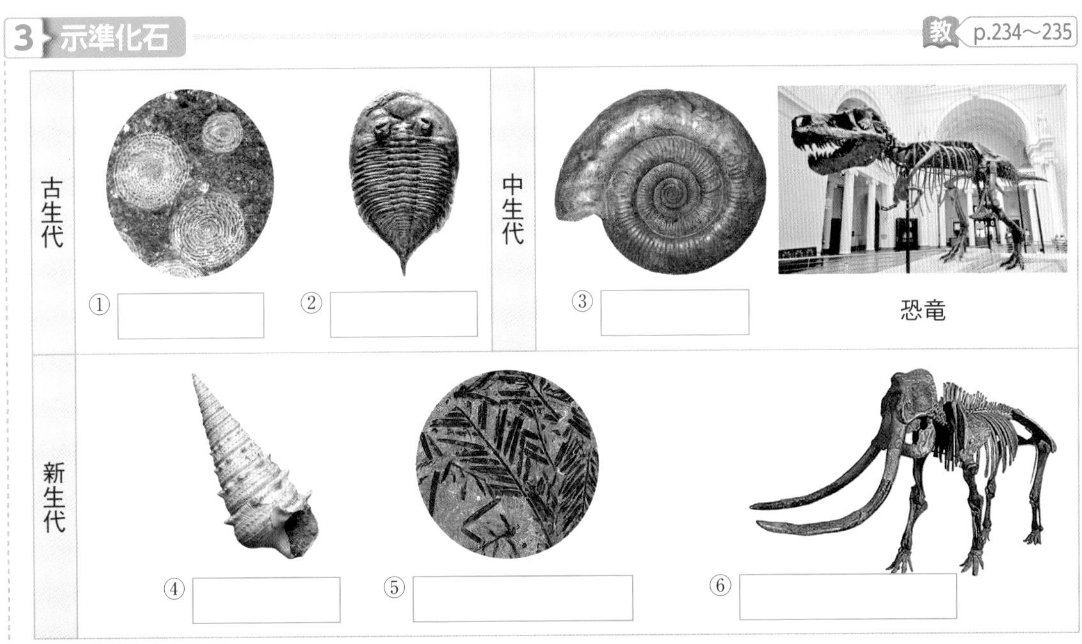

語群
1 泥／砂／れき／運搬／侵食／堆積　2 凝灰岩／れき岩／石灰岩／砂岩／泥岩
3 メタセコイア／サンヨウチュウ／ナウマンゾウ／アンモナイト／ビカリア／フズリナ

わからない用語は，教科書の要点の★で確認しよう！

解答 p.31

定着のワーク ステージ2 第3章 地層から読みとる大地の変化－①

1 地層をつくるはたらき 右の図は，流水によってけずられた岩石が山から海へ運ばれるようすを模式的に表したものである。これについて，次の問いに答えなさい。

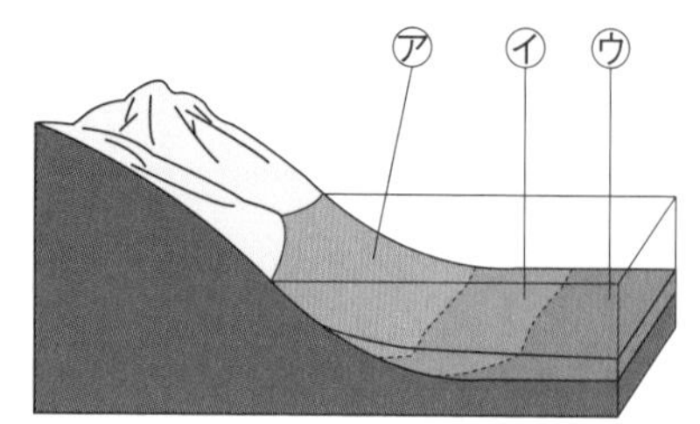

(1) 気温の変化や風雨などによって岩石がもろくなることを何というか。（　　）

(2) れき・砂・泥が流水によって，下流へ運ばれることを何というか。（　　）

(3) れき・砂・泥が平野や海岸などの水の流れがゆるやかになったところにたまることを何というか。（　　）

(4) (3)のはたらきによって，川が山地から平野に出たところでつくられる扇(おうぎ)を広げたような地形を何というか。（　　）

(5) 流水のはたらきによって運ばれた土砂のうち，図の㋐〜㋒に最も多く見られるものを，下の〔　〕からそれぞれ選びなさい。ヒント

㋐（　　）㋑（　　）㋒（　　）

〔 砂　泥　れき 〕

2 教 p.229 観察3 **堆積岩の見分け方** 堆積岩の種類を見分けるため，次のような手順で観察を行った。これについて，あとの問いに答えなさい。

手順1 岩石をルーペで観察する。

手順2 岩石を岩石用ハンマーでたたいて，岩石のかたさを調べる。

手順3 右の図のように，岩石にうすい塩酸を2，3滴かけて変化を見る。

(1) **手順1**で，岩石をルーペで見たとき，岩石をつくる粒が角ばっているものはどれか。下の〔　〕から選びなさい。ヒント（　　）

〔 れき岩　泥岩　砂岩　石灰岩　チャート　凝灰岩 〕

(2) **手順2**で，岩石用ハンマーでたたいたとき，火花が出るほどかたい岩石はどれか。(1)の〔　〕から選びなさい。（　　）

(3) **手順3**で，うすい塩酸をかけたとき，気体が発生する岩石はどれか。(1)の〔　〕から選びなさい。（　　）

(4) れき岩，砂岩，泥岩を区別する基準は何か。〔　〕から選びなさい。（　　）

〔 粒の色　粒の大きさ　粒の形 〕

❶(5)海まで運ばれてきた土砂は，粒の大きいものから海岸に近いところに堆積する。

❷(1)粒が角ばっているのは，流水のはたらきを受けていないためである。

3 化石からわかること　右の図は，ある地層から発見されたシジミの化石である。これについて，次の問いに答えなさい。

(1)　シジミの化石からは，堆積した当時の環境を知ることができる。このような化石を何というか。（　　　　）

(2)　シジミの化石がふくまれる地層は，どのような環境で堆積したか。次のア～ウから選びなさい。ヒント（　　　　）

ア　つめたくて深い海　　イ　あたたかくて浅い海　　ウ　河口や湖

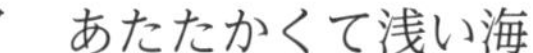

4 化石からわかること　右の写真の㋐はサンヨウチュウ，㋑はアンモナイトの化石である。これについて，次の問いに答えなさい。

㋐

㋑

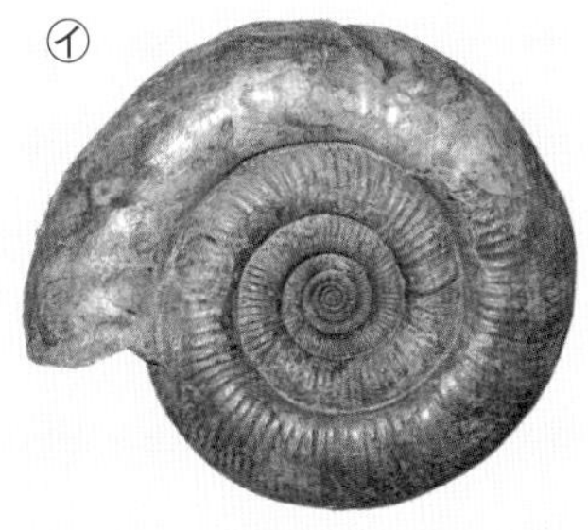

(1)　図の㋐，㋑は，地層が堆積した年代を知ることができる。このような化石を何というか。

（　　　　）

(2)　次の文は，(1)の化石になっている生物の特徴についてまとめたものである。（　）にあてはまる言葉を，あとの〔　〕からそれぞれ選びなさい。ヒント

①（　　　　）②（　　　　）

(1)の化石となっている生物は，すんでいた範囲が（ ① ），栄えた期間が（ ② ）ので，地層が堆積した年代を知ることができる。

〔　広く　　せまく　　長い　　短い　〕

(3)　図の㋐，㋑のような生物の移り変わりをもとに決められた年代を何というか。

（　　　　）

(4)　図の㋐，㋑は，(3)の年代のうちのいつのものか。下の〔　〕からそれぞれ選びなさい。

㋐（　　　　）㋑（　　　　）

〔　古生代　　中生代　　新生代　〕

5 大地の変動　右の写真は，地層の曲がりである。これについて，次の問いに答えなさい。

(1)　写真のような地層の曲がりを何というか。

（　　　　）

(2)　写真の地層の曲がりはどのようにしてできたか。次のア～ウから選びなさい。（　　　　）

ア　上に積もった堆積物の重みで曲がった。

イ　プレートの動きにより，両側からおし縮められる力がはたらいて曲がった。

ウ　プレートの動きにより，両側に引かれる力がはたらいて曲がった。

3(2)シジミはどんな場所にすんでいるかを考える。

4(2)年代を特定するには，どのような生物がよいかを考える。

解答 p.31

第3章　地層から読みとる大地の変化－②

1 地層のでき方　右の表は，砂，泥，れきがおし固められてできた岩石についてまとめたものである。これについて，次の問いに答えなさい。

岩石	岩石をつくる主なもの	粒の直径
㋐	砂	約0.06～2mm
㋑	泥	約0.06mm以下
㋒	れき	2mm以上

(1) 砂，泥，れきが水の流れがゆるやかになったところで積もることを何というか。
（　　　）

(2) 砂，泥，れきのうち，沖まで流されずに河口付近で積もるものはどれか。ヒント
（　　　）

(3) 砂，泥，れきなどの堆積物が長い年月をかけておし固められ，かたい岩石になったものを何というか。（　　　）

(4) 表の㋐～㋒にあてはまる岩石の名称をそれぞれ答えなさい。
㋐（　　　）　㋑（　　　）　㋒（　　　）

2 堆積岩　下の写真は，石灰岩，れき岩，泥岩，チャートの表面をルーペで観察したようすである。これについて，あとの問いに答えなさい。

石灰岩

れき岩

泥岩

チャート

(1) 図の岩石のうち，生物の骨格や殻が集まってできたものはどれか。２つ選びなさい。
（　　　）（　　　）

(2) 図の岩石のうち，うすい塩酸をかけたとき，気体が発生するものはどれか。ヒント
（　　　）

(3) 図の岩石のうち，鉄の岩石用ハンマーでたたくと，鉄がけずれて火花が出るほどかたいものはどれか。（　　　）

(4) 図の岩石のうち，粒の大きさで分類されるものはどれか。２つ選びなさい。
（　　　）（　　　）

(5) チャートができる場所を，次のア～エから選びなさい。（　　　）

ア　流れの急な川　　イ　大陸から遠く離れた海
ウ　波が打ち寄せる海岸　　エ　近くで火山の噴火があった場所

❶(2)河口付近の流れは速いため，粒の小さいものはあまり堆積することはない。
❷(2)このときに発生する気体は二酸化炭素である。

3 化石からわかること　下のA～Fの化石の写真について，あとの問いに答えなさい。

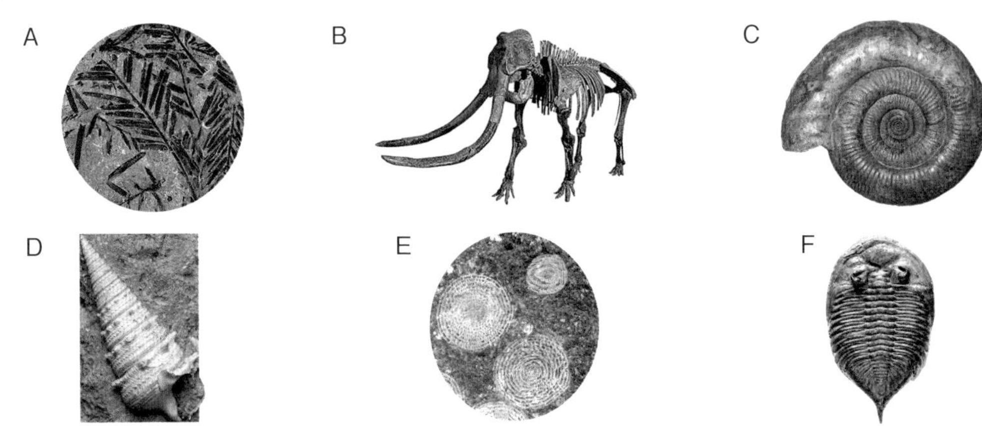

(1)　A～Fの化石は，どれもその化石をふくむ地層が堆積した年代を知る手がかりになるものである。このような化石を何というか。（　　　　）

(2)　A～Fの化石は何という生物のものか。下の〔　〕からそれぞれ選びなさい。ヒント

A（　　　　）　B（　　　　）　C（　　　　）

D（　　　　）　E（　　　　）　F（　　　　）

〔　ビカリア　　サンヨウチュウ　　フズリナ
　　ナウマンゾウ　　メタセコイア　　アンモナイト　〕

(3)　A～Fの化石は，古生代，中生代，新生代のどの地層で見られるか。すべて選びなさい。

ヒント　古生代（　　　　）　中生代（　　　　）　新生代（　　　　）

4 教 p.239 観察4　身近な地層で調べる大地の歴史

右の図1は，あるがけで観察した地層のスケッチ，図2は，図1の地層の重なりを模式的に表したものである。これについて，次の問いに答えなさい。なお，この地域では，地層の逆転などはなかった。

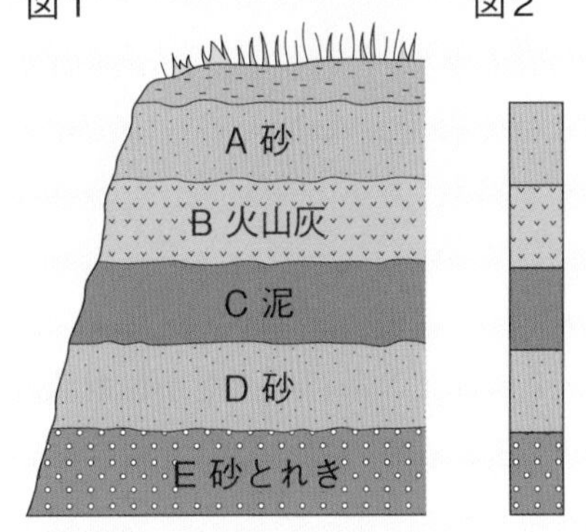

(1)　図1のA～Eの地層のうち，最も古い時期に堆積したものはどれか。ヒント（　　）

(2)　図1のA～Eの地層のうち，火山活動があった時期に堆積したものはどれか。（　　）

(3)　図1のAの地層の中からサンゴの化石が発見された。このことから，この地層は，どのような海で堆積したと考えられるか。水のあたたかさと深さについてそれぞれ答えなさい。

ヒント　水のあたたかさ（　　　　）　深さ（　　　　）

(4)　サンゴの化石のように，地層が堆積した当時の環境を示す化石を何というか。

（　　　　）

(5)　図2のように，地層の重なりを模式的に表したものを何というか。（　　　　）

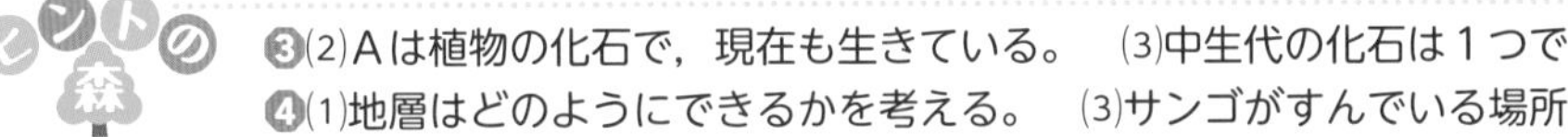

3(2)Aは植物の化石で，現在も生きている。　(3)中生代の化石は1つである。

4(1)地層はどのようにできるかを考える。　(3)サンゴがすんでいる場所を考える。

解答 p.32

第3章　地層から読みとる大地の変化

30分　/100

1 流れる水や風雨などには，次の㋐〜㋓のようなはたらきがある。これについて，あとの問いに答えなさい。　6点×6（36点）

㋐　水の流れによって，れき，砂，泥を下流へと運ぶ。
㋑　気温の変化や風雨のはたらきで岩石がもろくなる。
㋒　水の流れがゆるやかになったところにれき，砂，泥を積もらせる。
㋓　流水が，もろくなった岩石をけずりとる。

(1)　㋐〜㋓のはたらきをそれぞれ何というか。

(2)　㋒のはたらきによって，平野から海に出るところで平らな地形ができる。この地形を何というか。

(3)　山地の岩石は，㋐〜㋓のはたらきを受け，やがて海や湖で地層がつくられる。このとき，岩石は水や風雨などのはたらきをどのような順で受けるか。㋐〜㋓を並べなさい。

(1)	㋐		㋑		㋒		㋓	
(2)		(3)	→ → →					

よく出る 2 次の図は，堆積岩を拡大したものである。あとの問いに答えなさい。　6点×4（24点）

A

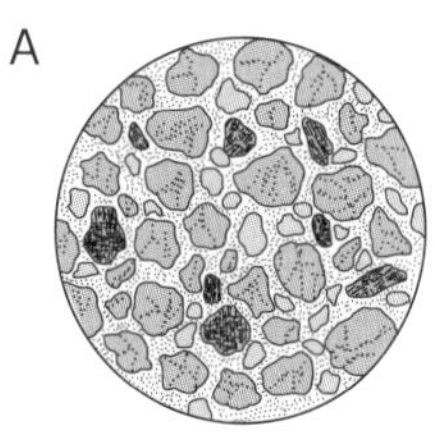

B

C

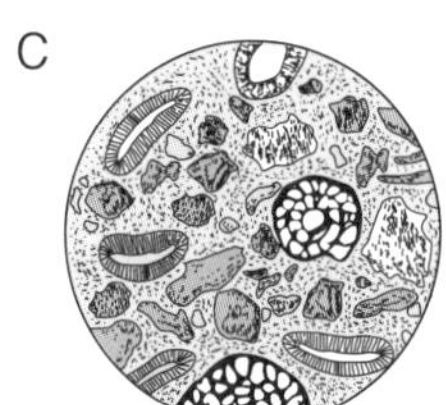

D

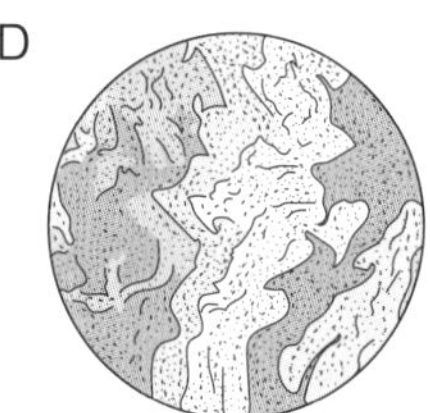

(1)　Aは，岩石がくだかれた直径1mmの細かい粒からできていて，表面をさわるとざらざらとしていた。この堆積岩を何というか。

(2)　Bは，主に火山灰からできていた。このような堆積岩を何というか。

記述 (3)　A，Bの堆積岩をつくる粒を比べたとき，Aの堆積岩の粒にはどのような特徴が見られるか。

記述 (4)　CとDは，チャートと石灰岩である。チャートと石灰岩を区別するために，うすい塩酸をかけたとき，それぞれどのような結果になるか。

(1)		(2)		(3)	
(4)					

3 右の図は，ある地域のがけをスケッチしたものである。これについて，次の問いに答えなさい。　5点×5（25点）

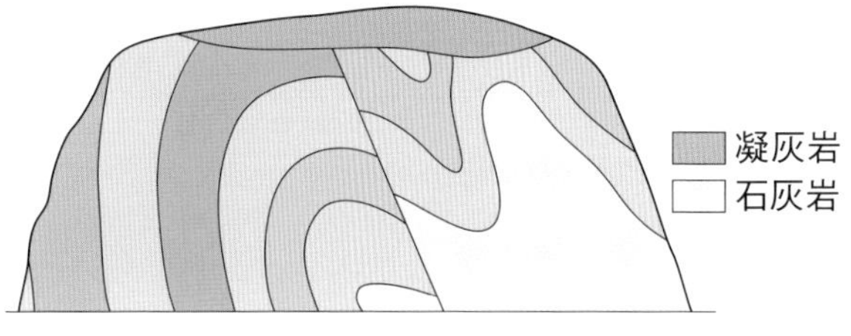

(1)　この地域の石灰岩からフズリナの化石が見つかった。この石灰岩ができた地質年代はいつとわかるか。

(2)　フズリナの化石からは，地層が堆積した年代を知ることができる。このような化石を何というか。

(3)　この地域のある地層からサンゴの化石が見つかった。その地層が堆積した当時はどのような環境であったと考えられるか。

(4)　このがけで見られる凝灰岩ができた当時，この場所ではどのようなことが起こったと考えられるか。

(5)　このがけで見られるような地層の曲がりを何というか。

(1)		(2)		(3)	
(4)		(5)			

4 右の図1は，A～C地点の地層の重なり方を示した柱状図である。図2は，A～C地点の地図上の位置を示したものであり，地図上の曲線は等高線（とうこうせん）を表している。これについて，次の問いに答えなさい。ただし，この地域の地層は傾きをもって平行に積み重なったものとする。

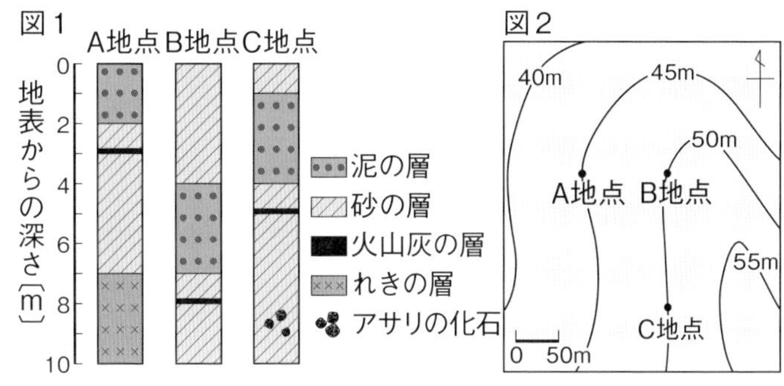

5点×3（15点）

(1)　A地点の地層の重なり方から，この地層が堆積した場所の変化がわかる。その変化として最も適当なものを，次のア～エから選びなさい。

ア　海岸から遠くはなれた。　　イ　淡水から海水になった。
ウ　海岸に近くなった。　　エ　海水から淡水になった。

(2)　C地点の砂の層にふくまれているアサリの化石から，この地層が堆積した当時の環境を知ることができる。このような化石を何というか。

(3)　この地域の地層は，ある方角に向かって低くなるように傾いている。その方角は，東，西，南，北のどれか。

単元4 大地の変化

解答 p.33

/100

1 右の表は，日本にある代表的な３つの火山について，火山の形，火山噴出物の色，マグマのねばりけをまとめたものである。これについて，次の問いに答えなさい。

5点×6（30点）

火山名	雲仙普賢岳	富士山	伊豆大島火山
火山の形（模式的に表した図と，その特徴）	盛り上がった形	円すい形	傾斜がゆるやかな形
火山噴出物の色	㋐ ←→ ㋑		
マグマのねばりけ	㋒ ←→ ㋓		

(1) マグマは，地球の内部の熱によって地下の何がとけてできたものか。

(2) 表の火山噴出物の色の㋐，㋑にあてはまる言葉をそれぞれ答えなさい。

(3) 表のマグマのねばりけの㋒，㋓にあてはまる言葉をそれぞれ答えなさい。

(4) 雲仙普賢岳付近で採取された火山灰には，黒色で決まった方向にうすくはがれる鉱物があった。この鉱物は何と呼ばれるか。次のア〜カから選びなさい。

ア カンラン石　イ 角セン石　ウ 石英
エ 黒雲母　オ 長石　カ 輝石

1

(1)		
(2)	㋐	
	㋑	
(3)	㋒	
	㋓	
(4)		

2 右の図は，ある地震で観測されたA〜Cの３地点での地震計の記録である。表は，この地震の３地点における初期微動と主要動が始まった時刻をそれぞれ表したものである。これについて，次の問いに答えなさい。

4点×5（20点）

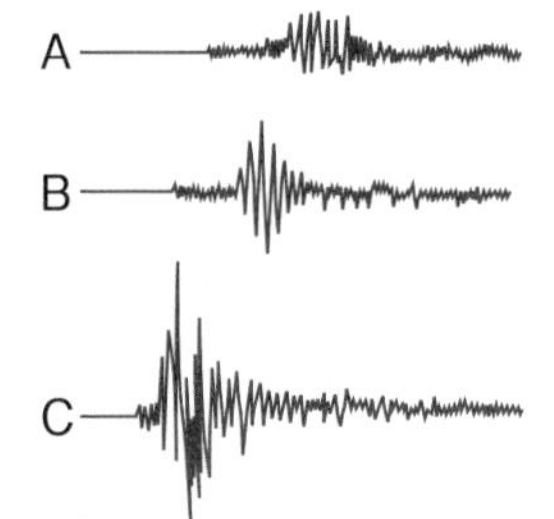

	初期微動が始まった時刻	主要動が始まった時刻
㋐	17時14分40秒	17時14分49秒
㋑	17時14分54秒	17時15分15秒
㋒	17時15分04秒	17時15分33秒

(1) 震源に最も近い地点を，A〜Cから選びなさい。

(2) 震度が最も小さかった地点を，A〜Cから選びなさい。

(3) 表の㋑の初期微動継続時間は何秒か。

(4) C地点の初期微動と主要動が始まった時刻を表したものを，表の㋐〜㋒から選びなさい。

(5) C地点の震源からの距離が54kmであった。このとき，震源からの距離が120kmの地点での初期微動継続時間は何秒であると考えられるか。

2

(1)	
(2)	
(3)	
(4)	
(5)	

目標 火山の形とマグマの関係，地震計の記録，火成岩と堆積岩の特徴，地層から読みとれることなどを整理しておこう。

自分の得点まで色をぬろう!

かんばろう! | もう一歩 | 合格!

0 60 80 100点

3》 右の図は，A，Bの火成岩，Cの堆積岩をそれぞれルーペを使って観察したものである。次の問いに答えなさい。

A

B

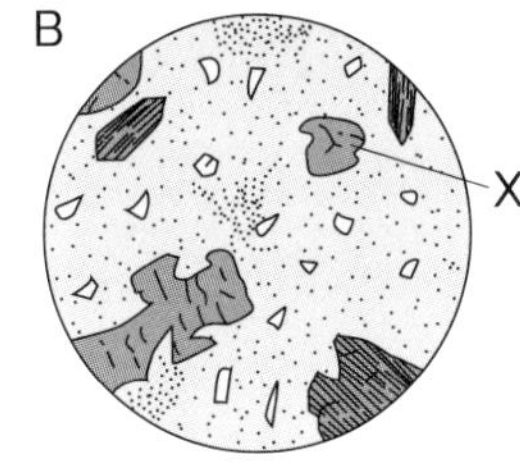

C

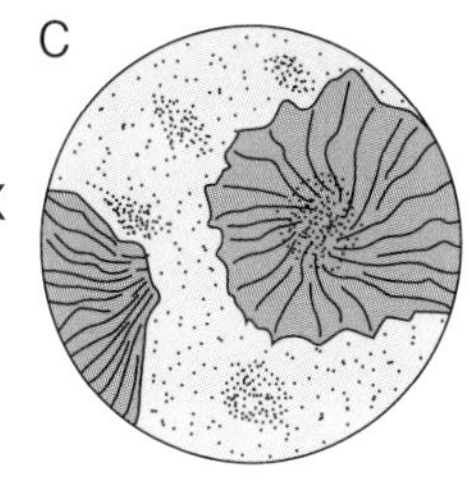

4点×5（20点）

(1) Aのような火成岩のつくりを何組織というか。

(2) Bの火成岩のXの部分を何というか。

(3) Aの火成岩のできる場所やでき方として適当なものを，次のア～エから選びなさい。

ア マグマが地表付近で短い時間で冷え固まった。

イ マグマが地表付近で長い時間をかけて冷え固まった。

ウ マグマが地下深くで短い時間で冷え固まった。

エ マグマが地下深くで長い時間をかけて冷え固まった。

(4) Cは，生物の骨格や殻からなり，うすい塩酸をかけると気体が発生した。

① うすい塩酸をかけたときに発生した気体は何か。

② Cの堆積岩を何というか。

3》

(1)		
(2)		
(3)		
(4)	①	
	②	

4》 右の図は，ある場所のがけに見られる地層を観察したスケッチである。B層には，aの地層のずれとbの曲がりが見られた。これについて，次の問いに答えなさい。

5点×6（30点）

A層 B層 ㋐ ㋑ ㋒

砂岩 れきをふくんだ砂岩 泥岩 火山灰

(1) 図のA層には火山灰からできた堆積岩が見られた。この堆積岩を何というか。

(2) 図のB層の㋐，㋒の地層からサンゴの化石が見つかった。㋐，㋒の地層が堆積した当時の環境はどのようであったと考えられるか。次のア～ウから選びなさい。

ア あたたかくて浅い海 イ 湖や河口 ウ 海の沖

(3) 図のB層の㋑の地層からアンモナイトの化石が見つかった。㋑の地層が堆積した地質年代を，次のア～ウから選びなさい。

ア 古生代 イ 中生代 ウ 新生代

(4) 下線部aの地層のずれを何というか。

(5) 下線部bの地層の曲がりを何というか。

(6) 図の地層では，下線部a，bはどちらが最初に起こったか。

4》

(1)	
(2)	
(3)	
(4)	
(5)	
(6)	

単元4

終わったら後ろの，5，17をやろう。

解答 p.34

理科の力をのばそう

計算力UP 注意して計算してみよう！

1 顕微鏡の倍率 顕微鏡には，「10×」「15×」と書かれた接眼レンズと，「4」「10」「40」と書かれた対物レンズがある。次の問いに答えなさい。

(1) 最初に顕微鏡で観察するとき，顕微鏡の倍率を何倍にするか。

(　　　　)

(2) 観察するものを最も大きく見るには，顕微鏡の倍率を何倍にするか。

(　　　　)

単元1 第1章
(1)最初は，観察するものを探しやすくするため，視野を広くする。

2 密度 次の問いに答えなさい。

(1) 銀のかたまりの質量を測定すると147gであり，体積を測定すると14cm^{3}であった。銀の密度は何g/cm^{3}か。

(　　　　)

(2) 銅のかたまりの体積を測定すると7.5cm^{3}であり，質量を測定すると67.2gであった。銅の密度は何g/cm^{3}か。

(　　　　)

(3) 密度2.7g/cm^{3}のアルミニウムのかたまりの質量を測定すると216gであった。このアルミニウムのかたまりの体積は何cm^{3}か。

(　　　　)

(4) 密度7.87g/cm^{3}の鉄のかたまりの体積を測定すると120cm^{3}であった。この鉄のかたまりの質量は何gか。小数第1位を四捨五入して，整数で答えなさい。

(　　　　)

単元2 第1章
密度は，ふつう1cm^{3}あたりの質量で表す。
(3)(4)求める値に合うように，式を変形してみよう。

3 質量パーセント濃度 次の問いに答えなさい。

(1) 砂糖水150gに砂糖が15gとけている。この砂糖水の質量パーセント濃度は何％か。(　　　　)

(2) 砂糖40gを水160gにとかしたとき，できた砂糖水の質量パーセント濃度は何％か。(　　　　)

(3) 質量パーセント濃度が8％の食塩水を200gつくることにした。このときに必要な食塩は何gか。

(　　　　)

(4) 質量パーセント濃度が0.5％の硝酸カリウム水溶液を400gつくりたい。このとき，硝酸カリウムと水は，それぞれ何g必要になるか。

硝酸カリウム(　　　　)　水(　　　　)

単元2 第3章
質量パーセント濃度は，溶質の質量が溶液全体の質量の何％にあたるかで表す。
(3)(4)求める値をxとして考えよう。

4 音の伝わる速さ 次の問いに答えなさい。

単元③ 第2章
(1)秒速は，1秒間に進んだ距離を表す。
(3)音は，かべではね返っていることに注意する。

(1) 1360mはなれたところの花火が開くのが見えてから，4秒後に音が聞こえた。このとき，空気中を伝わった音の速さは秒速何mか。

( )

(2) 打ち上げ花火の光が見えてから，その花火が開いた音が聞こえるまでの時間をストップウォッチではかると，5.5秒であった。音の速さを秒速340mとするとき，上空の花火が開いた位置から観測者までの距離は何mか。 ( )

(3) 理香さんは，かべに向かって大声を出すと，音がかべではね返り，3秒後に声が聞こえた。音の速さを秒速340mとして，次の問いに答えなさい。

① 理香さんが出した声が再び聞こえるまでで，音が伝わった距離は何mか。

( )

② 理香さんからかべまでの距離は何mか。

( )

5 地震によるゆれ 次の表は，ある地震で発生したP波とS波が，㋐～㋒の地点に到達した時刻を表したものである。

単元④ 第2章
(1)初期微動継続時間は，震源からの距離に比例して長くなる。
(2)波の伝わる速さは，震源からの距離÷伝わるのにかかった時間 で求める。

地点	震源からの距離	P波の到達時刻	S波の到達時刻
㋐	56km	10時26分57秒	10時27分04秒
㋑	88km	10時27分01秒	10時27分12秒
㋒	16km	10時26分52秒	10時26分54秒

(1) 初期微動継続時間について，次の問いに答えなさい。

① ㋐～㋒の地点の初期微動継続時間はそれぞれ何秒か。

㋐( ) ㋑( ) ㋒( )

② 震源からの距離が120kmの地点では初期微動継続時間は何秒と考えられるか。

( )

③ ある地点での初期微動継続時間は5秒であった。この地点の震源からの距離は何kmと考えられるか。

( )

(2) P波とS波の速さについて，次の問いに答えなさい。

① ㋐と㋑の地点において，震源からの距離の差は何kmか。 ( )

② ㋐と㋑の地点において，初期微動が起こった時刻の差は何秒か。

( )

③ ①，②より，P波の速さは秒速何kmか。 ( )

④ ㋐と㋑の地点において，主要動が起こった時刻の差は何秒か。

( )

⑤ ①，④より，S波の速さは秒速何kmか。 ( )

プラスワーク

作図力UP よく考えてかいてみよう！

6 花のつくり 右の図は，マツの雄花または雌花のりん片を示したものである。花粉が入っている部分を塗りつぶしなさい。

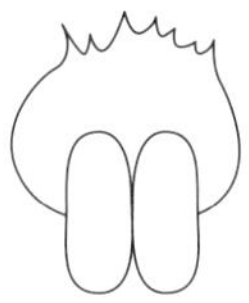

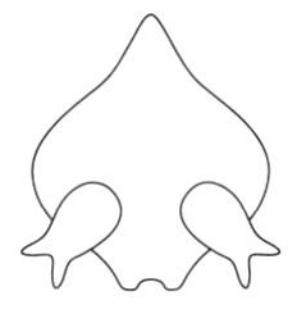

単元1 第2章
マツの花粉は，花粉のうに入っている。

7 葉と根のつくり トウモロコシの葉脈と根は，それぞれどのようになっているか。右の図にかき入れなさい。

茎

単元1 第2章
被子植物は，単子葉類と双子葉類に分類され，それぞれ葉脈と根のつくりが異なる。

8 砂糖が水にとけるときの粒子のモデル 次の図のAは砂糖を水に入れた直後，Bは30分後の砂糖の粒子のようすを示したものである。2週間後，砂糖が完全に水にとけたとき，砂糖の粒子はどのようになっているか。図のCに砂糖の粒子を●でかきなさい。

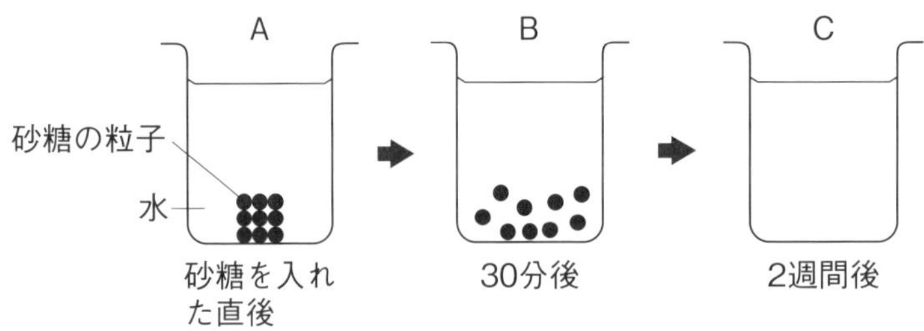

単元2 第3章
AとBでは粒子の数が変わっていないことに注目しよう。

9 光の屈折 次の図1のように鉛筆を立て，厚いガラスを通して鉛筆を見ると，鉛筆がずれて見えた。図2は，図1を真上から見たようすであり，点Qからガラスを通して鉛筆の側面上の点Pを観察すると，点P′の位置に見えた。点Pから点Qまでの光の道筋を，図2にかきなさい。

図1

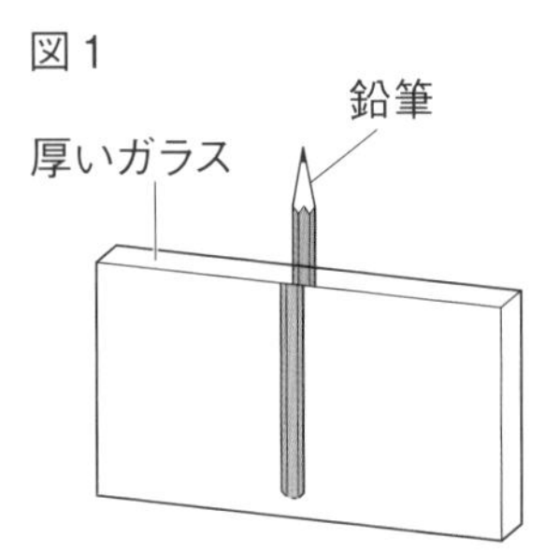

図2

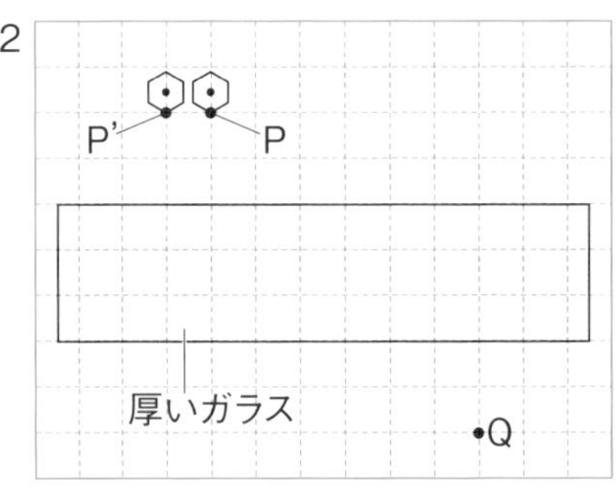

単元3 第1章
鉛筆からの光は，ガラスで屈折するため，ガラスを通して見える部分がずれて見える。

10 **実像の表し方** フィルター付きの光源，凸レンズ，スクリーンを並べ，それぞれの位置を変えたところ，右の図のときにスクリーンにはっきりとした像がうつった。次の問いに答えなさい。

フィルター付きの光源　スクリーン　P　光軸　Q　凸レンズ

(1) P点を出てQ点を通った光は，その後，スクリーンまでどのように進むか。光の道筋をかきなさい。作図に用いた線は残しておくこと。

(2) 凸レンズの焦点距離は何cmか。作図して求めなさい。ただし，方眼1目盛りを5cmとする。（　　　　）

単元③ 第1章
(1)P点から凸レンズの中心を通る光を作図する。
(2)P点から凸レンズの光軸に平行な光を作図する。

11 **虚像の表し方** 凸レンズの焦点の内側に物体を置いたとき，スクリーンをどこに動かしても像ができなかった。そこで，スクリーンをとりはずし，凸レンズを通して物体を見ると，物体と上下左右が同じ向きで大きな像が見えた。この像のでき方を，位置，長さ，向きがわかるようにかきなさい。ただし，図のFは焦点を示す。また，作図に用いた線は残しておくこと。

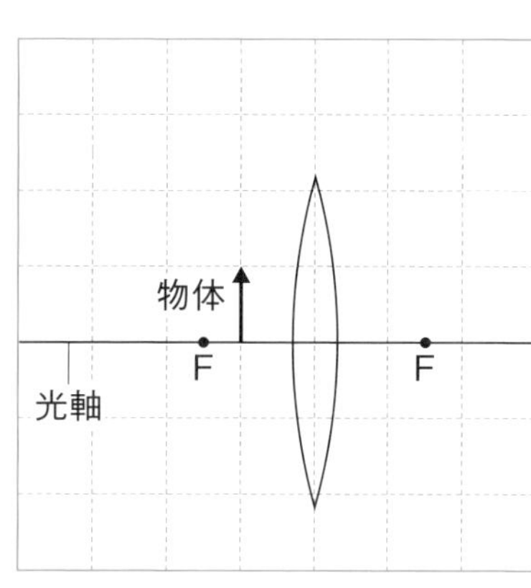

単元③ 第1章
物体の先端から出る光軸に平行な光と，凸レンズの中心を通る光を作図し，その2つの直線を物体側にのばす。

12 **力の表し方** 次の(1)，(2)のときの力を，力の矢印で表しなさい。ただし，100gの物体にはたらく重力の大きさを1N，方眼1目盛りを0.4Nとする。また，作用点は「・」で表すこと。

(1) 120gの物体にはたらく重力

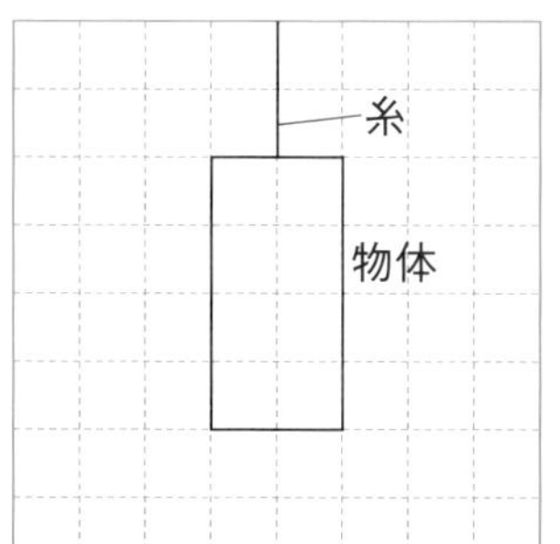

(2) 台が200gの球をおし返す垂直抗力

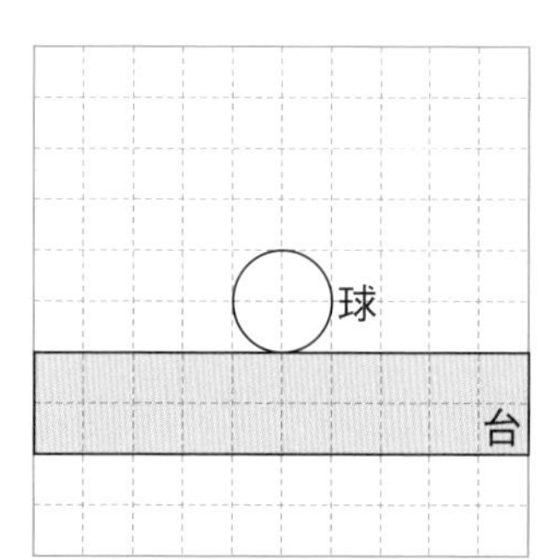

単元③ 第3章
力の向きに直線を引く。矢印の長さは，力の大きさに比例した長さにする。

プラスワーク

記述力UP 自分の言葉で表現してみよう！

13 **鏡筒上下式顕微鏡の使い方** 鏡筒上下式顕微鏡は，プレパラートと対物レンズを遠ざけながらピントを合わせる。その理由を答えなさい。

（　　　　　　　　　　　　　　　　　　　　　　　　）

単元①第1章
接眼レンズをのぞきながらピントを合わせるので，プレパラートと対物レンズの距離がわからない。

14 **気体の集め方** 右の図の方法では，酸素や二酸化炭素を集めることができる。これについて，次の問いに答えなさい。

(1) 図の集め方では，はじめのうちは気体を集めずに捨てる。その理由を答えなさい。

（　　　　　　　　　　　　　　　　　　　　　　　　）

(2) アンモニアは，図の集め方ではなく，上方置換法で集める。それは，アンモニアにどのような性質があるためか。

（　　　　　　　　　　　　　　　　　　　　　　　　）

単元②第2章
(1)はじめのうちは何が出てくるかを考える。
(2)上方置換法ではどのような性質の気体を集めただろうか。

15 **溶解度と再結晶** 80℃の塩化ナトリウムの飽和水溶液を20℃に冷やしても，ほとんど結晶が出てこない。その理由を「溶解度」という言葉を使って答えなさい。

（　　　　　　　　　　　　　　　　　　　　　　　　）

単元②第3章
塩化ナトリウムの溶解度曲線のグラフを思い出そう。

16 **音の伝わる速さ** 打ち上げ花火を遠くで見ていると，花火の光が見えてから音が聞こえるまでに少し時間がかかる。その理由を答えなさい。

（　　　　　　　　　　　　　　　　　　　　　　　　）

単元③第2章
光と音は，伝わる速さが異なる。

17 **火成岩のでき方** 深成岩はマグマがどのように冷えてできるか。マグマの冷える場所と冷え方についてふれて答えなさい。

（　　　　　　　　　　　　　　　　　　　　　　　　）

単元④第1章
火成岩は，冷え方のちがいによって，火山岩と深成岩ができる。

光の性質

●光の反射

反射の法則
入射角 ＝ 反射角

●光の屈折

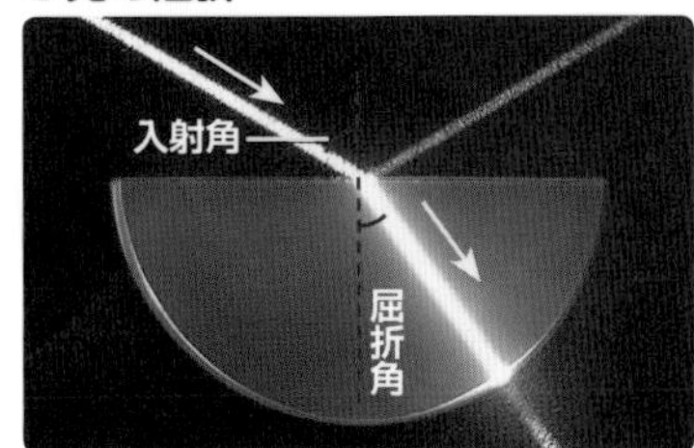

空気➡ガラス
入射角 ＞ 屈折角

ガラス➡空気のときは
入射角 ＜ 屈折角

●凸レンズ

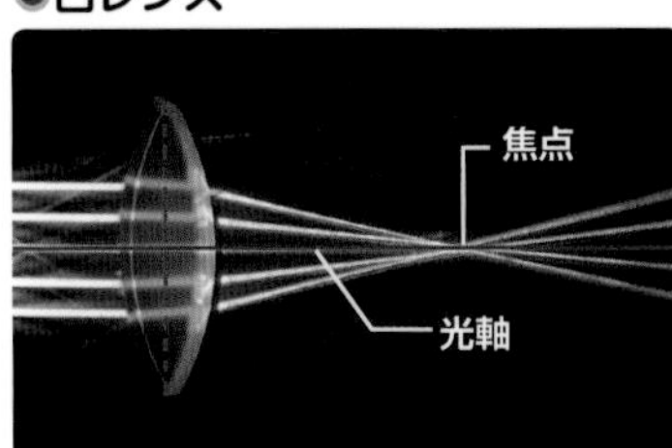

光軸に平行な光は，凸レンズを通った後，焦点に集まる。

●プリズムで分かれた光

複数の色が含まれる白色光をプリズムに通すと，色ごとに分かれる。

状態変化

●液体➡気体（エタノール）

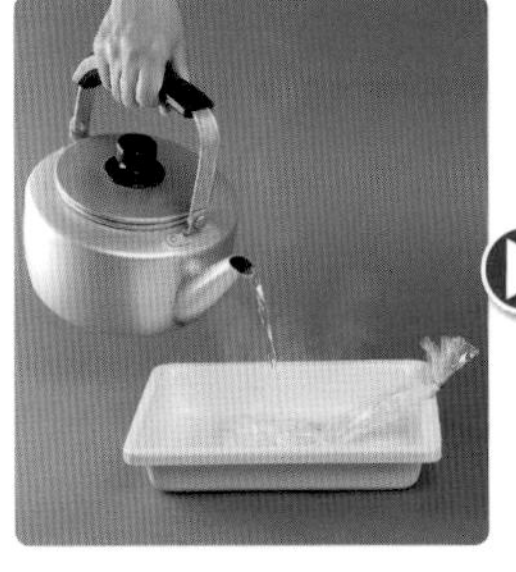

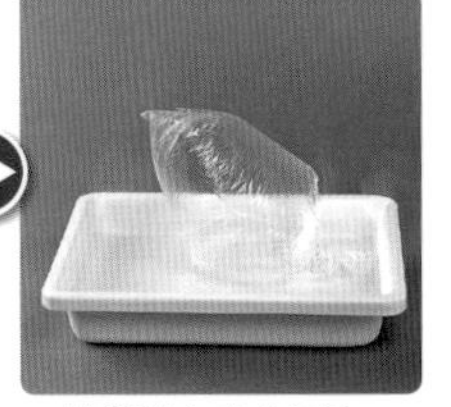

体積が大きくなる。

●液体➡固体（ろう）

体積が小さくなる。

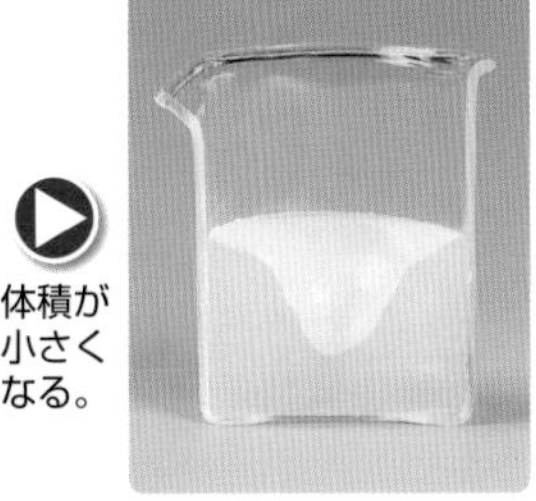

水は例外

水は液体から固体に変化するとき，体積が大きくなる。

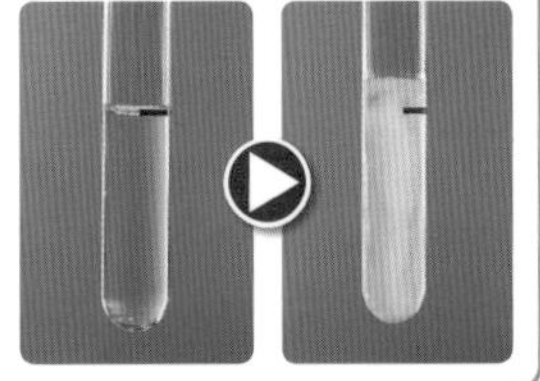

水溶液

砂糖の粒子が全体に広がり均一になる。
水溶液は，色はあるが透明である。

結晶

結晶は，物質によって決まった，規則正しい形をしている。

●硝酸カリウム

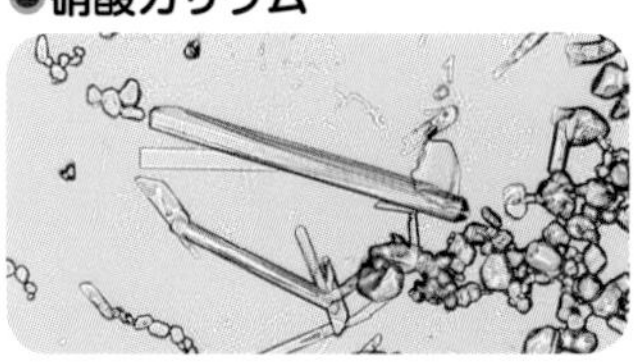

●塩化ナトリウム

●ミョウバン

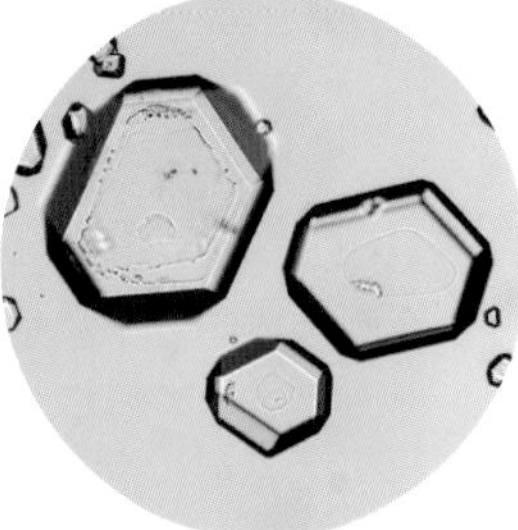

植物の分類

- 植物
  - 種子をつくらない植物
    - コケ植物：ゼニゴケ，スギゴケなど
      - ・根，茎，葉の区別なし。
      - ・胞子でふえる。
    - シダ植物：イヌワラビ，スギナなど
      - ・根，茎，葉の区別あり。
      - ・胞子でふえる。
  - 種子植物
    - 裸子植物（胚珠がむき出し）：マツ，イチョウなど
    - 被子植物（胚珠は子房の中）
      - 双子葉類
        - 合弁花類：ツツジ，アサガオなど
        - 離弁花類：サクラ，アブラナなど
      - 単子葉類：イネ，ツユクサなど

動物の分類

	脊椎動物（セキツイ動物）				
	魚　類	両生類	は虫類	鳥　類	哺乳類
呼吸	え　ら	えらや皮膚／肺や皮膚	肺		
子	卵　生				胎　生
例					

- 無脊椎動物
  - 節足動物
    - 〈昆虫類〉チョウ　トンボなど
    - 〈甲殻類〉エビ　カニなど
    - その他
  - 軟体動物：イカ　アサリ　マイマイなど
  - その他

主な鉱物とその特徴

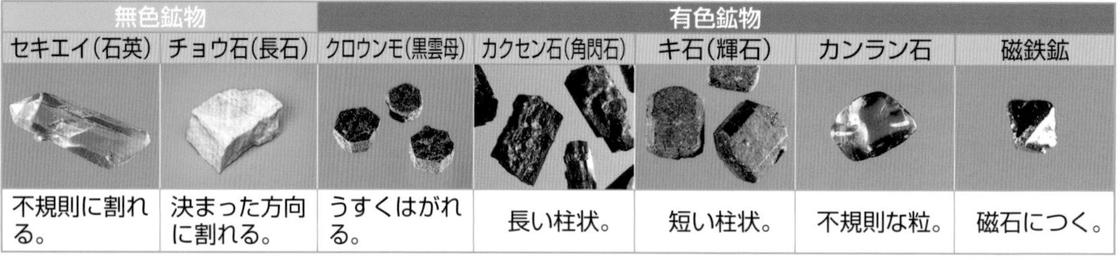

無色鉱物		有色鉱物				
セキエイ（石英）	チョウ石（長石）	クロウンモ（黒雲母）	カクセン石（角閃石）	キ石（輝石）	カンラン石	磁鉄鉱
不規則に割れる。	決まった方向に割れる。	うすくはがれる。	長い柱状。	短い柱状。	不規則な粒。	磁石につく。

示準化石

古生代	中生代	新生代
サンヨウチュウ	ティラノサウルス	ビカリア
フズリナ	アンモナイト	ナウマンゾウ

定期テスト対策

得点アップ! 予想問題

1 この「**予想問題**」で実力を確かめよう!

2 「**解答と解説**」で答え合わせをしよう!

3 わからなかった問題は戻って復習しよう!

この本での学習ページ

スキマ時間でポイントを確認!
別冊「**スピードチェック**」も使おう

●予想問題の構成

回数	教科書ページ	教科書の内容	この本での学習ページ
第1回	10〜44	第1章　生物の観察と分類のしかた 第2章　植物の分類	2〜23
第2回	45〜71	第3章　動物の分類	24〜37
第3回	72〜102	第1章　身のまわりの物質とその性質 第2章　気体の性質	38〜53
第4回	103〜141	第3章　水溶液の性質 第4章　物質の姿と状態変化	54〜71
第5回	142〜170	第1章　光の世界 第2章　音の世界	72〜89
第6回	171〜193	第3章　力の世界	90〜105
第7回	194〜249	第1章　火をふく大地 第2章　動き続ける大地 第3章　地層から読みとる大地の変化	106〜131

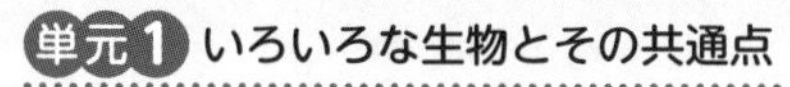

第1回 予想問題

第1章　生物の観察と分類のしかた
第2章　植物の分類

解答 p.37

40分　　/100

1 右の図のステージ上下式顕微鏡の使い方と生物の分類について，次の問いに答えなさい。　3点×5（15点）

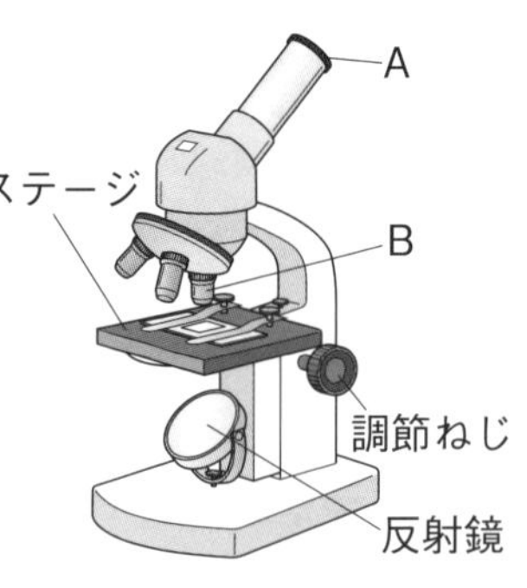

(1) 顕微鏡は，どのような明るさの場所に置いて使うか。「直射日光」という言葉を使って答えなさい。

(2) 図のA，Bの部分をそれぞれ何というか。

(3) 次のア〜エは，顕微鏡の使い方について説明したものである。ア〜エを，操作の順に並べなさい。

ア　プレパラートをステージにのせる。

イ　調節ねじを回してピントを合わせる。

ウ　真横から見ながら調節ねじを回し，プレパラートとBのレンズを近づける。

エ　反射鏡を調節して，全体が明るく見えるようにする。

(4) 生物の分類について正しく述べたものを，次のア〜ウから選びなさい。

ア　分類する基準は，生物によって決まっている。

イ　共通点をもつ生物は，同じグループにまとめる。

ウ　同じ生物の組み合わせで分類すると，いつも同じ結果になる。

(1)		(2)	A	
(2)	B		(3)	→ → →	(4)	

2 右の図は，種子をつくる植物の花のつくりを模式的に示したものである。これについて，次の問いに答えなさい。　5点×7（35点）

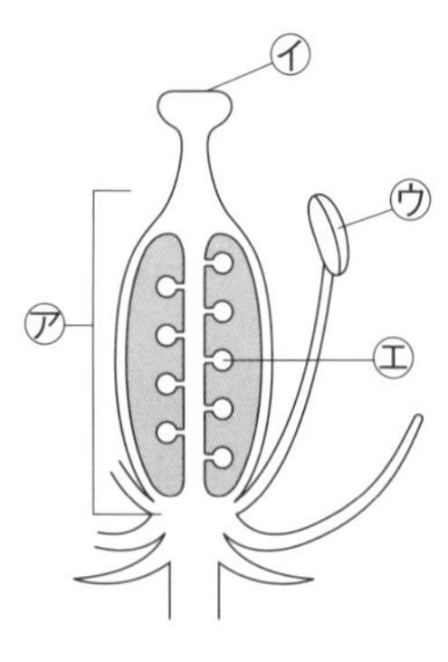

(1) ㋐と㋒の部分を，それぞれ何というか。

(2) 次の①〜③にあてはまるつくりを，図の㋐〜㋓からそれぞれ選びなさい。

① 花粉がつくられるつくり

② 受粉後，種子になるつくり

③ 受粉後，果実になるつくり

(3) 種子をつくる植物のうち，㋐がある花をさかせる植物のなかまを何というか。

(4) 種子をつくる植物のうち，マツのように，㋐がなく，㋓がむき出しになっている花をさかせる植物のなかまを何というか。

(1)	㋐		㋒		(2)	①		②		③	
(3)		(4)									

3 右の図は，イヌワラビのからだのつくりを示したものである。これについて，次の問いに答えなさい。

3点×5（15点）

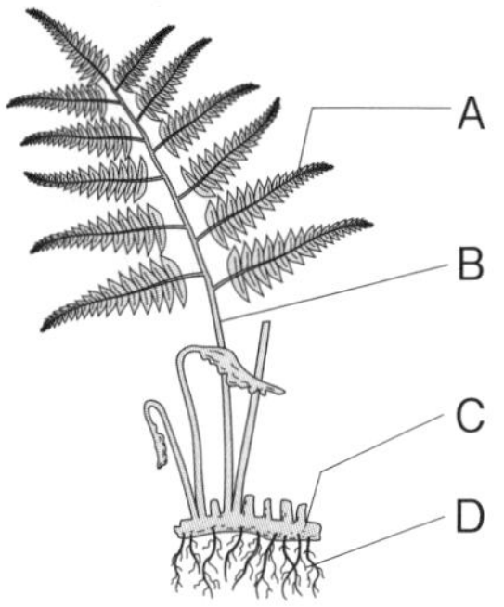

A
B
C
D

(1) イヌワラビは何によってふえるか。

(2) (1)を観察するとき，どの部分から採取するか。図のA〜Dから選びなさい。

(3) イヌワラビの茎はどこか。図のA〜Dから選びなさい。

(4) 植物を分類したとき，イヌワラビは何植物というなかまに分類されるか。

(5) イヌワラビの特徴を，次のア〜エから選びなさい。

ア 果実ができる。　イ 花をさかせる。

ウ 雄株と雌株がある。　エ 葉，茎，根の区別がある。

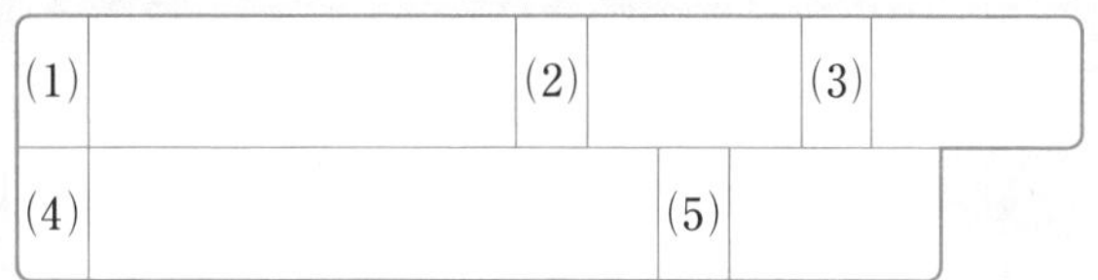

4 右の図は，植物を㋐〜㋒の特徴によって分類したものである。これについて，次の問いに答えなさい。

5点×7（35点）

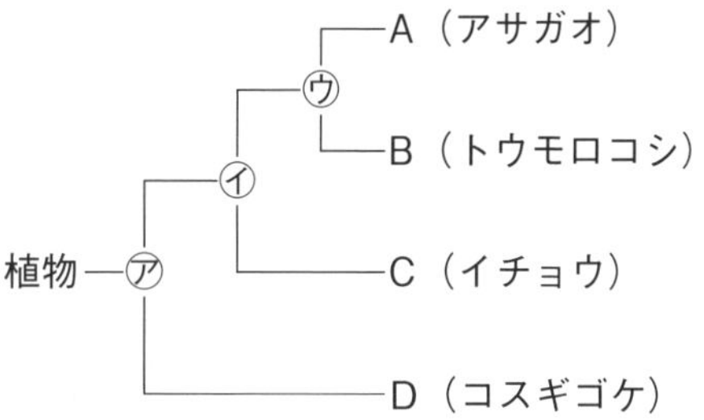

植物—㋐—㋑—㋒—A（アサガオ）
B（トウモロコシ）
C（イチョウ）
D（コスギゴケ）

(1) 図の㋐〜㋒にあてはまる特徴を，次のア〜ウからそれぞれ選びなさい。

ア 子葉が２枚か１枚か。

イ 種子をつくるかつくらないか。

ウ 胚珠が子房の中にあるか，むき出しになっているか。

(2) 図の植物のうち，花をさかせるが，果実ができないものはどれか。図のA〜Dから選びなさい。

(3) 図のAの植物のなかまの葉脈，根のようすはどれか。右の㋐〜㋓から２つ選びなさい。

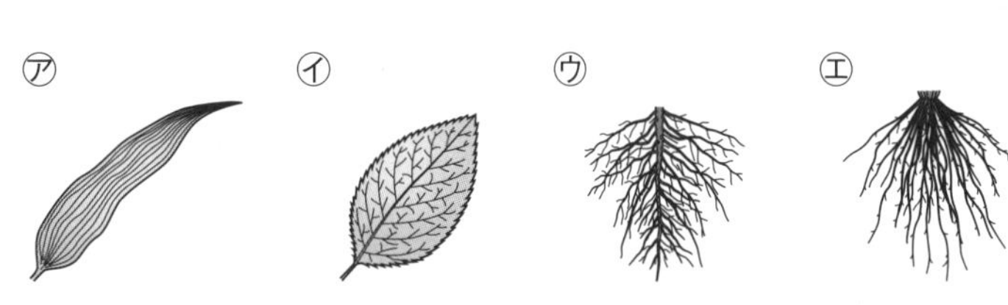

(4) BとCと同じなかまを，次のア〜カからそれぞれ選びなさい。

ア スギ　イ ゼンマイ　ウ イネ

エ サクラ　オ アブラナ　カ エゾスナゴケ

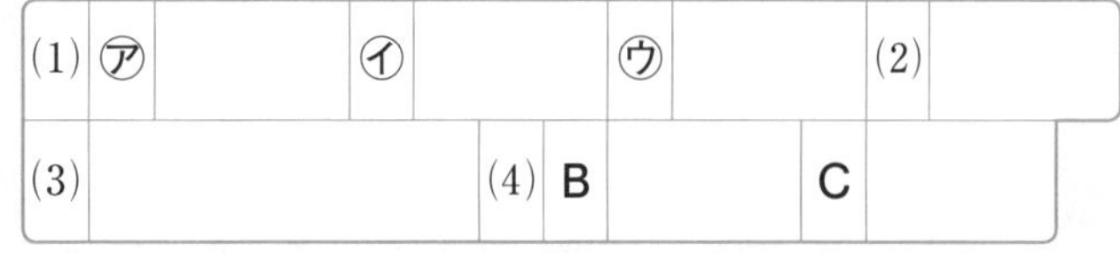

解答 p.37

第2回 予想問題　第3章　動物の分類

/100

1 次の図は，身のまわりに見られる５種類の動物の骨のようすを示したものである。これについて，あとの問いに答えなさい。

5点×7（35点）

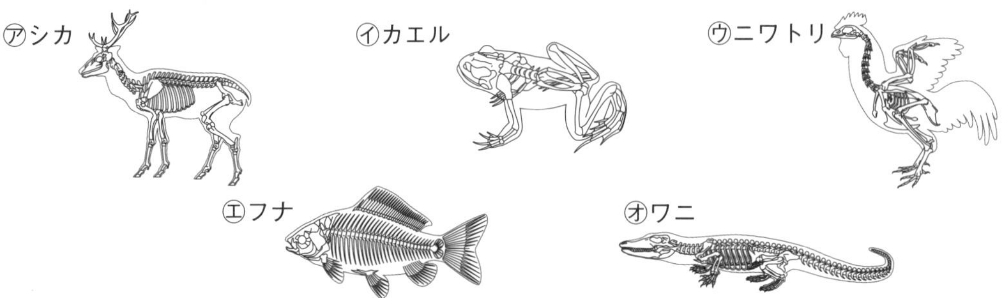

(1) 図のすべての動物に共通している特徴は何か。

(2) (1)のような特徴をもつ動物を何というか。

(3) 一生泳ぐのに適した体形をしているものはどれか。図の㋐〜㋔から選びなさい。

(4) 母親の体内である程度育った，親と似たすがたの子をうむものはどれか。図の㋐〜㋔から選びなさい。

(5) (4)のような子のうまれ方を何というか。

(6) 親が卵をうんで，卵から子がかえるような子のうまれ方を何というか。

(7) 水中に卵をうむものはどれか。図の㋐〜㋔からすべて選びなさい。

(1)		(2)		(3)	
(4)		(5)		(6)		(7)	

2 右の図は，カブトムシのからだをスケッチしたものである。これについて，次の問いに答えなさい。

2点×5（10点）

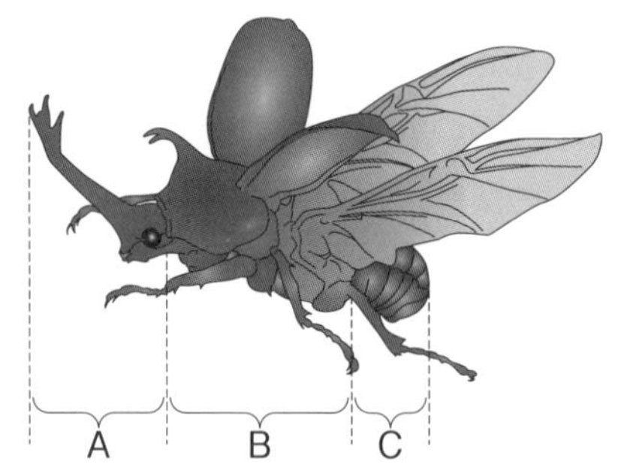

(1) カブトムシのからだは，A，B，Cの３つの部分に分かれている。A〜Cの部分をそれぞれ何というか。

(2) カブトムシは，BとCの部分にあるあなから空気をとりこんで呼吸を行う。このあなを何というか。

(3) カブトムシのからだをおおう殻を何というか。

(1)	A		B		C	
(2)		(3)				

3 次のA〜Dは，背骨のない動物である。これについて，あとの問いに答えなさい。

5点×7（35点）

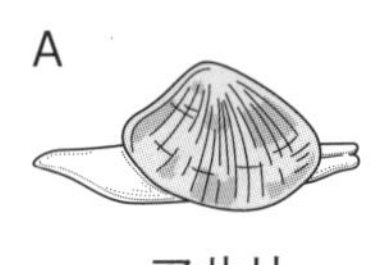

アサリ

カニ

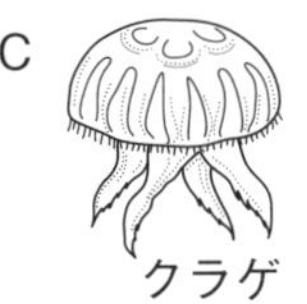

クラゲ

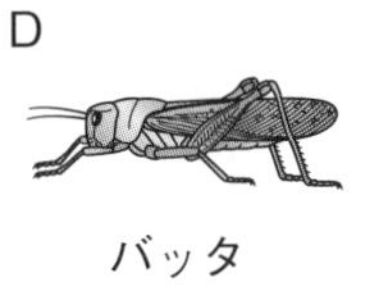

バッタ

(1)　図の動物のように，背骨のない動物をまとめて何というか。

(2)　B，Dの動物のなかまは，どちらもからだとあしに節がある動物である。これらの動物をまとめて何というか。

(3)　Aの動物のなかまは，内臓が膜でおおわれている。この膜を何というか。

(4)　図のA〜Dの動物はどのなかまに入るか。次のア〜エからそれぞれ選びなさい。

ア　昆虫類　　イ　甲殻類　　ウ　軟体動物　　エ　その他の動物

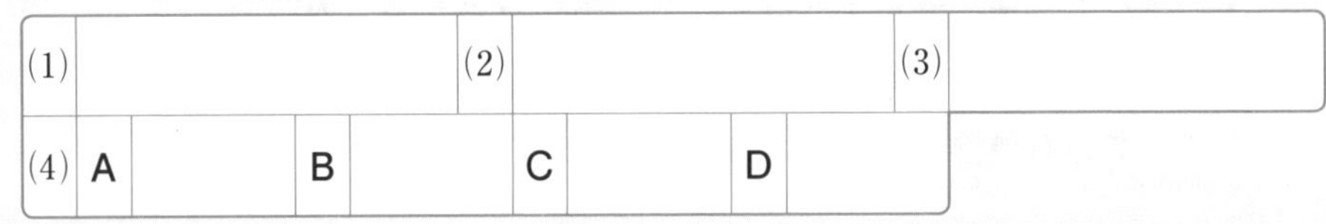

4 右の図は，身のまわりの動物をさまざまな特徴で分類したものである。これについて，次の問いに答えなさい。

2点×10（20点）

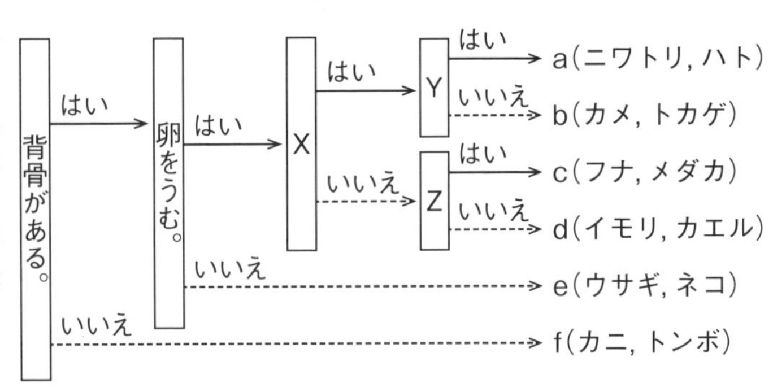

(1)　図のX〜Zにあてはまる特徴は何か。次のア〜エからそれぞれ選びなさい。

ア　体表が羽毛でおおわれている。

イ　一生えらで呼吸をする。

ウ　卵に殻がある。

(2)　図のa〜eの動物のグループの名前をそれぞれ答えなさい。

(3)　図のc，eに分類される動物はどれか。次のア〜エからそれぞれ選びなさい。

ア　サンショウウオ　　イ　コウモリ　　ウ　ウニ

エ　タツノオトシゴ　　オ　ワシ　　カ　カナヘビ

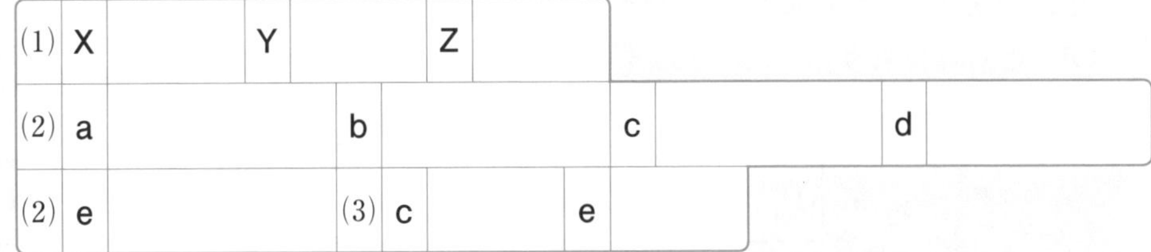

解答 p.38

第3回 予想問題　第1章 身のまわりの物質とその性質　第2章 気体の性質

/100

1 次のA～Gの物質の性質を調べた。これについて，あとの問いに答えなさい。ただし，スチールかんは，表面を紙やすりでみがいて実験を行った。　5点×6(30点)

A　ノート	B　10円硬貨	C　ガラスのコップ	D　スチールかん
E　アルミニウムはく	F　ペットボトル	G　鉄くぎ	

(1) スチールかんの表面を紙やすりでみがいたとき，表面に見られるかがやきを何というか。
(2) 電気を通すものを，A～Gからすべて選びなさい。
(3) 磁石につくものを，A～Gからすべて選びなさい。
(4) 非金属である物質を，次のア～カからすべて選びなさい。
　ア　紙　　イ　銅　　ウ　ガラス
　エ　鉄　　オ　アルミニウム　　カ　プラスチック
(5) (4)のア～カの物質のうち，有機物はどれか。すべて選びなさい。
(6) すべての有機物に共通してふくまれる物質は何か。

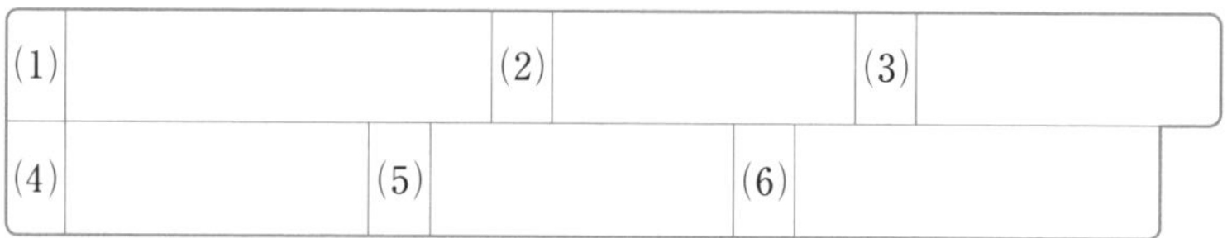

2 金属Aを上皿てんびんにのせて質量をはかったところ，118.1gであった。次に，50.0cm³の水を入れたメスシリンダーの中に金属Aを入れたところ，水面が右の図のようになった。これについて，次の問いに答えなさい。　5点×4(20点)

(1) 物体の質量をはかるときの上皿てんびんの使い方として正しいものを，次のア～ウから選びなさい。
　ア　針が左右にふれないときは，皿をもって針を中央に止める。
　イ　分銅を皿にのせるときは，はかる物より少し軽いと思われる分銅をのせる。
　ウ　つり合ったときの分銅の質量の合計が物体の質量である。
(2) 金属Aの体積は何cm³か。
(3) 金属Aの密度は何g/cm³か。小数第2位を四捨五入して小数第1位まで求めなさい。
(4) 金属Aを，密度が13.55g/cm³の水銀と，密度が0.91g/cm³の菜種油にそれぞれ入れたとき，金属Aはどうなるか。次のア～エから選びなさい。
　ア　どちらにもうく。　　イ　水銀にはうくが，菜種油にはしずむ。
　ウ　どちらにもしずむ。　　エ　水銀にはしずむが，菜種油にはうく。

(1)		(2)		(3)		(4)	

3 右の図のように，鉄にうすい塩酸を加えて気体を発生させた。これについて，次の問いに答えなさい。　5点×5（25点）

(1) 図のような気体の集め方を何というか。

(2) 図の方法で気体を集めるとき，気体が発生してからしばらくしてから集める。この理由として適当なものを，次の**ア**〜**ウ**から選びなさい。

ア　最初は，試験管の中の空気が出てくるから。

イ　最初は，別の気体が発生しているから。

ウ　最初は，水槽の水が逆流することがあるから。

うすい塩酸

鉄

(3) 図のときに発生する気体は何か。

(4) (3)の気体が図の方法で集められるのは，この気体にどのような性質があるためか。

(5) (3)の気体を集めた試験管に火を近づけると，気体はどうなるか。

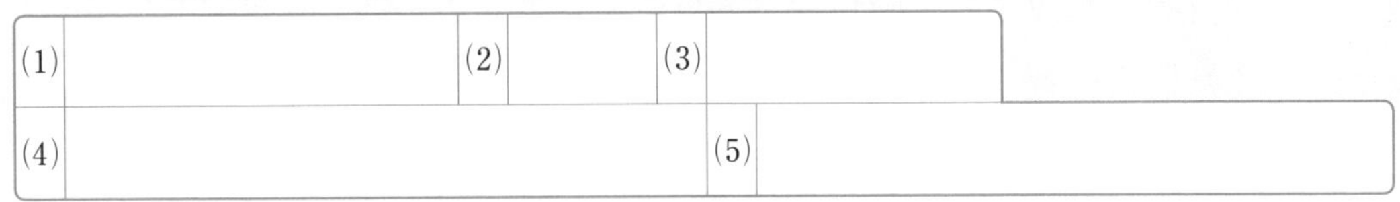

(1)		(2)		(3)	
(4)		(5)			

4 次のような手順で気体を発生させた。あとの問いに答えなさい。　5点×5（25点）

〈**手順1**〉 図1のように，二酸化マンガンにオキシドールを加えて気体**A**を発生させ，試験管に集めた。

〈**手順2**〉 図2のように，気体**A**の中に火がついた木炭を入れ，火が消えた後，集気びんの中に石灰水を入れてふった。

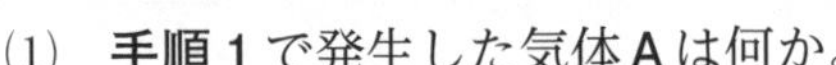

(1) **手順1**で発生した気体**A**は何か。

(2) 気体**A**の性質や特徴として正しいものを，次の**ア**〜**エ**から選びなさい。

ア　水にとけて酸性を示す。　**イ**　黄緑色をしている。

ウ　刺激臭がある。　**エ**　空気中に体積の割合で約21％ふくまれている。

(3) **手順2**で石灰水を入れてふったとき，石灰水はどうなるか。

(4) (3)から，**手順2**で発生した気体は何であるとわかるか。

(5) (4)と同じ気体を発生させる方法を，次の**ア**〜**ウ**から選びなさい。

ア　貝がらにうすい塩酸を入れる。　**イ**　亜鉛に硫酸を加える。

ウ　塩化アンモニウムと水酸化カルシウムの混合物を熱する。

(1)		(2)		(3)	
(4)		(5)			

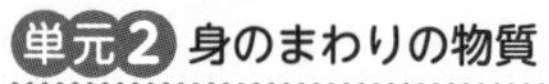

第4回 予想問題 第3章 水溶液の性質 第4章 物質の姿と状態変化

1 右の図のように，砂糖15gと水135gを加えてよくかき混ぜ，砂糖水をつくった。これについて，次の問いに答えなさい。 5点×4（20点）

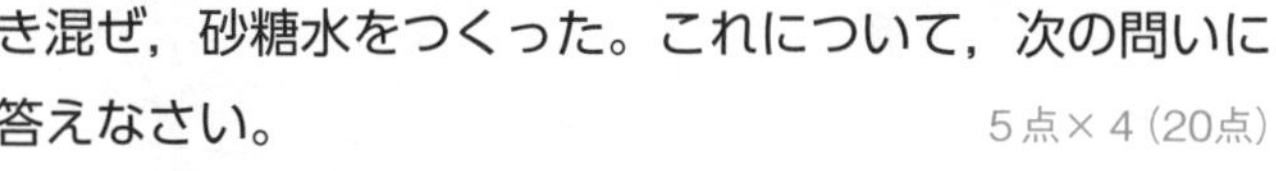

砂糖15g　水135g　砂糖水

(1) 砂糖水を水溶液とよぶとき，水は何とよぶか。

(2) 砂糖水のように，いくつかの物質が混じり合ったものを何というか。

(3) 図の砂糖水の質量パーセント濃度は何%か。

(4) 水溶液の性質として共通する特徴を，次のア〜ウから選びなさい。

ア 無色透明である。

イ 顕微鏡で観察すると，とけた物質が見える。

ウ 水溶液のこさはどこも同じである。

(1)	(2)	(3)	(4)

2 3つのビーカーに40℃の水を100gずつ入れ，それぞれに硝酸カリウムを20g，50g，80g加え，40℃に保ったままよくかき混ぜた。次に，これらを20℃になるまでゆっくり冷やした。図1は，実験の結果をまとめたものである。図2は，100gの水にとける硝酸カリウムの質量と水の温度との関係を示している。あとの問いに答えなさい。 5点×4（20点）

図1

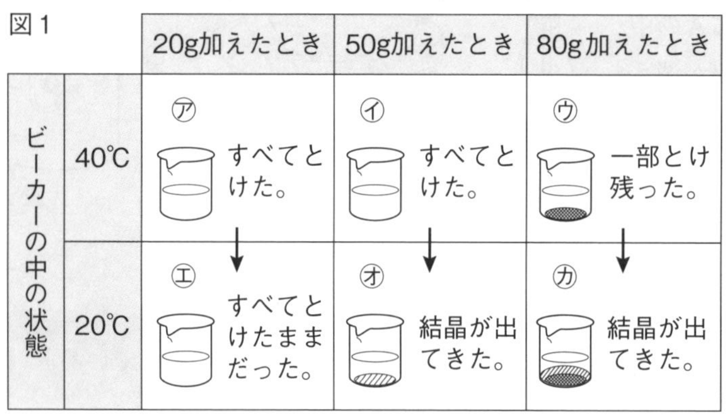

ビーカーの中の状態		20g加えたとき	50g加えたとき	80g加えたとき
	40℃	㋐ すべてとけた。	㋑ すべてとけた。	㋒ 一部とけ残った。
	20℃	㋓ すべてとけたままだった。	㋔ 結晶が出てきた。	㋕ 結晶が出てきた。

図2

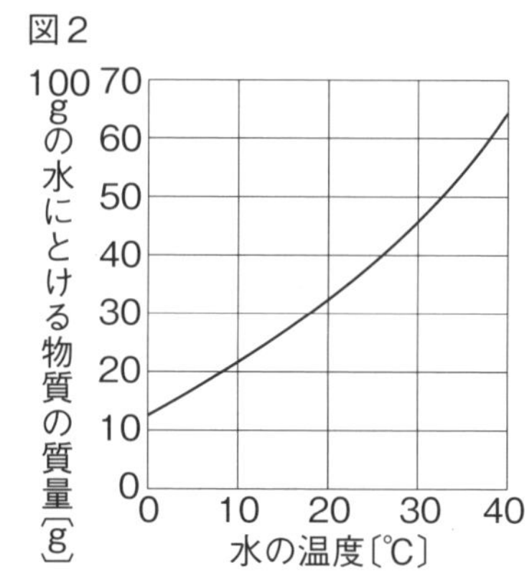

(1) 図1の㋐〜㋕のうち，飽和水溶液はどれか。すべて選びなさい。

(2) 物質を100gの水にとかして飽和水溶液にしたときの，とけた物質の質量を何というか。

(3) 図1の㋔の水溶液に出てきた結晶は約何gか。次のア〜エから選びなさい。

ア 8g　**イ** 18g　**ウ** 28g　**エ** 38g

(4) 図1のように，固体の物質をいったん水にとかし，再び結晶としてとり出すことを何というか。

(1)	(2)	(3)	(4)

3 右の図は，100gの氷をゆっくりと加熱していったときの温度変化をグラフに示したものである。これについて，次の問いに答えなさい。

5点×7（35点）

(1) 温度によって物質の状態が変わることを何というか。

(2) 図の㋐，㋑の温度のとき，加熱しても，しばらく温度は上昇しなかった。㋐，㋑の温度をそれぞれ何というか。

(3) 図のa，bでは，氷はどのような状態になっているか。次のア〜カからそれぞれ選びなさい。

ア 固体　　イ 液体　　ウ 固体と液体

エ 気体　　オ 液体と気体　　カ 固体と気体

(4) 液体と気体をようすについて正しく述べたものを，次のア〜エから選びなさい。

ア 液体の方が，粒子が活発に運動している。　イ 液体の方が，質量が大きい。

ウ 気体の方が，粒子の数が多い。　エ 気体の方が，体積が大きい。

(5) 200gの氷をゆっくりと加熱すると㋑の温度はどうなるか。次のア〜ウから選びなさい。

ア 100℃より高くなる。　イ 100℃より低くなる。　ウ 100℃である。

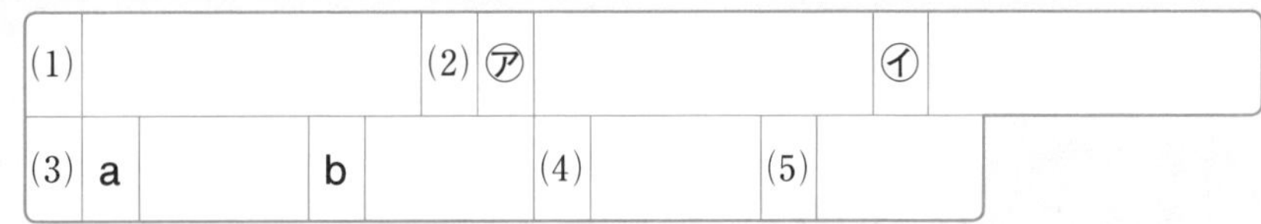

4 右の図のような装置で，エタノール3 cm^3 と水17 cm^3 の混合物を熱し，出てきた液体を約2 cm^3 ずつ試験管A，B，Cの順に集めた。これについて，次の問いに答えなさい。

5点×5（25点）

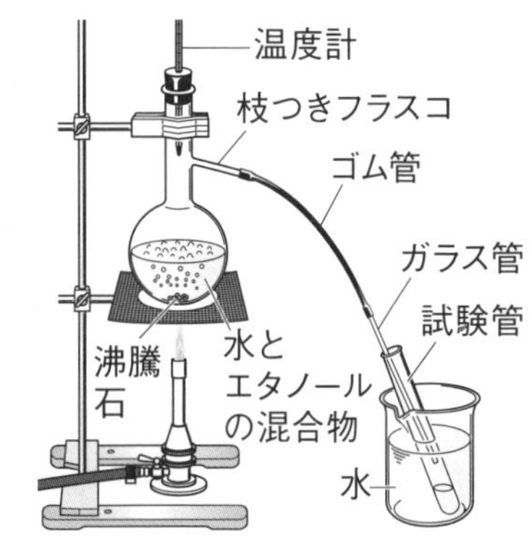

(1) 試験管Aに液体が出てきた温度として適当なものを，次のア〜ウから選びなさい。

ア 40〜50℃　イ 70〜80℃　ウ 90℃以上

(2) 試験管Aに集まった液体を，次のア〜ウから選びなさい。

ア 水を多くふくむ液体

イ エタノールを多くふくむ液体　ウ 同じ量の水とエタノールをふくむ液体

(3) 試験管A，Cに集まった液体をろ紙にひたして火をつけるとそれぞれどうなるか。

(4) この実験のように，液体を熱して沸騰させ，出てくる蒸気を冷やして再び液体としてとり出すことを何というか。

第5回 予想問題 第1章 光の世界 第2章 音の世界

1 光の進み方について，次の問いに答えなさい。

6点×3（18点）

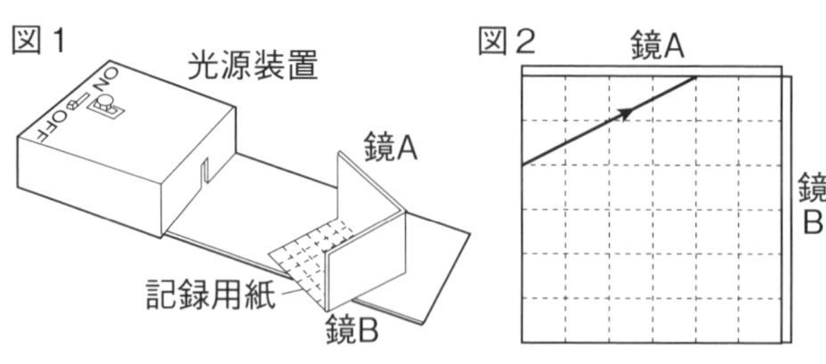

⑴ 図1のように，鏡Aに光源装置の光を当て，光の進む道筋を記録用紙に記入した。図2は，図1の記録用紙を真上から見たもので，鏡Aに当たるまでの光の進む道筋がかかれている。鏡Aに当たった後の光の進む道筋を，図2にかきなさい。

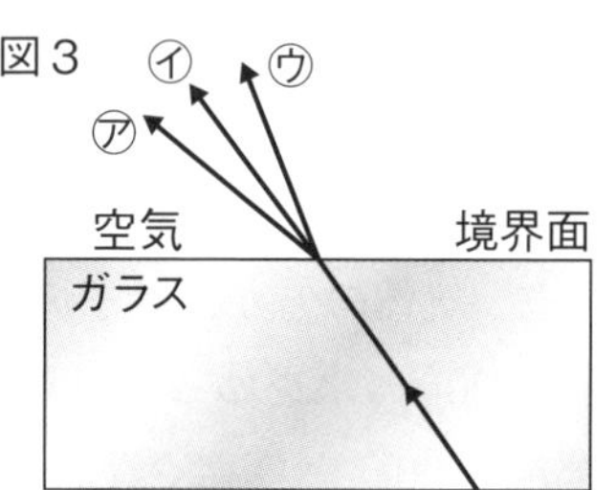

⑵ 図3のようにガラスから空気側へ光を当てた。この後，光はどの向きへ進むか。図3の㋐～㋒から選びなさい。

⑶ 図3で光を当てる角度を変えると，光は空気中に出ていかなくなり，境界面ですべての光がはね返った。この現象を何というか。

⑴	図2に記入	⑵		⑶	

2 光学台に物体，凸レンズ，スクリーンを置き，それぞれの位置を変えた。右の図は，スクリーン上に物体と同じ大きさの像がうつったときの位置関係を示している。これについて，次の問いに答えなさい。

6点×5（30点）

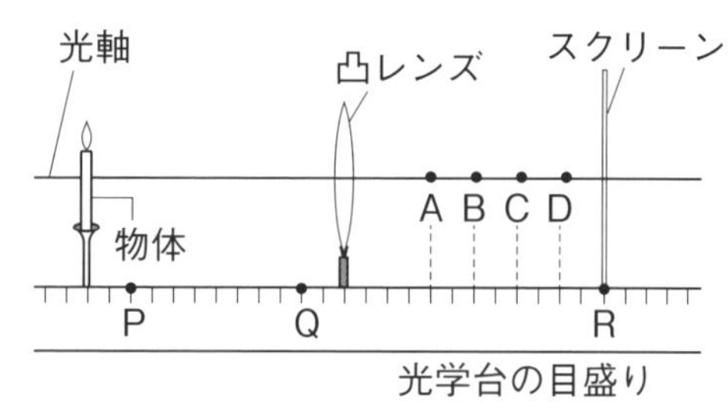

⑴ 凸レンズの焦点を，図のA～Dから選びなさい。

⑵ 図のとき，スクリーン上にできた像を何というか。

⑶ ⑵の像は，物体と比べてどのような向きにできるか。

⑷ 物体をPに置いたとき，スクリーン上にできる像について正しいものを，次のア～エから選びなさい。

ア 像は凸レンズに近づき，小さくなる。 **イ** 像は凸レンズから遠ざかり，小さくなる。
ウ 像は凸レンズに近づき，大きくなる。 **エ** 像は凸レンズから遠ざかり，大きくなる。

⑸ 物体をQに置いたとき，スクリーン上には像がうつらなかったため，物体の反対側から凸レンズをのぞくと，物体よりも大きな像が見えた。この像を何というか。

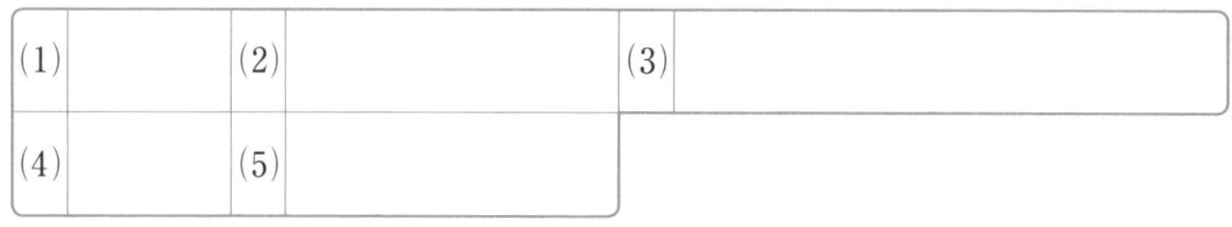

⑴		⑵		⑶	
⑷		⑸			

3 右の図は，遠くにある木を凸レンズで見たようすである。これについて，次の問いに答えなさい。 6点×2(12点)

(1) 図のような像を何というか。
(2) 図の像について正しいものを，次のア〜エから選びなさい。
ア 物体が凸レンズの焦点の内側にあるときにできる。
イ 物体よりも，いつも大きくなる。
ウ 実際に光が集まっている。
エ 物体と同じ向きにできる。

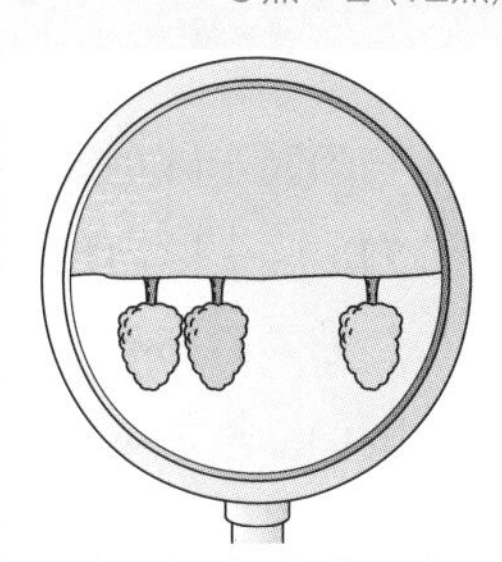

4 打ち上げ花火の光が見えてから７秒後に音が聞こえた。これについて，次の問いに答えなさい。 5点×4(20点)

(1) 音を出すものを何というか。
(2) 音はどのようなものを伝わるか。次のア〜ウから選びなさい。
ア 空気などの気体だけを伝わる。
イ 空気などの気体，水などの液体だけを伝わる。
ウ 空気などの気体，水などの液体，鉄などの固体を伝わる。
(3) 音と光の伝わる速さを比べたとき，速いのはどちらか。
(4) 花火の光を見た場所から花火を打ち上げた地点まで距離は何mか。ただし，空気中を伝わる音の速さを秒速340mとする。

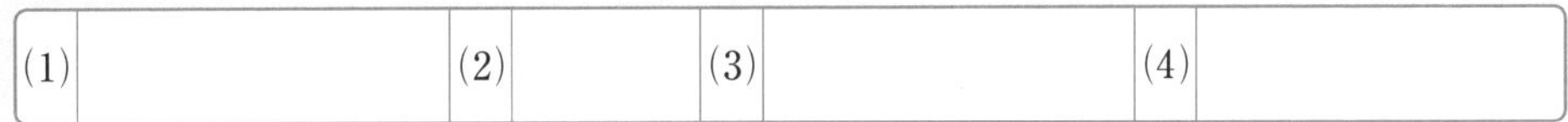

5 次の図は，さまざまな音の波のようすを，簡易オシロスコープを使って調べたものである。これについて，あとの問いに答えなさい。 5点×4(20点)

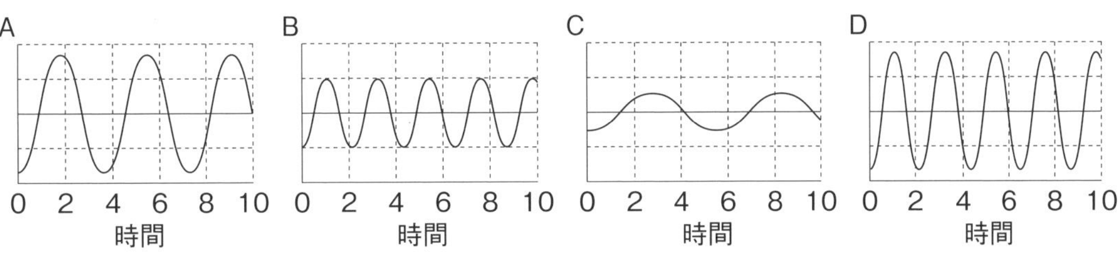

(1) 音の振動数の単位は何か。
(2) Aと同じ大きさの音はどれか。B〜Dから選びなさい。
(3) 同じ高さの音はどれとどれか。A〜Dから２つ選びなさい。
(4) 音の大きさが最も小さくて，音の高さが最も低いものはどれか。A〜Dから選びなさい。

(1)		(2)		(3)	と	(4)	

解答 p.39

第6回 予想問題　第３章　力の世界

40分　/100

1 右の図１は地球上の物体にはたらく力，図２は自転車のブレーキを示したものである。これについて，次の問いに答えなさい。 6点×5（30点）

図１

図２

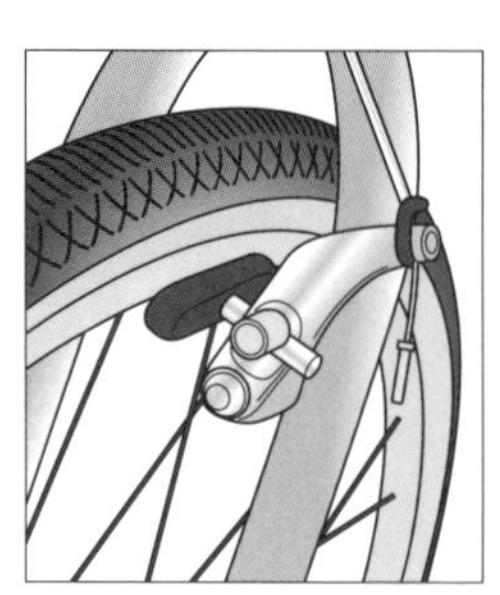

(1) 力には，３つのはたらきがある。次の(　)にあてはまる言葉を答えなさい。

㋐ 物体の(　①　)を変える。　　㋑ 物体の(　②　)の状態を変える。
㋒ 物体を(　③　)。

(2) 図１のように，物体が地球の中心に向かって引かれる力を何というか。

(3) 図２の自転車のブレーキをかけると，タイヤの回転が止まった。このタイヤの回転を止めた力を何というか。

(1)	①		②		③	
(2)		(3)				

2 右の図１のように，ばねAにおもりをつるし，ばねに力を加えたときのばねののびを調べた。ばねBについても同様の実験を行った。図２は，これらの結果をグラフに示したものである。これについて，次の問いに答えなさい。

4点×6（24点）

図１

ばねののび

図２

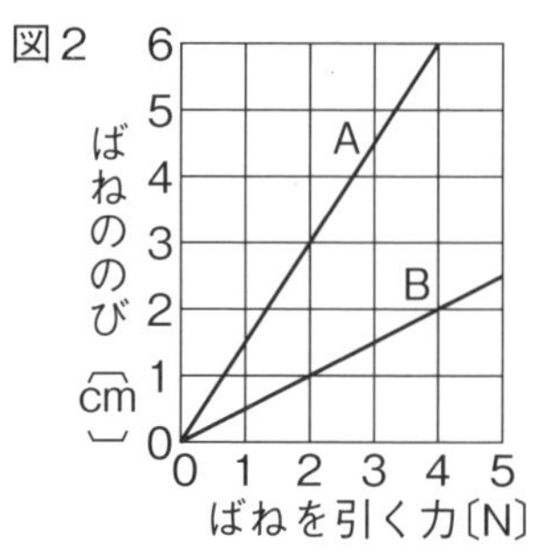

(1) ばねを引くと，ばねがもとにもどる向きに力がはたらく。この力を何というか。

(2) ばねA，Bのうち，のびにくいばねはどちらか。

(3) 図２のグラフから，ばねののびとばねを引く力の大きさとの間には，どのような関係があることがわかるか。

(4) (3)の関係を何の法則というか。

(5) ばねAに６Nの力を加えたとき，ばねののびは何cmになるか。

(6) ばねBののびが５cmであるとき，ばねBに加わっている力は何Nか。

(1)		(2)		(3)	
(4)		(5)		(6)	

3 右の図のように，地球上で上皿てんびんを使って物体Ａを測定すると，360gの分銅とつり合った。これについて，次の問いに答えなさい。ただし，地球上で，100gの物体にはたらく重力の大きさを1N，月面上の重力の大きさは地球上の$\frac{1}{6}$とする。　5点×3（15点）

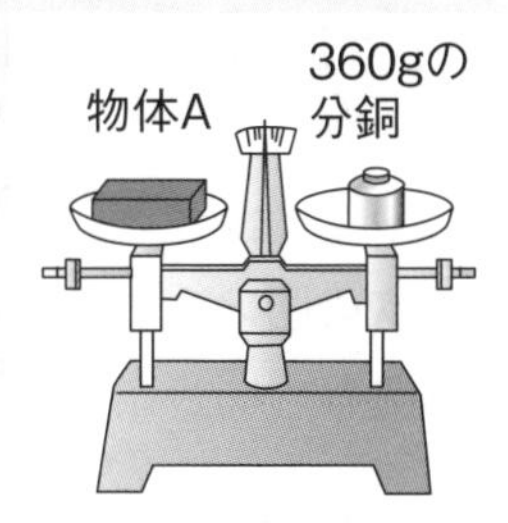

(1) 上皿てんびんで測定する，物質そのものの量を何というか。

(2) ①地球上と②月面上で，物体Ａをばねばかりで測定すると，それぞれ何Nを示すか。

4 次の図は，１つの物体にはたらく力Ａと力Ｂの２力を矢印で表したもので，どの２力もつり合っていない。これについて，あとの問いに答えなさい。　3点×5（15点）

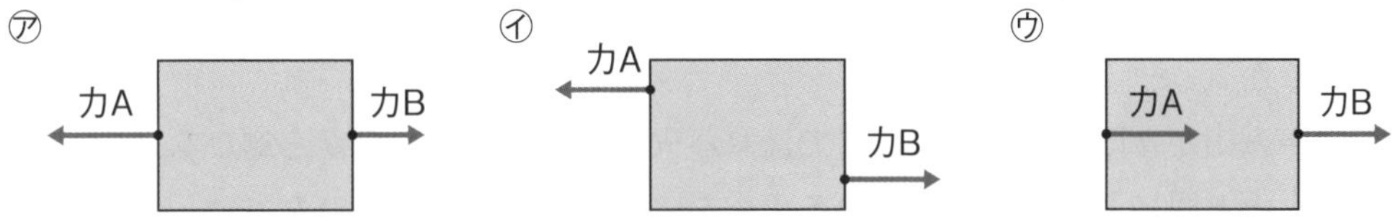

(1) 次の文は，力の３つの要素についてまとめたものである。(　)にあてはまる言葉を答えなさい。

物体にはたらく力には，力がはたらく点である(　①　)，力の向き，力の(　②　)の３つの要素がある。

(2) 図の㋐〜㋒の２力がつり合っていない理由を，次のア〜ウからそれぞれ選びなさい。

ア　力Ａと力Ｂが一直線上にないから。　　イ　力Ａと力Ｂの向きが逆向きでないから。

ウ　力Ａと力Ｂの大きさが異なるから。

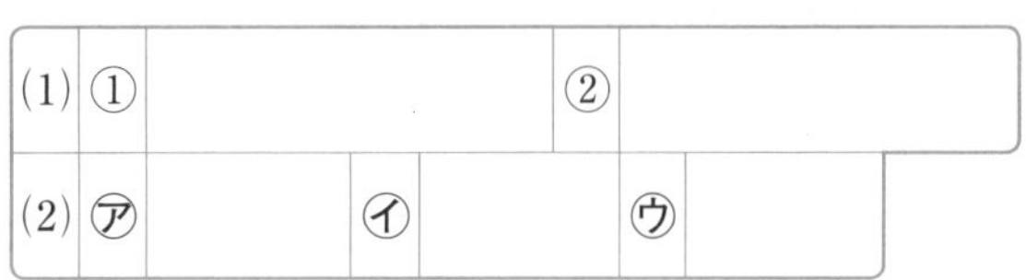

5 右の図のように，台ばかりに果物をのせると，針が350gを指して静止した。これについて，次の問いに答えなさい。ただし，100gの物体にはたらく重力の大きさを１Nとする。　4点×4（16点）

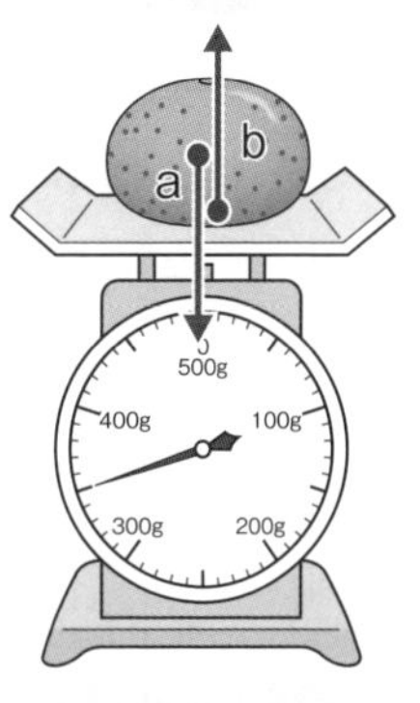

(1) 果物にはたらく下向きのａの力，台ばかりの面から果物にはたらく上向きのｂの力をそれぞれ何というか。

(2) 台ばかりにのせた果物は静止していることから，ａとｂの２力はどうなっているといえるか。

(3) ｂの力は何Ｎか。

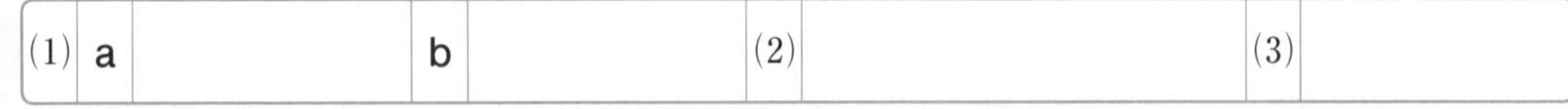

第7回 予想問題

第1章　火をふく大地
第2章　動き続ける大地
第3章　地層から読みとる大地の変化

解答 p.40

/100

1 次の図のA～Cは，火山の形を模式的に示したものである。これについて，あとの問いに答えなさい。

3点×7（21点）

(1) マグマのねばりけが最も強い火山を，図の**A**～**C**から選びなさい。

(2) マグマとは，地球内部の熱などにより，地下の何がとけたものか。

(3) 溶岩，火山灰，火山弾など，噴火によってふき出すものをまとめて何というか。

(4) 溶岩の色が最も黒っぽい火山を，図の**A**～**C**から選びなさい。

(5) **B**の火山では，火口付近に溶岩のかたまりをつくることがある。この溶岩のかたまりを何というか。

(6) 溶岩が火口からはなれたところまで流れる火山を，図の**A**～**C**から選びなさい。

(7) **B**の火山と同じような形をしている火山を，次の**ア**～**エ**から選びなさい。

ア　昭和新山　　**イ**　マウナケア　　**ウ**　富士山

(1)		(2)		(3)			
(4)		(5)		(6)		(7)	

2 次の㋐～㋕は，火山灰にふくまれていた鉱物を観察したときの説明文とスケッチである。これについて，あとの問いに答えなさい。

2点×5（10点）

㋐　白色または半透明で，決まった方向に割れる。
㋑　黒色で不透明であり，表面がかがやいていて，磁石につく。
㋒　暗緑色で，短い柱状の形をしている。
㋓　暗褐色または緑黒色で，長い柱状の形をしている。
㋔　無色または色のついた透明で，不規則に割れる。
㋕　黒色で，決まった方向にうすくはがれる。

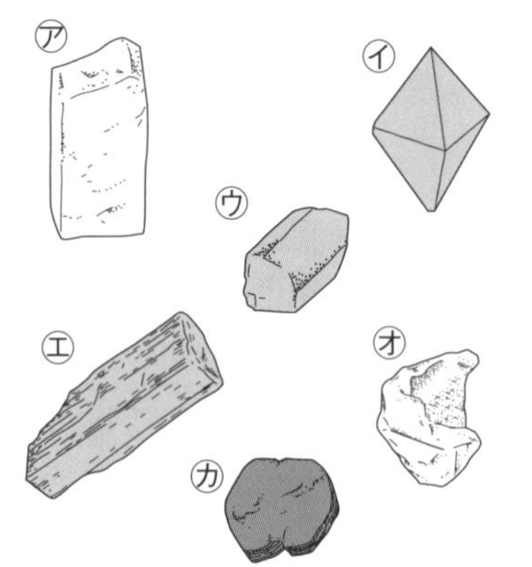

(1) ㋐，㋒，㋓，㋕の鉱物をそれぞれ何というか。

(2) ㋐～㋕のうち，無色鉱物はどれか。すべて選びなさい。

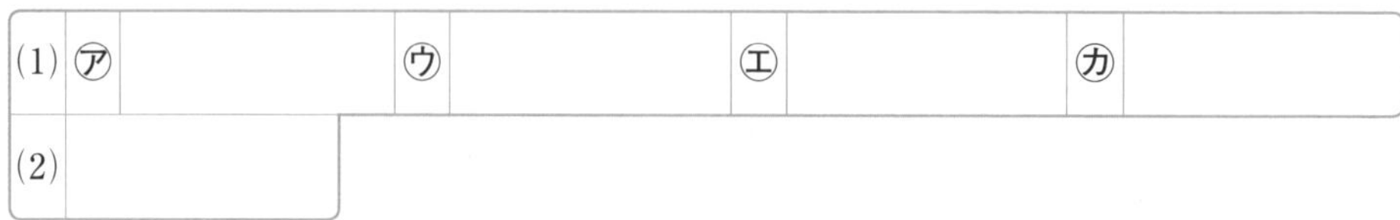

(1)	㋐		㋒		㋓		㋕	
(2)								

3 右の図は，火成岩の表面をルーペで観察したときのスケッチである。これについて，次の問いに答えなさい。

3点×7 (21点)

⑦ ④ X Y

(1) ⑦のような火成岩のつくりを何組織というか。

(2) ⑦のX，Yの部分をそれぞれ何というか。

(3) ⑦，④のようなつくりをもつ火成岩をそれぞれ何というか。

(4) ④の火成岩ができる場所やでき方について正しく説明したものを，次の**ア**～**エ**から選びなさい。

ア マグマが地表や地表付近で，短い時間で急に冷え固まった。

イ マグマが地表や地表付近で，長い時間をかけてゆっくりと冷え固まった。

ウ マグマが地下の深い場所で，短い時間で急に冷え固まった。

エ マグマが地下の深い場所で，長い時間をかけてゆっくりと冷え固まった。

(5) ④のつくりをしている火成岩はどれか。次の**ア**～**カ**からすべて選びなさい。

ア 流紋岩　**イ** はんれい岩　**ウ** 花こう岩

エ 安山岩　**オ** せん緑岩　**カ** 玄武岩

(1)			(2)	X		Y	
(3)	⑦		④		(4)		(5)

4 右の図は，A～Cの観測点における，ある地震の地震計の記録を示したものである。これについて，次の問いに答えなさい。

3点×6 (18点)

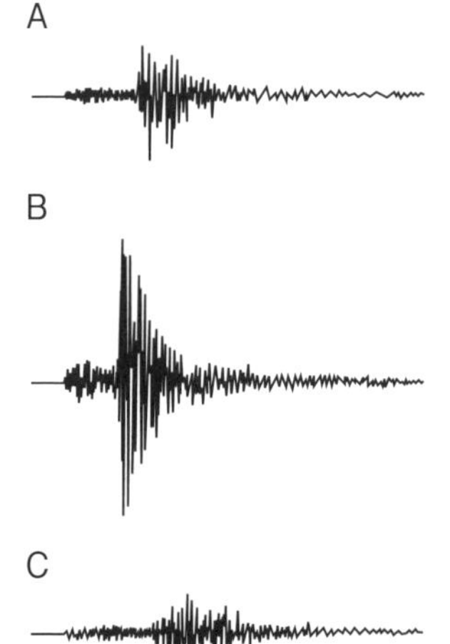

(1) 次の文は，地震のゆれについてまとめたものである。(　)にあてはまる言葉を答えなさい。

> 図の地震計の記録から，最初に小さなゆれである(①)が起こり，その後に大きなゆれである(②)が起こったことがわかる。初めに到着する波を(③)波，その後に到着する波を(④)波という。

(2) A～Cのうち，震源から最もはなれた地点はどこか。

(3) 地震の規模は，何で表されるか。

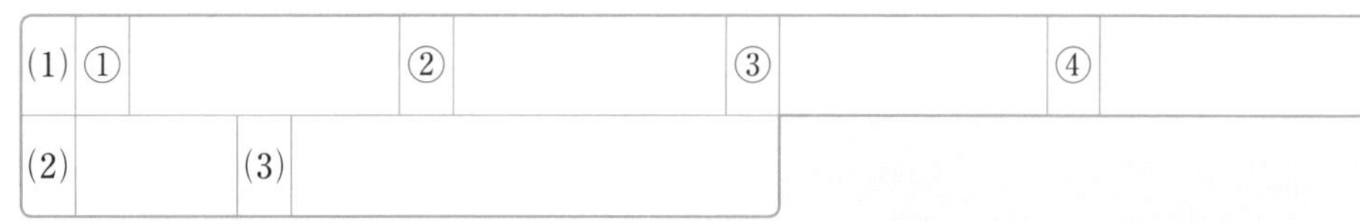

(1)	①		②		③		④	
(2)		(3)						

5 プレートの境界で起こる地震のしくみを模式的に示した右の図について，次の問いに答えなさい。　3点×4（12点）

(1) 海洋プレートは，図の㋐，㋑のどちらか。

(2) 震源が海底の場合，海水が急にもち上げられ，波が発生することがある。この波を何というか。

(3) 図のようなしくみで発生する地震の震源の深さについて，正しく述べているものはどれか。次の**ア**〜**エ**から選びなさい。

ア　浅いところに多く見られる。

イ　深いところに多く見られる。

ウ　太平洋側から大陸側に向かって深くなる。

エ　大陸側から太平洋側に向かって深くなる。

(4) プレートの内部の地下の浅い場所にある断層のうち，再びずれる可能性があるものを何というか。

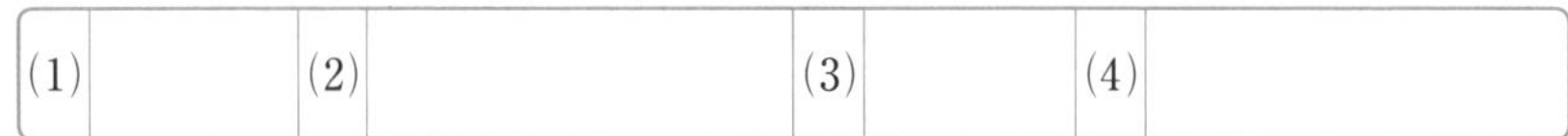

6 次の図は，ある地層にふくまれていた砂岩，泥岩，石灰岩，凝灰岩の表面をルーペで観察したようすである。これについて，あとの問いに答えなさい。　3点×6（18点）

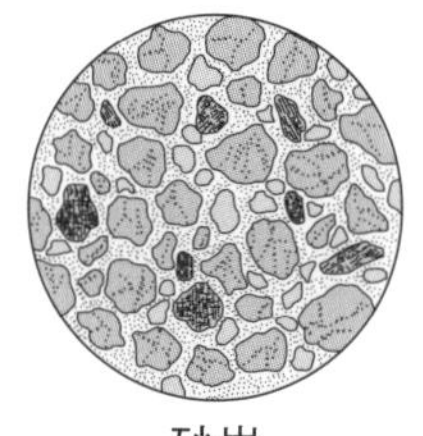
砂岩

泥岩

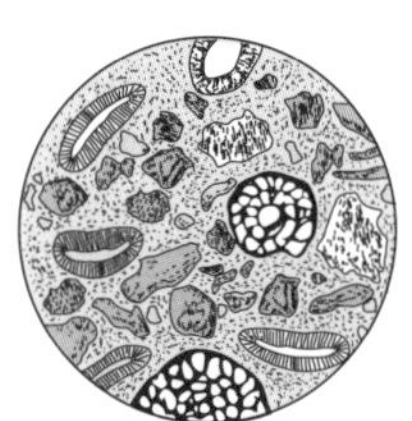
石灰岩

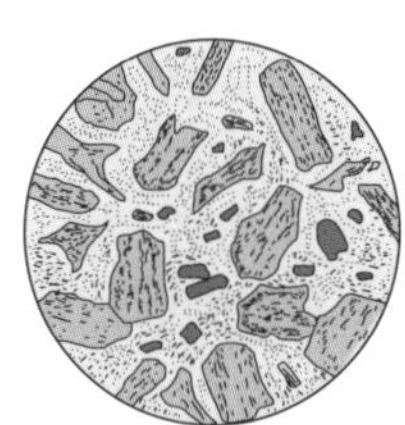
凝灰岩

(1) 砂岩と泥岩は，岩石をつくる何によって分けられるか。

(2) 砂岩の中からシジミの化石が発見された。

① 砂岩がふくまれていた地層が堆積した当時，どのような環境であったと考えられるか。

② シジミの化石のように，地層が堆積した当時の環境を示す化石を何というか。

(3) 上の図の岩石のうち，うすい塩酸をかけたとき，気体が発生するものはどれか。

(4) 石灰岩の中からフズリナの化石が発見された。このことから，この岩石がふくまれていた地層が堆積した地質年代はいつとわかるか。

(5) 凝灰岩をふくむ地層から，この地層ができた当時，どのようなことが起こったと考えられるか。

教科書ワーク 理科 特別ふろく

無料アプリ どこでもワーク

理1 理2 理3

こちらにアクセスして，ご利用ください。
https://portal.bunri.jp/app.html

重要事項を3択問題で確認！

3問目/15問中
A3.
・オホーツク海気団は，冷たく湿った気団である。
・小笠原気団とともに，初夏に日本付近にできる停滞前線の原因となる。

ふせん　次の問題
✕ シベリア気団
✕ 小笠原気団
○ オホーツク海気団

ポイント解説つき

間違えた問題だけを何度も確認できる！

無料ダウンロード ホームページテスト

無料でダウンロードできます。表紙カバーに掲載のアクセスコードを入力してご利用ください。
https://www.bunri.co.jp/infosrv/top.html

問題▶

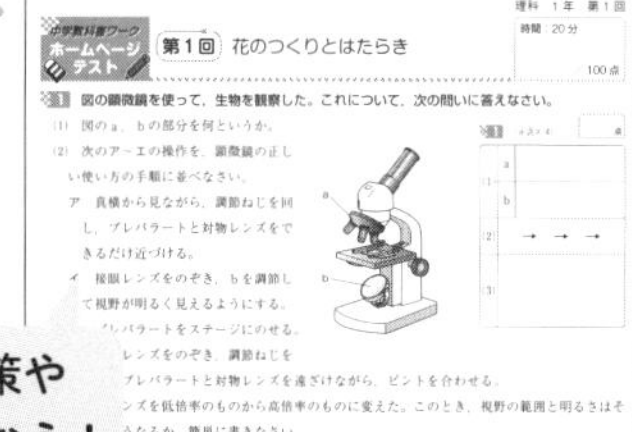

テスト対策や復習に使おう！

▼解答

同じ紙面に解答があって，採点しやすい！

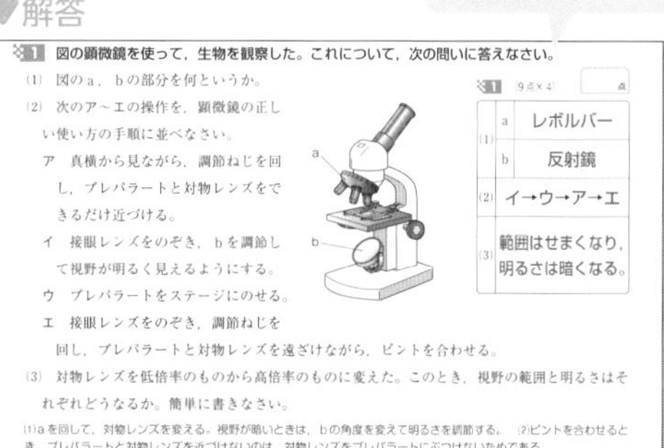

注意 ●サービスやアプリの利用は無料ですが，別途各通信会社からの通信料がかかります。
●アプリの利用には iPhone の方は Apple ID，Android の方は Google アカウントが必要です。対応 OS や対応機種については，各ストアでご確認ください。
●お客様のネット環境および携帯端末により，ご利用いただけない場合，当社は責任を負いかねます。ご理解，ご了承いただきますよう，お願いいたします。

中学教科書ワーク

解答と解説

この「解答と解説」は，取りはずして使えます。

東京書籍版

理科1年

単元1 いろいろな生物とその共通点

第1章 生物の観察と分類のしかた

p.2〜3 ステージ1

●教科書の要点

❶ ①目 ②細い ③立体
④明るい ⑤低 ⑥反射鏡
⑦プレパラート ⑧対物 ⑨接眼
⑩しぼり ⑪接眼

❷ ①分類 ②共通点
③特徴 ④特徴

●教科書の図

1 ①目 ②観察するもの ③顔

2 ①視度調節リング ②立体
③接眼レンズ ④対物レンズ
⑤反射鏡 ⑥対物レンズ

3 ①する ②しない
③ひれ ④あし

p.4〜5 ステージ2

❶ ①ドクダミ ②カラスノエンドウ
③スギナ ④ハルジオン
⑤シロツメクサ ⑥カタバミ
⑦ゼニゴケ ⑧オオイヌノフグリ
⑨タンポポ

❷ (1)太陽 (2)目
(3)花 (4)よくけずった鉛筆
(5)ア

❸ (1)(直射日光が)当たらない(場所)
(2)㋐調節ねじ ㋑レボルバー
㋒反射鏡
(3)㋐
(4)A…接眼レンズ B…対物レンズ
(5)200倍

解説

❶ ①ドクダミは，日かげのしめった場所に見られ，小さな白い花をさかせる。
②カラスノエンドウの花はチョウに似た形をしていて，花は赤色である。
③スギナは，春につくしとよばれる茎を出す。
④ハルジオンの花弁は白色またはピンク色で，針のように細長い形をしている。
⑤シロツメクサの花は白色で，丸く集まっている。クローバーともよばれる。
⑥カタバミの花は黄色で，葉は暗くなると閉じる。
⑦ゼニゴケは，日かげのしめった地面にはりついている。
⑧オオイヌノフグリは青色の小さな花をさかせる。
⑨タンポポの花は黄色をしていて，綿毛をもつ種子をつくる。

❷ (1)ルーペには，光を集める性質があるので，太陽などの強い光を見てはいけない。
(2)(3)ルーペは目の近くに持ち，手に持った花を前後に動かす。
(4)スケッチは，よくけずった鉛筆を使い，細い線ではっきりとかく。
(5)ア…ルーペや顕微鏡で観察した場合，視野のまるい線はかかない。
イ…輪郭の線を重ねがきしたり，ぬりつぶしたりしてはいけない。
ウ…スケッチには，観察したものの各部分の名前などを書いておく。

❸ (1)顕微鏡は明るい場所に置いて使うが，直射日光が当たるところには置いてはいけない。
(3)ピントを合わせるときは，調節ねじを回す。
(5) **注意** 顕微鏡の倍率＝対物レンズの倍率×接眼レンズの倍率 よって，20×10＝200〔倍〕

p.6~7 ステージ2

❶ (1)㋐接眼レンズ　㋑視度調節リング
㋒微動ねじ　㋓ステージ
(2)A→C→B

❷ (1)低倍率
(2)①反射鏡　②ステージ
③調節ねじ
A…ア　B…イ

❸ (1)イ
(2)㋐スライドガラス　㋑カバーガラス
(3)気泡(空気の泡)
(4)ゾウリムシ

❹ (1)㋐ひれ　㋑あし
(2)6
(3)A…クジラ　B…ナナホシテントウ
C…ダンゴムシ　D…スイレン

解説

❶ (1)㋑の視度調節リングは，左右の視力のちがいによる見え方の差を調節する役割がある。
(2)双眼実体顕微鏡は，両目→右目→左目の順にピントを合わせる。

❷ (2)ステージ上下式顕微鏡や鏡筒上下式顕微鏡は，プレパラートと対物レンズの距離を近づけておいた後，プレパラートと対物レンズの距離を遠ざけながらピントを合わせる。これは，プレパラートと対物レンズをぶつけないようにするためである。

❸ (1)水道水は，安全に飲めるように消毒してある。水道水を1日くみ置きしておいても，小さな生物は現れない。
(2)プレパラートは，スライドガラス(㋐)の上に試料をのせた後，その上にカバーガラス(㋑)をかけたものである。
(3)気泡があると観察するものがよく見えなくなる。

❹ (1)フナとマグロはひれ，アリはあしを使って移動する。
(2)アリは昆虫なので，あしの数が6本である。
(3)A…ひれで移動するのは，水中で生活するフナ・マグロ・クジラである。
B…あしが6本なのは，アリとナナホシテントウである。
C…あしが6本以外なのは，ダンゴムシである。
D…移動しないのは，スイレン・タンポポ・カタバミである。

p.8~9 ステージ3

❶ (1)ウ　(2)㋑
(3)細い線や小さい点ではっきりとかく。

❷ (1)直射日光が当たらない明るいところ。
(2)㋐視度調節リング　㋑粗動ねじ
㋒ステージ
(3)イ→ア→ウ
(4)立体的に観察できる。

❸ (1)A…接眼レンズ　B…対物レンズ
E…調節ねじ　F…反射鏡
(2)ウ→ア→オ→イ→エ
(3)400倍

❹ (1)㋐移動　㋑泳ぐ　㋒飛ぶ
(2)a…ウ　b…ア　c…イ　d…エ
(3)エ

解説

❶ (1)ベニシジミは日当たりのよい場所にさく花に集まるチョウ，カナヘビは日当たりのよい場所で見られるトカゲである。オカダンゴムシは，落ち葉などを食べる。
(2)ルーペは目に近づけて持ち，手に持った植物を前後に動かす。
(3)スケッチは，よくけずった鉛筆を使い，細い線や小さな点ではっきりとかく。輪郭の線を重ねがきしたり，ぬりつぶしたりしてはいけない。

❷ (3)双眼実体顕微鏡は，鏡筒を調節して左右の視野が重なって見えるようにした後，両目→右目→左目の順に，接眼レンズをのぞいてピントを合わせる。
(4)双眼実体顕微鏡は，両目で観察するので，観察するものを立体的に見ることができる。

❸ (3)倍率を高くするには，対物レンズの数字と接眼レンズの数字が高いものを選ぶ。よって，最高の倍率は，40×10＝400〔倍〕

❹ (1)イカ・シマリス・ツバメのような動物は移動するが，ハルジオン・スイレンのような植物は移動しない。
(2)移動する動物のうち，それぞれの移動のしかたは，イカ・クジラは泳ぐ，シマリス・ウマは走る，ツバメ・モンシロチョウは飛ぶである。
(5)ア…分類する基準はさまざまある。
イ…同じグループにまとめるのは，共通点をもつ生物である。

第2章　植物の分類(1)

p.10〜11　ステージ1

●教科書の要点

❶ ①おしべ　②子房　③胚珠
④やく　⑤受粉　⑥果実
⑦種子　⑧発芽　⑨種子植物

❷ ①雄花　②りん片　③胚珠　④花粉のう
⑤胚珠　⑥裸子植物　⑦被子植物

●教科書の図

1 ①がく　②花弁　③おしべ　④めしべ

2 ①柱頭　②やく　③めしべ　④おしべ
⑤花弁　⑥がく　⑦受粉

3 ①雌花　②雄花　③胚珠
④花粉のう　⑤種子

p.12〜13　ステージ2

❶ (1)㋐がく　㋑花弁　㋒おしべ　㋓めしべ
(2)最も内側…㋓　　最も外側…㋐
(3)㋒　　(4)㋓

❷ (1)㋐胚珠　㋑子房
(2)果実…㋑　種子…㋐
(3)被子植物　　(4)フジ，アブラナ

❸ (1)㋐柱頭　㋑やく　㋒めしべ
㋓おしべ　㋔花弁　㋕がく
(2)受粉
(3)胚珠…種子　子房…果実

❹ (1)㋐雌花　㋑雄花
(2)A…胚珠　B…花粉のう
(3)B　　(4)A
(5)できない。　　(6)雌花
(7)裸子植物　(8)種子植物

解　説

❶ (1)(2)フジなどの被子植物の花は，ふつう外側から，がく(㋐)→花弁(㋑)→おしべ(㋒)→めしべ(㋓)の順についている。被子植物のめしべは，ふつう1本である。
(3)おしべの先端には，花粉が入ったやくという部分がある。
(4)めしべの下部の子房の中には，胚珠という小さな粒が入っている。

❷ (1)被子植物の子房(㋑)の中には，胚珠(㋐)が入っている。
(2)受粉が起こると，子房が成長して果実になる。また，子房の中にある胚珠が成長して種子になる。
(3)サクラのように，胚珠が子房の中にある植物を被子植物という。
(4)被子植物は，フジ，アブラナである。スギ，イチョウは，胚珠がむき出しになっている裸子植物である。

❸ (1)被子植物の花は外側から，がく(㋕)→花弁(㋔)→おしべ(㋓)→めしべ(㋒)の順についている。めしべの先端の部分を柱頭(㋐)，おしべの先端の部分をやく(㋑)という。
(2)めしべの先端の柱頭に花粉がつくことを受粉という。
(3)受粉が起こると，子房が成長して果実になり，子房の中にある胚珠が成長して種子になる。

❹ (1)マツの若い枝の先には雌花，枝のもとには雄花がついている。
(2)(3)雌花のりん片についているAが胚珠であり，雄花のりん片についているBが花粉のうである。花粉のうには，花粉が入っている。
(4)受粉が起こると，Aの胚珠は種子になる。
(5)マツは子房がないので，受粉しても果実ができない。
(6)雌花はだんだん大きくなり，茶色のまつかさになる。
(7)マツのように，胚珠がむき出しになっている植物を裸子植物という。
(8)種子をつくってなかまをふやす植物を種子植物という。

p.14〜15　ステージ3

❶ (1)花弁　(2)B　(3)柱頭
(4)やく　(5)花粉
(6)(めしべの)柱頭に花粉がつくこと。

❷ (1)㋔…おしべ　㋕…がく
(2)㋖…㋒　㋗…㋓
(3)イ
(4)花粉が胚珠に直接ついて受粉する。

❸ (1)雌花　(2)種子　(3)B
(4)A…被子植物　B…裸子植物

❹ (1)㋐子房　㋑胚珠
(2)ア　(3)サクラ　(4)イ

解説

❶ (1)ふつう，花のつくりのうち，最も花弁が目立つ。
(2)ふつう，被子植物にはめしべが１本ある。Ｂは複数あるので，おしべである。
(3)めしべの先端を柱頭，下部のふくらんだ部分を子房という。
(4)(5)おしべの先端のふくらんだ部分をやくといい，この中に花粉が入っている。

❷ (1)図１の㋐は花弁，㋑はめしべ，㋒は胚珠，㋓はやくである。
(2)種子植物の花のつくりのうち，種子になるのは胚珠である。アブラナの胚珠(㋒)は子房の中にある。マツの胚珠(㋖)は雌花のりん片についている。マツの花粉のう(㋗)には花粉が入っている。アブラナで花粉が入っているのは，やく(㋓)である。
(3)ア・イ…マツの花には，子房がないので，果実をつくらない。
ウ…マツの花には，花弁やがくはない。
(4)マツの胚珠は子房でおおわれていないので，花粉は胚珠に直接ついて受粉する。

❸ (1)(2)図１はマツの雌花のりん片で，㋐は胚珠である。受粉後，胚珠は種子になる。
(3)(4)図１と図２のＢは胚珠がむき出しについているので，裸子植物である。図２のＡは胚珠が子房の中にあるので，被子植物である。

❹ (1)(3)サクラとカキは，胚珠が㋐の子房の中にある被子植物である。マツは，㋑の胚珠がむき出しになっている裸子植物である。
(2)１つの胚珠が成長すると１つの種子になる。サクラの胚珠は１つなので，できる種子の数は１つである。
(4)ア・ウ…サクラとカキは子房があるので，果実ができるが，マツには子房がないので，果実ができない。
イ…サクラ，カキ，マツは，種子をつくる種子植物である。
エ…サクラとカキには花弁やがくがあるが，マツには花弁やがくがない。

第２章　植物の分類(2)

p.16～17　ステージ１

●教科書の要点

❶ ①単子葉類　②双子葉類　③平行　④網目状　⑤側根

❷ ①シダ植物　②コケ植物　③胞子　④ある　⑤胞子のう　⑥ない　⑦仮根　⑧雄株

❸ ①種子植物　②被子植物　③単子葉類　④コケ植物

●教科書の図

1 ①１　②２　③平行　④網目状　⑤ひげ根　⑥側根　⑦主根　⑧トウモロコシ　⑨ヒマワリ

2 ①コケ　②シダ　③種子　④裸子　⑤被子　⑥単子葉　⑦双子葉

p.18～19　ステージ２

❶ (1)広葉　(2)針葉　(3)葉脈
(4)㋐双子葉類　㋑単子葉類
(5)㋐２枚　㋑１枚　(6)サクラ

❷ (1)ａ…主根　ｂ…側根　(2)ひげ根
(3)㋐双子葉類　㋑単子葉類
(4)㋐２枚　㋑１枚　(5)スズメノカタビラ

❸ (1)Ａ，Ｂ　(2)胞子のう　(3)胞子
(4)シダ植物　(5)スギナ

❹ (1)子房　(2)子葉
(3)Ａ…双子葉類　Ｂ…単子葉類
Ｃ…裸子植物
(4)葉脈…㋑　根…㋒

解説

❶ (1)(2)種子植物の葉には，はばが広い広葉と，針のように細い針葉がある。
(4)(5)子葉が２枚の双子葉類は㋐のような網目状の葉脈をもち，子葉が１枚の単子葉類は㋑のような平行な葉脈をもつ。
(6)ササとトウモロコシは単子葉類である。

❷ (1)～(4)子葉が２枚の双子葉類の根は，㋐のような主根(ａ)と側根(ｂ)からなる。子葉が１枚の単子葉類の根は，㋑のようなひげ根をもつ。
(5)アサガオとヒマワリは双子葉類である。

❸ (1)Ａは葉，Ｂは葉の柄(え)，Ｃは茎，Ｄは根である。シダ植物の茎は地下にあるものが多い。

(2)(3)イヌワラビなどは，葉の裏側に胞子(㋑)が入った胞子のう(㋐)をいくつもつける。

4 (1)～(3)種子植物は，子房の中に胚珠があるAとBの被子植物と，子房がなく胚珠がむき出しになっているCの裸子植物に分けられる。被子植物は，子葉が2枚のAの双子葉類と，子葉が1枚のBの単子葉類に分けられる。

(4)双子葉類の葉脈は網目状に通り，根は主根と側根からなる。

p.20～21 ステージ2

1 (1)種子植物　(2)被子植物
(3)アサガオ…2枚　トウモロコシ…1枚
(4)アサガオ…双子葉類
トウモロコシ…単子葉類
(5)単子葉類

2 (1)被子植物
(2)㋐ひげ根　㋑側根　㋒主根
(3)単子葉類　(4)根…A　葉脈…D
(5)①2枚　②根…B　葉脈…C

3 (1)ゼニゴケ　(2)A…雄株　B…雌株
(3)胞子のう　(4)胞子　(5)仮根

4 (1)㋐子葉が2枚　㋑子房がある
㋒種子をつくる
(2)葉，茎，根の区別
(3)㋐…双子葉類
㋒…種子植物

解説

1 (1)(2)アサガオとトウモロコシは，種子をつくる種子植物で，胚珠が子房の中にある被子植物である。

(3)(4)アサガオは子葉が2枚の双子葉類，トウモロコシは子葉が1枚の単子葉類である。

2 (1)被子植物は，子葉が1枚の単子葉類と2枚の双子葉類に分けられる。

(2)～(4)単子葉類の根はAのひげ根であり，葉脈はDのように平行である。

(5)ヒマワリは子葉が2枚の双子葉類である。双子葉類の根はBの主根と側根からなり，葉脈はCのような網目状である。

3 (2)～(4)コケ植物のBの雌株には，胞子をつくる胞子のう(㋐)がついている。

(5)コケ植物は，葉，茎，根の区別がない。根のように見える㋑を仮根といい，からだを土や岩に固定するはたらきをしている。

4 (1)㋐には子葉が2枚の双子葉類，㋑には胚珠が子房の中にある被子植物，㋒には種子をつくる種子植物がふくまれる。

(2)イヌワラビなどのシダ植物には葉，茎，根の区別があるが，コスギゴケなどのコケ植物には葉，茎，根の区別がない。

p.22～23 ステージ3

1 (1)スギ，イチョウ　(2)胚珠
(3)①㋐被子植物　㋒単子葉類
②アブラナ…B　スギ…C

2 (1)㋒　(2)胞子のう
(3)シダ植物　(4)ウ

3 (1)葉脈　(2)葉…㋐　根…㋒　(3)ア

4 (1)種子植物
(2)①カ　②オ　③ウ　④エ
(3)裸子植物
(4)A…ア，イ，カ　C…エ　D…ウ，オ

解説

1 (1)スギやイチョウなどの裸子植物の花には，子房がない。

(2)受粉すると，胚珠が種子になる。

(3)㋐は被子植物，㋑は裸子植物，㋒は単子葉類，㋓は双子葉類である。

2 (1)㋐は葉，㋑は葉の柄，㋒は茎，㋓は根である。シダ植物の茎は，ふつう，地下にある。

(4)シダ植物は，花をさかせず，種子をつくらない。また，葉，茎，根の区別がある。仮根をもつのはコケ植物である。

3 (2)ヒマワリは双子葉類である。双子葉類の葉脈は㋐のように網目状に通り，根は㋒のように主根と側根からなる。

(3)ヒマワリとイネは，どちらも花をさかせ，種子でふえる種子植物である。

4 (2)①は胚珠がむき出しになっている裸子植物の特徴，②は胚珠が子房の中にある被子植物の特徴，③は子葉が1枚の単子葉類の特徴，④は子葉が2枚の双子葉類の特徴である。

(4)ヘゴとスギナはシダ植物，エゾスナゴケはコケ植物，タンポポとアサガオは双子葉類，チューリップは単子葉類である。

第３章　動物の分類(1)

p.24〜25　ステージ1

●教科書の要点

❶ ①背骨　②セキツイ動物
③無セキツイ動物

❷ ①ホニュウ　②魚　③泳ぐ　④あし
⑤羽毛　⑥乾燥　⑦えら　⑧肺　⑨卵生
⑩両生　⑪胎生　⑫ホニュウ

●教科書の図

1 ①セキツイ動物　②無セキツイ動物

2 ①鳥　②陸上　③ひれ　④肺　⑤卵生
⑥胎生　⑦うろこ　⑧毛

p.26〜27　ステージ2

❶ (1)カタクチイワシ
(2)セキツイ動物
(3)無セキツイ動物

❷ (1)魚類　(2)水中　(3)ひれ
(4)うろこ　(5)えら　(6)卵生

❸ (1)両生類　(2)しめっている。
(3)えら　(4)肺　(5)水中

❹ (1)ハチュウ類　(2)あし　(3)うろこ
(4)乾燥　(5)肺

❺ (1)鳥類　(2)羽毛　(3)肺
(4)①陸　②殻

❻ (1)ホニュウ類　(2)毛　(3)肺
(4)胎生

解　説

❶ カタクチイワシは，背骨があるセキツイ動物，シバエビは，背骨がない無セキツイ動物である。

❷ 水中で生活する魚類は，ひれで移動し，えらで呼吸をし，水中に殻のない卵をうむ。

❸ (3)(4)両生類の幼生は，水中で生活し，えらと皮膚で呼吸をする。両生類の成体は，陸上で生活し，肺と皮膚で呼吸をする。
(5)両生類は，水中に殻のない卵をうむ。

❹ (2)(5)陸上で生活するハチュウ類は，あしで移動し，肺で呼吸をする。
(3)(4)ハチュウ類は，体表がかたいうろこでおおわれているため，陸上の乾燥に強い。

❺ (3)(4)陸上で生活する鳥類は，肺で呼吸し，陸上に殻のある卵をうむ。

❻ (3)陸上で生活するホニュウ類は，肺で呼吸をする。
(4)ある程度母親の体内で育ってからうまれる，子のうまれ方を胎生という。胎生は，ホニュウ類に見られる特徴である。

p.28〜29　ステージ3

❶ (1)背骨があるかないか。
(2)㋐魚類　㋒ハチュウ類　㋔ホニュウ類
(3)㋔　(4)胎生

❷ (1)背骨がある。
(2)㋔　(3)ひれ　(4)毛　(5)卵生
(6)㋒，㋓　(7)㋐

❸ (1)㋐水中　㋑陸上　㋒ひれ　㋓あし
㋔えら　㋕肺
(2)魚類　(3)エ

❹ (1)㋐ア　㋑ウ　㋒カ　㋓エ
(2)①両生類　②ホニュウ類

解　説

❶ (2)㋑は鳥類，㋓は両生類である。
(3)(4)親と似たすがたの子をうむうまれ方は胎生である。胎生は，ホニュウ類に見られる特徴である。

❷ (1)㋐のカエルは両生類，㋑のウサギはホニュウ類，㋒のハトは鳥類，㋓のトカゲはハチュウ類，㋔のフナは魚類である。これらの５つの動物は，背骨があるセキツイ動物である。
(5)(6)卵生は，魚類，両生類，鳥類，ハチュウ類である。そのうち，殻がある卵をうむのは，鳥類とハチュウ類である。
(7)両生類の幼生はえらと皮膚，成体は肺と皮膚で呼吸をする。

❸ (1)両生類は，水中で生活する幼生のときは，ひれで移動し，えらと皮膚で呼吸をするが，成体になって陸上で生活するようになると，あしで移動し，肺と皮膚で呼吸をするようになる。
(2)一生水中で生活し，ひれで移動し，えらで呼吸するのは，魚類である。
(3)タツノオトシゴは魚類，ツルは鳥類，サルはホニュウ類である。

❹ サンショウウオなどの両生類は，水中に卵をうむ卵生で，幼生のときはえらと皮膚で，成体のときは肺と皮膚で呼吸をする。コウモリなどのホニュウ類は，子をうむ胎生で，一生肺で呼吸をする。

第3章　動物の分類(2)

p.30〜31　ステージ1

●教科書の要点

1 ①節足　②外とう膜　③軟体
④貝殻　⑤節足　⑥外骨格　⑦甲殻
⑧昆虫　⑨腹部

2 ①セキツイ　②魚　③両生
④えら　⑤軟体

●教科書の図

1 ①軟体　②外とう膜　③甲殻　④頭胸
⑤昆虫　⑥頭　⑦胸　⑧外骨格　⑨気門
⑩ミミズ　⑪ウニ

p.32〜33　ステージ2

1 (1)ない。　(2)ない。
(3)外とう膜　(4)軟体動物
(5)アサリ

2 (1)ない。　(2)ある。
(3)①節足動物　②甲殻類　③ミジンコ
(4)腹部　(5)外骨格　(6)内側

3 (1)ある。　(2)①節足　②昆虫
(3)外骨格　(4)ア，ウ
(5)A…頭部　B…胸部　C…腹部
(6)気門

4 (1)背骨(セキツイ骨)
(2)㋐えら　㋑羽毛　㋒節　㋓外とう膜

解説

1 (1)〜(4)イカは背骨のない無セキツイ動物で，軟体動物である。軟体動物はからだとあしに節がなく，内臓は外とう膜でおおわれている。
(5)アメリカザリガニは節足動物の甲殻類，バッタは節足動物の昆虫類，イソギンチャクはその他の無セキツイ動物である。

2 (1)(2)(5)カニは背骨のない無セキツイ動物で，節足動物である。節足動物はからだとあしに節があり，からだが外骨格でおおわれている。
(3)節足動物は，カニやミジンコなどの甲殻類と，アゲハチョウなどの昆虫類，クモなどのなかまに分類される。バフンウニはその他の無セキツイ動物，マイマイは軟体動物である。
(6)筋肉は外骨格の内側についていて，関節では外骨格を引っ張ってからだを曲げる。

3 (3)(4)外骨格はかたい殻からなり，からだを支えたり，保護したりするはたらきがある。
(5)昆虫類のからだは，頭部，胸部，腹部の3つに分かれている。
(6)昆虫類は胸部と腹部にある気門から空気をとり入れて呼吸を行う。

4 (1)動物は，背骨のあるセキツイ動物と，背骨のない無セキツイ動物に分けられる。
(2)㋐水中生活をする魚類と両生類の幼生は，えらで呼吸をする。
㋑鳥類の体表は羽毛でおおわれている。

p.34〜35　ステージ3

1 (1)ウ　(2)外とう膜
(3)軟体動物　(4)えら

2 (1)節足動物　(2)A…昆虫類　B…甲殻類
(3)①㋒　②㋐　(4)D　(5)外骨格

3 (1)セキツイ動物　(2)胎生
(3)B…両生類　C…ホニュウ類
(4)㋐ウ　㋑ア　(5)ウ，エ　(6)肺
(7)A…オ　B…ア　C…ウ，キ　D…イ，カ

解説

1 (1)ア・イ・エ…からだが頭部，胸部，腹部の3つに分かれていて，胸部に3対のあしがあり，気門からとりこんだ空気で呼吸するのは，節足動物の昆虫類である。
(2)(3)外とう膜は，軟体動物の特徴である。
(4)水中生活をするアサリは，えらで呼吸をする。

2 (1)(2)バッタ，ザリガニ，クモは節足動物で，このうち，バッタは昆虫類，ザリガニは甲殻類である。
(3)①からだとあしに節があるのは，A・B・Cの節足動物である。
②からだが3つの部分に分かれていて，胸部にあしが6本ついているのは，Aの節足動物の昆虫類である。

3 (3)Aは魚類である。
(4)鳥類の体表は羽毛，ハチュウ類の体表はうろこでおおわれている。
(5)殻のある卵は乾燥に強く，陸上にうみ出される。陸上に卵をうむのは，鳥類とハチュウ類である。
(6)陸上で生活するホニュウ類は，肺で呼吸をする。
(7)ペンギンは鳥類，カメはハチュウ類である。

p.36~37 単元末総合問題

1 (1)㋒　(2)種子植物　(3)㋐　(4)胚珠
(5)d　(6)ウ　(7)ア

2 (1)1枚　(2)単子葉類　(3)イ，ウ
(4)ひげ根　(5)㋑，㋒

3 (1)A，B　(2)胞子のう　(3)㋐　(4)仮根
(5)からだを固定するはたらき。
(6)胞子

4 (1)A…水中　B…うろこ
C…羽毛　D…胎生
(2)幼生はえらと皮膚で，成体は肺と皮膚で呼吸をする。
(3)①外とう膜　②軟体動物

解説

1 (1)マツの雄花は若い枝の根もと(㋒)，雌花は若い枝の先(㋐)についている。
(3)(4)Bは雌花(㋐)のりん片で，aは胚珠である。
(5)bはめしべの柱頭，cは子房，dは胚珠である。
(6)マツとイチョウは裸子植物，フジは被子植物，スギナはシダ植物，コスギゴケはコケ植物である。
(7)イ…マツは雄花の花粉のうに花粉ができる。
ウ…マツは子房がないので，果実はできない。
エ…アブラナの花は雄花と雌花に分かれていない。

2 (1)(2)子葉が1枚のトウモロコシは単子葉類，子葉が2枚のヒマワリは双子葉類である。
(5)単子葉類は，葉脈が平行に通り(㋐)，根はひげ根(㋓)である，双子葉類は，葉脈が網目状に通り(㋑)，根は太い主根と，そこからのびる細い側根(㋒)からなる。

3 (1)イヌワラビはシダ植物であり，葉，茎，根の区別がある。AとBは葉，Cは茎，Dは根である。
(2)(3)胞子のう(a)に入っている粉のようなものは胞子である。胞子のうは，雌株(㋑)にできる。
(4)(5)ゼニゴケはコケ植物であり，葉，茎，根の区別がない。bの根のようなつくりは仮根であり，からだを土や岩に固定するはたらきがある。

4 (1)D…ホニュウ類は，母親の体内である程度育ってから子がうまれる胎生である。
(2)水中生活をする両生類の幼生は，えらと皮膚で呼吸をする。成体になると陸上生活をするようになり，肺と皮膚で呼吸をする。
(3)マイマイは，内臓をおおう外とう膜をもつ，無セキツイ動物の軟体動物である。

単元2 身のまわりの物質

第1章　身のまわりの物質とその性質

p.38~39 ステージ1

●教科書の要点

1 ①物体　②物質　③金属光沢
④電気　⑤鉄　⑥非金属

2 ①質量　②密度
③質量　④体積
⑤うく　⑥小さい

3 ①有機物　②二酸化炭素
③無機物　④エタノール

●教科書の図

1 ①調節ねじ　②針
③分銅　④重
⑤とりかえる　⑥加える

2 ①水平　②目
③平ら　④$\frac{1}{10}$
⑤51.5

3 ①空気調節　②ガス調節
③元栓　④ガス調節
⑤青

p.40~41 ステージ2

1 (1)金属光沢　(2)A，C，F
(3)B，D，G，H　(4)鉄，アルミニウム
(5)非金属

2 (1)水平なところ　(2)㋑　(3)19.5cm^3

3 (1)水平なところ　(2)質量
(3)0.92g/cm^3
(4)グラム毎立方センチメートル
(5)水　(6)しずむ。

4 (1)水　(2)白くにごった。
(3)二酸化炭素　(4)有機物
(5)無機物　(6)ウ　(7)ア，ウ

解説

1 (1)金属の表面をみがくと特有のかがやきが現れる。このかがやきを金属光沢という。
(2)(3)金属は，電気をよく通す性質を共通してもつが，磁石につくのは，鉄などの一部の金属に見られる性質である。

⑷鉄，アルミニウムは金属，ガラス，プラスチック，木は非金属である。

❷ ⑴⑵メスシリンダーは水平なところに置き，目の位置を水面と同じ高さにして目盛りを読みとる。
⑶物体を水にしずめたときの目盛りの増加分が，物体の体積となる。メスシリンダーの目盛りは液面のいちばん平らなところを1目盛りの$\frac{1}{10}$まで目分量で読みとる。図のメスシリンダーの目盛りは69.5cm^{3}であるから，物体の体積は，
69.5〔cm^3〕−50.0〔cm^3〕=19.5〔cm^3〕

❸ ⑶密度〔g/cm^3〕$=\frac{物質の質量〔g〕}{物質の体積〔cm^3〕}$
より，$\frac{46〔g〕}{50〔cm^3〕}=0.92$〔g/cm^3〕
⑸ 注意 物体の密度＞液体の密度のとき，物体は液体にしずむ。また，物体の密度＜液体の密度のとき，物体は液体にうく。
氷の密度＜水の密度より，氷は水にうく。
⑹氷の密度＞エタノールの密度より，氷はエタノールにしずむ。

❹ ⑴〜⑶白砂糖などの有機物を熱すると，二酸化炭素と水ができる。二酸化炭素は，石灰水を白くにごらせる性質がある。
⑷加熱したときに燃えて，二酸化炭素が発生する物質は有機物である。
⑹炭素をふくむ物質を有機物という。ただし，炭素や二酸化炭素は炭素をふくむが，有機物とはいわない。
⑺デンプンやエタノールは有機物，食塩や鉄は無機物である。

p.42〜43 ステージ2

❶ ⑴ア　⑵㋒
⑶㋑　⑷㋑

❷ ⑴㋐空気調節ねじ　㋑ガス調節ねじ
⑵a
⑶2つのねじが閉まっていること。
⑷ウ→イ→ア
⑸ウ→ア→イ

❸ ⑴㋐調節ねじ　㋑針
⑵イ

❹ ⑴㋐とけた　㋑とけた　㋒変わらなかった
⑵①有機物　②炭素
⑶ウ，エ，カ　⑷水

解説

❶ ⑴磁石につくのは，金属に共通する性質ではなく，鉄などの一部の金属に見られる性質である。
⑵㋐〜㋒の密度を求めると，次のようになる。

㋐$\frac{31.6〔g〕}{4〔cm^3〕}=7.9$〔g/cm^3〕

㋑$\frac{10.8〔g〕}{4〔cm^3〕}=2.7$〔g/cm^3〕

㋒$\frac{36.0〔g〕}{4〔cm^3〕}=9.0$〔g/cm^3〕

⑶表よりアルミニウムの密度は2.70g/cm^{3}であるため，㋑がアルミニウムでできている。
⑷同じ質量であるとき，密度が小さい物質ほど，体積が大きくなる。

❷ ⑴上の㋐のねじが空気調節ねじ，下の㋑のねじがガス調節ねじである。
⑶ガス調節ねじが開いたまま元栓を開くと，ガスが出てきてしまう。このため，元栓を開く前に，2つのねじが完全に閉じていることを確認する。
⑷ガスバーナーの火をつけるときは，空気調節ねじとガス調節ねじが閉まっていることを確認する→元栓，コックを開く→ガス調節ねじを開いて点火する→ガス調節ねじをおさえながら空気調節ねじを開いて青色の炎にする　の順に操作する。
⑸ガスバーナーの火を消すときは，火をつけるときの逆の順に操作する。

❸ ⑵ア…分銅を皿にのせるときは，はかる物より少し重いと思われる分銅をのせる。
イ…上皿てんびんがつり合っているかどうかは，針が止まるまで待たなくても判断できる。
ウ…分銅が重過ぎたら，ひとつ小さい分銅ととりかえる。
エ…皿に何ものせてない状態でつり合っていないときは，調節ねじを回してつり合わせる。

❹ ⑴食塩，グラニュー糖，白砂糖は水にとけるが，デンプンは水にとけない。また，デンプン，グラニュー糖，白砂糖などの有機物を熱すると，こげて炭ができ，さらに強く熱すると二酸化炭素と水ができる。
⑶ 注意 炭素や二酸化炭素は炭素をふくむが，有機物とはいわない。

p.44～45 ステージ3

❶ (1)ウ→イ→オ→エ→ア　(2)白くくもる。
(3)エタノール，グラニュー糖

❷ (1)ア，エ
(2)菜種油の密度は水の密度よりも小さいから。

❸ (1)B，D　(2)A
(3)A…ウ　B…イ　C…エ　D…ア

❹ (1)$\frac{1}{10}$　(2)3.5cm^3　(3)10.5g/cm^3
(4)銀　(5)アルミニウム　(6)1

解 説

❶ (2)エタノールなどの有機物を熱すると，二酸化炭素と水ができ，この水によって集気びんの内側が白くくもる。
(3)エタノールとグラニュー糖は有機物，鉄と食塩は無機物である。

❷ (1)イ…たたくとのびたりうすく広がったりする金属の性質を展性という。
ウ…よく熱を伝えるのは，金属の性質である。
オ…砂糖，デンプンは有機物，食塩は無機物である。有機物と無機物は，炭素をふくむかふくまないかで区別される。
(2)水よりも密度が小さい物質は水にうき，密度が大きい物質は水にしずむ。水の密度は1.00g/cm^3，菜種油の密度は0.91～0.92g/cm^{3}である。

❸ (1)実験２から，B，Dは電気を通すので，金属であるとわかる。
(2)(3)実験１で磁石についたDは鉄であり，実験２で電気が通ったBはアルミニウムとわかる。実験３より，Aは炭素をふくむ有機物であるから，デンプンである。残ったCは食塩である。

❹ (2)図の液面は53.5mLであり，1mL＝1cm^{3}より53.5cm^{3}である。物体を水にしずめたときの目盛りの増加分が，物体の体積となる。よって，物体Aの体積は，53.5〔cm^3〕－50.0〔cm^3〕＝3.5〔cm^3〕
(3)$\frac{36.8〔g〕}{3.5〔cm^3〕}$＝10.51…〔g/cm^3〕
(4)表の金属のうち，物体Aの密度の値に最も近いのは銀である。
(6)水銀よりも密度が大きい物質は金だけである。

第２章　気体の性質

p.46～47 ステージ1

●教科書の要点

❶ ①手　②二酸化炭素　③酸素
④水素　⑤石灰水　⑥燃やす
⑦水　⑧水素　⑨窒素

❷ ①アンモニア　②アルカリ
③水上置換法　④上方置換法
⑤下方置換法　⑥水素
⑦アンモニア

●教科書の図

1 ①オキシドール　②二酸化マンガン
③うすい塩酸　④石灰石
⑤うすい塩酸　⑥亜鉛
⑦水酸化カルシウム

2 ①にくい　②やすい　③小さい　④大きい
⑤水上置換法　⑥上方置換法
⑦下方置換法

p.48～49 ステージ2

❶ (1)㋐二酸化炭素　㋑酸素
(2)㋐白くにごる。　㋑変化しない。
(3)㋐火が消える。　㋑激しく燃える。

❷ (1)㋐うすい塩酸　㋑貝がら
(2)図１…下方置換法　図２…水上置換法
(3)図１…エ　図２…ア

❸ (1)アンモニア　(2)ウ　(3)小さい。
(4)①赤　②青　③青　(5)アルカリ性

❹ (1)㋐水　㋑密度
(2)A…下方置換法　B…上方置換法
C…水上置換法
(3)A，B　(4)水素…C　アンモニア…B

解 説

❶ (1)石灰石にうすい塩酸を加えると，二酸化炭素(㋐)が発生する。二酸化マンガンにオキシドールを加えると，酸素(㋑)が発生する。
(2)(3)二酸化炭素は，石灰水を白くにごらせる性質があり，燃えない気体である。酸素は，物質を燃やすはたらきがある。

❷ (1)二酸化炭素を発生させるには，固体の石灰石や貝がらに液体のうすい塩酸を加える。
(2)(3)二酸化炭素は空気よりも密度が大きいので，

下方置換法で集めることができる。また，水に少ししかとけないので，水上置換法でも集めることができる。

❸ (1)アンモニアは，塩化アンモニウムと水酸化カルシウムを混ぜたものを熱したり，アンモニア水を弱火で熱したりすると発生する。

(2)アンモニアは無色であるが，特有の刺激臭がある。

(3)アンモニアは水に非常にとけやすく，空気よりも密度が小さいので，上方置換法で集める。

(4)(5)アンモニアは水にとけるとアルカリ性を示す。アルカリ性の水溶液は，赤色のリトマス紙を青色に変えるが，青色のリトマス紙は変わらない。

❹ (1)気体の集め方を選ぶときは，最初に水にとけやすいか，とけにくいかに注目する。水にとけやすい場合は，空気と比べたときの密度の大きさによって集め方を決める。

(2)水にとけやすく，空気よりも密度が大きい(重い)気体は下方置換法，水にとけやすく，空気よりも密度が小さい(軽い)気体は上方置換法，水にとけにくい気体は水上置換法で集める。

(3)下方置換法，上方置換法は気体を空気と置きかえる方法，水上置換法は気体を水と置きかえる方法である。

(4)水素は水にとけにくいので水上置換法，アンモニアは水に非常によくとけ，空気より密度が小さいので上方置換法で集める。

p.50〜51 ステージ2

❶ (1)鉄　(2)硫酸
(3)水上置換法　(4)水にとけにくい性質
(5)水　(6)ア，ウ

❷ (1)㋐窒素　㋑酸素　(2)ア，ウ，オ

❸ (1)上方置換法　(2)かわいたもの
(3)フェノールフタレイン溶液
(4)水に非常にとけやすい性質
(5)アルカリ性

❹ (1)㋐窒素　㋑水素　㋒アンモニア
㋓酸素　㋔二酸化炭素
(2)イ　(3)㋐　(4)㋑
(5)㋒　(6)㋓

解説

❶ (1)(2)水素を発生させるには，鉄や亜鉛などの金属にうすい塩酸や硫酸を加える。

(3)(4)水素は水にとけにくいため，水上置換法で集める。

(5)水素が空気中で燃えると，水ができる。

❷ (2)窒素は，色やにおいはなく，水にとけにくい気体である。

❸ (2)アンモニアは非常に水にとけやすいので，集めるときはかわいた丸底フラスコを使う。

(3)(5)アンモニアは水にとけるとアルカリ性を示す。フェノールフタレイン溶液は，アルカリ性で赤色を示す。BTB溶液は，アルカリ性で青色を示す。

(4)スポイトの水をフラスコ内に入れると，フラスコ内のアンモニアが水にとけて体積が小さくなる。このため，ビーカーの水が吸い上げられ，ガラス管の先から水がふき上がる。

❹ (1)㋐は空気中に体積の割合で約$\frac{4}{5}$ふくまれることから窒素，㋑は物質のなかで最も密度が小さいことから水素，㋒は水に非常にとけやすく，特有の刺激臭があることからアンモニア，㋓は物質を燃やすはたらきがあることから酸素，㋔は石灰水を白くにごらせることから二酸化炭素である。

(3)窒素はほかの物質と反応しにくいため，菓子が変化しないように，ふくろの中につめられている。

(5)水に非常にとけやすいアンモニアは，水上置換法では集められない。

p.52〜53 ステージ3

❶ (1)㋐水素　㋑酸素　(2)水上置換法
(3)水にとけにくい性質　(4)㋐ウ　㋑ア

❷ (1)水にとけやすく，空気より密度が大きい気体。
(2)はじめは空気が出てくるから。
(3)①二酸化炭素　②㋐，㋒
③火が消える。

❸ (1)赤色リトマス紙が青色に変わった。
(2)水にとけたから。　(3)赤色
(4)アルカリ性　(5)青色

❹ (1)手であおいでにおいをかぐ。
(2)①E　②I
(3)①F　②B　③G　④C　⑤H

解説

❶ (2)(3)水素と酸素は水にとけにくいので，水上置

換法で集めることができる。

(4)水素は燃える気体であり，酸素は物質を燃やすはたらきがある。石灰水を白くにごらせる気体は二酸化炭素である。

2 (1)水にとけやすく空気よりも密度が大きい気体は下方置換法(㋐)，水にとけやすく空気よりも密度が小さい気体は上方置換法(㋑)，水にとけにくい気体は水上置換法(㋒)で集める。

(2)はじめは，気体を発生させた装置の中の空気が出てくる。このため，はじめに出てくる気体を捨て，しばらくしてから気体を集める。

(3)②二酸化炭素は空気よりも密度が大きいため，下方置換法で集める。また，二酸化炭素は，水に少しだけしかとけないので，水上置換法でも集めることができる。

3 (1)アンモニアは水にとけるとアルカリ性を示す。アルカリ性の水溶液は，赤色のリトマス紙を青色にするが，青色のリトマス紙は変化させない。

(2)アンモニアが水にとけた分だけ水が入ってくる。

(3)フェノールフタレイン溶液は，酸性や中性では無色であるが，アルカリ性で赤色を示す。

(5)BTB溶液は，酸性で黄色，中性で緑色，アルカリ性で青色を示す。

4 (1)気体には危険なものもあるので，顔を近づけすぎず，容器の口を手であおいでにおいをかぐ。

(2)①湯の中に発泡入浴剤を入れたときに発生する気体は，二酸化炭素などである。

(3)①塩素は黄緑色をしていて，刺激臭がある。水道水の消毒剤や，漂白剤などに利用されている。

②塩化水素が水にとけた水溶液を塩酸という。

③水素は物質のなかでいちばん密度が小さく，その次にヘリウムが小さい。

⑤一酸化炭素は，有害であり，有機物が不完全に燃えたときに発生する。石油ストーブの使用中に定期的に換気をするのは，一酸化炭素を発生させないためである。

第3章　水溶液の性質

p.54~55　ステージ1

●教科書の要点

1 ①透明　②同じ　③溶質
④溶媒　⑤水溶液　⑥純粋な物質
⑦混合物　⑧質量パーセント濃度
⑨溶質　⑩溶液　⑪溶媒

2 ①結晶　②飽和水溶液
③溶解度　④溶解度曲線
⑤再結晶

●教科書の図

1 ①ろ紙　②ろうと　③ろ過
④ガラス棒　⑤重なっている
⑥あし　⑦かべ

2 ①溶質　②溶媒
③溶液　④水溶液

3 ①溶解度　②結晶
③溶解度曲線　④結晶

p.56~57　ステージ2

1 (1)コーヒーシュガー
(2)デンプン
(3)コーヒーシュガー…ウ　デンプン…イ
(4)コーヒーシュガー…イ　デンプン…ア

2 (1)水溶液　(2)混合物　(3)イ

3 (1)200g　(2)10%
(3)食塩…30g　水…170g

4 (1)溶質　(2)B　(3)B
(4)①結晶　②A　(5)再結晶

解説

1 (1)(2)物質が水にとけると，液は透明になる。コーヒーシュガーは水にとけるので，液は透明になるが，デンプンは水にとけないので，液はにごり，しばらくすると底にしずむ。

(3)コーヒーシュガーが水にとけると，顕微鏡で見えないくらい小さな粒になり，ろ紙のあなを通過する。このため，ろ過した液は，コーヒーシュガーの水溶液と同じように，茶色で透明の液になる。デンプンはろ紙のあなよりも大きく，ろ紙の上にすべてたまるので，ろ過した液は無色透明の水である。

(4)コーヒーシュガーをろ過した液では茶色のコー

ヒーシュガーが残るが，デンプンをろ過した液は水なので，何も残らない。

❷ (1)砂糖のように液体にとけている物質を溶質，水のように溶質をとかす液体を溶媒，溶質が溶媒にとけた液全体を溶液という。溶媒が水である溶液を水溶液という。

(2)水や砂糖のように，１種類の物質からできているものを純粋な物質(純物質)という。砂糖が水にとけた砂糖水のように，いくつかの物質が混じり合ったものを混合物という。

(3)砂糖が水にとけると，水が砂糖の粒子と粒子の間に均一に入りこみ，時間がたっても，この状態がいつまでも続く。

❸ (1)溶液の質量〔g〕＝溶質の質量〔g〕＋溶媒の質量〔g〕より，20〔g〕＋180〔g〕＝200〔g〕

(2)質量パーセント濃度〔%〕

$$=\frac{\text{溶質の質量〔g〕}}{\text{溶液の質量〔g〕}}\times 100 \text{より，}$$

$$=\frac{20〔g〕}{200〔g〕}\times 100=10$$

(3)とかす食塩の質量をxgとすると，15%の食塩水の質量パーセント濃度を求める式は，次のようになる。

$$\frac{x〔g〕}{200〔g〕}\times 100=15$$

$$x=30〔g〕$$

食塩水200gのうち，とけている食塩は30gであることから，この食塩水の水の質量は，

200〔g〕－30〔g〕＝170〔g〕

❹ (2)食塩の主成分は，塩化ナトリウムである。塩化ナトリウムは水の温度が上がっても，とける質量はほとんど変わらないので，とけ残ったままである。硝酸カリウムは水の温度が上がると，とける質量がふえるので，すべてとける。

(3)塩化ナトリウムのように，水の温度が変化してもとける質量がほとんど変わらない物質は，水溶液の温度を下げても少ししか結晶が出てこない。

(4)②結晶の形は物質によって決まっている。塩化ナトリウムの結晶は立方体，硝酸カリウムの結晶は針状である。

p.58〜59 ステージ2

❶ (1)㋐→㋒→㋑　(2)水溶液
(3)透明　(4)ウ　(5)ウ

❷ (1)純粋な物質(純物質)　(2)混合物
(3)溶質　(4)溶媒　(5)溶液(水溶液)
(6)12%
(7)①×　②×　③○　④○

❸ (1)A…ガラス棒　B…ろうと
(2)水　(3)食塩
(4)とけている。
(5)小さい。

❹ (1)溶解度　(2)飽和水溶液
(3)硝酸カリウム…すべてとける。
塩化ナトリウム…すべてとける。
(4)①結晶　②硝酸カリウム　③ア
(5)再結晶

解説

❶ (4)(5)砂糖が水にとけると，水が砂糖の粒子と粒子の間に均一に入りこみ，時間がたっても，この状態がいつまでも続く。

❷ (1)(2)１種類の物質でできているものを純粋な物質(純物質)，いくつかの物質が混じり合ったものを混合物という。水と砂糖は純粋な物質で，砂糖水は混合物である。

(3)〜(5)砂糖のように液体にとけている物質を溶質，水のように溶質をとかす液体を溶媒，溶質が溶媒にとけた液全体を溶液という。溶媒が水である溶液を水溶液という。

(6)$\frac{15〔g〕}{15〔g〕+110〔g〕}\times 100=12$

(7)①水溶液はすべて透明であるが，コーヒーシュガーの水溶液のように色がついているものもある。
②水にとけている物質は，顕微鏡で見えないほどの小さな粒子になる。

❸ (2)ろ紙をろうとに入れてから，洗浄びんなどでろ紙に水をかけ，ろうととろ紙を密着させる。

(3)〜(5)とけ残った食塩は，ろ紙のあなよりも大きいので，ろ紙の上に残る。水にとけている食塩の粒子は，ろ紙のあなよりも小さいので，ろ紙を通りぬけ，ビーカーにたまる。

❹ (3)図より，40℃の水100gに硝酸カリウムと塩化ナトリウムは，どちらも30g以上とける。

(4)②塩化ナトリウムは，水の温度が変化してもと

ける質量はほとんど変わらない。このため，塩化ナトリウムの水溶液からは，結晶は出てこない。
③硝酸カリウムは，10℃の水100gに約22gとける。はじめに30gの硝酸カリウムをとかしているので，30〔g〕−22〔g〕＝８〔g〕が結晶となって出てくる。

p.60～61 ステージ3

1 ⑴ウ
⑵右図
⑶何も残らない。
⑷水にとけない性質

2 ⑴砂糖…溶質
水…溶媒
⑵混合物　⑶ウ
⑷８％

3 ⑴㊀
⑵質量…28g　濃度…24％
⑶温度を下げても，塩化ナトリウムの溶解度はあまり変わらないから。

4 ⑴塩化ナトリウム　⑵硝酸カリウム
⑶硝酸カリウム　⑷再結晶

解説

1 ⑴デンプンは水にとけず，液が白くにごる。しばらく置いておくと，デンプンは水の底にしずむ。
⑵ろうとのあしは，とがった方をビーカーのかべにつける。また，液をろ紙にそそぐときは，ガラス棒を伝わらせる。
⑶⑷デンプンは水にとけないので，すべてろ紙の上に残り，下のビーカーには水がたまる。よって，この液を蒸発させても何も残らない。

2 ⑷$\dfrac{40〔g〕}{40〔g〕+460〔g〕}\times100=8$

3 ⑴物質が水にとけると，物質の粒子が全体に広がり，時間がたっても，この状態がいつまでも続く。
⑵図より，20℃の硝酸カリウムの溶解度は32gであるため，出ていた結晶の質量は，
60〔g〕−32〔g〕＝28〔g〕
ろ過した水溶液には，水100gに硝酸カリウムが32gとけている。よって，この水溶液の質量パーセント濃度は，
$\dfrac{32〔g〕}{32〔g〕+100〔g〕}\times100=24.2\cdots$
⑶塩化ナトリウムのように水の温度が変化しても，溶解度がほとんど変わらない物質は，水溶液の温度を下げても少ししか結晶は出てこない。

4 ⑴図より，20℃の溶解度は，塩化ナトリウム＞硝酸カリウム＞ミョウバン＞ホウ酸の順である。
⑵40℃の溶解度が50gよりも大きいのは，硝酸カリウムである。
⑶60℃の溶解度と20℃の溶解度の差が大きいほど出てくる結晶の量が多くなる。この溶解度の差は，硝酸カリウム＞ミョウバン＞ホウ酸＞塩化ナトリウムの順である。

第４章　物質の姿と状態変化

p.62～63 ステージ1

●教科書の要点

1 ①気体　②状態変化　③体積
④体積　⑤質量　⑥大き
⑦小さ　⑧小さ

2 ①沸点　②融点　③融点
④純粋な物質　⑤混合物　⑥蒸留
⑦沸点

●教科書の図

1 ①固体　②液体　③気体
④加熱　⑤冷却　⑥温度
⑦状態変化　⑧体積　⑨質量

2 ①気体　②沸騰石　③ガラス管
④沸騰　⑤沸点

p.64～65 ステージ2

1 ⑴㋐加熱　㋑冷却　㋒加熱
㊀冷却　㋔加熱　㋕冷却
⑵状態変化　⑶大きくなるから。

2 ⑴イ　⑵小さくなるため。
⑶固体　⑷しずむ。　⑸ウ

3 ⑴㋐固体　㋑液体　㋒気体
⑵０℃　⑶融点
⑷100℃　⑸沸点
⑹変化しない。
⑺変化しない。

4 ⑴イ　⑵イ　⑶イ　⑷78℃

解説

1 ⑴物質を加熱すると，固体→液体→気体と状態

が変化する。物質を冷却すると，気体→液体→固体と状態が変化する。物質によっては，固体→気体，気体→固体と変化する。

⑵物質が温度によって，固体⇄液体⇄気体と状態が変化することを状態変化という。

⑶ふつう，物質の状態が液体から固体に変化すると，体積は小さくなる。しかし，水は例外的に，液体の水が固体の氷に状態変化すると，体積が大きくなる。

2 ⑴状態変化が起こっても，質量は変化しないので，全体の質量は260gのままである。

⑵液体のロウが固体になると，体積が小さくなるため，ロウの中央がへこむ。

⑶密度は，単位体積あたりの質量の大きさである。ロウが液体から固体に状態変化すると，体積は小さくなるが，質量は変化しないので，密度は大きくなる。

⑷液体のロウより，固体のロウの方が密度が大きいので，固体のロウはしずむ。

⑸ア…液体の粒子の方が活発に運動している。
イ…状態変化では粒子の数は変化しないため，固体と液体の粒子の数は同じである。

3 ⑴氷(固体)を加熱していくと，水(液体)→水蒸気(気体)と変化する。

⑵⑷グラフから，氷がとけ始めるのは0℃，水が沸騰し始めるのは100℃とわかる。

⑹⑺純粋な物質では，状態変化している間，温度は変化しない。

4 ⑴横軸には「変化させた量」，縦軸には「変化した量」を書く。この場合，変化させたのは熱した時間なので横軸に，変化したのは温度なので縦軸に書く。

⑵ **注意** 実験で得られた測定値は，実際の値とずれていることがある。このずれを誤差という。
測定値には誤差があるため，グラフをかくときは，測定値を折れ線で結ばずに，なめらかな曲線や直線で結ぶ。

⑶グラフが水平になり始めたときに，エタノールは沸騰を始めた。

⑷純粋な物質の沸点は決まっていて，沸騰している間は，熱し続けても温度は変わらない。よって，グラフが水平になった78℃が沸点である。

p.66～67 ステージ2

1 ⑴液体から気体

⑵体積…大きくなった。
質量…変わらなかった。

⑶

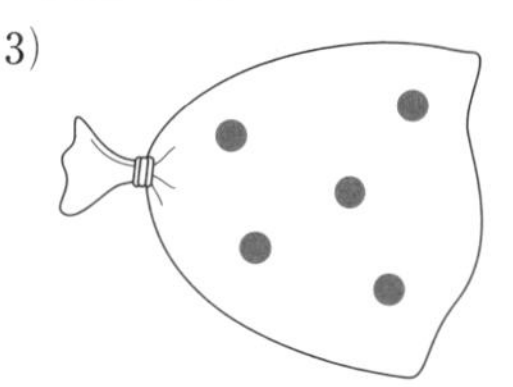

⑷小さくなっている。

2 ⑴㋐固体　㋑液体　㋒気体

⑵大きくなる。

⑶小さくなる。

⑷①ア　②ア

3 ⑴ウ

⑵融点

⑶変わらない。

⑷純粋な物質

4 ⑴沸騰石

⑵試験管A

⑶イ　⑷蒸留

⑸入れないようにする。

解説

1 ⑴⑵液体のエタノールを熱すると，気体に変化し，体積が大きくなる。このため，ポリエチレンのふくろがふくらむ。物質の状態変化では，質量は変化しない。

⑶物質が液体から気体に変化すると，粒子の運動が激しくなるので，粒子と粒子の間が広くなり，体積が大きくなる。液体のエタノールが気体に変化をしても，ふくろの中の粒子の数は変わらないので，液体と同じ5個を，粒子と粒子の間が広くなるようにかく。

⑷密度は，単位体積あたりの質量の大きさである。エタノールが液体から気体に状態変化すると，体積は大きくなるが，質量は変化しないので，密度は小さくなる。

2 ⑵⑶ふつう，液体から固体に状態変化するとき，体積は小さくなる。しかし，水は例外的に，液体の水が固体の氷に状態変化すると，体積が大きくなる。

⑷氷の密度＜水の密度のため，氷は水にうく。

3 ナフタレンは純粋な物質である。純粋な物質の融点は決まっていて，固体から液体に変化しているときは温度は変わらない。よって，グラフが水平になっている約80℃のときが融点である。

4 (1)液体をそのまま加熱すると，急に沸騰して液体がふき出すことがある。このようなことを防ぐために，液体の中に沸騰石を入れておく。

(2)(3)エタノールの沸点は78℃，水の沸点は100℃なので，エタノールを多くふくむ気体が先に出てくる。試験管Aの液体が燃えたことから，このときに出てきた気体にエタノールが多くふくまれていることがわかる。

(5)ガラス管が液体の中に入ったまま火を消すと，液体が逆流することがある。

p.68〜69 ステージ3

1 (1)b，d，f
(2)体積…大きくなる。
質量…変化しない。
(3)小さくなる。 (4)c
(5)①㋑ ②水銀

2 (1)融点 (2)ウ
(3)約80℃
(4)ナフタレンがとけ始めてからしばらくの間，温度が一定であるから。

3 (1)0℃ (2)沸点 (3)cd
(4)d (5)水(氷)

4 (1)ろ紙に火がつく。 (2)ア (3)㋒
(4)蒸留 (4)沸点(のちがい)

解 説

1 (1)物質を加熱すると，固体→液体→気体(または，固体→気体)と状態が変化する。物質を冷却すると，気体→液体→固体(または，気体→固体)と状態が変化する。

(2)(3)ロウなどの物質が液体から固体に変化すると，体積は小さくなる。しかし，水は例外的に，液体の水から固体の氷に変化すると，体積が大きくなる。物質の状態変化では，質量は変化しないので，液体の水が固体の氷に変化すると，密度が小さくなる。

(4)液体のエタノールを熱すると，気体に状態変化し，体積が大きくなる。このため，ポリエチレンのふくろがふくらむ。

(5)①沸点は，融点よりも高いため，㋑が沸点である。

②融点と沸点の間の温度のとき，物質は液体の状態である。

2 (1)固体のナフタレンを熱しているので，A点では固体から液体に変化している。よって，このときの温度は融点である。

(2)(4)グラフは，8分後から12分後まで水平になっていて温度が変化していないので，ナフタレンは純粋な物質であることがわかる。この間は固体が液体に変化している。

(3)融点や沸点は，物質の種類によって決まっていて，物質の質量には関係しない。

3 (1)〜(4)純粋な物質では，沸点や融点が決まっていて，これらの温度のときにグラフが水平になる。よって，グラフのbcのときの温度が融点，deのときの温度が沸点である。abは氷だけ，状態変化しているbcは氷と水，cdは水だけ，状態変化しているdeは水と水蒸気になっている。

(5)水の融点は0℃，沸点は100℃である。

4 (1)(2)エタノールの沸点は78℃，水の沸点は100℃であるので，先にエタノールを多くふくむ気体が出てくる。混合物には，エタノールは3 cm^3 しかふくまれていないので，最初に集めた試験管Aの2 cm^3 の液体には多くのエタノールがふくまれているが，最後に集めた試験管Cの2 cm^3 の液体にはエタノールはあまりふくまれておらず，ほとんどが水であったと考えられる。

(3)混合物では沸点が決まった温度にならないので，グラフに水平な部分が見られない。

(4)(5)液体を熱して沸騰させ，出てくる蒸気(気体)を冷やして再び液体をとり出すことを蒸留という。蒸留では，物質の沸点のちがいによって液体の混合物をそれぞれの物質に分けることができる。

p.70〜71 単元末総合問題

1 (1)金属光沢 (2)2.7g/cm^3
(3)カ

2 (1)二酸化炭素 (2)水上置換法
(3)Aには(三角フラスコの中に入っていた)空気が多くふくまれているから。
(4)水にとける性質 (5)ア，エ

3 (1)溶解度曲線 (2)ウ
(3)①硝酸カリウム ②9％

4》 (1)出てくる蒸気(気体)の温度をはかるため。
(2)蒸留　(3)A
(4)沸点の低いエタノールが先に出てきたから。

》解説《

1》 (2)金属Aの体積は，
55.0〔cm^3〕−50.0〔cm^3〕=5.0〔cm^3〕

密度〔g/cm^3〕$=\frac{質量〔g〕}{体積〔cm^3〕}$より，金属Aの密度は，

$\frac{13.5〔g〕}{5.0〔cm^3〕}=2.7〔g/cm^3〕$

(3)質量が同じとき，体積が小さいものほど密度が大きい。表より，体積は，金属A>金属B>金属Cであるから，それぞれの密度は，金属C(c)>金属B(b)>金属A(a)となる。

別解 金属Bの密度は，$\frac{13.5〔g〕}{1.7〔cm^3〕}=7.9\cdots〔g/cm^3〕$

金属Cの密度は，$\frac{13.5〔g〕}{1.5〔cm^3〕}=9〔g/cm^3〕$

2》 (3)はじめのうちは三角フラスコの中にあった空気が出てくるので，発生した二酸化炭素の性質を正確に調べることができない。
(4)二酸化炭素は水に少しとけるので，ペットボトルがつぶれた。
(5)イは水素，ウは酸素が発生する。

3》 (2)図より，60℃の塩化ナトリウムの溶解度は約38gである。よって，塩化ナトリウムの飽和水溶液の質量は，38〔g〕+100〔g〕=138〔g〕
(3)①60℃の溶解度と20℃の溶解度の差が大きいほど出てくる結晶の量が多くなる。この溶解度の差は，硝酸カリウム>ミョウバン>塩化ナトリウムの順である。
②20℃の水100gにはミョウバンは10gとけるので，質量パーセント濃度は，

$\frac{10〔g〕}{10〔g〕+100〔g〕}\times100=9.0\cdots$

4》 (2)液体を熱して沸騰させ，出てくる蒸気(気体)を冷やして再び液体をとり出すことを蒸留という。蒸留は，混合物にふくまれる物質の沸点のちがいを利用したものである。
(3)(4)エタノールの沸点は78℃，水の沸点は100℃なので，先にエタノールを多くふくむ気体が出てくる。試験管Aの液体は，最もエタノールをふくむ量が多い。

単元3 身のまわりの現象

第1章　光の世界(1)

p.72〜73 ステージ1

●教科書の要点

1 ①光源　②直進　③反射
④白　⑤プリズム

2 ①入射角　②反射角　③反射
④対称　⑤乱反射

3 ①屈折　②屈折角　③全反射
④光ファイバー

●教科書の図

1 ①入射角　②反射角　③=
④反射の法則

2 ①入射角　②屈折角　③>
④入射角　⑤屈折角　⑥<

3 ①光　②反射　③全反射

p.74〜75 ステージ2

1 (1)光源　(2)白色　(3)緑色　(4)植物

2 (1)(光の)直進
(2)㋐入射角　㋑反射角
(3)等しい。
(4)光の反射の法則

3 (1)

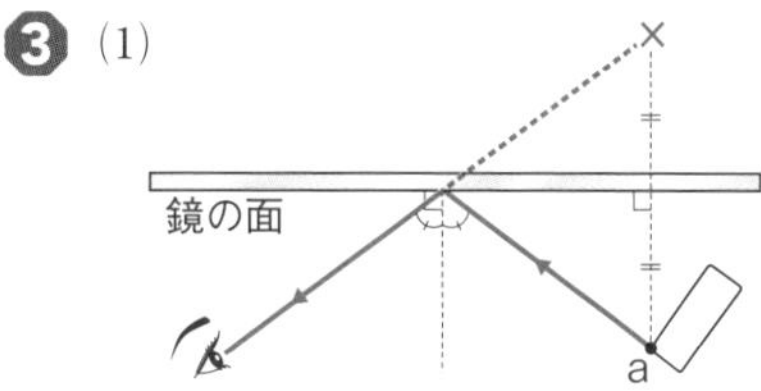

(2)対称の位置

4 (1)直進する。
(2)㋐入射角　㋑屈折角　㋒屈折角　㋓入射角
(3)①>　②>

5 (1)(光の)屈折　(2)㋑　(3)浅い位置

6 (1)全反射　(2)起こらない。

解説

1 (1)太陽や電灯のように自ら光を出す物体を光源という。
(4)物が見えるとき，光が目に届いている。このとき，太陽のように光源から出た光が直接目に届く場合と，植物のように光源から出た光が物体の表面で反射して，目に届く場合がある。

2 (2)鏡に光を当てたとき，鏡の面に垂直な線と入射した光がつくる角を入射角(㋐)，反射した光がつくる角(㋑)を反射角という。

(3)(4)鏡などの物体で光が反射するとき，入射角と反射角は等しくなる。これを光の反射の法則という。

3 (1)a点が鏡にうつって見える位置は，鏡の面に対してa点と対称の位置にあるため，この位置に×をかく。なお，反射した光の線を鏡のおくに向けてのばし，×がこの直線上にあることを確かめると，×の位置を正確にかくことができる。

4 (2)境界面に垂直な線と入射した光がつくる角を入射角，垂直な線と屈折した光がつくる角を屈折角という。

(3)図2のように，空気から透明な物体側へ光が進むとき，入射角は屈折角よりも大きくなる。図3のように，透明な物体から空気側へ光が進むとき，入射角は屈折角よりも小さくなる。

5 (2)(3)水から空気側に光が進むときは，光は境界面に近づくように屈折する。コインのa点は，目に入る光の道筋を逆にのばした位置にあるように見えるため，コインが実際の位置よりも浅い位置にあるように見える。

6 (1)光が透明な物体から空気側へ進むとき，入射角が一定以上大きくなると，全反射が起こる。

(2)全反射は，光が空気側から透明な物体へ進むときには起こらない。

p.76~77 ステージ3

1 (1)プリズム
(2)①乱反射
②赤い色の光が多く反射しているため。
(3)①ウ　②ア　③イ　④エ

2 (1)①光源　②反射
(2)色…黄色
道筋…右図

3 (1)㋖，㋚
(2)㋑＝㋒
(3)図2…㋕＞㋖
図3…㋙＜㋚

4 (1)㋑
(2)㋐
(3)①60　②全反射

解説

1 (3)①水中から出た光は水面に近づくように屈折するため，水中のものさしは短く見える。このため，目盛りの間隔がせまく見える。

③窓ガラスの前に立ったとき，昼でも自分から出た光は窓ガラスで反射している。しかし，窓の外から入ってくる光の量が多いため，昼には自分の姿がうつって見えない。

2 (2)鏡にうつる物体の像は，鏡に対して物体の対称の位置にでき，反射した光を逆にのばした位置に像があるように見える。これらをふまえて考える。まず，赤色，青色，黄色の色鉛筆の像は，鏡に対して対称の位置にできるので，これらの位置に点を記入する。次に，これらの点と，目の位置(点O)を直線で結ぶ。このとき，鏡の面を通れば，鏡で反射して目に光が届くといえる。この条件にあてはまるのは，黄色の色鉛筆である。

3 (1)境界面に垂直な線と屈折した光がつくる角を屈折角という。図1の鏡の反射では，すべての光が反射するため，屈折角は生じない。

(2)鏡の面で光が反射するとき，入射角(㋒)と反射角(㋑)は等しくなる。

(3)図2のように空気側から透明な物体に光が進むとき，入射角(㋕)は屈折角(㋖)よりも大きくなる。図3のように透明な物体から空気側に光が進むとき，入射角(㋙)は屈折角(㋚)よりも小さくなる。

4 (1)棒の先AがCにあるように見えたのだから，光源装置の光は，直線BC上にある㋑の向きに出せばよい。このとき，Bから出た㋑の光は，水面で屈折し，Aに達する。

(2)チョークの下部から出た光は，右の図のような道筋(実線)を通るので，チョークの下部は左側にずれて見える。

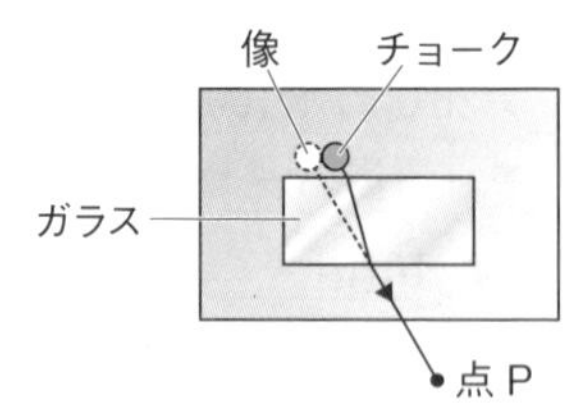

(3)境界面に垂直な線と入射した光がつくる角を入射角，垂直な線と反射した光がつくる角を反射角という。よって，図4の入射角は，90°－30°＝60°である。光の反射の法則により，入射角と反射角は等しくなるため，入射角＝反射角＝60°となる。

第1章　光の世界(2)

p.78~79　ステージ1

●教科書の要点

❶ ①像　②光軸　③焦点　④焦点距離
⑤焦点　⑥直進　⑦平行

❷ ①実像　②同じ　③遠ざかる　④大きく
⑤虚像　⑥実像　⑦逆　⑧同じ

●教科書の図

1 ①像　②光軸　③焦点距離　④焦点

2 ①焦点　②直進　③平行

3 ①逆　②実像　③虚像　④大き　⑤同じ

p.80~81　ステージ2

❶ (1)光軸　(2)焦点　(3)18cm

❷ (1)

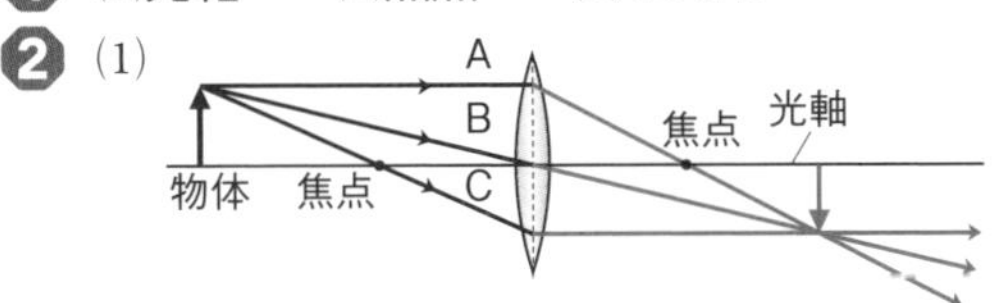

(2)実像　(3)逆向き

❸ (1)

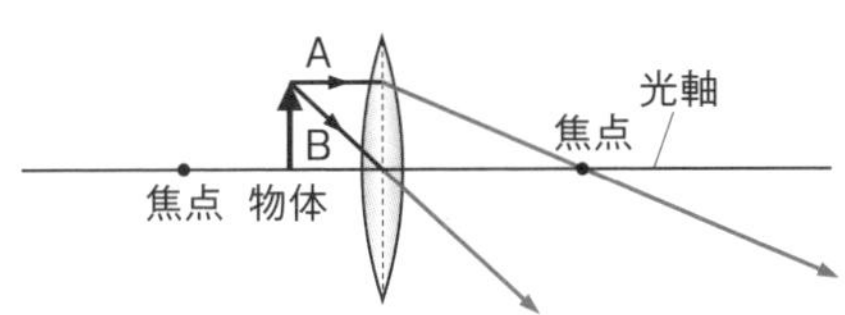

(2)できない。　(3)虚像

(4)

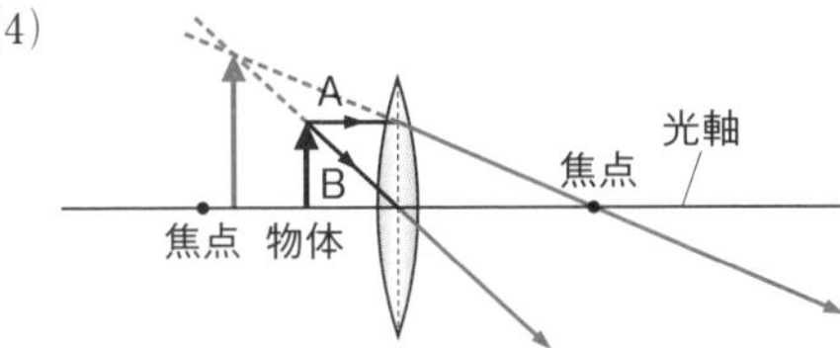

❹ (1)2
(2)㋐(光源より)小さい
㋑(光源より)大きい
(3)㋒上下左右が逆向き　㋓上下左右が逆向き
㋔同じ向き
(4)①外　②実像　③大きく
(5)①内　②虚像

解説

❶ (2)光軸に平行な光は，凸レンズを通過後，焦点に集まる。
(3)凸レンズの中心Oから焦点までの距離を，焦点距離という。

❷ (1)光軸に平行なAの光は，凸レンズを通過後，反対側の焦点を通る。凸レンズの中心を通るBの光は，そのまま直進する。凸レンズの焦点を通るCの光は，凸レンズを通過後，光軸に平行に進む。

❸ (1)(2)物体が焦点と凸レンズの間にあるとき，物体の先端から出る光軸に平行なAの光と凸レンズの中心を通るBの光は，凸レンズを通過後，交わらない。このため，スクリーン上には像ができない。
(3)虚像は，凸レンズをのぞいたとき，物体と同じ向きで物体よりも大きく見える。
(4)(1)でかいた2つの線を逆方向へのばしたとき，その交点が虚像の先端となる。

❹ (1)光源が焦点距離の2倍の位置にあるとき，反対側の焦点距離の2倍の位置に実像ができる。
(2)～(5)ⓐ，ⓑ，ⓒのように光源が焦点の外側にあるときは，物体と比べて上下左右が逆向きの実像ができる。実像は，光源が凸レンズに近づくほど大きくなる。ⓔのように光源が焦点の内側にあるときは，スクリーンに像はうつらないが，スクリーン側から凸レンズをのぞいたときに光源と同じ向きの虚像が見られる。虚像は，常に物体よりも大きい。

p.82~83　ステージ3

❶ (1)実像　(2)ウ，オ

❷ (1)8cm　(2)㋓
(3)①

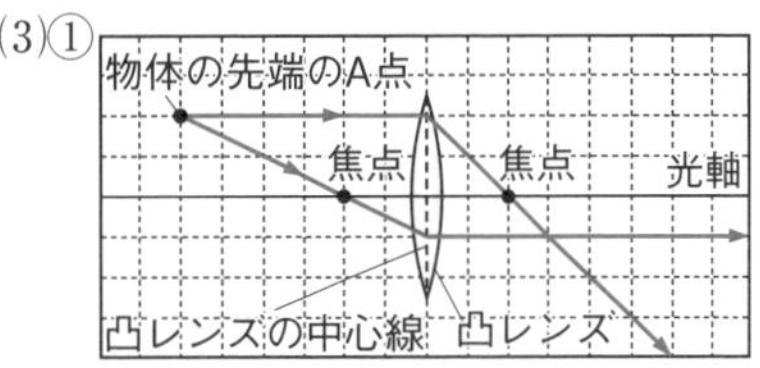

②6cm

❸ (1)A，B，C
(2)

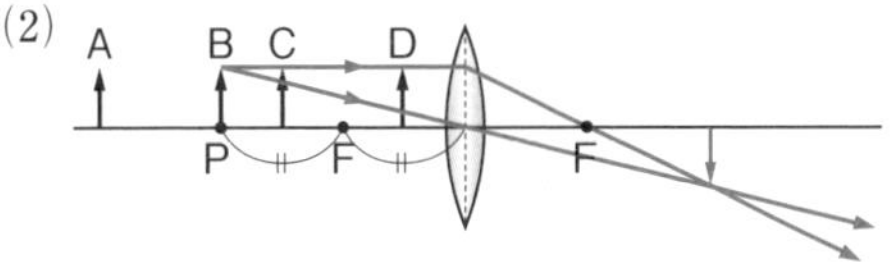

(3)ア

❹ (1)㋐上下左右が逆　㋑小さい
㋒上下左右が逆　㋓大きい
(2)①小さ　②小さ
(3)①虚像　②向きは同じで，大きい。

解説

❶ (1)物体と比べたとき，実像は上下左右が逆向きであるが，虚像は上下左右が同じ向きである。
(2)ア，イ，エは実像の特徴である。

❷ (1)物体が焦点距離の2倍の位置にあるとき，凸レンズの反対側の焦点距離の2倍の位置に実像ができる。凸レンズの焦点距離は4cmだから，凸レンズとスクリーンの間の距離は，
4〔cm〕×2＝8〔cm〕
(2)実像の向きは，物体と比べて，上下左右が逆向きである。
(3)①光軸に平行に凸レンズに入った光は，焦点を通る。焦点を通って凸レンズに入った光は，光軸に平行に進む。
②凸レンズの焦点距離は4cmだから，図2の1目盛りは2cmである。①でかいた光の道筋の交点が実像の先端であり，凸レンズの中心線から3目盛りはなれている。よって，スクリーンに像がうつったときの，凸レンズとスクリーンの間の距離は，2〔cm〕×3＝6〔cm〕

❸ (1)A，B，Cのように，物体が焦点の外側にあるとき，実像ができる。
(2)実像の作図には，光軸に平行な光，凸レンズの中心を通る光，焦点を通る光のうち，2つの光を使う。
(3)物体が焦点距離の2倍の位置と焦点の間にあるとき，物体よりも大きな実像ができる。

❹ (1)板Xと凸レンズの距離が，焦点距離の2倍(29cm)よりも大きいとき，板Xの矢印と比べて小さい実像ができる。板Xと凸レンズの距離が，焦点距離の2倍よりも小さく焦点距離よりも大きいとき，板Xの矢印と比べて大きい実像ができる。
(2)物体が焦点の外側にあるときは，スクリーン上に実像ができる。表の結果より，凸レンズと物体の距離が大きくなると(22.0cm→36.0cm)，スクリーンと凸レンズの距離が小さくなり(42.5cm→24.3cm)，スクリーンにできる像の大きさが小さくなる(㊍→㋑)ことがわかる。
(3)物体が焦点の内側にあるときは，スクリーン側から凸レンズを通して虚像が見える。虚像は，向きが物体と同じで，物体よりも大きい。

第2章　音の世界

p.84〜85　ステージ1

●教科書の要点

❶ ①振動　②音源　③波
④鼓膜　⑤液体

❷ ①振幅　②振動数　③ヘルツ
④大き　⑤小さ　⑥高
⑦低　⑧高　⑨高
⑩多　⑪おそ

●教科書の図

1 ①大き　②小さ　③長
④短　⑤低　⑥高
⑦高

2 ①低い　②小さい　③振幅
④振動数　⑤振動数　⑥振幅

p.86〜87　ステージ2

❶ (1)①イ　②イ
(2)空気
(3)①気体　②液体　③固体

❷ (1)強くはじいたとき。
(2)弱くはじいたとき。
(3)振幅
(4)①大き　②大き　③振幅

❸ (1)同じにする。　(2)a
(3)c　(4)振動数
(5)①短く　②強く

❹ (1)振幅　(2)音の大きさ
(3)名称…ヘルツ　記号…Hz
(4)高くなる。
(5)多くなる。
(6)①ウ　②エ　③ア　④イ

解説

❶ (1)(2)容器の中の空気をぬき，空気が少なくなると，測定器Aの数値が小さくなるため，容器内でのブザーの音が小さくなっていることが確認できる。このことから，音を伝えているのは，空気であることがわかる。

❷ (3)(4)弦の中心からのはばのことを振幅という。弦を強くはじくほど，振幅が大きくなり，音が大きくなる。

❸ (1)比べる条件以外の条件も変えると，実験の結

果のちがいが何によって生じたかがわからなくなってしまう。このため，比べる条件以外は，すべて同じにする。
(2)(3)(5)弦が短いほど，弦の張り方が強いほど，高い音が出る。
(4)音の大きさは振幅，音の高さは振動数によって決まる。

4 (1)簡易オシロスコープの画面では，波の高さが振幅を表している。
(2)振幅は音の大きさ，振動数は音の高さに関係する。
(3)振動数は，１秒間に弦が振動する回数をいい，ヘルツ(記号Hz)という単位を用いる。
(4)(5)波の高さが高いほど大きい音を，波の数が多いほど高い音を示す。
(6)波の高さが高い①・②は大きい音，波の高さが低い③・④が小さい音である。また，波の数が多い②・④は高い音，波の数が少ない①・③は低い音である。

p.88〜89 ステージ3

1 (1)激しくなる。
(2)空気の振動が鼓膜を振動させて音が聞こえる。

2 (1)振動する。(音が鳴る。)
(2)小さく振動する。(音が鳴りにくくなる。)
(3)空気

3 (1)音の伝わる速さが光の速さよりも(はるかに)おそいため。
(2)秒速340m　(3)1360m

4 (1)強くはじく。
(2)イ，ウ
(3)エ

5 (1)振幅　(2)①ウ　②イ
(3)C　(4)CとE

解説

1 (1)大きな音が出ているおんさは，大きく振動している。このため，おんさを水に入れると，水が激しく飛び散る。
(2)耳の中の鼓膜が振動すると，私たちは音が聞こえたと感じる。

2 (1)(2)図１では，おんさAの振動が空気を伝わり，おんさBを振動させるため，おんさBが鳴りだす。図２では，おんさAの振動は，板にさえぎられ，おんさBに振動が伝わりにくいので，おんさBは鳴りにくくなる。
(3)おんさA，Bの間に板があるときは，おんさBが鳴りにくくなることから，おんさAの音は空気が伝えていることがわかる。

3 (1)空気中で音の伝わる速さは秒速約340m，光の伝わる速さは秒速約30万kmである。
(2) 注意 **音の速さは，距離と時間から計算できる。秒速●mを「●m/秒」と表すこともある。**
音の速さ〔m/秒〕＝距離〔m〕÷時間〔秒〕より，
850〔m〕÷2.5〔秒〕＝340〔m/秒〕
→秒速340m
(3)花火を打ち上げた場所までの距離〔m〕＝340〔m/秒〕×花火の光が見えてから音が聞こえるまでの時間〔秒〕より，
340〔m/秒〕×４〔秒〕＝1360〔m〕

4 (1)弦を強くはじくと，振幅が大きくなり，大きな音が出る。
(2)(3)はじく部分の弦の長さを短くしたり，弦を張る強さを強くしたりすると，弦の振動数が多くなり，高い音が出る。

5 (2)①波の数が多いほど，高い音が出ている。
②波の高さが低いほど，小さい音が出ている。
(3)波の数がいちばん多いCの音が最も高い音である。
(4)同じ大きさの音は，波の高さが同じになる。

第３章　力の世界(1)

p.90〜91 ステージ1

●**教科書の要点**

1 ①形　②運動　③支える　④垂直抗力
⑤弾性　⑥摩擦力　⑦重力　⑧磁石の力
⑨電気の力　⑩重力

2 ①ニュートン　②100　③比例　④フック

●**教科書の図**

1 ①運動　②形　③支える

2 ①電気の力　②弾性の力
③磁石の力　④摩擦力

3 ①0.2　②比例　③フックの法則

p.92〜93 ステージ2

1 (1)①形　②運動　③支える
(2)図1…ウ　図2…ア　(3)弾性

2 (1)摩擦力　(2)ア

3 (1)落ちる。　(2)地球の中心　(3)重力
(4)名称…ニュートン　記号…N

4 (1)(3)

ばねののび〔cm〕
5.0
4.0
3.0
2.0
1.0
0
0　0.2　0.4　0.6　0.8　1.0　1.2
力の大きさ〔N〕

(2)ア　(4)比例(の関係)　(5)フックの法則

5 (1)0.2N　(2)0.6N　(3)10.0cm
(4)15.0cm　(5)0.4N　(6)1.2N

解説

1 (2)図1の筆箱は下じきに支えられているため，下に落ちない。図2の消しゴムは先がつぶれて形が変わっている。

2 (1)タイヤの回転が止まったのは，回転の運動をさまたげる向きに摩擦力がはたらいたからである。

3 (3)(4)力の大きさの単位には，ニュートン(記号N)が使われる。1Nは，100gの物体にはたらく重力の大きさにほぼ等しい。

4 (3)測定値には，誤差がふくまれているので，折れ線にせずに，測定値のなるべく近くを通るような直線を引く。
(4)(5)グラフが原点を通る右上がりの直線であることから，ばねを引く力の大きさとばねののびは，比例することがわかる。この関係をフックの法則という。

5 (1) 注意 100gの物体にはたらく重力の大きさは1Nであるから，質量〔g〕→力〔N〕に変換するときは，質量の値を100で割ればよい。
20gのおもりにはたらく重力の大きさは，
$\frac{20}{100}=0.2$〔N〕
(2)おもり1個のときにばねにはたらく力の大きさは，0.2Nなので，おもり3個のときでは，
0.2〔N〕×3＝0.6〔N〕
(3)図2より，おもり1個(0.2N)のときのばねののびは，2.0cmである。1.0Nの力を加えたときの，ばねののびを$x$cmとすると，
0.2〔N〕：2.0〔cm〕＝1.0〔N〕：x〔cm〕
x＝10.0〔cm〕
別解 おもり1個のときにばねにはたらく力の大きさは，0.2Nなので，1.0Nのときのおもりの個数は，$\frac{1.0}{0.2}=5$〔個〕　図2より，おもり5個のときのばねののびは，10.0cmである。
(4)1.5Nの力を加えたときの，ばねののびを$x$cmとすると，
0.2〔N〕：2.0〔cm〕＝1.5〔N〕：x〔cm〕
x＝15.0〔cm〕
(5)ばねののびを4.0cmにするのに必要な力の大きさをxNとすると，
0.2〔N〕：2.0〔cm〕＝x〔N〕：4.0〔cm〕
x＝0.4〔N〕
別解 図2より，ばねののびが4.0cmのときのおもりの個数は2個。このときの力の大きさは，
0.2〔N〕×2＝0.4〔N〕
(6)ばねののびを12.0cmにするのに必要な力の大きさをxNとすると，
0.2〔N〕：2.0〔cm〕＝x〔N〕：12.0〔cm〕
x＝1.2〔N〕

p.94〜95 ステージ2

1 (1)重力　(2)垂直抗力
(3)ウ　(4)イ

2 (1)図1…磁石の力　図2…摩擦力
図3…弾性の力　図4…電気の力
(2)重力，磁石の力，電気の力

3 (1)弾性　(2)ニュートン
(3)図1…0.25N　図2…0.25N

4 (1)0.4N
(2)①〜③

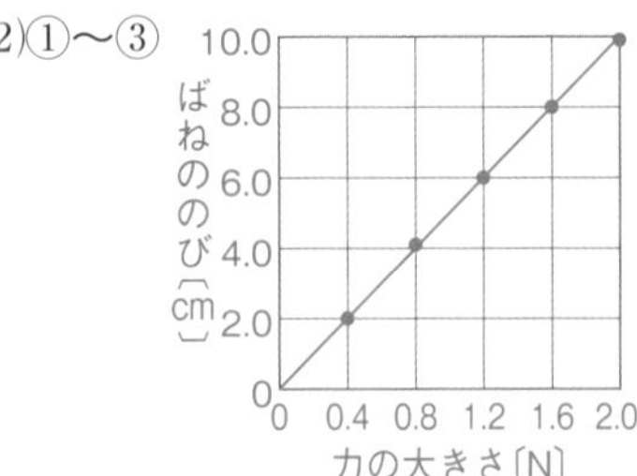

④測定値には誤差があるから。
(3)比例(の関係)　(4)フックの法則
(5)0.6N

解 説

1 (1)地球上のすべての物体には，地球の中心の向きに重力がはたらいている。

(3)消しゴムが机の上で静止しているのは，机が消しゴムを支えているからである。

2 (1)図2で，ブレーキをかけると，ブレーキのゴムがタイヤにふれ，タイヤの運動をさまたげる向きに摩擦力がはたらく。図4で，流れ落ちる水は，下じきに生じた電気の力によって下じきに引き寄せられる。

(2)図1の3つの磁石は，それぞれの面が同じ極を向けているため，反発し合い，下の磁石が上の磁石を支えている。

3 (3)図1のばねには，つるしたおもりにはたらく重力と等しい大きさの力がはたらいている。25gのおもりにはたらく重力は，$\frac{25}{100}=0.25$〔N〕 図2のように，図1と同じ長さになるように，手でばねを引いたときでも，ばねにはたらく力の大きさは，図1のときと等しい。

4 (1)40gのおもりにはたらく重力は，

$\frac{40}{100}=0.4$〔N〕

(2) 注意 グラフは，次の順にかく。横軸と縦軸に見出し，単位，目盛りを書く→測定値を(・)で記入する→測定値の近くを通るように，直線またはなめらかな曲線をかく。

①横軸には「力の大きさ」をとるので，表のおもりの質量〔g〕から，おもりにはたらく力の大きさ〔N〕を求める。(1)と同じように求めると，80g→0.8N，120g→1.2N，160g→1.6N，200g→2.0Nとなる。

③④実験の測定値には，誤差がふくまれているので，折れ線にはしない。点(・)の並び方から，原点を通る直線になると判断できる。直線を引くときは，測定値のなるべく近くを通るようにする。

(3)(4)グラフが原点を通る右上がりの直線であることから，ばねを引く力の大きさとばねののびは，比例することがわかる。この関係をフックの法則という。

(5)このばねは，0.4Nの力が加わると，2cmのびる。求める力の大きさをxNとすると，

0.4〔N〕：2〔cm〕＝x〔N〕：3〔cm〕

$x=0.6$〔N〕

p.96～97 ステージ3

1 (1)①形　②運動　③支える
(2)B　(3)摩擦力
(4)垂直抗力

2 (1)磁石の力(磁力)　(2)同じ極
(3)弾性の力(弾性力)　(4)電気の力
(5)㋑

3 (1)㋐0.1N　㋑0.2N
(2)重力　(3)0.3N
(4)㋒

4 (1)ばねB
(2)ばねBの方がばねAよりものびが小さいから。
(3)7.5cm　(4)2N
(5)比例(の関係)　(6)フックの法則

解 説

1 (2)静止していた筆箱が動きだしたため，運動の状態が変わったといえる。

(3)摩擦力は，物体が動く向きと逆向きにはたらく。

(4)筆箱には，手のひらから上向きに垂直抗力がはたらいている。このため，筆箱は下に落ちない。

2 (2)磁石が宙にういているのは，磁石の向き合う面が反発し合っているからである。磁石は，N極とN極，またはS極とS極のように同じ極が近づく場合に反発する。

(5)㋐の磁石の力，㋒の電気の力は，はなれた物体にはたらく力である。

3 (1)10gのおもりにはたらく重力は，

$\frac{10}{100}=0.1$〔N〕，20gのおもりにはたらく重力は，

$\frac{20}{100}=0.2$〔N〕

(2)地球上にあるすべての物体は，地球の中心に向かって引かれている。

(3)ばねののびが同じとき，おもりがばねを引く力と手がばねに加えている力の大きさは等しい。よって，手がばねに加えている力は，

$\frac{30}{100}=0.3$〔N〕

(4)おもりを強く引くほど，ばねがもとにもどろうとする弾性の力が大きくなるので，手ごたえが大きくなる。

4 (1)(2)図2から，同じ質量のおもりをつるしたと

き，ばねBの方がばねAよりものびが小さい。このため，ばねBの方がのびにくいことがわかる。
⑶ばねAに100gのおもりをつるすと，ばねののびは5cmとなる。求めるばねののびを$x$cmとすると，
100〔g〕：5〔cm〕＝150〔g〕：x〔cm〕
x＝7.5〔cm〕
⑷ばねBに100gのおもりをつるしたとき，つまり，ばねBに1Nの力を加えたとき，ばねののびは2cmである。求める力の大きさをxNとすると，
1〔N〕：2〔cm〕＝x〔N〕：4〔cm〕
x＝2〔N〕
⑸⑹グラフが原点を通る右上がりの直線であることから，ばねを引く力の大きさとばねののびは，比例することがわかる。この関係をフックの法則という。

第3章　力の世界⑵

p.98〜99　ステージ1

●教科書の要点

❶ ①$\frac{1}{6}$　②質量　③kg
④上皿てんびん　⑤大きさ
⑥作用点　⑦長さ　⑧中心

❷ ①つり合っている　②一直線　③等しい
④逆　⑤垂直抗力　⑥静止

●教科書の図

1 ①6　②600　③質量
④1　⑤600　⑥$\frac{1}{6}$

2 ①大きさ　②作用点　③作用点

p.100〜101　ステージ2

❶ ⑴上皿てんびん　⑵g，kg　など
⑶地球上…3N　月面上…0.5N
⑷地球上…300g　月面上…300g

❷ ⑴①作用点　②向き
⑵
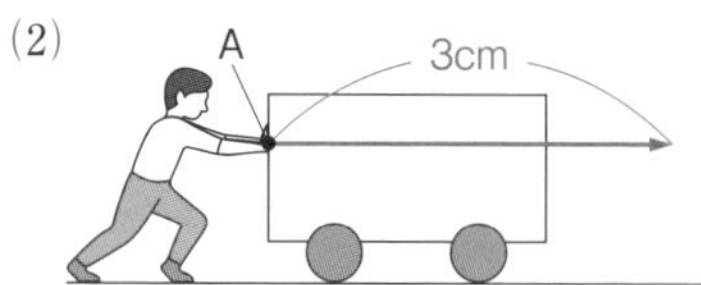

⑶6cm

❸ ⑴①作用点　②比例
⑵①
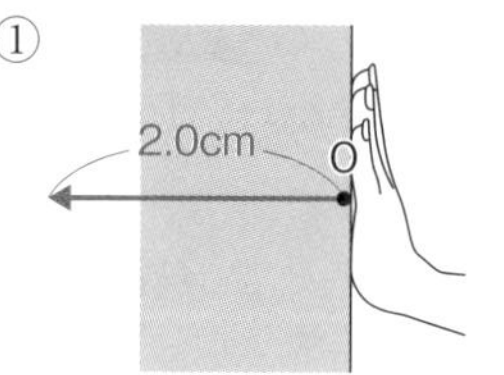

②
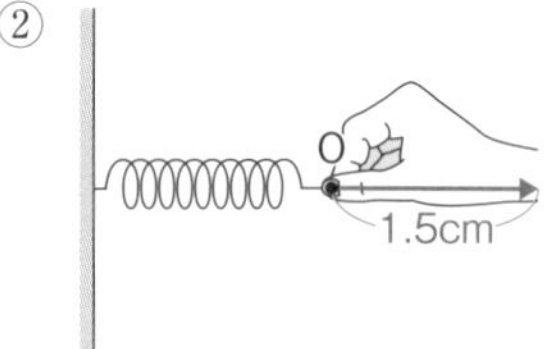

③
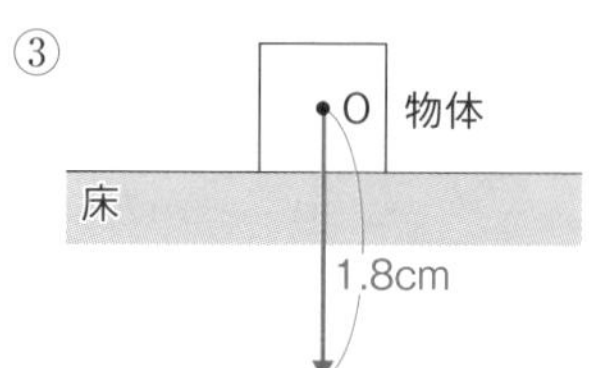

❹ ⑴3N　⑵一直線上にあった。
⑶逆向き　⑷①等し　②逆　③一直線
⑸つり合っている。

解説

❶ ⑴ばねばかりは，つるした物体にはたらく重力の大きさをはかることができる。
⑶地球上で300gの物体にはたらく重力は，
$\frac{300}{100}$＝3〔N〕
月面上の重力の大きさは，地球上の$\frac{1}{6}$であるので，
3〔N〕×$\frac{1}{6}$＝0.5〔N〕
⑷質量は場所によって変わらないので，どちらも300gの分銅とつり合う。

❷ ⑵⑶10Nを1cmの長さの矢印で表すので，30Nでは3倍の3cmの長さに，60Nでは6倍の6cmの長さにする。

❸ ⑴力は，力のはたらく点(作用点)，力の向き，力の大きさの3つの要素を矢印で表すことができる。
⑵①10Nを1.0cmで表すので，作用点(O)からかべの向きに2.0cmの矢印をかく。
②手を引く向きに1.5cmの矢印をかく。
③1800gの物体にはたらく重力は，
$\frac{1800}{100}$＝18〔N〕　よって，下向きに1.8cmの矢印をかく。

❹ (1)厚紙が静止したことから，ばねばかりA，Bによる２力はつり合っている。つり合っている２力は，大きさが等しいので，ばねばかりA，Bはどちらも３Nを示す。
(2)つり合っている２力は，一直線上にある。
(3)つり合っている２力は，逆向きである。
(5)１つの物体にはたらく２力がつり合っていない場合は，物体は静止状態を保つことができない。

p.102～103 ステージ3

❶ (1)

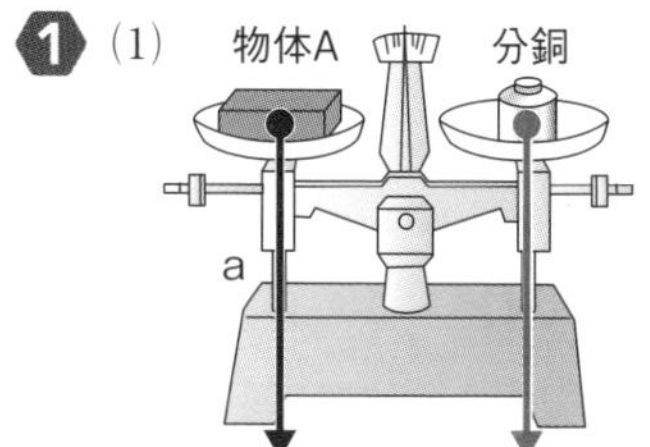

(2)7.2N　(3)1.2N
(4)1500g　(5)ウ

❷ (1)120g
(2)

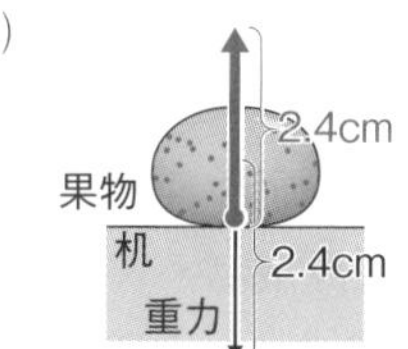

(3)ウ

❸ (1)㋑　(2)ア，ケ，サ

❹ (1)a…重力　b…垂直抗力
(2)①つり合っている　②一直線　③逆向き
(3)4N

解説

❶ (1)図の上皿てんびんはつり合っているので，左右の皿の上にのせた物体にはたらく重力の大きさは等しい。よって，分銅の重力の矢印は，物体Aにはたらく重力のaの矢印と同じ長さになる。
(2)720gの物体にはたらく重力は，

$\frac{720}{100}=7.2$〔N〕

(3)月面上の重力の大きさは，地球上の$\frac{1}{6}$であるので，7.2〔N〕×$\frac{1}{6}$=1.2〔N〕
(4)月面上で2.5Nの重力がはたらく物体Bには，地球上では，2.5〔N〕×６＝15〔N〕　の重力がはたらく。よって，物体Bの質量は，
100〔g〕×15＝1500〔g〕

❷ (1)0.5Nを1.0cmの矢印の長さで表しているので，果物にはたらく重力の大きさをxNとすると，
0.5〔N〕：1.0〔cm〕＝x〔N〕：2.4〔cm〕
x＝1.2〔N〕
よって，果物の質量は，100〔g〕×1.2＝120〔g〕
(2)重力とつり合っている力は垂直抗力である。つり合う２力は，一直線上にあり，力の大きさが等しく，向きが逆向きである。よって，果物と机が接する場所に作用点をかき，上向きに2.4cmの矢印をかく。
(3)ア…２力がつり合っているときは，物体は静止する。
イ…２力がつり合っているときは，２力の向きが逆向きである。

❸ (1)１つの物体にはたらく２力がつり合っているとき，物体は静止する。㋑では，物体にはたらく２力が一直線上にあり，向きが逆向きで，大きさが等しいため，つり合っている。
(2)㋐では２力が一直線上になく，㋒では２力の大きさが異なり，㋓では２力の向きが逆向きでないため，いずれもつり合っていない。

❹ (1)aの作用点は果物の中心にあり，下向きの力なので，重力である。bの作用点は台ばかりと果物が接する面にあり，上向きの力なので，垂直抗力である。
(2)静止している物体にはたらく垂直抗力と重力はつり合っている。つり合っている２力は，❶２力が一直線上にある，❷２力の大きさが等しい，❸２力の向きが逆向きであるという３つの条件を満たす。
(3)bの垂直抗力は，aの重力とつり合っているので，その大きさは重力と同じ４Nである。

p.104～105 単元末総合問題

1》(1)①㋒
②大きくなる
(2)

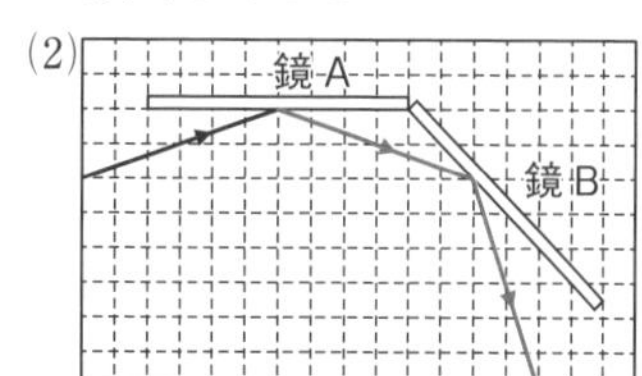

2》 (1)実像 (2)4 cm

(3)

スクリーン
凸レンズ
光源
光軸

3》 (1)2040m

(2)音の速さは，光の速さよりも(はるかに)おそいから。

(3)ウ

4》 (1)弾性 (2)①比例 ②フック

(3)①つり合っている。 ②1.0N

》解 説《

1》 (1)①境界面に垂直な線と屈折した光がつくる㋒の角を屈折角という。

②水から空気側に光が進むときは，光は境界面に近づくように屈折する。コインは，目に入る光の道筋を逆にのばした位置にあるように見えるため，コインが実際の位置よりも浅い位置にあるように見える。

(2)鏡AとBでは，入射角と反射角が等しくなるように反射する。

2》 (1)(2)物体が焦点距離の２倍の位置にあるとき，反対側の焦点距離の２倍の位置に実像ができる。光源から凸レンズまでの距離と凸レンズからスクリーンまでの距離が等しいのは，それぞれの距離が８cmのときなので，凸レンズの焦点距離は，

８〔cm〕÷２＝４〔cm〕

(3) 注意 凸レンズによってできる像を作図するときは，次の３つに注目する。

・光軸に平行に凸レンズに入る光は，屈折したあと，焦点を通る。

・凸レンズの中心を通った光は，そのまま直進する。

・物体側の焦点を通って凸レンズに入った光は，屈折したあと，光軸に平行に進む。

3》 (1)340〔m/秒〕×６〔秒〕＝2040〔m〕

(2)光の速さは秒速約30万km，音の速さは秒速約340mである。

(3)弦の張り方が弱いほど，弦の長さが長いほど，低い音が出る。

ア…おもりの数を増やすと，弦の張り方が強くなり，高い音が出る。

イ…弦を強くはじくと，大きな音が出る。

4》 (2)図２のグラフは，原点を通る右上がりの直線なので，力の大きさとばねののびは比例することがわかる。この関係は，イギリスのロバート・フックが発見したため，フックの法則とよばれる。

(3)②つり合っている２力の大きさは等しいため，左右のばねにはたらく力の大きさが等しく，左右のばねののびが同じになる。ばねｂののびが12cmのときにばねにはたらく力をxNとすると，

0.5〔N〕：６〔cm〕＝x〔N〕：12〔cm〕

x＝1.0〔N〕

単元4 大地の変化

第１章 火をふく大地

p.106~107 ステージ1

●教科書の要点

❶ ①マグマ ②噴火 ③溶岩
④弱 ⑤強 ⑥火山噴出物
⑦鉱物

❷ ①火成岩 ②火山岩 ③深成岩
④斑晶 ⑤斑状 ⑥等粒状

❸ ①地熱 ②ハザードマップ

●教科書の図

1 ①弱い ②強い ③激しい
④黒 ⑤白

2 ①石英 ②長石 ③黒雲母
④カンラン石

3 ①火山岩 ②石基 ③斑晶
④斑状 ⑤地表 ⑥深成岩
⑦等粒状 ⑧地下深く

p.108~109 ステージ2

❶ (1)ねばりけ (2)B (3)溶岩ドーム
(4)A (5)A
(6)A…マウナケア
B…雲仙普賢岳
C…富士山

❷ (1)鉱物 (2)強かった。 (3)有色鉱物

❸ (1)火成岩 (2)火山岩 (3)深成岩
(4)①黒雲母 ②長石

③カンラン石　④石英

4 (1)斑状組織　(2)㋐斑晶　㋑石基
(3)火山岩　(4)等粒状組織
(5)深成岩　(6)地下の深いところ。
(7)A…流紋岩，玄武岩，安山岩
B…せん緑岩，はんれい岩，花こう岩

解説

1 (1)(2)マグマのねばりけが強いと，溶岩は流れにくく，Bのように盛り上がった形になる。マグマのねばりけが弱いと，Aのように傾斜のゆるやかな形になる。Cのような円すい形の火山のマグマのねばりけは中程度である。
(4)ねばりけが弱いマグマからできた溶岩は黒っぽい色，ねばりけが強いマグマからできた溶岩は白っぽい色をしている。
(5)マグマのねばりけが弱いと，火口からはなれたところまで溶岩が流れていくことがある。
(6)富士山(静岡県・山梨県)はCの円すい形，マウナケアはAの傾斜のゆるやかな形，雲仙普賢岳(長崎県)はBのような盛り上がった形の火山である。

2 (1)火山灰にふくまれる粒は，色や形が異なる鉱物からなる。
(2)マグマのねばりけが強い火山が噴火すると，無色鉱物を多くふくむ火山灰がふき出す。

3 (2)Aのように，地表や地表付近で短い時間で冷え固まった火成岩を火山岩という。
(3)Bのように，地下深くで長い時間をかけて冷え固まった火成岩を深成岩という。
(4)②と④のように，白色，無色，透明の鉱物を無色鉱物という。無色鉱物には，長石と石英がある。

4 (1)〜(3)火山岩は比較的大きな斑晶(㋐)のまわりを石基(㋑)がとり囲んでいる斑状組織をもつ。
(4)(5)深成岩は石基がなく，大きな鉱物が集まった等粒状組織をもつ。
(6)地下の深いところで長い時間をかけてマグマが固まると，ひとつひとつの鉱物の粒が大きくなる。
(7)Aの斑状組織をもつ火山岩には，流紋岩，安山岩，玄武岩がある。Bの等粒状組織をもつ深成岩には，花こう岩，せん緑岩，はんれい岩がある。

p.110〜111 ステージ2

1 (1)A　(2)㋑　(3)①弱　②黒

2 (1)マグマ
(2)①長石　②輝石　③黒雲母　④角セン石
⑤石英　⑥カンラン石　⑦磁鉄鉱

3 (1)㋑
(2)㋐等粒状組織　㋑斑状組織
(3)a…斑晶　b…石基　(4)イ，ウ

4 (1)花こう岩，流紋岩
(2)長石，石英
(3)磁鉄鉱
(4)はんれい岩，花こう岩，せん緑岩
(5)玄武岩，流紋岩，安山岩

解説

1 (1)(2)この実験では，石こうがマグマを示していて，水を入れる量を調節することで，ねばりけを変えている。石こうに入れる水の量が少ないAは，Bよりもねばりけが強い。このため，Aをおし出すと，周囲にあまり広がらず，図2の㋑のような盛り上がった形になる。
(3)マグマのねばりけが弱い火山は，溶岩が流れやすく，火山噴出物の色が黒っぽい。

2 (2)①，⑤が無色鉱物，②〜④，⑥，⑦は有色鉱物である。

3 (1)〜(3)㋐のように，大きな鉱物が集まったつくりを等粒状組織という。㋑のように，比較的大きな斑晶(a)のまわりを石基(b)がとり囲んでいるつくりを斑状組織という。安山岩などの火山岩は斑状組織，花こう岩などの深成岩は等粒状組織をもつ。
(4)マグマが地表や地表付近で短い時間で急に冷え固まると，大きな結晶をあまりふくまない斑状組織ができる。

4 (2)長石，石英は無色鉱物，カンラン石，黒雲母，輝石，磁鉄鉱は有色鉱物である。
(4)同じくらいの大きさの鉱物が集まった火成岩のつくりを等粒状組織といい，地下深くでたいへん長い時間をかけて冷え固まった深成岩のつくりである。深成岩には，花こう岩，せん緑岩，はんれい岩がある。
(5)地表や地表付近で短い時間で冷え固まった火成岩を火山岩といい，流紋岩，安山岩，玄武岩がある。

p.112～113 ステージ3

❶ (1)エ　(2)イ
(3)①火山灰　②温泉

❷ (1)㋐イ　㋑ア　㋒ウ　㋓エ
(2)火山岩
(3)x…安山岩　y…花こう岩
z…はんれい岩
(4)B

❸ (1)ア　(2)火山噴出物
(3)有色鉱物が多くふくまれるから。

❹ (1)火成岩　(2)㋐深成岩　㋑火山岩
(3)X
(4)長い時間をかけて冷えてできたため。
(5)a…斑晶　b…石基
(6)斑状組織

解説

❶ (1)ア，ウ…マグマのねばりけが弱いと，溶岩が流れやすく傾斜がゆるやかな火山となる。
イ，エ…マグマのねばりけが強いと，爆発的な激しい噴火となり，溶岩の色は白っぽくなる。
(2)マウナケアは，Aのような傾斜がゆるやかな形をしている。富士山は，Bのような円すい形をしている。昭和新山と雲仙普賢岳は，Cのような盛り上がった形をしている。
(3)細かい粒の火山灰は，上空の風によって遠くまで運ばれ，広い範囲に被害をもたらす。

❷ (1)～(3)Aの火山岩には，白っぽいものから黒っぽいものの順に，流紋岩，安山岩(x)，玄武岩がある。Bの深成岩には，白っぽいものから黒っぽいものの順に，花こう岩(y)，せん緑岩，はんれい岩(z)がある。マグマのねばりけが強いほど，火成岩の色は白っぽくなる。
(4)同じくらいの大きさの鉱物が集まっている火成岩のつくりを等粒状組織という。等粒状組織は，深成岩のつくりである。

❸ (1)火山灰の表面にはよごれがついているので，水でおし洗いをくり返す。
(3)図の火山灰には，有色鉱物が多く見られることから，マグマのねばりけが弱いことが考えられる。マグマのねばりけが弱いと，傾斜がゆるやかな形の火山になる。

❹ (2)㋐のように，地下深くで長い時間をかけて冷え固まった火成岩を深成岩という。㋑のように，地表や地表付近で短い時間で冷え固まった火成岩を火山岩という。
(3)深成岩は，同じくらいの大きさの鉱物が集まった等粒状組織をもつ。
(4)マグマが長い時間をかけて冷え固まると，大きな結晶ができる。
(5)(6)Yのように，比較的大きな斑晶(a)のまわりを石基(b)がとり囲んでいるつくりを斑状組織という。

第2章　動き続ける大地

p.114～115 ステージ1

●教科書の要点

❶ ①震源　②震央　③震度
④初期微動　⑤主要動
⑥初期微動継続時間　⑦P　⑧S
⑨大きい　⑩マグニチュード

❷ ①プレート　②断層　③活断層
④内陸型地震　⑤海溝型地震
⑥津波

❸ ①隆起　②沈降　③緊急地震速報

●教科書の図

1 ①P　②初期微動　③主要動
④S　⑤初期微動継続時間

2 ①地震　②断層　③活断層

3 ①海洋　②大陸　③大陸
④大陸　⑤津波

p.116～117 ステージ2

❶ (1)㋐震源　㋑震央　(2)b
(3)波

❷ (1)㋐初期微動　㋑主要動
(2)㋐P波　㋑S波
(3)㋐　(4)初期微動継続時間
(5)長くなる。

❸ (1)震度　(2)マグニチュード
(3)広くなる。
(4)①7　②10

❹ (1)ゆれ…初期微動　波…P波
(2)①震央　②同心円
(3)小さくなる。

❺ (1)㋐　(2)y

(3)海溝(日本海溝)
(4)①浅　②深
(5)海溝型地震　(6)内陸型地震
(7)隆起

解 説

❶ (1)地震が発生した場所を震源(㋐)，震源の真上の地点を震央(㋑)という。
(2) b は震源距離，c は震源の深さである。
(3)地震のゆれは，地下の岩盤がずれたときに発生する波が地表まで伝わったものである。

❷ (1)(2)初期微動を伝える波をＰ波，主要動を伝える波をＳ波という。Ｐ波はPrimary wave(最初にくる波)，Ｓ波はSecondary wave(２番目にくる波)を略したものである。
(4)初期微動継続時間は，初期微動が始まってから主要動が始まるまでの時間である。
(5)初期微動継続時間は，震源からの距離が大きいと長くなる。

❸ (1)(2)地震によるゆれの大きさは震度で表され，地震の規模(エネルギーの大きさ)はマグニチュード(記号M)で表される。
(3)地震の規模が大きいほど，地震のエネルギーが大きくなるので，ゆれが伝わる範囲が広くなる。
(4) **注意** 震度は０～７があるため，合計８階級に分かれているとまちがいやすい。実際は，震度５と６には強・弱があるため，合計10階級に分かれている。

❹ (1)地震の初めの小さなゆれ(初期微動)は，Ｐ波によって伝わる。
(2)図から，地震の波は，震央を中心とした同心円(中心が同じで半径が異なる円)状に伝わることがわかる。
(3)震度の大きさは，ふつう震央付近が最も大きく，震央からはなれるにつれて小さくなる。

❺ (1)日本列島がある㋐のプレートを大陸プレート，太平洋側の㋑のプレートを海洋プレートという。
(2)日本列島の東側の海洋プレートは，ｙの向きに１年で数cmずつ動いている。
(3)海底で深い溝のようになっているところを海溝という。日本列島の東側にある日本海溝では，海洋プレートが大陸プレートの下にしずみこんでいる。
(4)海洋プレートが日本列島の地下深くへしずみこんでいるので，プレートの境界で起こる海溝型地震の震源は，太平洋側で浅く，日本列島の下に向かって深くなっている。
(5)(6)日本列島で起こる地震は，海溝付近を震源とする海溝型地震と，陸の地下の浅い場所を震源とする内陸型地震に大きく分けられる。内陸型地震は，陸の活断層のずれによって起こる。
(7)地震などによって，大地がもち上がることを隆起，しずみこむことを沈降という。

p.118～119 ステージ2

❶ (1) a…初期微動　b…主要動
(2)Ｓ波　(3)初期微動継続時間
(4)地点Ａ　(5)地点Ｂ

❷ (1)震源　(2)(震度)５，(震度)６
(3)Ｍ　(4)エネルギー(規模)
(5)図１　(6)大きいとき

❸ (1)プレート
(2)Ｘ…フィリピン海プレート
Ｙ…太平洋プレート
(3)㋑

❹ (1)①海洋　②大陸　③大陸　④大陸
(2)Ａ…沈降　Ｂ…隆起
(3)海溝型地震　(4)津波
(5)活断層

解 説

❶ (1)(2)初めの小さな a のゆれ(初期微動)を伝える波をＰ波，後からくる大きな b のゆれ(主要動)を伝える波をＳ波という。
(4)図より，Ｂ地点より，Ａ地点の方が初期微動継続時間が長いことがわかる。
(5)初期微動継続時間は，震源からの距離が大きいと長くなる。このため，初期微動継続時間が短い地点Ｂの方が震源に近い。

❷ (2)震度には０～７があるが，震度５と６には強・弱があるため，合計10階級に分かれている。
(5)(6)マグニチュードの値が大きいほど，地震のエネルギーが大きくなるので，図１のように遠くの地点までゆれが伝わる。

❸ (2)日本列島付近には，ユーラシアプレート，北アメリカプレート，フィリピン海プレート(Ｘ)，太平洋プレート(Ｙ)の４枚のプレートがある。
(3)日本列島付近は，太平洋プレートとフィリピン

海プレートが日本列島の下に向かってしずみこんでいるため，日本列島に大きな力が加わっている。

4 (1)(3)海洋プレートは，日本列島の下に向かってしずみこんでいるため，大陸プレートにひずみが生じている。大陸プレートがもとにもどろうとしてはね上がるときに地震が起こる。このように，プレートの境界で起こる地震を海溝型地震という。

(5)陸の活断層のずれによる地震は内陸型地震という。

p.120～121 ステージ3

1 (1)震源…地震が発生した場所。
震央…震源の真上の地点。
(2)㋐初期微動　㋑主要動
(3)㋑　(4)ウ

2 (1)5秒　(2)㋓
(3)震度
(4)初期微動継続時間は同じで，ゆれは大きくなる。

3 (1)a　(2)秒速6km
(3)①15秒　②25秒
(4)72km

4 (1)㋐大陸プレート(陸のプレート)
㋑海洋プレート(海のプレート)
(2)海溝型地震
(3)津波　(4)ア
(5)活断層　(6)液状化現象

解説

1 (1)地震が発生した場所を震源，震源の真上の地点を震央という。

(2)(3)㋐の初期微動を伝える波をP波，㋑の主要動を伝える波をS波という。

(4)P波とS波は同時に発生するが，伝わる速さが異なるため，到着する時刻に差がある。

2 (1) **注意** 初期微動継続時間は，S波の到着時刻－P波の到着時刻　で求める。

観測点aの初期微動継続時間は，
15分56秒－15分51秒＝5〔秒〕

(2)震源から遠い地点ほど，初期微動継続時間は長くなる。表から，各観測点の初期微動継続時間を求めると，bでは15秒，cでは20秒，dでは9秒である。初期微動継続時間が短いものから順に並べると，a，d，b，cとなることから，cは震央から最もはなれた㋓の地点とわかる。

別解 P波またはS波は，a，d，b，cの順に到着しているので，cは震央から最もはなれた㋓の地点とわかる。

(4)設問文に「この地域ではP波，S波はそれぞれ一定の速さで伝わる」とあるので，同じ震源で地震が起こると，初期微動継続時間は同じになる。マグニチュードが大きくなると，地震のエネルギーが大きくなるので，ゆれの大きさは大きくなる。

3 (1)初めのゆれ(初期微動)を伝える波がP波であるから，P波を表すグラフはaである。また，後の大きなゆれ(主要動)を伝える波がS波であるから，S波を表すグラフはbである。

(2) **注意** 地震が始まった時刻は，震源からの距離が0kmである，aとbのグラフの交点である。よって，この地震の発生時刻は，9時10分5秒であり，この時刻を起点として，地震の波が伝わった時間を考えるようにする。また，このグラフの横軸の1目盛りは5秒である。

aのグラフより，P波は90kmを，20－5＝15〔秒〕で伝わっている。よって，P波の速さは，
90〔km〕÷15〔秒〕＝6〔km/秒〕→秒速6km

(3)①初期微動継続時間は，P波が到着してからS波が到着するまでの時間である。グラフより，
10分35秒－10分20秒＝15〔秒〕

②問題文にあるように，初期微動継続時間と震源からの距離は比例の関係にある。150kmの地点の初期微動継続時間をx秒とすると，
90〔km〕：15〔秒〕＝150〔km〕：x〔秒〕
x＝25〔秒〕

(4)震源からの距離を$x$kmとすると，
90〔km〕：15〔秒〕＝x〔km〕：12〔秒〕
x＝72〔km〕

4 (2)海洋プレートが大陸プレートの下にしずみこむときに，大陸プレートを引きずりこんでいる。このため，大陸プレートにひずみが生じ，このひずみが限界に達すると，大陸プレートの先端部がもとにもどろうとして急に隆起する。このときに，大きな地震が起こる。

(3)震源が海底にある場合，海底の地形が急激に変化し，その上にある海水がもち上げられて，津波が発生することがある。

(4)プレートの境界で起こる海溝型地震では，海洋プレートが日本列島の地下深くへしずみこんでいるので，震源は太平洋側では浅く，日本列島の下に向かって深くなっている。

第3章　地層から読みとる大地の変化

p.122〜123　ステージ1

●教科書の要点

❶ ①風化　②侵食　③運搬　④堆積　⑤地層　⑥大きい

❷ ①堆積岩　②れき岩　③石灰岩　④チャート　⑤凝灰岩　⑥示相化石　⑦示準化石　⑧地質年代　⑨古生代

❸ ①しゅう曲　②柱状図

●教科書の図

1 ①侵食　②運搬　③堆積　④れき　⑤砂　⑥泥

2 ①泥岩　②砂岩　③れき岩　④凝灰岩　⑤石灰岩

3 ①フズリナ　②サンヨウチュウ　③アンモナイト　④ビカリア　⑤メタセコイア　⑥ナウマンゾウ

p.124〜125　ステージ2

❶ (1)風化　(2)運搬　(3)堆積　(4)扇状地　(5)㋐れき　㋑砂　㋒泥

❷ (1)凝灰岩　(2)チャート　(3)石灰岩　(4)粒の大きさ

❸ (1)示相化石　(2)ウ

❹ (1)示準化石　(2)①広く　②短い　(3)地質年代　(4)㋐古生代　㋑中生代

❺ (1)しゅう曲　(2)イ

解説

❶ (1)(2)風化によってもろくなった岩石は，流水などによって侵食されて土砂となり，下流へ運搬される。

(4)川が山地から平地に出たところでは扇状地，平野から海に出たところでは三角州がつくられる。

(5)れきのような粒の大きなものは，㋐の河口付近の浅い海底で堆積するが，泥のような粒の小さなものは㋒の沖まで流され，流れがおだやかになった深い海底に堆積する。

❷ (1)凝灰岩は火山灰がおし固められてできた堆積岩である。流水によって運搬されていないので，粒の形は角ばったものが多い。

(2)(3)チャートと石灰岩は，どちらも生物の骨格や殻が集まったものである。岩石用ハンマーでたたいたとき，火花が出るほどかたいのがチャート，うすい塩酸をかけたとき，二酸化炭素が発生するのが石灰岩である。

(4)粒の大きさが2mm以上のものをれき岩，$\frac{1}{16}$(約0.06)〜2mmのものを砂岩，$\frac{1}{16}$(約0.06)mm以下のものを泥岩という。

❸ (1)地層が堆積した当時の環境を示す化石を示相化石という。

(2)シジミは河口や湖などにすむ。

❹ (1)(2)地層が堆積した年代を知ることができる化石を示準化石という。示準化石は年代を特定する化石なので，その年代に広い範囲ですんでいなければ，ほかの地層と比較するときに利用できない。また，短い期間に栄えていなければ，年代を特定することが難しくなる。

(3)地質年代は，生物の移り変わりをもとに決められていて，古いものから順に，古生代，中生代，新生代に分けられている。

❺ 地層をおし縮める大きな力がはたらいてできた，地層の曲がりをしゅう曲という。

p.126〜127　ステージ2

❶ (1)堆積　(2)れき　(3)堆積岩　(4)㋐砂岩　㋑泥岩　㋒れき岩

❷ (1)石灰岩，チャート　(2)石灰岩　(3)チャート　(4)れき岩，泥岩　(5)イ

❸ (1)示準化石

(2)A…メタセコイア　B…ナウマンゾウ　C…アンモナイト　D…ビカリア　E…フズリナ　F…サンヨウチュウ

(3)古生代…E，F
中生代…C
新生代…A，B，D

❹ (1)E　(2)B

(3)水のあたたかさ…あたたかい。
深さ…浅い。
(4)示相化石
(5)柱状図

解説

❶ (2)粒の大きなれきは，河口付近の流れが速い海底で堆積し，粒の小さな泥は，沖の流れがゆるやかな海底で堆積する。
(4)流れる水によって運搬されたれき，砂，泥は堆積し，それぞれれき岩，砂岩，泥岩となる。

❷ (1)～(3)石灰岩とチャートは，生物の骨格や殻でできた堆積岩である。うすい塩酸をかけると，石灰岩では二酸化炭素が発生するが，チャートでは反応が見られない。また，チャートは非常にかたく，岩石用ハンマーでたたくと，鉄がけずれて火花が出る。
(4)れきでできた堆積岩をれき岩，泥でできた堆積岩を泥岩という。れきは粒の大きさが2mm以上，泥は粒の大きさが$\frac{1}{16}$(約0.06)mm以下である。
(5)チャートは，大陸から遠く離れた海でできるため，れき・砂・泥などの粒をほとんどふくまない。

❸ (1)地層が堆積した年代を知ることができる化石を示準化石という。
(2)(3)フズリナ(E)とサンヨウチュウ(F)は古生代，アンモナイト(C)は中生代，メタセコイア(A)，ナウマンゾウ(B)，ビカリア(D)は新生代の示準化石である。

❹ (1)地層は下から上に堆積するため，下の層ほど古い時期に堆積したものである。
(3)(4)サンゴの化石は，その層が堆積した当時，あたたかくて浅い海だったことを示す。サンゴの化石のように，地層が堆積した当時の環境を示す化石を示相化石という。

p.128～129 ステージ3

❶ (1)㋐運搬　㋑風化　㋒堆積　㋓侵食
(2)三角州
(3)㋑→㋓→㋐→㋒

❷ (1)砂岩
(2)凝灰岩
(3)角がとれた粒からできている。
(4)チャートは変化しないが，石灰岩からは気体(二酸化炭素)が発生する。

❸ (1)古生代　(2)示準化石
(3)あたたかくて浅い海
(4)火山の噴火(火山活動)
(5)しゅう曲

❹ (1)ア　(2)示相化石　(3)北

解説

❶ (1)(3)山地の岩石は風雨などでもろくなり(風化)，流水によってけずられ(侵食)，下流に運ばれる(運搬)。そして，れき・砂・泥は水の流れのゆるやかなところで堆積する。
(2)平野から海に出るところでは川の流れがゆるやかになり，土砂が堆積することがある。このような地形を三角州という。

❷ (1)粒の大きさが$\frac{1}{16}$(約0.06)～2mmのものを砂岩という。
(2)(3)Aの砂岩は流れる水のはたらきにより，角がとれてまるみを帯びた粒でできている。Bの凝灰岩は，火山灰が固まった岩石なので，角ばった鉱物からできている。
(4)石灰岩は貝殻やサンゴの骨格からなり，主に炭酸カルシウムという物質からできている。炭酸カルシウムは，うすい塩酸と反応して二酸化炭素を発生する。

❸ (1)(2)フズリナの化石は，その地層が古生代に堆積したことを示す。このように，地層が堆積した年代を知ることができる化石を示準化石という。
(3)サンゴの化石は，その地層が堆積した当時，あたたかくて浅い海だったことを示す。このように，地層が堆積した当時の環境を示す化石を示相化石という。
(4)凝灰岩は火山灰がおし固められてできた堆積岩である。よって，凝灰岩ができた当時，火山の噴火があったことがわかる。
(5)地層をおし縮める大きな力がはたらいてできた地層の曲がりをしゅう曲という。

❹ (1)地層は，下の層ほど古い時期に堆積したものである。図のA地点の地層は，下かられきの層，砂の層，泥の層の順であることから，堆積した粒がしだいに小さくなっている。よって，新しい地層ほど沖のほうで堆積したことがわかり，この場所はしだいに海岸からはなれていったと考えられ

る。

(2)アサリが示相化石であることは，問題文の「当時の環境を知ることができる」という記述からわかる。

(3) **注意** 等高線とは，同じ標高(海面からの高さ)を結んだ曲線である。地層の柱状図の問題でよく出てくる。

A～C地点の柱状図には，同じ厚さの火山灰の層が見られるので，この層の標高を比べる。まず，東西にあるA地点とB地点の火山灰の層の標高を比べる。A地点は，標高45mで，柱状図から火山灰の層は深さ3mであることから，火山灰の層の標高は45〔m〕－3〔m〕＝42〔m〕　B地点は，標高50mで，柱状図から火山灰の層は深さ8mであることから，火山灰の層の標高は50〔m〕－8〔m〕＝42〔m〕　よって，東西には地層は傾いていないことがわかる。次に，南北にあるB地点とC地点の火山灰の層の標高を比べる。C地点は，標高50mで，柱状図から火山灰の層は深さ5mであることから，火山灰の層の標高は50〔m〕－5〔m〕＝45〔m〕　B地点の火山灰の層の標高は42mであることから，この地層はB地点(北)に向かって低くなるように傾いていることがわかる。

p.130～131 単元末総合問題

1》 (1)岩石
(2)㋐白(っぽい)　㋑黒(っぽい)
(3)㋒強い　㋓弱い
(4)エ

2》 (1)C　(2)A　(3)21秒
(4)㋐　(5)20秒

3》 (1)等粒状組織　(2)斑晶
(3)エ
(4)①二酸化炭素　②石灰岩

4》 (1)凝灰岩　(2)ア　(3)イ
(4)断層　(5)しゅう曲　(6)b

解説

1》 (2)マグマのねばりけの強い火山の火山噴出物は白っぽい色，マグマのねばりけの弱い火山の火山噴出物は黒っぽい色をしている。

(3)マグマのねばりけが強いと盛り上がった形の火山になり，マグマのねばりけが弱いと傾斜がゆるやかな形の火山になる。

(4)カンラン石，角セン石，黒雲母，輝石が有色鉱物である。このうち，黒色で決まった方向にうすくはがれるのは黒雲母である。

2》 (1)震源に近い地点ほど，初期微動継続時間が短いため，震源に近い地点を順に並べると，C，B，Aとなる。

(2)震源に近い地点ほど，震度が大きく，地震計で記録したゆれが大きくなる。よって，震度が最も小さかった地点は，震源から最も遠く，地震計のゆれが最も小さいA地点である。

(3)初期微動継続時間は，主要動が始まった時刻－初期微動が始まった時刻　で求められる。よって，15分15秒－14分54秒＝21〔秒〕

(4)初期微動継続時間は，㋐は9秒，㋑は21秒，㋒は29秒であり，初期微動継続時間を短い順に並べると，㋐，㋑，㋒となる。震源に近いほど，初期微動継続時間が短いので，㋐はC地点，㋑はB地点，㋒はA地点である。

(5)初期微動継続時間は，震源からの距離に比例して長くなる。120kmの地点の初期微動継続時間をx秒とすると，

54〔km〕：9〔秒〕＝120〔km〕：x〔秒〕

x＝20〔秒〕

3》 (1)～(3)Aのように，同じくらいの大きさの鉱物からなるつくりを等粒状組織という。等粒状組織は，マグマが地下深くで長い時間をかけて冷え固まった深成岩に見られる。Bのように，比較的大きな斑晶(X)のまわりを石基がとり囲んでいるつくりを斑状組織という。斑状組織は，マグマが地表や地表付近で短い時間で冷え固まった火山岩に見られる。

(4)石灰岩は貝殻やサンゴの骨格からなり，主に炭酸カルシウムという物質からできている。炭酸カルシウムは，うすい塩酸と反応して二酸化炭素を発生する。

4》 (2)サンゴはあたたかくて浅い海にすんでいる。

(3)アンモナイトは中生代の示準化石である。

(6)B層では，しゅう曲のあとに断層ができている。このため，しゅう曲→断層の順に起こったと考えられる。

プラスワーク

p.132〜133 計算力UP

1 (1)40倍　(2)600倍

2 (1)10.5g/cm³　(2)8.96g/cm³
(3)80cm³　(4)944g

3 (1)10%　(2)20%　(3)16g
(4)硝酸カリウム…2g　水…398g

4 (1)秒速340m　(2)1870m
(3)①1020m　②510m

5 (1)①㋐7秒　㋑11秒　㋒2秒
②15秒　③40km
(2)①32km　②4秒　③秒速8km
④8秒　⑤秒速4km

解説

1 (1)最初は，観察するものを探しやすくするため，最も低い倍率にして，視野を広くする。
$4\times10=40$〔倍〕
(2)$40\times15=600$〔倍〕

2 (1)密度〔g/cm³〕$=\dfrac{\text{物質の質量〔g〕}}{\text{物質の体積〔cm}^3\text{〕}}$

$\dfrac{147\text{〔g〕}}{14\text{〔cm}^3\text{〕}}=10.5$〔g/cm³〕

(2)$\dfrac{67.2\text{〔g〕}}{7.5\text{〔cm}^3\text{〕}}=8.96$〔g/cm³〕

(3)物質の体積〔cm³〕$=\dfrac{\text{物質の質量〔g〕}}{\text{密度〔g/cm}^3\text{〕}}$

$\dfrac{216\text{〔g〕}}{2.7\text{〔g/cm}^3\text{〕}}=80$〔cm³〕

(4)物質の質量〔g〕
＝物質の体積〔cm³〕×密度〔g/cm³〕
120〔cm³〕×7.87〔g/cm³〕＝944.4〔g〕

3 (1)質量パーセント濃度$=\dfrac{\text{溶質の質量〔g〕}}{\text{溶液の質量〔g〕}}\times100$

$\dfrac{15\text{〔g〕}}{150\text{〔g〕}}\times100=10$

(2)$\dfrac{40\text{〔g〕}}{40\text{〔g〕}+160\text{〔g〕}}\times100=20$

(3)質量パーセント濃度8％の食塩水200gにふくまれる食塩の質量をxgとすると，

$\dfrac{x\text{〔g〕}}{200\text{〔g〕}}\times100=8$

$x=16$〔g〕

(4)硝酸カリウムの質量をxgとすると，

$\dfrac{x\text{〔g〕}}{400\text{〔g〕}}\times100=0.5$

$x=2$〔g〕
よって，水の質量は，400－2＝398〔g〕

4 (1)速さ〔m/秒〕＝距離〔m〕÷時間〔秒〕
1360〔m〕÷4〔秒〕=340〔m/秒〕
→秒速340m
(2)距離〔m〕＝速さ〔m/秒〕×時間〔秒〕
340〔m/秒〕×5.5〔秒〕=1870〔m〕
(3)①340〔m/秒〕×3〔秒〕=1020〔m〕
②音は，理香さんからかべまでの距離を往復しているので，理香さんからかべまでの距離は，
1020〔m〕÷2=510〔m〕

5 (1)①初期微動継続時間は，P波が到着してからS波が到着するまでの時間である。
㋐の初期微動継続時間は，
27分04秒－26分57秒＝7〔秒〕
㋑の初期微動継続時間は，
27分12秒－27分01秒＝11〔秒〕
㋒の初期微動継続時間は，
26分54秒－26分52秒＝2〔秒〕
② **注意** 比の計算では，小さい数値を用いた方が計算が簡単である。このため，ここでは㋒の数値を用いる。ただし，㋐，㋑の数値を用いて計算しても，同じ結果が得られる。
初期微動継続時間は，震源からの距離に比例して長くなっているので，120kmの地点の初期微動継続時間をx秒とすると，
16〔km〕：2〔秒〕＝120〔km〕：x〔秒〕
x＝15〔秒〕
③震源からの距離を$x$kmとすると，
16〔km〕：2〔秒〕＝x〔km〕：5〔秒〕
x＝40〔km〕
(2)①88－56＝32〔km〕
②初期微動はP波によって伝わる。よって，㋐と㋑の地点でP波の到着時刻の差は，
27分01秒－26分57秒＝4〔秒〕
③32〔km〕÷4〔秒〕＝8〔km/秒〕→秒速8km
④主要動はS波によって伝わる。よって，㋐と㋑の地点でS波の到着時刻の差は，
27分12秒－27分04秒＝8〔秒〕
⑤32〔km〕÷8〔秒〕＝4〔km/秒〕→秒速4km

p.134～135 作図力UP

6

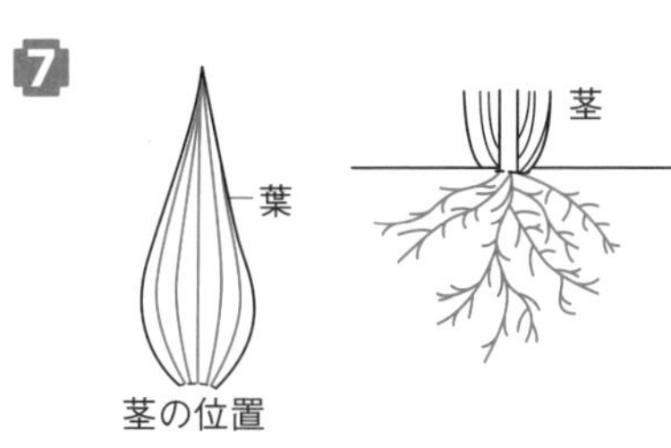

7

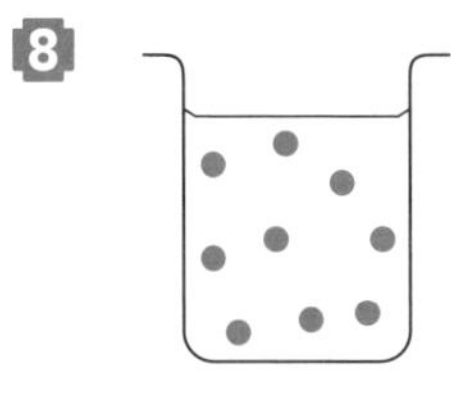

8

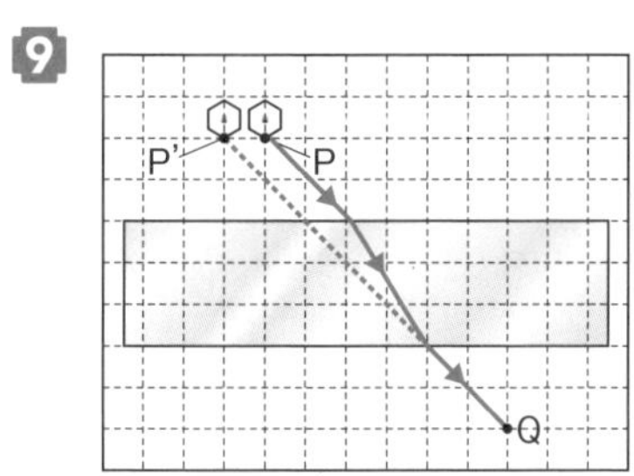

9

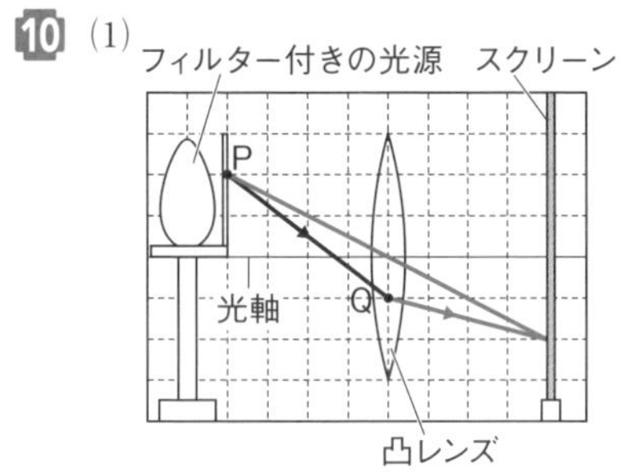

10 (1)

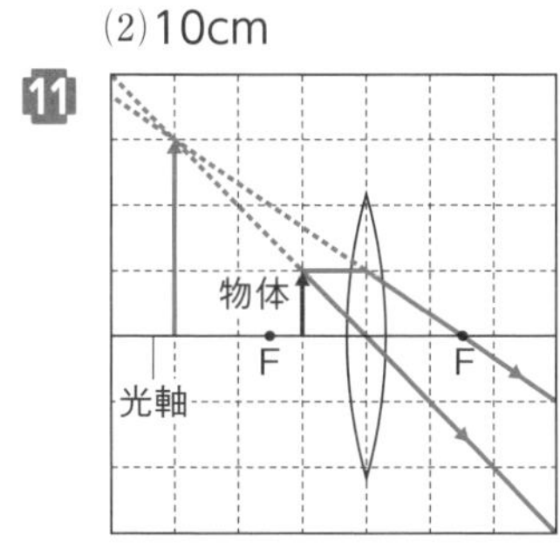

(2) 10cm

11

12 (1)

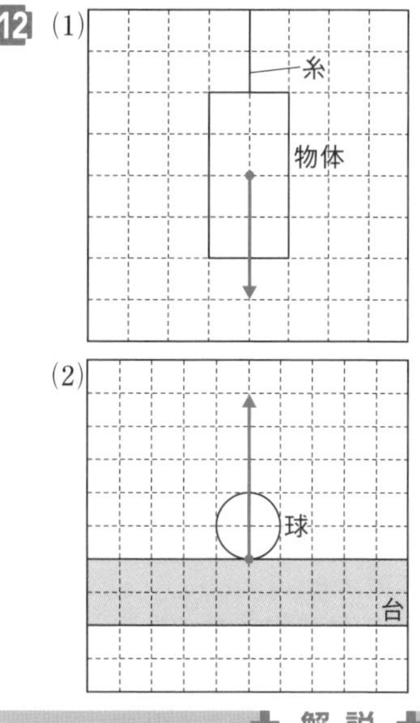

解説

6 左の図が雄花のりん片，右の図が雌花のりん片である。花粉が入っているのは，雄花のりん片の花粉のうである。

7 トウセロコシは，被子植物の単子葉類である。単子葉類の葉脈は平行で，根はひげ根である。ひげ根は，茎から細い根がたくさん生えている。

8 砂糖を水に入れると，水が砂糖の粒子と粒子の間に入りこみ，長い時間がたつと，砂糖の粒子は全体に均一に広がる。よって，砂糖の粒子の数は，AとBと同じように9個とし，それぞれの粒子が均一に広がっているように作図をする。

9 まず像である点P′から点Qまで直線を引く(この直線を直線Aとする)。次に，点Pからガラス面までの光を，直線Aと平行になるようにかく。最後に，点Pからの光とガラス面の交点xと，点Qへの光とガラス面の交点yを直線で結ぶ。なお，像(点P′)から交点yまでの線は，実際には光が出ていないので，通常，点線にする。

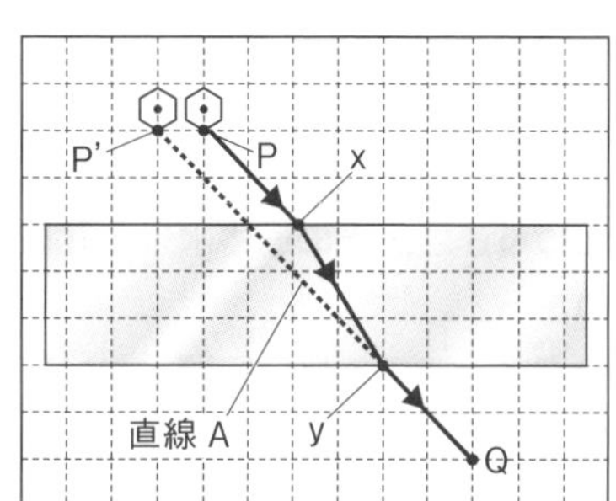

10 ⑴P点から凸レンズの中心を通る光を作図する。この光がスクリーンにぶつかる点にP点からの光が集まるため，Q点からの光をこの点と結ぶ。

⑵右の図のように，P点から光軸に平行な光を作図する。この光と光軸の交点が焦点である。焦点は，凸レンズの中心から２目盛り分なので，焦点距離は

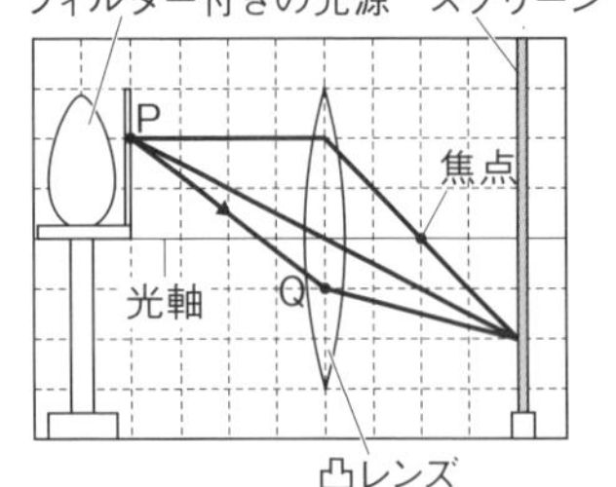

5〔cm〕×２＝10〔cm〕

11 凸レンズの焦点の内側に物体があるとき，物体の先端から出る光軸に平行な光と中心を通る光は，凸レンズの通過後，交わらない。この２つの線を逆方向へのばしたとき，その交点が虚像の先端となる。

12 ⑴120gの物体にはたらく重力の大きさは，

$\frac{120}{100}$＝1.2〔N〕　方眼１目盛りが0.4Nなので，矢印の長さは1.2÷0.4＝３〔目盛り〕　重力の作用点は物体の中心とする。

⑵球にはたらく重力と台が球をおし返す垂直抗力はつり合っているので，大きさはどちらも２Nである。矢印の長さは２÷0.4＝５〔目盛り〕　垂直抗力の作用点は球と台の接点とする。

p.136 記述力UP

13 対物レンズをプレパラートにぶつけないようにするため。

14 ⑴はじめのうちは，装置(試験管)内の空気が出てくるから。

⑵アンモニアは，水にとけやすく，空気より密度が小さい(空気より軽い)から。

15 塩化ナトリウムの溶解度は，温度によってほとんど変わらないから。

16 音の伝わる速さが光の速さよりも(はるかに)おそいから。

17 地下の深いところで長い時間をかけて冷え固まってできる。

＋解説＋

13 鏡筒上下式顕微鏡やステージ上下式顕微鏡のピントを合わせるときは，接眼レンズをのぞきながら行う。このため，プレパラートと対物レンズを近づけながらピントを合わせると，プレパラートと対物レンズの距離がわからず，対物レンズをプレパラートにぶつけてしまうことがある。よって，真横から見ながら，調節ねじを回し，対物レンズをプレパラートに近づけた後，プレパラートと対物レンズを遠ざけながらピントを合わせる。

14 ⑴初めのうちは，気体を発生させる装置内の空気が出てくるため，しばらくは気体を集めない。

⑵アンモニアは，水に非常にとけやすく，空気よりも密度が小さいため，上方置換法で集める。

15 塩化ナトリウムの溶解度は，80℃のときと20℃のときであまり変わらない。このため，80℃の塩化ナトリウムの飽和水溶液を20℃に冷やしても，ほとんど結晶が出てこない。

16 空気中での音の伝わる速さは秒速約340m，光の伝わる速さは秒速約30万kmである。

17 深成岩は，地下の深いところで長い時間をかけて冷え固まってできるため，大きな鉱物が集まっている等粒状組織になる。

定期テスト対策 得点アップ! 予想問題

p.138〜139 第1回

1 (1)直射日光の当たらない明るいところ。
(2)A…接眼レンズ B…対物レンズ
(3)エ→ア→ウ→イ (4)イ

2 (1)㋐子房 ㋒やく (2)①㋒ ②㋓ ③㋐
(3)被子植物 (4)裸子植物

3 (1)胞子 (2)A (3)C
(4)シダ植物 (5)エ

4 (1)㋐イ ㋑ウ ㋒ア (2)C
(3)㋑，㋒ (4)B…ウ C…ア

解説

1 (3)ステージ上下式顕微鏡は，プレパラートと対物レンズを遠ざけながら，ピントを合わせる。このため，ピントを合わせる前には，プレパラートと対物レンズを近づけておく必要がある。
(4)ア…分類する基準はさまざまある。
ウ…同じ生物の組み合わせで分類しても，基準によって異なる結果になることがある。

2 (1)㋑はめしべの先端の柱頭，㋓は子房の中にある胚珠である。
(2)受粉後，胚珠は種子に，子房は果実になる。
(3)(4)種子をつくる種子植物のうち，胚珠が子房の中にあるものを被子植物，子房がなく，胚珠がむき出しになっているものを裸子植物という。

3 (2)(3)A・Bは葉，Cは茎，Dは根である。胞子は葉の裏側の胞子のうに入っている。
(5)ア・イ…イヌワラビは，花をつくらないので，果実ができない。
ウ…雄株と雌株があるのは，ゼニゴケやコスギゴケなどである。

4 (1)㋐植物は，A・B・Cの種子植物とDの種子をつくらない植物に分類される。
㋑種子植物は，A・Bの被子植物とCの裸子植物に分類される。
㋒被子植物は，Aの双子葉類とBの単子葉類に分類される。
(2)裸子植物の花には胚珠がないので，果実はできない。
(4)イはシダ植物，エ・オは被子植物の双子葉類，カはコケ植物である。

p.140〜141 第2回

1 (1)背骨がある。 (2)セキツイ動物
(3)㋓ (4)㋐ (5)胎生
(6)卵生 (7)㋑，㋓

2 (1)A…頭部 B…胸部 C…腹部
(2)気門 (3)外骨格

3 (1)無セキツイ動物 (2)節足動物
(3)外とう膜
(4)A…ウ B…イ C…エ D…ア

4 (1)X…ウ Y…ア Z…イ
(2)a…鳥類 b…ハチュウ類 c…魚類
d…両生類 e…ホニュウ類
(3)c…エ e…イ

解説

1 (1)(2)㋐はホニュウ類，㋑は両生類，㋒は鳥類，㋓は魚類，㋔はハチュウ類である。㋐〜㋔は，背骨があるセキツイ動物である。
(4)胎生は，ホニュウ類の特徴である。
(7)水中に卵をうむセキツイ動物は，魚類と両生類である。

2 (1)カブトムシは，背骨がない無セキツイ動物であり，節足動物の昆虫類である。昆虫類のからだは，頭部・胸部・腹部からなる。
(3)節足動物のからだは，外骨格でおおわれている。

3 (1)(2)(4)A〜Dは背骨のない無セキツイ動物であり，このうち，Aは軟体動物，Bは節足動物の甲殻類，Dは節足動物の昆虫類である。
(3)軟体動物の内臓は，外とう膜でおおわれている。

4 (1)(2)X…背骨があるセキツイ動物のうち，殻のある卵をうむのは，鳥類(a)とハチュウ類(b)，殻のない卵をうむのは魚類(c)と両生類(d)である。
Y…鳥類(a)は体表が羽毛，ハチュウ類(b)は体表がうろこでおおわれている。
Z…魚類(c)は一生えらで呼吸をし，両生類(d)は幼生のときにえらと皮膚，成体のときに肺と皮膚で呼吸をする。
(3)サンショウウオは両生類，ウニは無セキツイ動物，ワシは鳥類，カナヘビはハチュウ類である。

p.142～143 第3回

1 (1)金属光沢　(2)B，D，E，G
(3)D，G　(4)ア，ウ，カ
(5)ア，カ　(6)炭素

2 (1)ウ　(2)$15.0cm^3$
(3)$7.9g/cm^3$　(4)イ

3 (1)水上置換法　(2)ア　(3)水素
(4)水にとけにくい性質。
(5)音を立てて燃える。

4 (1)酸素　(2)エ　(3)白くにごる。
(4)二酸化炭素　(5)ア

解説

1 (1)金属の表面をみがくと金属光沢が現れる。
(2)(3)金属は，電気をよく通す性質を共通してもつが，磁石につくのは，鉄などの一部の金属に見られる性質である。
(4)銅，鉄，アルミニウムは金属，紙，ガラス，プラスチックは非金属である。
(5)(6)紙，プラスチックは，炭素をふくむ有機物であるが，銅，ガラス，鉄，アルミニウムは，炭素をふくまない無機物である。

2 (1)ア…針が左右にふれないときは，調節ねじを使って等しくふれるようにする。
イ…分銅を皿にのせるときは，はかる物より少し重いと思われる分銅をのせる。
(2)物体を水にしずめたときの目盛りの増加分が，物体の体積となる。図の目盛りは$65.0cm^3$であるから，金属Aの体積は，
$65.0-50.0=15.0[cm^3]$
(3)$\frac{118.1[g]}{15.0[cm^3]}=7.87\cdots[g/cm^3]$
(4)物体の密度が液体よりも小さいときは，物体はうくので，金属Aは水銀にうく。また，物体の密度が液体よりも大きいときは，物体はしずむので，金属Aは菜種油にしずむ。

3 (3)(4)鉄や亜鉛などの金属にうすい塩酸やうすい硫酸を加えると，水素が発生する。水素は水にとけにくいため，水上置換法で集めることができる。
(5)水素は燃える気体である。

4 (2)酸素は色やにおいはなく，水にとけにくい性質をもつ。
(3)(4)木炭などの有機物を熱すると，二酸化炭素が発生する。
(5)イは水素，ウはアンモニアが発生する。

p.144～145 第4回

1 (1)溶媒　(2)混合物　(3)10%　(4)ウ

2 (1)㋒，㋔，㋕　(2)溶解度
(3)イ　(4)再結晶

3 (1)状態変化　(2)㋐融点　㋑沸点
(3)a…ウ　b…イ
(4)エ　(5)ウ

4 (1)イ　(2)イ
(3)A…ろ紙に火がつく。
C…火はつかない。
(4)蒸留

解説

1 (2)水や砂糖のように，1種類の物質からできている物を純粋な物質(純物質)という。砂糖と水が混じり合った砂糖水のように，いくつかの物質が混じり合った物を混合物という。
(3)$\frac{15[g]}{15[g]+135[g]}\times100=10$
(4)ア…水溶液はどれも透明であるが，色がついているものもある。
イ…物質が水にとけると，顕微鏡でも見えないほどの小さな粒子になる。

2 (1)図2のグラフから，硝酸カリウムは20℃の水100gに約32g，40℃の水100gに約64gとけることがわかる。これ以上の硝酸カリウムを水に加えた㋒，㋔，㋕が飽和水溶液である。
(3)20℃の水100gに硝酸カリウムは32gしかとけないから，$50[g]-32[g]=18[g]$

3 (2)水の融点は0℃，沸点は100℃である。
(3)aは水の融点であるので，氷(固体)が水(液体)に状態変化している。bは水の融点と沸点の間なので，すべて水(液体)になっている。
(5)融点と沸点は，物質の種類によって決まっていて，物質の量が変わっても同じ値となる。

4 (2)(3)エタノールの沸点は78℃，水の沸点は100℃であるので，エタノールを多くふくむ気体が先に出てくる。よって，エタノールを多くふくむ試験管Aのろ紙には火がつき，エタノールをほとんどふくまない試験管Cのろ紙には火がつかない。

p.146〜147 第5回

1 (1)

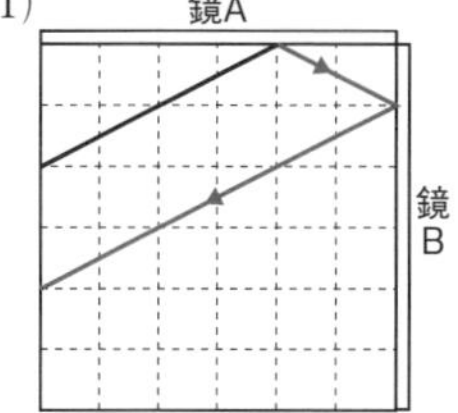

(2)㋐ (3)全反射

2 (1)B (2)実像

(3)(上下左右が)逆向き (4)エ

(5)虚像

3 (1)実像 (2)ウ

4 (1)音源 (2)ウ (3)光 (4)2380m

5 (1)ヘルツ(Hz) (2)D

(3)BとD (4)C

解説

1 (1)入射角と反射角が等しくなるように作図する。

(2)ガラスから空気側に光が進むとき，光は屈折角が入射角よりも大きくなるように，境界面に近づくように進む。

(3)全反射は，ガラスから空気側へ進むとき，入射角が一定以上大きくなると，境界面ですべての光が反射する現象である。

2 (1)図のとき，物体と同じ大きさの像ができたことから，物体と像はそれぞれ焦点距離の2倍の位置にあることがわかる。凸レンズとスクリーンの距離は12目盛りであるから，焦点は凸レンズから，12÷2＝6〔目盛り〕はなれた位置にある。

(2)(3)(5)焦点の外側に物体があるときに実像ができ，焦点の内側に物体があるときに虚像ができる。実像は，実際に光が集まってできた像で，物体と上下左右が逆向きである。

3 (1)物体と上下左右が逆向きであるので，実像である。

4 (3)音の速さは秒速約340m，光の速さは秒速約30万kmである。

(4)340〔m/秒〕×7〔秒〕＝2380〔m〕

5 (1)振動数は，1秒間に音源が振動する回数をいい，ヘルツ(記号Hz)という単位を用いる。

(2)同じ大きさの音は，波の高さが同じになる。

(3)同じ高さの音は，波の数が同じになる。

(4)小さな音は波が小さく，低い音は波の数が少ない。

p.148〜149 第6回

1 (1)①形 ②運動 ③支える

(2)重力

(3)摩擦力

2 (1)弾性の力(弾性力) (2)ばねB

(3)比例(の関係) (4)フックの法則

(5)9cm (6)10N

3 (1)質量 (2)①3.6N ②0.6N

4 (1)①作用点 ②大きさ

(2)㋐ウ ㋑ア ㋒イ

5 (1)a…重力 b…垂直抗力

(2)つり合っている。

(3)3.5N

解説

1 (2)地球上のすべての物体は，地球の中心に向かって引かれている。この物体にはたらく力を重力という。

(3)自転車のブレーキをかけると，ブレーキのゴムがタイヤのフレームにふれ，タイヤの運動をさまたげる向きに摩擦力がはたらく。

2 (2)同じ大きさの力を加えたとき，ばねBの方がばねAよりものびが小さいので，ばねBがのびにくいとわかる。

(5)ばねAは4Nの力が加わると6cmのびる。求めるばねののびを$x$cmとすると，

4〔N〕：6〔cm〕＝6〔N〕：x〔cm〕

x＝9〔cm〕

(6)ばねBは4Nの力が加わると2cmのびる。求める力の大きさをxNとすると，

4〔N〕：2〔cm〕＝x〔N〕：5〔cm〕

x＝10〔N〕

3 (2)地球上で360gの物体Aにはたらく重力は，

$\frac{360}{100}=3.6$〔N〕

月面上の重力の大きさは，地球上の$\frac{1}{6}$であるので，

3.6〔N〕$\times\frac{1}{6}=0.6$〔N〕

4 (2)つり合っている2力は，①2力が一直線上にある，②2力の大きさが等しい，③2力の向きが逆向きであるという3つの条件を満たす。

5 (1)aの作用点は果物の中心にあり，下向きの力なので，重力である。bの作用点は台ばかりと果

物が接する面にあり，上向きの力なので，垂直抗力である。

(3) b の垂直抗力は，a の重力とつり合っているので，その大きさは重力と同じ3.5N である。

p.150〜152 第7回

1 (1)B (2)岩石 (3)火山噴出物
(4)C (5)溶岩ドーム (6)C
(7)ア

2 (1)㋐長石 ㋒輝石 ㋓角セン石 ㋕黒雲母
(2)㋐，㋔

3 (1)斑状組織
(2)X…石基 Y…斑晶
(3)㋐火山岩 ㋑深成岩
(4)エ
(5)イ，ウ，オ

4 (1)①初期微動 ②主要動 ③P ④S
(2)C
(3)マグニチュード(M)

5 (1)㋑
(2)津波
(3)ウ
(4)活断層

6 (1)粒の大きさ
(2)①河口や湖であった。
②示相化石
(3)石灰岩
(4)古生代
(5)火山の噴火(火山活動)

解説

1 (1)マグマのねばりけが強いと，溶岩は流れにくく，火山はBのように盛り上がった形になる。

(4)マグマのねばりけが弱いときは，溶岩は黒っぽい色，マグマのねばりけが強いときは，溶岩は白っぽい色になる。

(6)マグマのねばりけが弱いと，溶岩は流れやすく，火山はCのように傾斜がゆるやかな形になる。

(7)マウナケアはCのような傾斜がゆるやかな形，富士山はAのような円すいの形をしている。

2 (1)㋑は磁鉄鉱，㋔は石英である。

(2)無色鉱物は，白色，灰色，無色の鉱物で，長石と石英がある。

3 (1)(3)(4)地表や地表付近でマグマが短い時間で冷え固まった岩石を火山岩という。火山岩は，㋐のような斑状組織をもつ。一方，地下深くでマグマがたいへん長い時間をかけて冷え固まった岩石を深成岩という。深成岩は，㋑のような等粒状組織をもつ。

(5)㋐の斑状組織をもつ火山岩は，流紋岩，安山岩，玄武岩である。

4 (1)初期微動を伝える波をP波，主要動を伝える波をS波という。P波はPrimary wave(最初にくる波)，S波はSecondary wave(2番目にくる波)を略したものである。

(2)震源からはなれるほど，初期微動継続時間が長くなる。よって，震源が近い順に並べると，B，A，Cとなる。

(3)地震によるゆれの大きさは震度，地震の規模(エネルギー)の大きさはマグニチュード(M)で表される。

5 (1)㋐は大陸プレートである。

(2)震源が海底にある場合，海底の地形が急激に変化し，その上にある海水がもち上げられて，津波が発生することがある。

(3)プレートの境界で起こる地震では，海洋プレートが日本列島の地下深くへ沈みこむので，震源は太平洋側では浅く，日本列島の下に向かって深くなっている。

6 (1)粒の大きさが$\frac{1}{16}$(0.06)〜2mmのものを砂岩，$\frac{1}{16}$(0.06)mm以下のものを泥岩という。

(2)シジミは，河口や湖などにすむ生物である。シジミの化石のように，地層が堆積した当時の環境を知ることができるものを示相化石という。

(3)石灰岩は貝殻やサンゴの骨格からなり，主に炭酸カルシウムという物質からできている。炭酸カルシウムは，うすい塩酸と反応して二酸化炭素を発生する

(4)フズリナは，古生代の示準化石である。

(5)凝灰岩は火山灰がおし固められてできた堆積岩である。よって，凝灰岩ができた時期には，火山の噴火が起こったことがわかる。